老人言

让你受益一生的老话

刘江川 编著

北京联合出版公司
Beijing United Publishing Co.,Ltd.

图书在版编目（CIP）数据

老人言：让你受益一生的老话 / 刘江川编著 .-- 北京：北京联合出版公司，2016.4（2018.11 重印）

ISBN 978-7-5502-7159-3

Ⅰ．①老… Ⅱ．①刘… Ⅲ．①人生哲学－通俗读物 Ⅳ．① B821-49

中国版本图书馆 CIP 数据核字（2016）第 023245 号

老人言：让你受益一生的老话

编　　著：刘江川
责任编辑：孙志文
封面设计：韩立强
责任校对：刘雅君
美术编辑：张　诚

北京联合出版公司出版
（北京市西城区德外大街 83 号楼 9 层　100088）
北京德富泰印务有限公司印刷　新华书店经销
字数 540 千字　720 毫米 ×1020 毫米　1/16　27 印张
2018 年 11 月第 2 版　2018 年 11 月第 3 次印刷
ISBN 978-7-5502-7159-3
定价：68.00 元

前言

中国有句老话叫“不听老人言，吃亏在眼前”。为什么要听老人言？因为老人的“老”，不光体现在年龄，更体现在智慧的古老、经验的老道、洞察世事的深刻。姜还是老的辣，很多时候，时间本身就是一种资本。经过的事多，走过的路多，吃过的盐多，也就相当于在这个世界上接受过的历练多，对这个世界的认识就深刻，看人就能看到骨子里去。这些老人言都是来自生活的经验，是我们的祖辈们吃过亏、受过苦、交过了学费后一点点积攒下来的。那些口耳相传的智慧，让我们无法不去敬畏。不听老人言，吃亏在眼前，听老人言，是一种智慧寻根。

老人言是祖辈留给我们的财富，只不过它没有以实物的形式存在，而是一种以口耳相传的方式传播的智慧，也正因为如此，老人言才显得更加的宝贵。因为口耳相传实际上是一个通过岁月大浪淘沙的过程，在这个过程中，岁月帮我们淘汰掉那些并不值得流传的经验，而留下来的就都是能够指导我们人生的至理名言。

翻开历史我们能够看到，每一个胜败兴衰的故事背后，都有我们中华民族的老人之言曾做出预测、做出总结。一些成功的人身上，我们总能够看到他们遵循老人之言的特质；那些失败者的身上，我们则可以清晰地察觉他违背老人之言的行为。“忍得一时，风光一世”，这是老人之言。韩信遵之而忍胯下之辱，终成一代名将；项羽未遵而乌江自刎，终令天下英雄扼腕叹息。“得意之时不可忘形”，这是老人之言，曾国藩遵之自裁其军，终于得保天年；年羹尧未遵居功自傲，落得被赐自尽下场。“身轻失天下，自重方存身”，这是老人之言，朱元璋遵之以广积粮、缓称王，终于雄踞天下；袁术未遵而夺玉玺、僭君位，终为天下所不容。历史上这些一正一反的事例实在值得我们思考。其实即便是不讲历史，就看我们当代的成功者与失败者，其背后不一样有老人之言在起作用吗？“世上无难事，只要肯攀登”，这句老人言是对马云、俞敏洪这样的成功者最好的诠释；而“十个空想家，抵不上一个实干家”，这句老人言不也正好是那些天赋过人却耽于幻想而最终一事无成的失败者的注脚吗？由此可见，对于老人言这简单而朴素的生活智慧，我们是不能不重视的。

老人言不同于名人之言、圣人之言，它更体现出一种草根性，草根智慧实实在在，草根智慧更接地气。其实咱们大多数人，都是普通老百姓。草根智慧有草根智慧的和蔼可亲——通俗、易懂、平易近人，不让人感觉高高在上，而让人感觉伸手可及。在咱们的生活中，处处有这样的老人言，它可能就是我们的爷爷、奶奶不经意的某句话，当时咱们觉得“老土”，但突然某一天，就会觉得那些话说到了我们的骨子里！常常听到身边的朋友们感慨“早知道这样就听父母的了”“还是老爸老妈有远见啊”“我当初怎么就没想到呢”，诸如此类的话，其实不是没想到，而是老人们早就说过了，我们没有用心去聆听，去感悟。如果多听些老人言，那么在面临选择时我们将会知道如何取舍，少走一些弯路；如果多听些老人言，一帆风顺时我们不会洋洋自得，忘记风险；如果多听些老人言，困顿无助时我们不会顾影自怜、一味消沉。

《老人言：让你受益一生的老话》隽永有味，字字珠玑。智慧的盛宴在这里展开——这些经验是思想的火花，是智慧的浓缩，是立身处世的法则，是生活求索的启迪。这些老人言涉及人生的各个方面，包括命运成败、品行修养、交际处世、家庭生活、职场生存、健康养生等等。书中的内容内涵丰富，实用性强，饱含生活智慧，可以为我们的人生指引航向。只要你能深明其中的道理，必然会让你受益终生。听了老人言，幸福在眼前。衷心希望本书能对您的人生有所帮助。

目录

第一章

知识积淀：求学无笨者，努力就成功

——从实践中来，到实践中去

第二章

求知益智：生活是知识的源泉，知识是生活的明灯

——激活心中的无尽宝藏

第三章

准则培养：习惯成自然

——品质生活来自良好的准则

第四章

事理规律：风不来树不动，船不摇水不浑

——掌握规律，从容人生

第五章

世态人情：世事如棋局局新

——洞察世故，掌握主动权

第六章

做人哲学：谦则能和，傲则易怒

——高标做事，低调做人

第七章

生活处境：得意失意莫大意，顺境逆境无止境

——花开花落，顺逆有常

第八章

个人涵养：茶也醉人何必酒，书能香我不须花

——为人若君子，不可当小人

第九章

立身处世：信者行之基，行者人之本

——修炼自己，把握人生福祸之密钥

第十章

言行智慧：一嘴莫生两舌头

——做了再说，说了就做

第十一章

为人胸怀：造房要余地，做人要余情

——眼界决定境界，气度造就高度

第十二章

待人接物：敬人者人恒敬之，爱人者人恒爱之

——有礼才会有理，圆融但不圆滑

第十三章

自我修炼：一等二靠三落空，一想二干三成功

——人必自重，才能让他人尊重

第十四章

社交生活：岁寒知松柏，患难见真情

——做好自己，提高情商

第十五章

工作态度：活着一分钟，战斗六十秒

——节制但不保守，进取但不冒进

第十六章

行思之道：休将我语同他语，未必他心似我心

——思而不行则无用，行而不思则无功

第十七章

放下得失：智者千虑必有一失，愚者千虑必有一得

——锁住目标，有的放矢

第十八章

机遇把握：君子藏器于身，待时而动

——善于捕捉时机，敢于果敢出手

第十九章

成功创业：人凭志气虎凭威

——经营自己，创造无愧无悔的事业

第二十章

喜怒哀乐：人逢喜事精神爽，闷上心来瞌睡多

——追求宁静，享受快乐

第二十一章

人伦之道：知子莫若父，百善孝为先

——孝是人道第一步，敬人在心不在貌

第二十二章

夫妻伉俪：夫妻无隔宿之仇

——最浪漫的事就是一起慢慢变老

第二十三章

是非善恶：不是佛教徒，却有慈悲心

——小处不妨糊涂，大处必须清醒

第二十四章

安卧起居：居行有常，坐卧有方

——生活要讲究品质

第二十五章

居家过日子：当用时万金不惜，不当用时一文不费

——管理自己，将亲人带往幸福的明天

第一章

知识积淀：求学无笨者，努力就成功

——从实践中来，到实践中去

⊙读书百遍，其义自见⊙

晋陈寿曾在《三国志·魏志·王肃传》中说："人有从学者，遇不肯教，而云：'必当先读百遍'，言'读书百遍，其义自见。'"从字面意义看就是，要把一本书读到一百遍，其中的含义自然就心领神会了。这里的"读百遍"只是概数，是一种强调的语气，有多次重复之意。意在告诉我们，"重复"乃学习之母。关于这点，古人还说过，"锲而不舍，金石可镂"，我们读书，要的正是这锲而不舍的精神，只要静心研读，反复思考，定能悟出书中的"真谛"，如果每次都能从书本中悟出一些为人处世的哲学，日积月累，必将会开阔自己的胸怀和视野，在人生道路上少走弯路，对以后的人生也是一种指导。

东汉末年，有一个人叫董遇的人，少时家境贫寒，只能靠去田间卖苦力或走街串巷做些贩夫走卒的活计来养活自己。但无论做什么，走到哪里，环境多么恶劣，他总是随身携带着一些书，只要一有空就会孜孜不倦地读起来。后来，他发达了，做了官吏，仍坚持博览群书，不断丰富自己的学识，最终成了远近闻名的大学问家。

董遇成名之后，一时间很多俊杰才子慕名而来，想要拜他为师。这其中就有一个叫李尧的书生，李尧是董遇的同乡，少年时就研读了很多书籍，待年龄稍大些，渐渐喜欢上了历史典藏。初见面，一番寒暄之后，董遇问："年轻人，给你一本书，你会去读几遍？"

李尧恭敬地作了个揖，谦卑地答道："三遍。"

董遇说："此话不假？"

答曰："是真的读三遍。"

董遇很失望，摆摆手对他说："年轻人，你还是回去吧。"

李尧不解："先生，此话何意？我是诚心诚意地来向您拜师学习的，您为什么不肯收下我呢？"

董遇回答道："不是我不想留你，也不是你资质不够，我觉得你没有悟出治学的精髓所在。在你来此之前，早已有很多人来向我请教学习的方法，其实，也谈不上什么高深方法，我只是读书读的遍数多罢了。"

李尧满脸困惑地问："先生会读多少遍呢？"

董遇笑了笑说："文章至少要一口气先读上百遍。我觉得一篇文章如果不读很多遍的话，是很难理解文章的真正含义的。"

古人所谓"书读百遍，其义自见"，说的就是这个道理。人们常说的"熟读唐诗三百首，不会作诗也会吟"也强调了精读和多读在学习中的重要性。孔子读《易经》至"韦编三绝"，不知翻阅了多少遍。宋代大才子苏东坡满腹经纶，读《阿房宫赋》，夜不能寐，秉烛夜读，直到四鼓时分仍不肯休。

鲁迅先生少时在课桌上刻"早"字，勉励自己勤奋，早已为我们所熟知。青年时，鲁迅在江南水师学堂读书，经常会准备几本书和一串红辣椒。每当晚上读书寒冷难耐的时候，又或者是夜深人静读书犯困的时候，就放一颗红辣椒进嘴里，慢慢嚼着，直到辣得唇齿发麻，四肢冒汗，困意全无，然后继续挑灯读书。由鲁迅先生的这个小故事，可以看到，"读书百遍"并不仅仅指读书的次数，还要有一种锲而不舍的刻苦精神，"其义才能自见"。鲁迅正是凭着这种驱寒读书的精神，成了中国现当代文学的一面旗帜。

无独有偶。我国著名的数学家张广厚，有次看到了一篇论文，觉得很适合自己的研究领域，于是就多次反复研读。这篇共十多页的论文，他反反复复地读了半年之久。因为多次翻阅，纸张泛黄，页面也已卷曲，他的妻子对他开玩笑说："这哪叫读书啊，这简直就是'吃书'啊。"

种种事迹表明，读书对做学问的重要性是不容置疑的，但我们也会疑惑：人生命短暂，日常琐事繁多，用在读书上的时间更是少之又少；加之，在当今这个信息爆炸的年代，生活节奏加快，书读百遍，更是不可能，哪能挤出那么多时间在一本书或一篇文章上？这确实是一个很难回答的问题。

在前面董遇与李尧的故事中，李尧也问了董遇同样的问题。董遇答曰："读书时间就是挤出来的。冬天，大雪纷飞，无处劳作，人们都躲在屋子里取暖休息，这是读书时间；晚上，万籁俱寂，这也是读书时间；雨天，道路泥泞，人们不能出门劳作，这也是读书时间。你可以把这些时间利用起来读书呀！可以把它归结为'三余'，即冬者岁之余，夜者日之余，阴雨者晴之余也。”

董遇的“三余”，用我们今天的话来概括就是：冬天是空闲的时间，夜晚是空闲的时间，阴雨天是空闲的时间。如果我们能抓住生活中的这些相对空闲的时间，何愁没有时间读书呢？

清朝一代名臣曾国藩是一个治学严谨、博览群书的理论家和古文学家。他一生以“勤”“恒”两字勉励自己，教育家里的子侄。他说：“百种弊病皆从懒生，懒则事事松弛。”他抓住日常生活中一切能读书的机会，甚至死前一日仍手不释卷。曾国藩曾经说过读书时要有“耐”字与“专”字诀，专穷一经，不可泛骛，今日不通，明日再读；今年不精，明年再读。

世间万象，皆为身外之物，唯有多读书，读好书能够启迪人的灵魂，让人心领神会，耳聪目明，志存高远。一本好书，就如夏日午后的清茶，淡淡的，让人沉醉，它可以在夏日里读出雪意，于山间闻到泉鸣。书在某种程度上说是社会文明的载体，也是人类进步的标志。

一本好书，可以改变人们看待事物的方式，改变人们的思维习惯，影响人们处事的行为方式，进而影响人们每天的生活，甚至可能会改变人一生的命运。古人所说：“书中自有颜如玉，书中自有黄金屋”。书只有反复阅读，才能体会到其中的妙处，才能够从懵懂无知走向睿智豁达。爱迪生说：“要让书成为自己的注解，而不要做一颗绕书本旋转的卫星，不要做思想的鹦鹉。”那就让我们先从熟读开始吧，做到每一本书都“书读百遍，其义自见”。

⊙ 好记性比不上烂笔头 ⊙

民间有句谚语叫：“好记性比不上烂笔头。”说的是不管一个人记忆力多好，都会有忘事的时候，如果能养成在纸上多写几遍，或遇事记下来的习惯，就会好很多。其实，这句话出自我国明朝著名文学家张溥的故事。

话说张溥年少的时候，天资愚笨，记忆力很差，在学堂读书的时候，老师说过的话，张溥经常是这个耳朵进那个耳朵出，一转眼就忘个干净。但张溥并没有为此气馁，反而读书愈加刻苦认真，心想：“别人读一遍就能记住，那么我就读两遍。”一段时间之后，张溥发现这个方法虽然有效，但是效果并不是很理想。有一次，张溥又把老师教过的文章，忘了个干净，一个字也想不起来，老师气极了，罚他把文章抄写十遍。张溥心中十分不情愿，觉得抄写十遍也没什么意义而且浪费时间，但是最终他还是认真按照老师的要求做了。没有想到的是，到了第二天，张溥竟然能流利地背诵出了自己抄写的文章。张溥非常高兴，发现原来动手把文章抄多遍对加强记忆有这么好的效果。从此以后，凡是重要的文章或是自己认为很优美的段落，他都会主动地抄写几遍，这样很快都能背出来，而且以后写文章时，一些语段也能信手拈来。

无论对于学习还是对于日常工作而言，勤动笔做记录都是一个良好的习惯，做笔记有利于整理自己的思维，帮助我们学习和记忆。在日常的学习过程中，及时的做笔记，可以使注意力更加集中到学习的内容上，同时做笔记的过程也是一个积极思考的过程，可以充分的调动眼、脑、手一齐活动，促进对所学知识的理解，同时做笔记还有防止遗忘、方便查询等功能。

美国著名心理学家巴纳特为了研究在听课学习的过程中，做笔记的学生与不做笔记的学生学习效果究竟有多大的区别，曾经以大学生为对象做了一个实验。他提供给大学生们一份大约有 1800 个单词的介绍美国公路发展史的学习材料，并且以每分钟大约 120 个词的中等语速读给他们听。实验过程中，他把参加实验的大学生平均分成 3 组，要求每组学生以不同的方式进行学习。第一组为做摘要组，即要求他们一边听课，一边摘出要点；第二组为看摘要组，即首先给他们提供已经做好的学习要点，他们在听课的同时就可以参考这些学习要点，而自己不用动手做笔记；第三组为无摘要组，只是要求他们听讲，不给他们提供学习要点，也不要求他们自己动手做笔记。当三组学生完成学习之后，统一对所有的学生进行回忆测验，检查对文章的记忆效果。

实验结果表明：第一组学生在听课的同时，自己动手写摘要做笔记，考试成绩最好；在学习的同时有学习要点可以参考，但是自己不用亲自动手做笔记的第二组学生考试成绩次之；而单纯听讲而不做笔记，也看不到学习要点的第三组学生考试成绩最差。

通过这样一个实验可以充分表明做笔记对学习的重要作用。也许有人会说“我的记忆力好用不着这么做”，但是在学习的过程中亲自动手去做笔记会起到事半功倍的作用。因为学习过程中，当一个人拿起纸和笔思考问题时，注意力很自然地高度集中，这样就有助于更全面地考虑问题，不但可以把学习的要点条理清楚的罗列出来，而且，还可以引出许多细节，帮助对所学内容更加深入的理解。相反，如果一个人只是呆呆地坐那儿想问题，思维就会很容易发散，不由自主就走神了，那么他就难以深入，全面地思考问题。

有这样一个视频，飞机正在机场跑道上滑行，做起飞前的加速，副驾驶员手中捧着飞行手册，依照手册上的顺序逐条朗读飞行指令，旁边的驾驶员则依照顺序，一边复述听到的飞行指令一边按照自己复述的指令执行动作，操纵飞机。其实每个驾驶员都可以说是身经百战，经历了无数次的起飞和降落。对于这样操作指令绝对是熟悉得不能再熟悉。可是他们为什么还要这样死板地对着飞行手册一边朗读，一边复述，然后才去执行动作呢？这就是我们俗话说的“好记性比不上烂笔头”。

“好记性不如烂笔头”这个道理已经说得很清楚，在日常的工作、学习中，做笔记不但可以加深你的记忆，提高你的学习效果，而且，还可以帮助你成为一个工作高效、办事有条理的人。所以从现在开始，让你的双手变得勤快，不要再吝惜你的纸和笔，随手记下生活中的点点滴滴，这些点点滴滴汇集起来必将成为你人生当中最宝贵的一笔财富。

⊙ 若得惊人艺，须下苦功夫 ⊙

一朵娇羞的花儿，开在春风中，引来踏青游人的不断地赞美，但要知道，花儿如果没有经历种子最初的黑暗、破土而出的艰难，以及成长中所经受的风吹雨打，是不能开得如此娇美的。只有经历过地狱般的磨炼，才能练就创造天堂的力量；只有磨出茧的手指，才能弹出凄婉的绝唱。要知道“若得惊人艺，须下苦功夫”。著名科学家霍金就是很好的例子。

史蒂芬·霍金，1942年出生于英国。但不幸的是，在他青春年少时，就身患绝症，然而他并没有被病魔击垮，反而坚强不屈，战胜了病痛的折磨，成为一位举世瞩目的科学家。

霍金从在牛津大学毕业之后，就立即进入剑桥大学攻读研究生学位，这时他却被诊断出患了罕见的“卢伽雷病”。不久之后，霍金就完全瘫痪了，失去了行动的能力。1985年，不幸再次降临，霍金因感染肺炎进行了穿气管手术，从那之后，他就完全不能说话，只能依靠安装在轮椅上的对话机以及语言合成器与人进行对话；但他仍然坚持学习，看书要依赖一种机器帮助他翻动书页，读文献时需要请人将每一页都一一摊开在书桌上，然后他自己驱动轮椅挪动着地逐页去阅读，即使这样，他也没气馁，坚持不懈。

霍金用我们常人都无法比拟的毅力，不断地探索，不断地前进，最终成为世界公认的科学巨人。霍金在剑桥大学曾担任过的卢卡逊数学讲座教授一职，他的黑洞蒸发理论和量子宇宙论不仅在自然科学界引起强烈的反响，并且对哲学和宗教也有深远的影响力。

勤奋出才能，勤奋出成果，成功必然要经历刻苦，刻苦是成功的敲门砖。正如爱因斯坦所说：“人们把我的成功，归因于我的天才；其实我的天才只是刻苦罢了。”所有这些伟大人物的言谈和行动，都在告诉我们，“若得惊人艺，须下苦功夫。”我们也要认识到，付出不一定能有回报，但想要回报，就一定要付出。因为只有付出了，你才有机会，才有成功的可能。如果不思进取，害怕困难而不去付出，失掉的不仅是经历的乐趣，更是成功的机会。

⊙ 不怕学问浅，就怕志气短 ⊙

这里有两个小故事：

汉朝时有个大学问家叫孙敬，他年少的时候特别爱学习，记忆力也非常好，从小就立志做一个有学问的人，故而经常晚上读书到深夜。但是读书的时间长了，有时不免打起瞌睡，醒来后孙敬常常因为自己贪睡而懊悔不已。有一天，孙敬依然在书房里读书，当他抬头思考的时候，目光停在房梁上，顿时眼睛一亮，想出一个克服犯困的办法。他随即找来一根绳子，把绳子的一端系在房梁上，而另一端系在自己的头发上。这样，一旦他累了困了想要睡觉时，只要一低头，绳子就会猛地拽一下他的头发，产生的疼痛就会使他惊醒并且困意全无。从这以后，孙敬每天晚上读书时，都用这种办法克服自己的困意，发奋苦读，刻苦学习，终于成为一名通晓古今、博学多才的大学问家。

战国时期，有一个大谋略家叫苏秦，同时也是非常有名的政治家。苏秦年轻的时候，由于学问不深，虽然到过许多地方做事，但是都不被重视。回家后，就连他的家人也对他也很冷淡，看不起他。这个事情使苏秦深受打击，所以，他立志要发奋读书。他常常读书到深夜，每当困意来袭想睡觉时，就拿出一把锥子，一打瞌睡，就用锥子在自己的大腿上刺一下。这样，就会突然感到疼痛，使自己清醒过来，坚持读书。

这就是历史上“头悬梁、锥刺股”的故事。这两个故事虽然是说刻苦学习的，但我们也能从其中看出其他方面的道理。两个人之所以要如此刻苦，就是因为觉得自己的学问浅。同时，他们如此刻苦，则是因为有一番成大业、做大事的志气。正是有这样一种志气，他们才会有这样的行为。由此可见要想达到一定的学问，成就一番事业需要从小就要立下远大的志向，培养自己坚强的意志并付出艰苦的努力。而这其中，立志是取得成功的关键因素，没有志气的人会随波逐流，也不可能会磨炼出坚强的意志，最终只能是碌碌无为一生。老人们常说“学在苦中求，艺在勤中练。不怕学问浅，就怕志气短”，说的就是这个道理。

古代大思想家墨子有这么一句话：“志不强者智不达。”就是说没有远大志向、意志不坚强的人，学问也不会做得很好。一个有高远志向的人，为了达到一个坚定的信念，可以不顾一切，勇敢面对各种各样的挫折和困难，排除前进道路上的所有障碍，义无反顾，大步前进。

司马光是我国北宋时代的大学问家。他小时候可是一个贪玩贪睡的孩子，和哥哥弟弟们一起学习，因为记忆力比较差，为此他没少受先生的责罚和同伴的嘲笑，在先生的谆谆教诲下，他立志要改掉这些坏毛病。为了提高记忆力，每当老师讲完书，哥哥弟弟们读上一会儿，勉强背得出来，便一个接一个丢开书本，跑到院子里玩。只有他不肯走，轻轻地关上门窗，集中注意力高声朗读，读了一遍又一遍，直到读得滚瓜烂熟，合上书，能够不错一字地背诵，才肯休息。

为了克服睡懒觉的坏习惯，他就在睡觉前刻意喝满满一肚子水，结果早上没有被憋醒，却尿了床。后来聪明的司马光把圆木枕头放到硬邦邦的木板床上，因为圆木枕头放到木板床上极容易滚动。只要稍微动一下，它就滚走了。头跌在木板床上，“咚”的一声，他惊醒了就会立刻爬起来读书。司马光给这个圆木枕头起了个名字叫“警枕”。

司马光即使做了官之后还是刻苦地学习，一直坚持不懈，终于成了一个学识渊博的在大学问家，并写出了《资治通鉴》这样的惊世之作。而这些，都是因为他有一个伟大的志向。

“有志者事竟成，破釜沉舟，百二秦关终属楚；苦心人天不负，卧薪尝胆，三千越甲可吞吴”。无论现在的学问是深是浅，只要有志气，就一定能够能成事情。相反，就算现在学问很高，但是没有远大的志向，也只会是原地踏步，最终会被其他人超越，因为“学如逆水行舟，不进则退”。因此我们说“不怕学问浅，就怕志气短”。

⊙ 天才出于勤奋 ⊙

所谓天才，就是努力的力量。没有加倍的勤奋，就既没有才能，也没有天才。

有句老话叫“天道酬勤”，也就是说天意总是厚报那些勤劳、勤奋的人。

迷信天意固然是虚幻的，但只要你付出了努力，你的一生就一定会向积极的方向转变。相信“工夫不负有心人”的真理，不投机不取巧，踏踏实实做人做事，你就一定能够成功。这个世界上，并没有真正的天才，有的只是一种天分，如果只依靠天分，就会越来越怠惰，越来越消沉，直至天分耗尽，最终一事无成。勤奋却能够将天分变为天才，只有勤奋，才能让人永远追求进步，永不停息。

从某种意义上讲，推动世界前进的人并不是那些所谓的天才，而是那些非常勤奋、埋头苦干的人，是那些不论在哪一个行业都勤勤恳恳、劳作不息的人们。

人的一生是短暂的。一个人在短暂的一生中真正要成就一番事业，那就一定要勤奋。大凡事业有成者，无一不是事业的勤奋、执着的追求者。

勤奋出才能，勤奋出成果。勤奋是成功的支点。大千世界，五彩缤纷，人们很容易左顾右盼、见异思迁。但天才和灵感的女神，往往钟爱的只是不畏辛劳、甘洒血汗的勤奋者。我们应该看到，“勤”和“苦”总是紧密相连，如影随形。一切天才的机遇和灵感，从来都是以勤奋为前提的。勤奋不仅意味着吃苦与实干，而且必须持之以恒，百折不挠，才有可能叩开成功的大门。我国国画大师齐白石，年轻时就坚持每日作画，除身体不适和心情不好的几日外，无一日不动笔。正是这锲而不舍的勤奋，最终使他誉满世界。著名数学家陈景润，在六平方米的住处终日辛劳，奋战十年，在数学王国里为摘取哥德巴赫猜想这颗明珠做出了杰出贡献。勤奋便是他们成功最大的秘诀。实际上，“业精于勤”、“勤能补拙”，这其中的道理对任何人都适用。

有人说过世界上能登上金字塔的生物有两种：一种是鹰，一种是蜗牛。天资奇佳的鹰和资质平庸的蜗牛，能登上塔尖，极目四望，俯视万里，都离不开两个字——勤奋。

一个人的进取和成才，环境、机遇、天赋学识等外部因素固然重要，但更重要的还是自身的勤奋与努力。缺少勤奋的精神，哪怕是天资奇佳的雄鹰也只能空振双翅，望塔兴叹；有了勤奋的精神，哪怕是行动迟缓的蜗牛也能雄踞塔顶。

有一分劳动就有一分收获，“天才出于勤奋”是一条不灭的真理。

⊙ 常说口里顺，常做手不笨 ⊙

爱迪生说：“天才是百分之九十九的汗水，再加上百分之一的灵感。”意思是说即使是天才也要流百分之九十九的汗水，再加上百分之一的灵感才会有成就。这就是勤奋的人们不断奋斗得出的至理名言。古今中外有成就的人不胜枚举，他们并非生下来就是天才，他们的才华也不是与生俱来的。他们的巨大成果都是通过他们不辞劳苦所取得的。这里所说的勤奋，也正是接下来要讲的，要常说常做，勤于动口和动手，正所谓："常说口里顺，常做手不笨。"

如果说梦想是成功的起跑线，决心是起步时的枪声，那么勤奋则如起跑者全力的奔驰，唯有坚持到最后一秒的，方能取得成功的锦旗。

司马迁幼年是在韩城龙门度过的。龙门在黄河边上，山峦起伏，河流奔腾，风景十分壮丽。这条中华民族的母亲之河滋养了幼年的司马迁。他常常帮助家里耕种庄稼，放牧牛羊，从小就积累了一定的农牧知识，养成了勤劳艰苦的习惯。在父亲的严格要求下，司马迁10岁就阅读古代的史书。他一边读一边做摘记，不懂的地方就请教父亲。由于他格外勤奋和绝顶聪颖，有影响的史书都读过了，中国三千年的古代历史在头脑中有了大致轮廓。后来，他又拜大学者孔安国和董仲舒等人为师。他学习十分认真，遇到疑难问题，总要反复思考，直到弄明白为止。在父亲的熏陶下，他从小立志做一名历史学家。

一天，快吃晚饭了，父亲把司马迁叫到跟前，指着一本书说："孩子，近几个月，你一直在外面放羊，没工夫学习。我也公务缠身，抽不出空来教你。现在趁饭还不熟，我教你读书吧。"司马迁看了看那本书，又感激地望了望父亲："爸爸，这本书我读过了，请你检查一下，看我读得对不对。"说完把书从头至尾背诵了一遍。

听完司马迁的背诵，父亲感到非常奇怪。他不相信世界上真有神童，不相信无师自通，也不相信传说中的神人点化。可是，司马迁是怎么会背诵的呢？他百思不得其解！

第二天，司马迁赶着羊群在前面走，父亲在后边偷偷地跟着。羊群翻过村东的小山，过了山下的溪水，来到一片洼地。洼地上水草丰美，绿油油的惹人喜爱。司马迁把羊群赶到草地中央，等羊开始吃草后，他就从怀中掏出一本书来读，那朗朗的读书声不时地在草地上萦绕回荡。看着这一切，父亲全明白了。他高兴地点点头，说："孺子可教！孺子可教！"

从20岁起，司马迁开始到各地游历，考察历史和风土人情，为他日后编写史书提供了充足的史料。做太史令后，他常有机会随从皇帝在全国巡游，又搜集了大量的历史资料，还了解到统治集团的许多内幕。他还如饥似渴地阅读宫廷收藏的大量书籍。就在他写《史记》的时候，为李陵说情触犯了汉武帝，被关入监狱，判处了重刑。司马迁出狱后继续写作，经过前后10年艰苦的努力，终于写成了《史记》。这部巨著，对后世史学与文学都有深远的影响。

人的才能不是天生的，是靠坚持不懈的努力，靠勤奋换来的。科学家诺贝尔就是很好的例子。

诺贝尔的父亲是一位颇有才干的机械师、发明家，但由于经营不佳，屡受挫折。后来，一场大火又烧毁了全部家当，生活完全陷入穷困潦倒的境地，要靠借债度日。父亲为躲避债主离家出走，到俄国谋生。诺贝尔的两个哥哥在街头巷尾卖火柴，以便赚钱维持家庭生计。由于生活艰难，诺贝尔一出生就体弱多病，身体不好。当别的孩子在一起玩耍时，他却常常充当旁观者。童年生活的境遇，使他形成了孤僻、内向的性格。

诺贝尔到了8岁才上学，但只读了一年书，这也是他所受过的唯一的正规学校教育。到他10岁时，全家迁居到俄国的彼得堡。在俄国由于语言不通，诺贝尔和两个哥哥都进不了当地的学校，只好在当地请了一个瑞典的家庭教师，指导他们学习俄、英、法、德等语言，体质虚弱的诺贝尔学习特别勤奋，他好学的态度，不仅得到教师的赞扬，也赢得了父兄的喜爱。然而到了他15岁时，因家庭经济困难，交不起学费，兄弟三人只好停止学业。诺贝尔来到了父亲开办的工厂当助手，他细心地观察和认真地思索，学到了很多知识。

1850年，诺贝尔出国考察学习。两年的时间里，他先后去过德国、法国、意大利和美国。由于他善于观察、认真学习，知识迅速积累，很快成为一名精通多种语言的学者和有着科学训练的科学家。回国后，在工厂的实践训练中，他考察了许多生产流程，不仅增添了许多的实用技术，还熟悉了工厂的生产和管理。就这样，在历经了坎坷磨难之后，没有正式学历的诺贝尔，终于靠刻苦、持久的自学，逐步成长为一个科学家和发明家。

诺贝尔的母亲去世后，他把30亿瑞典币——一生的财产，全部捐献给了慈善机构，只是留下了母亲的照片，以作为永久的纪念。后人为了永远记住他，以他的名字命名的科学奖，已经成为举世瞩目的最高科学大奖。

是什么使不起眼的小男孩变成举世瞩目的科学巨人？是靠坚持不懈的努力。

勤奋出才能，勤奋出成果，古今中外都不例外。王祯是中国著名的农业学家。他走遍了南北方的十七个省区，经过十几年时间，才编成了巨著《农书》。书刚问世不久，王祯就去世了。《农书》的规模宏大，范围广博。全书共三十七卷（现存三十六卷，另有编成二十二卷的版本，内容相同），大约十三万字，插图三百多幅。其中包括《农桑通诀》《百谷谱》和《农器图谱》三大部分，既有总论，又有分论，图文并茂，系统分明，体例完整。

这样的例子不胜枚举。正如爱因斯坦所说："人们把我的成功，归因于我的天才；其实我的天才只是刻苦罢了。"

著名的数学家华罗庚先生说："勤能补拙是良训，一分辛劳一分才。"勤奋终能越过暂时的失败和挫折，而最后取得成功。

⊙黑发不知勤学早，白首方悔读书迟⊙

"燕子去了，有再来的时候；杨柳枯了，有再青的时候；桃花谢了，有再开的时候；时间逝了，却永远不能挽回。"是啊！时间飞逝，不可再来。我们要明白，珍惜时间，就是珍惜生命。因为"燕子""杨柳""桃花"我们可以明年再见到，唯独时间，逝去了，就不会再来。

颜真卿《劝学》中有这样一句话："三更灯火五更鸡，正是男儿读书时。黑发不知勤学早，白首方悔读书迟。"年轻的时候不努力奋斗，学到一身本领，成就一番事业。到老了，一头白发的时候再去努力，再去学习，纵是悲伤难过，也是徒劳无益。这告诫我们应该珍惜现在的大好光阴。

古往今来，会有许许多多人，等他们到了白发苍苍的年纪，读到这首诗的时候，都会感叹自己蹉跎了岁月。如果时光可以倒流，他们肯定会珍惜时间。"黑发"所概括的是一个人人生最得意的时候，也就是从少年时代到成年时代，这个时期是每个人一生中最宝贵的时期。在这个时期，我们思维敏捷、激情澎湃、体力充沛、想象力丰富、勇于冒险，正可谓是"敢想敢做敢为"的大好时刻。遍观历史上有大作为的人，他们不管是在学业上的追求还是在事业上的成功，大抵都是在"黑发"时期实现的。一个人如果没有好好地利用这段宝贵的时间，实现自己的"理想壮志"，或者为实现自己的"理想壮志"打下坚实的基础，他这一辈子很难有所作为了。因为到了"白发"时期，即使你还有少年时的激情，勇气和信心，但可能会有力不从心之感了。珍惜时间莫浪费，人生能有几度青春可以任我们虚度？古代贤哲孔子说过："四十、五十而无闻焉，斯亦不足畏也已。"他的意思是说，如果人到了40岁，至多50岁，还没有做出一番事业，他一辈子也不可能再有什么更好的突破了。宋代名将岳飞在他的名作《满江红》里表达了他对人生的态度："三十功名尘与土，八千里路云和月。莫等闲，白了少年头，空悲切。”他更以自己短暂而荣耀的一生，给予后人鼓舞和鞭策。

再看这首《明日歌》：“明日复明日，明日何其多？我生待明日，万事成蹉跎！世人若被明日累，春去秋来老将至。朝看水东流，暮看日西坠。百年明日能几何？请君听我《明日歌》。”这首诗歌让我们明白：不要逃避今日，把万事都推到明日去做，而让无数个今日白白浪费的。耳边似乎传来“寒号鸟”在寒冷的冬夜微弱的叫声：“寒风冻死我，明日就垒窝。”

茂密的大森林里住着一群无忧无虑的鸟儿，它们晨起歌唱，一天辛勤劳作。传说有一种鸟儿，名叫寒号鸟。寒号鸟全身长满了光滑绚丽的羽毛，十分美丽。寒号鸟为此骄傲极了，它整天摇晃着羽毛，飞到这棵树上闲逛一下，飞到那棵树炫耀一番，觉得自己是森林里最漂亮的鸟儿了，连凤凰也不能与它相媲美。

美好的季节过去了，秋风萧瑟，森林里的鸟儿们都开始各自忙开：候鸟们不畏艰难险阻，不远千里结伴飞到南方去了，准备在那里度过温暖潮湿的冬天；选择留在森林里度过冬季的鸟儿，整天辛勤忙碌，囤积窝巢过冬的粮食，搭建温暖的巢穴，为过冬做好积极的准备。唯独寒号鸟还在闲着晒太阳，既没有飞到南方去；也不愿辛勤劳动，搭建温暖的巢穴。它反而嘲笑其他的鸟儿，不及时享受现在温暖的阳光，去做那些无用的事情。它仍然是整日东游西荡的，炫耀自己身上漂亮的羽毛。

很快，树叶落光了，寒冷的冬天到来了，鸟儿们都躲到自己温暖的窝巢里，安逸地睡着。懒惰的寒号鸟没有巢穴。在寒冷的冬夜，它只好躲在石缝里，冻得浑身直哆嗦，不停地叫着：“寒风冻死我，明日就垒窝……”天亮了，太阳出来了，温暖的阳光照耀着大地，寒号鸟却又忘记了夜晚的寒冷，心想：先享受阳光吧，明天再开始垒窝也不迟。等到了晚上，寒号鸟又开始叫了：“寒风冻死我，明日就垒窝。”但是第二天它又把垒窝的事推到明日，明日复明日……日子一天天的流逝，寒号鸟始终没有履行自己的诺言，建造自己的巢穴。夜晚仍旧扑打着翅膀在寒风中哆嗦着“寒风冻死我，明日就垒窝”。春天还没来，寒号鸟已被冻得奄奄一息了，但嘴里还在微弱地喊着“寒……风……冻……死我，明日……”。

因此，时间对于每个人来说都很重要。要接受寒号鸟的教训，不要把什么事，都推到明日。今日的事情今日做，珍惜现下时间。不要“白头”再嫌时间少。

鲁迅先生曾说过：“节约时间就等于延长一个人的生命”，鲁迅非常珍惜宝贵的时间。他的身体状况一直不是很好，加之，在那个年代，他的工作、生活条件都很恶劣，但他每天都要坚持写作到深夜，白天也很少有闲暇时间休息，实在困了，就和衣躺到床上打个盹，醒后泡一杯浓茶，抽一支烟，又继续写作。

让我们最好不要再感叹逝去昨天了，因为不会再来；也不要把事情拖到明天，明天可能还有更重要的事等着你去做。我们最应该珍惜的是“现今”，一个我们唯一能抓得住的美好时间。正如文嘉先生所说：“今日复今日，今日何其少！今日又不为，此事何时了？人生百年几今日，今日不为真可惜。若言姑待明朝至，明朝又有明朝事，为君聊赋《今日诗》，努力请从今日始。”把握现在，不要到老了才有“黑发不知勤学早，白首方悔读书迟”的感叹。

⊙ 工多出巧艺 ⊙

付出了，必然有所回报的。我们周围一些人，尝试了很多的工作，最终没有一样是干成的。于是就整天自怨自艾，抱怨上天对自己不公。却不想，一个人做事的时候，从不专一，喜欢东一榔头西一棒槌，这样怎么可能成功。成大器者，必然会在一处下苦功夫，认准了的事，埋头苦干，坚持不懈地走下去，最终都会成功的。

人生境界的提升，最需要的是专注。专注于学习，学有所得；执着于事业，业有所成。在人生道路上，专注给人激情、给人定力，让普通走向伟大，让平凡成就卓越。

常言道，“功贵其久，业贵其专”。做一件好事不难，做一时好人不难，难的是一生专注、一生执着。对人亦如此，对一个专注区域开发，深化区域市场价值、坚持品质、品牌发展的房产企业而言更显可贵。

孔子勤学苦读，“韦编三绝”，最终获得高深的智慧，被奉为圣人。汉代学者董仲舒为著书立说，“三年不窥园”，心无旁骛，专心致志，终成一代鸿儒。唐朝大诗人李白观“铁杵磨针”而发愤读书，亦有所成。

把每一件简单的事做好就是不简单，把每一件平凡的事做好就是不平凡。

从 1990 年，第一家中国麦当劳餐厅在深圳开业起，目前已有 670 家麦当劳餐厅分布于全国，“M”标志几乎随处可见，员工人数也超过 5 万。了解麦当劳不妨从三个数字开始：60、30、4。

60 秒。顾客从付钱到下单，到拿到食物，这一整套工作流程必须要在 60

秒内完成，这是麦当劳对每位顾客的承诺；

30分钟。每隔30分钟，麦当劳的保洁工必须要对店内进行一次全面的清扫；

4℃。可乐在4℃时口感最佳，麦当劳就力争做到每一杯递到顾客手中的可乐都要保持在4℃。

60秒、30分钟和4℃，这看似普通的数字，在麦当劳却演绎成了快捷、舒适和美味的代名词。从细微处着手，标准化的操作流程，把每一个细节都做到极致，这就是麦当劳成功的秘诀，他们的“良苦用心”，带来了顾客的口碑，也带来了丰盈的收益。

如果让一个训练有素的员工每天擦桌子六次，他会不折不扣地执行，每天都会坚持擦六次；可是如果让一个没有经过严格训练的人去做，那么他在第一天可能擦六遍，第二天可能擦六遍，但到第三天可能就会降为五遍，第四可能就是四遍，甚至三遍，到后来就不了了之。由此可见，做好一件事简单，把每件简单的事都做好就是不简单。慢工出细活，十年磨一剑。认真做事只是把事情做对，用心做事才能把事情做好。

成功的人和企业大都有自己的绝招，所谓绝招，就是用细节的功夫堆砌出来的，简单的招式练到极致就是绝招。正所谓小事成就大事，细节成就完美。管理学上说，细节决定成败。细节是一种创造，细节也是一种功力。细节表现修养，细节体现艺术，细节隐藏机会，细节凝结效率，细节产生效益。

有的人囫囵吞枣，只学到皮毛便自以为是，这种浅尝辄止的行为，结果只会适得其反。商场如战场，想要创造财富，就要多花些工夫，好好磨炼出一身真功夫——专注、执着、注重细节。俗话说，磨刀不误砍柴工。刀磨得越锋利，砍柴的效率自然就会越高。不经过一番努力，就想有所成就，无疑是建造空中楼阁的妄想。

《百喻经》中讲述这样一个故事：

在很久以前，有一位财主到朋友家做客。他看到朋友的新屋，宽敞明亮，高大壮丽，心里非常羡慕。于是，他找来工匠说：“你们照着样子给我盖，记住要三层楼，要和那幢一模一样。”

工匠们答应了，便开始画图、备料、挖地基。财主来到工地，东瞅瞅，西瞧瞧，看到工匠忙忙碌碌，十分纳闷，便问正在打地基的工匠：“你们这是在干什么？”

“我们照您吩咐在建造楼房啊。”工匠答道。

“不对，不对。我只要最上面的那层，下面的我不要，快拆掉。只造最上面的那层。”

工匠们听后哈哈大笑，说：“只要最上面那层，我们不会造，你自己造吧！”

工匠们走了，傻财主望着房基发愣。他不知道，只要最上面一层，不要下面两层，那是再高明的工匠也造不出来的。

分析世界500强企业的成功之路，会发现500强的管理和经营细致入微，精益求精。精细的管理和营销孕育出尽善尽美的产品和服务——这是企业做大做强的真谛。空中楼阁犹如无源之水，无本之木。吸收他人的成功经验，就是“站在巨人的肩膀上”。站在巨人肩上，我们会看得更远，走得更远。

⊙十个空想家，抵不上一个实干家⊙

成功就像爬山，不要妄想着飞到顶峰，而要靠一滴滴汗水加上一个个脚印地去攀登，一蹴而就只能是一厢情愿的臆想。那些不想付出却幻想坐享其成的人永远是被讽刺的对象。一个人如果只会想，却不能做，那他永远不可能成功。

梦想在任何时候都是一种支持生命的力量，失去它，生命就会枯竭。梦想是每一个奋斗者的热烈企盼和向往，是每一个奋斗者为之倾心的夙愿。在它的推动下，人就能够被激励、鞭策，处于一种昂扬、激奋的状态下，去积极进取，向着美好的未来挺进。

人应当志存高远，但梦想的价值是指引行动，从而使梦想成为现实。梦想如果缺乏行动的支持，就会成为空想。满脑子空想的人是最可悲的，穷尽此生，他们将一无所获。

一位乡下小伙子登门拜访一位老诗人。小伙子自称是一个诗歌爱好者，从7岁起就开始进行诗歌创作，但由于地处偏僻，一直得不到名师的指点，因仰慕老诗人的大名，故千里迢迢前来寻求文学上的指导。

这位青年诗人虽然出身贫寒，但谈吐优雅，气度不凡。老少两位诗人谈得非常融洽，老诗人对他非常欣赏。

临走时，青年诗人留下了薄薄的几页诗稿。

老诗人读了这几页诗稿后，认定这位乡下小伙子在文学上将会前途无量，决定用心指点他，于是，他们开始书信往来。

但是，这位青年诗人以后再也没有寄诗稿来，信却越写越长，奇思异想层出不穷，大谈特谈文学问题，语气越来越傲慢。

老诗人忍不住了，在信中提出想看看年轻人有什么新作问世，但年轻人总是含糊其词，说自己正在创作一部长篇史诗。几个月过去了，这部“巨作”似乎还只是停留在他的脑海里……

转眼间，一年过去了。

青年诗人继续给老诗人写信，但从不提起他的大作品。信越写越短，语气也越来越沮丧，直到有一天，他终于在信中承认，长时间以来他什么都没写，以前所谓的大作品根本就是子虚乌有之事，完全是他的空想。

很久以来他就渴望成为一个大作家，周围所有的人都认为他是个有才华、有前途的人，他认为自己是个大诗人，必须写出大作品。在想象中，他感觉自己和历史上的大诗人是并驾齐驱的。空想似乎已经耗尽了他的激情，他现在什么也写不出了。

从此后，老诗人再也没有收到这位青年诗人的来信。

十个空想家也抵不上一个实干家，因为空想家将生命浪费在构建空中楼阁的时候，务实的人们早就一步一个脚印，开始创造属于自己的一切了。两者的区别显而易见。幻想写出长篇巨作的年轻人，从未真正开始着手实现自己美好的愿望，最终贻误了自己的一生。空想对于我们的人生是多么危险，由此可见一斑。

这个世界上有太多思想的巨人，行动的矮子。行动面前，自己的空想就已经把自己打败了。而那些“思想单纯”的人呢？他们绝没有这样丰富到多余的想法。他们想到一件事，而且想去做，便做了，边做边想，有了问题修正，有了经验总结，原本 20% 的希望，却成就了 100% 的结果。

天地如此广阔，世界如此美好，我们不仅仅需要一对梦想的翅膀，更需要一双踏踏实实的脚，去开创我们的未来。

清谈者坐而论道，百无一用；空想者原地踏步，一事无成；唯有行动，才能让自身不断超越，变得越来越优秀。

⊙莫道君行早，更有早行人⊙

相信很多人都了解奋斗对于人生的意义，我们自己也确实每天都在奋斗着。但是，一般我们都更多地关注自身，而少去关注别人。所以，我们总是能看到自己的付出，却看不到别人的努力。当发现别人比我们强的时候，就会抱怨，就会不平，就会觉得人生失去了趣味；更有甚者，还会从此失去斗志，觉得自己无论多么努力，都得不到公平。

可是，仔细想想，真的是这样吗？我们真的比别人付出得更多吗？我们有没有真的去观察过别人的日常行事和付出的努力？恐怕，很多人都会说，没有。那么，这时候，我们就要仔细思考一下了。我们要静下心来想一想，自己是否真的像想象中的那么努力。

关于这点，我们可以先来看一个故事，看看别人是怎么去努力奋斗的。

欧阳修是我国著名的大文学家，位列唐宋八大家之一。连著名文学家苏轼也是他的学生，可见他的学问有多么精深。可是，你知道欧阳修的这些学问是怎么来的吗？靠天赋？靠领悟力？当然，这些都会有，但主要的还是靠他自己的努力。

欧阳修四岁时父亲就去世了，父亲没了以后，家里失去了依靠，变得异常贫寒，自然也就没有钱供他读书。可是，他们家是一个重视知识的家庭，他母亲觉得，人可以贫穷，但是不能没有知识。于是，就用芦苇秆在沙地上写画，教给小欧阳修写字。还教给他诵读许多古人的篇章。小欧阳修也很争气，他学习非常刻苦，虽然条件不好，但从不抱怨，而是每天兢兢业业，认认真真地写字、背书，知识积累也越来越多了。

到欧阳修年龄大些的时候，家里的书都早已经被他读完了，他便就近到读书人家去借书来读。当发现一本好书的时候，他还会把整本书抄下来，然后收藏。就这样，欧阳修凭借着夜以继日、废寝忘食的努力，一心致力于读书，才取得了后来的成就。

如今，很多学生都在抱怨自己的课业太重，抱怨没有时间去做些别的事情，还有的总是觉得自己已经很努力读书了，但成绩还是不好。他们不知道，其实原因不是出在别人身上，正是出在他们自己的身上。试想，如果他们能够做到像欧阳修那样，即使没有笔，在沙子上写字也要认真读书，还会有这样那样的抱怨吗？肯定不会了。所以，我们应该从刻苦奋斗的人身上学到东西，要明白，你本身认为的努力是没有多大意义的，跟人比较之后，发现比他人更努力才能说明问题。就像那句老话说的，“莫道君行早，更有早行人”。

其实人生就是如此，我们总是会高看自己一眼，会从自己的感受出发，得出一些结论，然后就把它们当作是真理。可是，我们的这些发现很多时候都是有很大的局限性的。

可是，相信还是有人会不以为然的，他们会觉得，欧阳修不过是个别的现象罢了。还会认为，时代不同，我们所处的环境不同，采取的应对方法也就应该不同。我们如今已经不需要像欧阳修那样了。可是，这里要说的是，虽然时代变了，环境变了，但是道理是不会变的。不管到什么时候，想要成功，想要有所成，就必须努力，而且还是要比其他人更加辛勤地努力。关于这点，除了欧阳修还有很多人都做得很好，下面，我们再举另一个例子。

孙康是晋朝人，从小就喜欢读书，可他家里很穷，父母没有钱供他读书，也没有钱给他买书。不仅如此，为了维持生计，孙康还不得不很小就跟着家人去干活。这样，孙康白天就没有读书的时间，可由于家里太穷了，晚上没有灯，孙康晚上虽然有时间，也不能读书。

于是，小孙康就去问父亲：“爸爸，为什么别人家里有油灯，可以照亮夜晚，而我们没有呢？”父亲看了看年幼的儿子，回答说：“灯油很贵，我们买不起，咱们要是买灯油的话，全家就都要饿肚子了。”小孙康听了后，若有所思地点了点头，从此再没提此事。

可是，环境的恶劣并没有阻挡住孙康求知的欲望，家里没书，就去借书读，屋里无光，就借着月光看书。

有一年的冬天，雪很大。夜晚的时候，月光皎洁，与地上的白雪交相辉映。孙康忽然发现，书上的字在雪地里突然变得很清楚。于是，他非常高兴，赶忙坐在雪地里看书，坐累了就躺在雪地里，借着雪的反射光线读书。此后，每当遇到下雪后天空出月亮，孙康都会不顾严寒，躺在雪地里读书，一读就是大半夜。时间长了，孙康的手脚都长满了冻疮，但是通过这种方法他读了很多的书，学到了很多的知识。最后，孙康终于学有所成，官拜御史大夫。许多人知道这个故事之后，感动得泪流满面，而孙康的故事，也被流传了下来。

看过这个故事后，是不是也会产生同样的感觉，那就是成功是来之不易的？是啊，任何东西都不会凭空从天上掉下来的，想想看，天上连个馅饼都不掉，还会掉给你成功的机会吗？那些获得成功的人，都是靠自己的努力去争取，去拼搏的。

如果你细心观察，就会发现，失败者们往往都有很大差异，他们的失败原因各有不同，但是，成功者们则不然，他们大都有很多相似的地方。而奋斗，就是其中一个。并且，他们都比一般人更能吃苦。就像欧阳修和孙康一样，虽然时代不同，方式不同，但他们的那股子奋斗的劲头是一样的。

如果你把自己的故事跟这些人比较一下，就会发现，那句老话“莫道君行早，更有早行人”，实在是太经典了。我们每个人都会觉得自己是足够努力的，都是行得早的，但是翻开那些成功者的履历，就会发现，他们比我们还要早。而他们，也正是靠着这种更早的精神，才有了后来的成就。从今天开始，努力奋斗吧，学习欧阳修的精神，学习孙康的精神，让自己做一个真正的“早行人”。

第二章

求知益智：生活是知识的源泉，知识是生活的明灯

——激活心中的无尽宝藏

⊙ 近水知鱼性，近山识鸟音 ⊙

我们进了山林，我们不去观察鱼的嬉戏、摆尾，不去欣赏鸟的悦耳动听的鸣叫，我们怎么可能识得“鱼性”“鸟音”？下面一则小故事将会告诉我们把握实践主动性的重要性。

一个穷和尚和一个富和尚同住在深山古刹中。

有一天，穷和尚对富和尚说：“我想去南海观世音那里去，您看我的这个想法可行不？”

富和尚不屑地问：“你凭什么去呢？”

穷和尚说：“一个紫金饭钵足够了。”

富和尚摇头说：“我多年前想租船南下，到现在都没能做到呢，你凭一个紫金饭钵怎么走？”

几年后，穷和尚从南海观世音处归来，修得正果。富和尚懊恼不已，很是惭愧。

在实现目标的路上，总会有很多困难，不过很多困难未必真如我们想象的那么难以克服，不过是自己在吓唬自己罢了。就像那个富和尚，他最大的问题，就是没有去坚持自己的梦想。他总把希望寄托在以后，而懒于行动，但是不去行动，就永远没有机会。就如，聋人闭塞耳朵，那外界再美妙的声

音都不能入耳，也就不能唱出美妙的歌声。

有人说，人生就如同骑着脚踏车奔驰，如果你不前进，就会翻倒在地。我们必须在人生的大道上选对方向，先确定到底“近水”还是“近山”之后，相应地去“观鱼嬉戏”“听鸟鸣叫”，最后定能达到“知鱼性”“知鸟音”的理想境界。

⊙咬着石头才知道牙疼⊙

老人言：“咬着石头才知道牙疼。”比喻只有当遇到挫折后才能真切地明白自己做错了事情。那么“牙疼”了怎么办？去记恨、诅咒“石头”或者一味地感叹自己的不走运吗？还是我们以后就不吃饭了？我们都知道这么想是错的，事实是不但不能这么想，恰恰相反，我们还应该感谢“石头”，更应该从“咬到石头”中好好地总结经验教训，从而避免一而再、再而三地犯“咬到石头”的错误。

每当朋友职场不顺、生意失败或者生活遇到困难的时候，我们总会用“挫折是人生一笔宝贵的财富”、“失败是人生最好的礼物”之类的话来劝解、鼓励朋友。是的，在当今这个竞争激烈的社会，没有人会不劳而获，每个人都会遇到这样那样的困难与挫折。有句话叫“人生不如意十之八九”，正是对漫漫人生路的真实描述。我们必须认清人生就是一段历练，就是一个不断感受失败的痛苦，并从痛苦中汲取经验，获得成长的过程。恩格斯说：“伟大的阶级，正如伟大的民族一样，无论从哪个方面学习都不如从自己失败所导致的痛苦中学习来得快。”这句话就是对这点最好的注解。

爱迪生是一名伟大的科学家、发明家。他从小就热爱科学，自己刻苦钻研，醉心于发明。爱迪生一生中，正式登记的发明达1300余种，其中很多发明大大方便了人们的日常生活，他因此也被称为世界发明大王。可谁又知道，这样一个伟大的发明家，从小因为家境贫寒，一生只在学校读过3个月的书。没有接受过正统教育的爱迪生，发明创造靠的不仅是聪明才智，更是艰辛的科学实践，他就是从一次次“咬石头”的经历中总结经验教训，才有了后来的成就的。例如爱迪生发明电灯时，为了找到合适的灯丝，先后实验过铜丝、白金丝等1600多种耐热发光材料，还实验了人的头发和各种不同的植物纤维达6000多种，光收集资料，就用了200本笔记本。这每个材料的背后都是一次实验失败的经历，我们可以想象，他在这过程中付出了多少。

当时很多专家都认为电灯的前途暗淡。英国一些著名专家甚至讥讽爱迪生的研究是“毫无意义的”，是“在做一件愚蠢的事情”。一些记者也报道：“爱迪生的理想已成泡影。”然而，面对失败，面对有些人的冷嘲热讽，面对别人的质疑，爱迪生并没有退却。他说：“我只是在多找到一种发明不出灯泡的方法而已。”他明白，每一次的失败，都意味着又向成功走近了一步。正是这千万次的失败成就了爱迪生一生的1300多种发明，成就了他“世界发明大王”的称号。

生活是多样的，有爱迪生那样能从“咬石头”中得到教训的人，也必然会有“咬石头”之后就立志不再吃饭的人。

相传，春秋战国时期，楚国有一个人走路去齐国，走出家门没多远，就因为路不平而摔了一跤，他爬了起来接着走，但是没走几步，又摔了一跤，于是他便趴在地上再也不愿意起来了。这个时候有个路人问他：“你怎么趴在地上不起来啊？快爬起来继续赶路啊！”那人却说：“既然爬起来还会跌倒，那我何不就一直这么趴着呢？这样我就不会再摔倒了。”

看了这个故事，你一定会认为这是一个可笑的楚国人，因为他被摔怕了，所以不敢再爬起来继续走路，因而他也就永远无法到达齐国。所以说，失败之后，你可以选择成为“爱迪生”，也可以选择成为“趴在地上不愿意起来的人”。既然在通往成功的道路上失败不可避免，那就勇敢地面对吧。只有这样，你才能成就自己，取得成功。

但我们也必须认清，成功并不是我们想象的那么简单。俗话说：“台上十分钟，台下十年功。”可见通往成功的道路绝非坦途，必是一条充满荆棘的曲折道路。在茫茫人海中，绝大多数的成功人士都有一段倍感艰辛，不断接受挫折和失败打击的经历。然而他们在面对这些挫折和失败的时候都坚持下来，并总结经验教训，最终成就了自己更大的成就。

新东方英语培训学校创始人和校长俞敏洪先生于1962年10月出生在江苏一个农村，在江苏省江阴市第一中学上高中。历经3次高考才于1980年考入北京大学西语系。作为全班唯一从农村来的学生，俞敏洪开始因为不会讲普通话，结果从A班调到较差的C班。在学习上，也遇到了不少的困难，他进大学以前没有读过真正的“书”，大三的时候又因患肺结核病而休学一年。终于，1985年他从北京大学毕业，并留校担任北京大学外语系教师，但因为在外从事第二职业，被北京大学毫不留情地给予行政处分。然而，他并没有被这些打倒，反而是重新振作，开始寻找新的自我。1991年9月，俞敏洪毅然从北京大学辞职，进入民办教育领域，开始追求自己的梦想，先后在北京市一些民办学校从事教学与管理工作。1993年11月16日，他创立了北京市新东方学校，并担任校长。从最初的几十个学生，自己一个人上街发传单、贴广告开始，踏上了新东方的创业过程。2001年，新东方教育科技集团成立，2006年9月7日新东方教育科技集团在美国纽约证券交易所成功上市。截至2011年5月31日，新东方已在全国设立了48所短期语言培训学校，6家产业机构，3所基础教育学校，1所高考复读学校，2所幼儿园，47家书店，累计培训学员1200余万人次。近年来，俞敏洪及其领衔的新东方创业团队已在全国多所高校举行上百场免费励志演讲，被誉为当下中国青年大学生和创业者的“心灵导师”。

俞敏洪先生经历了多次高考落榜及后来当老师的种种不如意，最后才成就一番事业。从他的经历，我们可以看出在人生的道路上失败和挫折是不可避免的一件事情，只有勇敢面对，不断提高自己才能有一番作为。

我们都见过一种叫作“不倒翁”的玩具，无论你怎么推它、按住它，只要一松手，它立刻又会直立起来。“不倒翁”的重心在下面，所以它永远都不会趴下。人生也是这样，失败与挫折不可避免，只有不断地经受这些失败与挫折，人才能变得更加坚强。所以我们应该记住，无论什么样的失败，只要你能够像“不倒翁”那样跌倒后又能马上爬起来，跌倒的教训就会成为有益的经验，并帮助你在未来取得更大的成就。

既然失败与挫折是人生的必修课之一，那么，决定人生成败的就不是遭遇挫折的大小了，而是你面对挫折的态度。如果你选择逃避，“咬石头”之后干脆就不吃饭了，那么必将遭遇失败。如果能像爱迪生、俞敏洪那样，“咬石头”之后，不但不怨恨，反而感谢那“石头”，并从这个过程中得到有益的人生经验，那么，你还会不成功吗？

⊙要知山下路，须问过来人⊙

据载，唐代长安城外有一位富甲一方的隐士，名叫张方之，字云游，他熟读古籍典史，精通音律，在当时深受风雅之士的尊敬，前来拜谒的各方人士也络绎不绝，可谓“盛极一时”。然而他丝毫没有表现出傲慢无礼的态度，相反，遇到疑难问题时，他会谦卑地向别人请教。

一日，门下的学生告诉他，远在千里之外的深山中，有一位知识渊博的老人，据传能倒背“四书五经”，深知天下之事。于是张方之不远千里，跋山涉水，用了大半年的时间，终于到了这位老人那里，取得一句“要知山下路，须问过来人”的真经。张方之听完了这句话，觉得很受启发，回去以后，更加虚心，不时向别人请教学问，终其一生都受到人们的尊敬。

故事中这位老人的“要知山下路，须问过来人”，从字面理解不难：“一个人要想知道山下蜿蜒曲折的路到底通向何方，就应问问那些从山下过来的人，他们走过，熟悉路径。”深究一下，老人的这句话是要我们明白：“世间的很多事，不是凭着自己一个人的力量，就能完全处理好的，我们遇到疑惑的事情或难解决的困难，一定要记得去向‘过来人’请教，这样的话，我们在成功的道路上才会找到许多捷径。”

那么所谓的“过来人”是怎样的人呢？

他可能是一位智者，熟读中外典籍，识得天下之事。他也可能是一位拥有实践经验的人，踏遍五湖四海，尝尽人间冷暖。我们在此强调的是后者，一个有着丰富实践经验的人，他深知人生道路上哪条路是坦途，哪条路是险途，这是最为宝贵的经验，因为他走过，他知道其中的艰辛。他们是我们的良师益友，我们要懂得多与他们交流。这样我们在做事的时候，可以通过吸取他们的经验或教训，少走不必要的弯路。

人生的确有很多捷径，就看你找不找。一些事情，我们不需要劳神费力地去调查钻研，也能达到成功，那么秘诀就是“要知山下路，须问过来人”。很多时候，我们可能因为学识、阅历、生存环境等一些原因，限制了我们对一些事情的了解，遇到这种情况，最好的办法就是去向那些知道此事的人请教。只要我们懂得了这个道理，事情也就成功了一大半。要知道学会了一种办事的方法，那么很多事情就会迎刃而解了。

古语说，“问则得之，不问则不得”，要想透彻懂得某种情况，就必须要向懂行的人请教。

孔子是春秋时期人，是我国古代伟大的思想家、教育家，也是儒家学派的创始人。然而孔子一点都不倨傲，他认为，无论什么样的人，也包括他自己，都不是一生下来就有满腹学问的。

一日，孔子前往鲁国国君的祖庙去参加祭祖大典，其间，他逐一向人询问所见到的不明白的事情。有人不解，“孔子也要请教别人？”孔子回答说：“对于不懂的事，问个明白，这正是我知礼的表现啊。”孔子尚且如此，更何况资质平庸的我们呢？与其故步自封，不如多向人请教。

由古论今，现今社会中，我们也要养成乐于向有经验的人请教的习惯，不输于古人。我们经常看到，那些多问多看多学的人永远都是跑在时代前面的人。而那些故步自封的家伙，大都没有什么成就。有些人可能为此自怨自艾："我是这么努力，我觉得我这么优秀，可为什么不能取得成功？到底输在了哪里？"其实，那些成功了的人，是因为能够赶上时代，他们也许并不比普通人聪明睿智多少，但他们善于抓住机会，有一种乐于请教的态度，懂得向别人学习，当新挑战出现的时候，不知多少人把宝贵的精力白白地耗在故步自封的自我探索中，那些成功的人，则是低下身段，谦虚地向过来人讨教，在起点上，就已经迈出了一大步。

"要知山下路，须问过来人"，不仅是那些正在成功路上打拼的人要懂得这个道理，同样的，那些已经取得了一定成就的人，也应该识得其中的奥秘，不要以为自己取得了一点成绩了，而盲目自大，要知道天外有天，人外有人，人活在世上不可能仅仅凭着"一己之力"闯天下，总得有那么几个人生导师，否则人生的路是很危险的。

有这样一位颇负盛名的老画家，他的画作力求工整严谨，精益求精。在作画时，哪怕一处细微的远景陪衬，他也要描绘得惟妙惟肖，力求画作没有一丝一毫的瑕疵。起初，他的画风迎合了时代，得到了界内外人士的高度赞誉，但随着时间的推移，也许因为时代转换得太快，也许因为自己个人的原因，他的作品出现了很大的缺陷，他自己捉摸了许久，也没弄出个所以然来。他的一个朋友给他一个建议说，有一个年轻的画家以前遇到过类似的情况，不妨去问问他的意见。但这位老画家觉得自己去问一个后辈很没面子，就这样，他最终也没能解决自己作品的难题。时隔不久，这位老画家在界内就销声匿迹了。

我们可能会为这位老画家惋惜，但更应该看到不向有经验的人学习，是多么大的人生失误啊！你不要以为这只是不喜欢问别人而已，没什么大不了。其实不然，人生中一个不起眼的态度，可能就会改变我们一生的命运。不管什么时候，一定要记住，一个人的力量永远是有限的，每个人都不会比别人强多少。只有端正态度，懂得向别人请教，这样才能让你学到更多，也得到更多。我们要谨记"要知山下路，须问过来人"，虽是一句古话，但道理永存，按照这个标准行事，将会一生受用。

⊙ 一遭生，二遭熟 ⊙

老人们常说："做人只要能勤快点，无论什么事情都不会被落下，做任何事情都能做得非常好，无论是工作上还是生活上。”古人亦云：“一遭生，二遭熟。”说的也是这个道理。当然，也有老人进一步把这句话说成“一回生，两回熟，三回变高手”，更好地阐释了其中的含义。不过，无论有多少种说法，都表明如果要想成才都要“勤”字当头，勤才能补拙，熟才能生巧。

北宋时期，有一个射箭能手叫陈尧咨，他的射箭本领在当时几乎无人能比，陈尧咨也经常在朋友面前吹嘘自己射箭技术了得。有一天，陈尧咨在自家的后花园里表演射箭，不时地博得观众一阵阵喝彩。这时有个卖油的老翁放下挑着的担子，站在一旁静静观看，并不在意地斜着眼看着陈尧咨。陈尧咨果真是名不虚传，射箭技术可以说是百步穿杨，箭箭射中靶心，观众们都情不自禁地大声喝彩，而卖油老翁却也只不过微微地点点头表示些许的赞许。慢慢地，陈尧咨注意到了这位老翁及他对自己射箭技术的态度，心中很是不满，于是就跑到卖油老翁的面前，问道：“这位老先生，您也懂射箭吗？看您那表情，难道说我的射箭技术不够精湛吗？”老翁说：“这位壮士的射箭技术确实很好，但是我认为其实这也没有什么别的奥秘，只不过是熟能生巧罢了，有什么值得炫耀的呢？”陈尧咨听后愤愤地说：“您怎么敢轻视我射箭的技术！”卖油老翁说：“年轻人，你先别生气，我说的是经验之谈。我卖油已经大半辈子了，凭着我多年倒油的经验就可知道这个道理。其实你射箭和我倒油的道理都是一样的。”于是老翁取过一个葫芦立放在地上，又取出一枚铜钱盖在葫芦的口上，然后舀了一勺油，小心翼翼地把油勺一歪，只见那油像一条细细的黄线一样从铜钱的孔中直接流进了葫芦里去，却丝毫没有沾到铜钱。卖油老翁说：“我这点手艺也没有什么别的奥秘，只是熟能生巧罢了。”陈尧咨见此，只好尴尬地笑着将老翁打发走了，从此更加努力地练习射箭技术，再也不在众人面前夸耀自己的箭术了。

无论是陈尧咨高超的射箭技术还是卖油老翁熟练的倒油技术，都经过了长期的锻炼，可以说是“台上十分钟，台下十年功”。任何过硬的本领都是练出来的，要想掌握一门技术，就要肯下功夫，只有勤学苦练，反复实践，才能做到“熟能生巧”。

“勤能补拙是良训，一分辛苦一分才。”自古以来任何伟大的成功和辛勤的劳动都是成正比的，有一分劳动才会有一分收获。日积月累，从少到多，才能做到“一遭生，两遭熟”。

中国科学院院士童第周先生是我国著名的生物学家、教育家，也是国际知名的科学家。他一直坚持实验胚胎学的研究达50余年，是我国实验胚胎学的主要创始人之一。童第周先生出生在浙江省鄞县的一个偏僻的小山村里。小时候因为家里比较贫困，童第周一直跟随父亲学习文化知识，一直到17岁才进入学校接受正规的教育。刚读中学的时候，童第周因为没有接受过正规的学校教育，学习十分吃力，结果在第一学期期末考试成绩下来的时候，平均成绩只有45分，当时学校甚至勒令他退学或留级。在家人的再三恳求下，校方同意他跟班试读一学期。此后，童第周“笨鸟先飞”，常与“路灯”相伴：天刚蒙蒙亮，他就已经在路灯下读外语了；晚上熄灯以后，他还去路灯下自修复习。果然功夫不负有心人，再次期末考试时，他的平均成绩达到70多分，其中几何成绩还达到了100分。这件事让童第周悟出了一个道理：“别人能办到的事，我经过努力也能办到，世上没有天才，天才是用劳动换来的。”之后，这也就成了他的座右铭。

童第周刚开始进行科研工作的时候，工作条件非常艰苦，没有电灯，他就在阴暗的院子里利用天然光在显微镜下从事切割和分离卵子工作；没有培养胚胎的实验仪器，他就用粗陶瓷酒杯代替，所用的显微解剖器只是一根自己拉得极细的玻璃丝；实验用的材料蛙卵都是自己从野外采来的。就在这简陋的“实验室”里，童第周和他的同事们完成了若干篇有关金鱼卵子发育能力和蛙胚纤毛运动机理分析的论文。

新中国成立以后，童第周担任山东大学副校长期间，他研究了文昌鱼卵的发育规律，取得了很大成绩。到了晚年，他和美国坦普恩大学牛满江教授合作研究细胞核和细胞质的相互关系，他们从鲫鱼的卵子细胞质内提取一种核酸，注射到金鱼的受精卵中，结果出现了一种既有金鱼性状又有鲫鱼性状的子代，这种金鱼的尾鳍由双尾变成了单尾。

对于陈尧咨和卖油老翁而言，他们高超、娴熟的技术都是通过多年如一日的练习得来的，都是经过了“一遭生，二遭熟”的过程。其实学习任何技术，任何本领都必然要经过这样一个过程，就像一个婴儿在其学习走路的过程中，刚开始的时候他需要大人的搀扶，然后不断练习，而且会经常摔倒，但是只要经过练习，每个人都能学会走路、跑步。一个人如果想要成才，也和婴儿学步一样，必须要经过努力学习，而学习是一个日积月累的事情，唯有不断学习，才能使人知识渊博、富有智慧。

很多人之所以成功，并非因为他们天生聪明，而是因为他们善于使用“一遭生，二遭熟”“勤能补拙”“熟能生巧”等这些方法。比如童第周读中学第一学期平均成绩只有45分，经过努力最后也成为伟大的科学家。再比如我国数学家陈景润小的时候就非常木讷，甚至连自己的生活都照顾不好，伟大的发明家爱迪生小时候也不善言辞，但是他们都通过努力成了伟大的人。

无论一个人天生聪颖还是愚笨，只要经过努力都是可以成功的。但是如果他要想成才，要想成功，就需要有点精神，只有有了精神才会有动力。有了动力，有了成才的目标，只要坚信勤能补拙，就会赢得事业的成功，达到自己人生的光辉顶点。

⊙ 头回上当，二回心亮 ⊙

老人们经常会说："头回上当，二回心亮。"意指如果一个人被别人骗了，就要吸取教训，再次遇见此类事情时，就会心里清楚明白，不再会犯相同的错误。人活在这个纷繁芜杂的世界上，难免磕磕碰碰，这是谁也不可避免的事。莫不要为了一时的失足，就自怨自艾。不曾想，这些坏事有时候也是好事。唐僧历经九九八十一难才取得真经，这也不可当真，小说毕竟是小说，只是虚幻的生活而已。在我们现实生活中，也并不是非要经历八十一难不可，这是说经历了一些坏事，从中吸取教训，从而一步步才成长起来，也能成功。从某种意义上说，坏事也是好事。但是有些坏事，经受了一次，并不接受教训，相反地还要一而再，再而三的经受，那样的话，就是愚钝了。所以我们一定要谨遵老人们的教诲："头回上当，二回心亮。"

在小学的课本上讲到过一篇乌鸦和狐狸的故事。狐狸想尽了各种办法骗走了乌鸦叼在嘴里的肉。时隔多年以后，乌鸦的智商也是今非昔比了。自从被狐狸骗走了到嘴的一块肉以后，乌鸦一直很后悔。有一天，乌鸦又得到一块肉。当它在一棵大树上歇脚的时候，碰巧又被出来寻找食物的狐狸看见了。

这时乌鸦想："真是冤家路窄，这次可不能再把好不容易得来的上好五花肉给了它了。”狐狸心想：“真是踏破铁鞋无觅处，得来全不费工夫呀！好香的一块肉，乌鸦，这肉就你就准备‘送’给我吧！”

狐狸眼睛骨碌一转，便想了一个主意，立刻向乌鸦带着同情的眼光说：“乌鸦大姐，您母亲得了重病，正在动物医院抢救呢！您快去看看吧，不然以后可能都见不着了，我帮您拿肉在这等您回来，您看好吗？”

乌鸦想：“说谎连个草稿都不打，我妈三年前就去世了，我哪来的母亲！肯定是想骗我的肉，我才不上当呢！”

乌鸦假装没听见，狐狸又想出了一个主意说：“哎呀，乌鸦大姐，您家那边天气转冷了，您回去搬家，我帮您拿肉在这等您回来，您看好吗？”

乌鸦想：“不可能的，出门前我看了今天到明天的森林天气预报，我那不冷不热。狐狸一定是黄鼠狼给鸡拜年——没安好心。”

狐狸见乌鸦没有反应，又想：“不理我，哼，我用三十六计的苦肉计来对付你。”狐狸立刻装作可怜的样子努力挤出眼泪，泪眼汪汪地说：“乌鸦大姐，上次我偷你的肉是因为林子里的‘巨无霸’来我家了，他打了我一顿不说，还要我给他拿一块肉，不然就杀了我老母亲和刚生的一对儿女呀！呜——呜——这次我妈得了重病，医生说，要吃肉来补身子，不然就要死了！我儿子女儿也饿呀！”说完狐狸那鳄鱼的眼泪“哗”的一下就流了下来。

乌鸦有些被感动了，心想：“哎，狐狸还挺可怜的，自己妈得了重病，儿女又饿得慌。”可乌鸦又一想：“狐狸大妈不是早死了吗？还是和我们借钱办的葬礼呢，那钱到现在都还没还呢！他的儿女不是被送去孤儿院了吗？想骗我的肉，才没这么容易呢！你用三十六计的苦肉计，哼，那么我就用三十六计走为上计了。”

想好了之后，乌鸦拍拍翅膀飞走了，而狐狸呢，因为没有东西吃，饿得两眼冒金星连家都找不到了！

这个故事换成一句话，就是：“头回上当，二回心亮。”生活中，如果我们被人骗了，吃了亏，但是没有因此清醒过来，这对我们来说这肯定不是一件好事，还可能再次被别人骗，吃同样的亏。一次上当，情有可原，毕竟我们不可能把什么事情都看得很清楚，但是二次上当，甚至三次、四次，那就是我们的不对了，为什么我们不能从中吸取教训，以防备下次上当呢？如果我们能从中吸取教训，那就是一件好事了。

一个人在成长的道路上，也不是光靠自己亲身的经历，才能总结出一定的智慧。我们也要学会从前人或者其他人的经历中总结自己的教训。

教训是对挫折与失败的理性思考，它告诉我们的是“不该”。吸取教训，更加理性地分析产生问题的原因，从中寻找出带有普遍性的规律和特点，可以使我们对客观事物的认识更加准确深刻。教训既可以给遭受挫折的人留下避免再次失败的路标，同时又可以为他人留下前车之鉴。

从失败中吸取教训，善待教训，无疑是智者的选择。对一个能够正确面对成败的人来说，教训一样可以催人奋进，激励自己去不断拼搏进取，使事业更有成就。相反，不会从失败中吸取教训的人，迎接他的可能是再一次的失败。

一个人的人生之路不可能永远都是平坦的，被骗不要紧，要从被骗的过程中吸取教训，以免下次再犯类似的错误，做到“头回上当，二回心亮”才是重中之重。记住，只有在失败中吸取教训，将教训转化为自己的经验，才能在事业上走得更远。

⊙饿出来的聪明，穷出来的智慧⊙

司马迁曾在《报任安书》中写道：“屈原放逐，乃赋《离骚》；左丘失明，厥有《国语》；孙子膑脚，《兵法》修列；不韦迁蜀，世传《吕览》；韩非囚秦，《说难》《孤愤》；《诗》三百篇，大抵圣贤发愤之所为作也。”意思是说，《离骚》《国语》《孙子兵法》等这些人类智慧的瑰宝，大都是圣人或贤士为抒发内心愤懑而作的。这也是所谓“饿出来的聪明，穷出来的智慧”。

智慧一：化逆境为成长的动力

汉朝时，有位名叫匡衡的少年，他非常勤奋好学，但由于家贫，白天他必须出外给人家干一些杂活，勉强维持生计，只有到了夜里，他才能有空闲读书。但是，那时候，家里买不起照明的火烛，天一黑下来，读书就完全不可能了。匡衡为不能利用晚上空闲时间读书而非常着急。一天，他突然发现，邻居家一到夜里就烛火通明，很兴奋，心想，“这不是可以借邻居家的烛光读书吗？”

匡衡犹豫再三，有一天终于鼓起勇气，对邻居说：“我想晚上读书学习，可我们家里实在买不起火烛，能不能让我到你家来借着烛火看书呢？”

邻居很吝啬，一向嫌贫爱富，非但没答应，而且很恶毒地挖苦匡衡说：“穷小子，连烛火都买不起，还读什么书呢！”

匡衡听后非常气愤，借地方读书不成，反受到邻居的侮辱，回去之后，他更下定决心，一定要把书读好，成就一番事业。

夜里仍然黑暗，不能读书，匡衡忽然心生一计，他悄悄地在墙上凿了个小洞，邻居家的烛光就从这洞中透到家里来。他就凭借着这点微弱的光线，如饥似渴地读起书来。

这之后不久，匡衡就把家里的书都读完了，他深感这些书是远远不能满足自己对知识的需求的。于是，怎样多读到书，又困扰着匡衡。

匡衡家附近有一官宦人家，家里藏有很多书籍。一天，匡衡不顾家人劝阻，主动到这官宦人家的家里，请求那位官人说："请您收留我在您家里做工，我不要工钱，只要您允许我读您家里的藏书就行。"这位官人看他很诚恳，就答应了他"做工读书"的要求。

匡衡就是这样人穷志不短，在逆境中仍然坚持勤奋学习，后来成为汉元帝的丞相。匡衡就是在穷困的环境中，找到自己的人生智慧——在逆境中，不要气馁，要化逆境为动力。

智慧二：做越挫越勇的狮子

在广袤的非洲大草原上，生活着一群狮子，狮子是王者的标准，那雄伟矫健的狮王更是威风八面。每一头雄性狮子都渴望成为狮王，可是狮王也不是生来就注定的，它们也是在与其他雄狮的一次次生死搏斗中获得自己无法取代的地位，一次次的拼杀造就了它们越挫越勇的坚韧性格，身上那一道道深深的疤痕，就见证了它们勇敢拼搏的成长之路。我们也要学习狮子的这样精神，为了实现自己的理想不畏艰难险阻，勇往直前。

美国第16任总统林肯是一个令世界为之叹服的传奇人物。他从小家境贫寒，7岁时，全家被赶出祖上居住的地方，流落荒野，只能住在临时搭建的窝棚里。但更不幸的是，两年后之后，他年轻的母亲去世，留下幼小的他。少年时期他开始四处帮人干杂活，换点零钱，贴补家用。到了23岁时，林肯开始活跃在美国政坛上，他参加州议员的竞选，宣告失败。于是他想学习法律，但也没能得成所愿，之后向朋友借钱经商，但也破产了，欠下很多的债务。

但林肯并没有在政治上善罢甘休，25岁时，再次参加州议员选举，居然成功了赢得了选票，成为州议员。好运似乎开始光顾这个被苦难折磨的年轻人。一年之后，他定亲了，可是在他喜气洋洋的准备结婚事宜的时候，未婚妻不幸去世了。这件事对林肯造成了很大的打击，他的精神几近崩溃，卧床半年身体才渐渐有了起色。

之后，林肯先后竞选了州议员发言人、州内土地局长等，并几次参加国会大选，都以失败而告终，但林肯并没有在这些失败的困境中畏缩不前，反而越挫越勇。在1860年，他51岁的时候，当选美国的总统。这对他来说也是成为狮王的荣耀时刻。

林肯对自己一生的评价："虽然心碎，但依然保持火热；虽然痛苦，但依然懂得坚定；虽然崩溃，但依然拥有自信。因为我坚信，对付屡次失败的最好的方法，就是屡败屡战，越挫越勇。"这也是林肯在逆境中学到的为人处世的哲学。

要知道，人的一生要走的路不可能是平坦的，总有一些挫折使你跌倒。跌倒其实并不可怕，可怕的是跌倒之后对人生的态度。是越挫越勇，哪里跌倒从哪里爬起来？还是就此失去了继续前进的勇气和信念？我们要学习林肯这种越挫越勇的狮子一般的精神，清扫前路一切的障碍。

智慧三：化逆境为顺境

大海中，一粒沙进入了蚌的柔软的身体，蚌刚开始觉得很难受，又没法自己把沙子弄出体外，时间一天天过去，蚌的痛苦也在加深，它有时候都觉得大海不再那么蓝了，因为身体那颗沙子使它极度崩溃。后来有一天，它突然觉得浑身舒畅了，似乎那颗沙子不再使它那么痛苦了。因为它突然悟出一个道理：宁可这样整天痛苦，不如把这颗沙子看成自己身体的一部分，与它和平共处。

从此，蚌开始用自己的体液一点点把这颗沙子包裹起来，使这粒沙子不再那么粗粝，而渐渐变得圆润。有一天，蚌惊奇地发现，它开始时为之痛恨的那颗沙子，已经变成一颗通体发光的珍珠。

在面对困难的时候，如果退缩不前，从此颓废下去，那么必定会失败。如果能够从饥饿、贫困、失意、挫折中奋起，学到做人的道理，找到克服困难的方法，那么，必将会有所成就。就像例子中的那几个人一样，他们正是凭着"饿出来的聪明，穷出来的智慧"才会有后来的成就。

⊙ 听君一席话，胜读十年书 ⊙

日常生活中，我们经常听到人们说，"听君一席话，胜读十年书。"其实，这句话的原文是"同君一夜话，胜读十年书。"而且，这里面还有一个很有意思的传说。

深山古寺之中，忽然不知从哪传出悠远嘹亮的笛声，声声惊起沉睡的鹧鸪，三两只拍打着翅膀，一路鸣叫着渐渐远去，这夜更显得幽静。

月下纸窗内，一僧人、一书生伴着孤灯。

书生是进京赴考的，他只顾着赶路，眼看着天已经黑了，错过了客栈，没有地方投宿，只得到山中古寺中留宿。僧人告诉他，因为寺内近来香火冷清，也只能款待书生一些粗茶淡饭，虽然这样，书生也很感激，前去僧人住处答谢，寒暄之后，二人闲聊几句，僧人与书生聊得很投机。

僧人问书生说："先生，万物都有公母，那么，大海里的水怎么分公母？高山上的树木怎么分公母？"

书生一下被问住了，寒窗苦读了十年，从没有看到哪本书籍记载此事。于是，书生虚心向僧人请教。

僧人说："海水中有波浪，一般认为波为母，浪为公，因为波小浪高，公的总是强大些。"

书生觉得道理，连连点头，又问："那树，怎么辨别是公树、母树呢？"

僧人说："公树就是松树，'松'字不是有个'公'字吗？梅花树是母树，因为'梅'字里有个'母'字。"

书生闻言，恍然大悟，觉得很有道理。

话说这事也巧了，秀才到了京城，进了考场坐定，内心忐忑地把卷纸打开一看，惊讶地发现，皇上出的题目，正是僧人那夜说的"万物公母"之说。书生很高兴，不假思索，一挥而就。

不久，皇榜之上，书生金科第一名。皇上特赐他衣锦还乡，路上他特地绕道去那日留宿的寺庙之中，答谢僧人，奉上丰厚的香火钱，还亲笔写了一块匾额送给僧人，只见上面题的是"同君一夜话，胜读十年书。"

从此，"听君一席话，胜读十年书"便传开了。

这个传说从本身内容来讲，就是一个仅供娱乐的小故事，不能当真的。试想，一国皇帝再荒唐也万万不会出如此荒诞的题目，就是皇帝有此想法戏谑一下治下的文人，那一国的治国谋臣，也断然不会同意。且不说这个传说的真假，仅仅"听君一席话，胜读十年书"这句话，就大有学问。学知识，并不就是埋头苦读，还要善于与人交流沟通，并且要与学识渊博的"良师"沟通，听他们一席教导，可能抵得过读很多本书。人生路上，如果想取得一番成就，成就一番大事业，与人沟通，得到"良师"的帮助，可能比什么都重要。

被誉为"短篇小说之王"的莫泊桑在文学上能取得如此大的成就，就与自己的“良师”是分不开的。莫泊桑的母亲对儿子期望很高，希望他在文学上能有好的成就。母亲算是他第一个“良师”，她亲自教莫泊桑读拉丁文，以此启发、鼓励他写诗。但是，她也认识到自己的力量是有限的。儿子要想成才，必须有一位德高望重的好老师来指导。经过母亲的多方努力，最终，大文学家福楼拜答应指导莫泊桑的文学创作，莫泊桑经常也把自己的很多作品拿去给福楼拜阅读，福楼拜也提出自己的指导意见。后来，在福楼拜的严格教导和精心培育之下，莫泊桑成功地走上了文学之路。

福楼拜和莫泊桑师生之间的情谊，是世界文坛上流传已久的一段佳话。纵观古今中外，有所作为的人大多都有交心的朋友以及一两个“良师”。他们通过自己的努力，再加上高人的指点，终于取得了巨大的成就。

但我们也要注意，与人沟通，并不是每次都会遇到“良师”，也并不是每听一席话，都能胜过“十年书”。很多时候，我们可能会遇到对自己思想发展不利的人，这也是在所难免的。为了避免交到不利于自己的人，我们就要注意，在选择沟通交流对象的时候，一定要注重其内在素养，品格涵养以及学识思想，这些应该在自己的能力之上，交流起来才能学到对方的长处，从而提高自己。《论语·学而》说：“主忠信，无友不如己者”，告诫世人交友择师要选择各方面能力比自己强的，才能对自己有益处。

那么，我们怎么才能避免交到不利于自己的人，交到之后又该怎么办呢？这时候，不妨学习管宁。

一日，管宁和华歆两个人一同在园中锄地时，他俩同时发现地上有一块金子，管宁看都不看，把它当成石头瓦砾，而华歆却拾起察看一番之后才扔掉。管宁认为华歆利欲熏心，并不是君子所为。

又一日，大门外有官员的官轿以及随从前呼后拥地经过，管宁当作没看见，仍然专心读书，但华歆忍不住放下书本跑出去看热闹。管宁认为华歆贪慕权贵，也不是君子所为，于是毅然对华歆说：“看来你不是我的朋友。”并割断坐席，与之断了交情。

因此，在现实情况下，不仅要与人沟通，还要懂得分辨别人观点的优劣。只有这两点都做到了，才能够达到听人一席话，胜读十年书的效果。否则，反而可能会适得其反，让自己变得更糟。孔子的“三人行，必有我师焉。择其善而从之，其不善者而改之”，讲得就是这个道理。

总之，如果要想成功，就要经常向知识渊博的“良师”请教，对他们提出的观点融会贯通；对他们提出的一些中肯的建议虚心接受。当然，也不能对别人的言论采取盲信的态度，也要学会分辨。只有这样，你才能学到比书本中更多的知识，才能体会到那种有人“指路”给你带来的方便，才能体会到“听君一席话，胜读十年书”的乐趣。与人沟通，与“良师”沟通，彼此思想得以交流，彼此心智得到提高，这本来就是人际交往中的一个至高境界。

⊙ 自以为是，就什么也不是 ⊙

马尔科姆·福布斯在其所著的《思想》一书中曾援引巴尔塔沙·葛拉西安的话说：“人若天天表现自己，就拿不出使人感到惊讶的东西。必须经常把一些新鲜的东西保留起来。对那些每天只拿出一点招数的人，别人始终保持着期望。任何人都对他的能力摸不着底。”

美国钢铁大王卡内基曾给一个即将登上经理之位的踌躇满志的年轻人这样的劝告：“这个位置很适合你，你也有能力做好这份工作。不过，请谨记，你既然准备接受这份工作，就要马上着手解决问题，要知道，其他人也能发现问题。全力以赴地去做好你的工作，但同时要注意你的后面，看看是不是有人掉队，如果后面没有人跟着你前进，你就不是一个称职的领导。别忘了，你并不是一个不可取代的人，在你感觉情况还不错的时候，要尽量冷静地思考一阵，你的幸运可能是你的机会好，交上了好朋友或是对手太弱。一定要保持足够的谦虚，不然的话，现在有12个人可以胜任这个职位，我相信他们当中一定会有一两个干得比你出色。因此，千万不要自以为是。”

一公司生产线的产品经理对着人事主管抱怨：“你给我的都是些什么人？”3个新进公司的大学生要进行入职培训，他负责带着他们去车间参观、体验，希望通过参观和体验让大学生对公司的产品和产品线有感性的认识。谁知，3个人来了之后，一脸不情愿不说，边看边议论。“这套设备怎么看上去很旧的样子？经理，公司为什么不从德国进口设备呢？德国的机械可是很出名的。”“我觉得公司应该舍得在设备上花钱，可以节约人力成本！”“经理，我觉得工人这样分组轮班的体制有问题，应该……”这些新人对人员安排、公司设备管理、资金分配等大问题高谈阔论一番。但到了操作体验阶段便敷衍了事，差错百出。

产品经理对这些新人也是满肚子牢骚。让这些“小皇帝”下车间参观体验，她已经是耗费口舌。“我们又不是工人，参观就行了，何必要体验？”“与其让我们把时间浪费在操作体验上，不如换成流程管理等培训更有价值。”

刚毕业的大学生过分认为自己条件优越，眼高手低，还经常对工作指手画脚，没有一丝谦虚好学的态度。从哲学意义上来界定，谦虚应该是对社会环境和自身价值的认识，它符合用客观、运动辩证的观点认识社会及人生。松下幸之助说：“因为有了感谢之心，所以才能引发惜物及谦虚之心，使生活充满欢乐，心理保持平衡，在待人接物时免去许多无谓的对抗与争执。”谦虚是人类特有的一种自我反思、总结经验的能力。人类社会不断进步，只要我们时刻保持健康的心态、豁达的胸怀，成功就会与我们同在。

在工作中，一定要保持谦虚的工作态度，不要傲慢自大，但同时也要正视自己的贡献。卢梭曾经说过：“伟大的人是绝不会滥用他们的优点的，他们看出自己超出别人的地方，并且意识到这一点，然而绝不会因此就不谦虚。他们的过人之处越多，他们就越能认识到自己的不足。”IBM创始人老托马斯·沃森告诉他的员工“没有永远静止的东西”，“我们永远不能自满”。古希腊有一位先哲说过这样的话：“傲慢始终与相当数量的愚蠢结伴而行。傲慢总是在成功即将破灭之时，及时出现。傲慢一现，谋事必败。”一个人如果太骄傲了，就会变得妄自尊大，谁都瞧不起，谁都不放在眼中，就算有人劝他该如何如何，他也固执地坚信自己的所作所为没有错，而听不进任何劝诫的话，不承认客观实际，目空一切。慢慢地，整个世界变得似乎只有他一个人存在，他严重脱离实际，最后只能成为孤家寡人，走向失败。

为了启发人们谦虚处世，列夫·托尔斯泰曾打过一个很有意思的比方：“一个人就好像是一个分数，他的实际才能好比分子，而他对自己的估价好比分母，分母越大，则分数的值越小。”一个容器若装满了水，稍一晃动，水便溢了出来。一个人若心里装满了骄傲，便再也容纳不了新知识、新经验和别人的忠言了。长此以往，事业或者止步不前，或者不断受挫。

古人云：“满招损，谦受益。”谦虚是美德。真正的谦虚，是自己毫无成见，思想完全解放，不受任何束缚，对一切事物都能做到具体问题具体分析，采取实事求是的态度，正确对待；对任何方面的意见，都能听得进去，并加以考虑。这样的人能做到在成绩面前不居功，不重名利；在困难面前敢于迎难而上，主动进取。

谦虚并不是卑己尊人，而是既自尊也尊人。如果一个人懂得用谦虚去对待生活，不管是在成功的时候，还是在失败的时候，谦虚都一定会让他的生活更加充实，在人生的旅途中收获成功。所以，学着谦虚，学着不要自以为是，你的生活和工作会更加美好。

⊙吃一堑，长一智⊙

人生不是一盘棋，不至于因为走错一步而痛失全局；人生更像足球赛，即使最强的球队也有失手的时候，即使最差的球队也有扬眉吐气的一天。

人的一生就是这样，充满着成功与失败、顺境和逆境、幸福与不幸。挫折是一个人迈向成功需要面对的一个基本课题。

俗话说："吃一堑，长一智。"一面回视过去，吸取教训；一面展望未来，充满希望。勇敢面对挫折，在挫折中增长人生智慧。绝处尚有逢生的机会，风雨过后就是灿烂的彩虹。没有迈不过去的坎儿，只有过不去的人。在那里跌倒就应该在那里站起来。

在美国，有一个渔夫的儿子，叫作麦西，15岁出海跑船，后来厌倦了海上的生活，带着500美金的积蓄，独自来到波士顿，开了一家买针线和纽扣的小店。由于这些东西利润薄、销量也小，小店没开多久就被迫关门。等把货物全部顶出去，本钱也损失了一大半。这是麦西生意上的第一次失败。

尽管是失败，但麦西很乐观："至少我明白了一个教训，做日用品生意，一定要卖热门货。"

没多久，麦西积攒了些钱，又开了一家布店。这次开店，麦西自认为已经驾轻就熟了，该万无一失了吧，结果，他错了。

布店生意以妇女为对象，她们一般是喜欢光顾老店，因为跟店里的人熟悉了，有安全感，用不着担心受骗。而麦西不仅是外乡人，又是新开的店，而且货色不全，所以光顾者很少。生意清淡，货物卖不出去，资金周转不开；没有钱进新货，没有钱做广告，顾客自然更少。如此恶性循环，小布店不得不关门。这是麦西第二次失败。

生意失败的麦西来到旧金山，几番思量，麦西再次重操旧业。这次，他吸取了前两次的教训。当时有一种淘金用的平底锅很畅销，麦西就以低于别人一成的价格出售，并告诉买锅的人，请他们转告其他的人来买他的锅。这种廉价多销的创意，让麦西赚了一笔钱。

一年后，麦西带着赚到的钱盘回了当年兑出去的布店。这次，麦西是有备而来，推出了一系列的销售策略：第一，每天都在当地的各种报刊轮流刊登广告；第二，每个季节都会挑出几样热门货，低价促销，让每位顾客都能买到真正的便宜货；第三，增加货品种类，除了经营布，同时还销售肥皂、拖把、衣服、袜子之类的日用品；第四，明码标价，这算是麦西最成功的创意。一来省去讨价还价的麻烦，二来也消除消费者怕上当的心理。不管什么商品，顾客认为价格合适货色满意了就买，毫不勉强。

可是，出人意料的是，麦西的廉价商店还是倒闭了。而且这次垮得很惨，几乎把老本全部赔光。当他陷入绝望的时候，他的大舅子荷顿找到他，并主动提出与他合作，表示愿意出资入股。麦西百思不解时，荷顿说："你这次失败原因在于这地方太小，水浅养不住大鱼。但你学会了经营，这比什么都重要。"

就这样，麦西再次开始创业，这次他决定到美国最大城市纽约开创自己的事业。到了纽约之后，麦西如鱼得水。起初，他在十四街买下一个店面，开设了他的第一家百货店。10 年之后，麦西百货公司的规模几乎占了半条街。在这 10 年当中，麦西在百货业界所向披靡，处处领先，经营的货品从吃的、穿的到用的，几乎无所不包。很多人想超越他，最终也只能望其项背。

这就是"吃一堑，长一智"的麦西。麦西成功了，几经挫折、沉浮，最终取得巨大的成功。

仅就麦西的才能而言，他对经营企业并没有多少天才，但他能接受失败的教训，终于成为美国百货业创始人之一。

跌倒，爬起，再跌倒，再爬起。这是麦西百货商场经久不衰的秘诀所在。而这一宝贵财富却来之不易，是麦西一生积累的结果。

智慧的增长，不但可以从成功的经验，也可以从失败的教训里来，它们的价值都是绝对的。成功太容易让人得意忘形，而失败却总是刻骨铭心。

面对挫折和失败，应该保持乐观积极的心态；积极向上的心态，能让人头脑清醒；只有头脑清醒，才能找出问题症结；发现问题的症结，才会有解决问题的办法。

挫折和失败像一块磨刀石，磨刀石能让刀剑锋利，挫折能帮助人们提升发现问题、解决问题的能力。

失败是学习的机会。失败一次就有了一次经验和教训，就有了处理相似问题的能力。如果不能从一次又一次的失败中总结出可以指导下一次实践的经验，同样的错误，还会照样再犯，也就根本谈不上什么成功。

戴高乐曾经说过："困难，特别吸引坚强的人，因为他只有在拥抱困难时，才会真正认识自己。困难越多，危险越大，我们通过战胜困难和危险获得的成功也就越大。""锲而舍之，朽木不折，锲而不舍，金石可镂。"人生有成败，恰如硬币有两面，正面是成功，反面是失败。苦难和挫折能培养我们坚忍不拔的意志。

我们渴望成功，但是没有人能保证硬币落下来的时刻都是正面，因此，遭遇失败，要懂得成功不远；获得成功，要记住失败在旁边。

不要羡慕别人的成功，更不要鄙夷别人的失败，而是应该学会分析和总结现象背后的本质，找出别人失败或者成功的全部原因，取其长，补其短，做你自己该做的事情。

第三章

准则培养：习惯成自然

——品质生活来自良好的准则

⊙ 挨金似金，挨玉似玉 ⊙

一个人有什么样的前途，或者说要走什么样的路，过怎样的人生，某程度上取决于他交什么样的朋友。古话说得好“挨金似金，挨玉似玉”，通俗来讲，就是“近朱者赤，近墨者黑”。人是有感情的，互相接触久了，很容易在不知不觉之中被对方潜移默化。倘若与品行不端的人为友，那就有可能会沾染不良的习气；倘若是高朋诤友，那就可能相互扶持、共同进步。所以，择友一定要慎重，不可盲目。

孔子说：“益者三友，损者三友。”意思是说，使人受益的朋友有三种类型，使人受损的朋友也有三种类型。哪三种朋友可以使我们受益呢？按孔子的说法是：“友直，友谅，友多闻，益矣。”也就是说，品性正直的朋友，互相体谅的朋友，博学而见多识广的朋友，这三种类型的朋友可以让我们受益良多，可与之交友。而他认为：“友便辟，友善柔，友便佞，损矣。”意思是，品性不正直的朋友，善于奉承别人的朋友，善于信口开河却没有真才实学的朋友，这三种类型的朋友，只会让人受到伤害，不可交往。

古人交友注重“心”交，更在乎那种“琴瑟和鸣，心领神会”的意境，在这方面达到极致的是“俞伯牙摔琴谢知音”。钟子期虽为山中樵夫，但俞伯牙与之相见倾心，二人因音乐而相交，又因音乐而相知。

春秋时期，俞伯牙擅长弹奏古琴，技艺美妙绝伦，堪称千古绝响，只是恨没有知音赏识。一次，他乘船郊游，夜泊在汉阳江口。那天恰好是中秋月圆之夜，只见皓月当空，万籁俱静，俞伯牙见此美景，取出古琴对月弹奏起来。一曲未终，琴弦却“啪”地断了一根，伯牙感觉有异常的事情发生。心想，这琴识得人心，定是有人在附近干扰，否则，琴弦不会轻易断掉。于是，伯牙命令身边的随从上岸看看。这时，岸上树林中走出一个樵夫，近前作揖说：“夜间突然下起雨来，我只好在这里避雨，听到琴声铿锵悦耳，不觉听得入神，谁知惊扰了您的雅兴，多有得罪。”伯牙暗自诧异，心想，一个山野樵夫也懂音律，定不能小看了他，便请那位樵夫上船一叙。

樵夫名叫钟子期，家有老父，平日里靠打柴度日。钟子期虽家境贫寒，但却博学多才。二人在船上谈古论今，互通音律。伯牙每弹一首曲子，子期都能通晓曲子被赋予的情感，讲出曲子的曲风和音律。当俞伯牙弹奏知名的“高山流水”时，钟子期感叹俞伯牙的琴音“巍巍乎若高山，荡荡乎若流水”。天亮的时候，伯牙和子期依依惜别，相约一年后在此相会，弹琴论诗。

在第二年的中秋之夜，俞伯牙如约而至，但是迟迟不见钟子期，于是，取出琴来弹奏，琴音低沉幽怨，如泣如诉。后来，伯牙派人遍寻钟子期，并亲自登岸拜访。他被告知，钟子期已经亡故了，埋葬在与俞伯牙相会的岸上。

伯牙很沮丧，来到坟前，取出古琴，独自弹奏。弹罢，俞伯牙仰天长叹：“子期不在了，我的琴音没有人能够懂得了，不弹也罢。”说完，他扯断了琴弦，把古琴摔了个粉碎，返身而去。要知道：“摔碎瑶琴凤尾寒，子期不在对谁弹？春风满面皆朋友，欲觅知音难上难。”

是啊！人的一生交如钟子期这样的知音，已经足以，何必再强求？

一位外国作家曾说：“选择朋友一定要谨慎！地道的自私自利，会带上友谊的假面具，却又设好陷阱来坑你”。他说的虽然犀利，但却不无道理。在与人相处的过程中，并不会人人都会与你交心的。有的人，喜欢言行于色；有的人，善于隐藏自己的本性。于是我们择友的时候，一定要慎之又慎。

孔子说：“三人行，必有我师焉。择其善者而从之，其不善者而改之。”朋友是与我们经常相处的人，我们可以从他们身上的优缺点来体察自己，有长处就继续发扬，有了短处就改进，这样才能完善自己，使自己进步。

如果交上了品行端正的朋友，将终身受益，他可以在恰当的时候给你一些提醒或建议，能够让你避免误入歧途，也能够让你得以在逆境中重新奋起，走向人生的坦途。反之，如果交上品性不端的朋友，则会贻害无穷，他可能会使你丧失对事情的判断力，会使你失去前进的动力，更有甚者会使你失去人生航行的方向。

我们应该牢记古人的训诫，牢记“势利之友，难以经远；以财交者，财尽则交绝；以色交者，华落而爱渝”之忠告。时时刻刻不要被名和利所惑，时时刻刻谨慎交友，使自己永远在健康的人生路上行走。

⊙白沙在涅，不染自黑⊙

人的一生要面临很多选择，选择学校、专业、朋友、环境、工作……当你每做出一次选择，必将对你的人生造成这样或那样的影响。人毕竟是社会群体性的动物，任何人都不能脱离社会而独立地存在，人总是会受到环境等外在因素的影响。《孔子家语》说："与善人居，如入芝兰之室，久而不闻其香，即与之化矣。与不善人居，如入鲍鱼之肆，久而不闻其臭，亦与之化矣。"意思是：与品格高尚的人居住在一起，就像处在芝兰花飘香的室内一样，时间长了可能闻不到芝兰的花香，其实本身已经充满香气了；与品性低劣的人居住在一起，就像到了卖鲍鱼的场所，时间长了道也闻不到臭味，也是融入环境里了。所以说人们必须谨慎地选择自己所处的环境。

荀子说："白沙在涅，与之俱黑。"这句话是围绕"环境与人"的关系说的：白色的沙子混在黑土中，时间久了，就同黑土一样黑了。这用来比喻好人处在恶劣的环境中也会随着变坏。对一个普通人来说，与其希望自己能意志坚定，能够洁身自好，还不如尽量少接触不良的周围环境。毕竟，一个人要去改变环境很难，但可以选择良好的环境。

欧阳修是北宋著名的文学家。他在颍州上任的时候，手下有一个名叫吕公著的人。某日，欧阳修的好友范仲淹巡游路过颍州，便到他家中拜访，欧阳修看吕公著谦逊有礼，就邀请他一同待客。席间，范仲淹对吕公著说："年轻人，你能有机会待在欧阳修身边做事，要珍惜啊！日后，你应该多向他请教写文章或作诗的技法，这样会对你大有好处的。"此后，在欧阳修的言传身教下，吕公著在北宋文坛也小有名气。在某种意义上说，良好的环境有利于成功。

"孟母三迁"的故事，便很好地说明了这个道理。

孟子是战国时期的伟大的思想家。孟子自小丧父，家里全靠孟母倪氏一人支撑，她日夜纺纱织布，挑起生活重担。倪氏是一个对生活颇有见识的人，她希望儿子能读书上进，早日成才。

于是孟母对儿子的教育非常重视，也很注重环境对孩子的影响。

起先，孟子随母亲住在一个村落里，住的地方离墓地很近。孟子常常和邻居的孩子一起去墓地玩耍，有时还学着大人跪拜、哭嚎的样子，玩起葬礼的游戏。这被孟母看到了，心里非常着急，跟着这些孩子学，会学坏的，就皱着眉头说：“不行！不能让我的孩子住在这里了！”于是，他们搬走了。

孟母不惜搬迁的劳苦，带着孟子搬到市集旁边去住。到了市集，孟子又和邻居的小孩，学起商人经商的样子。孟母发现这种状况，内心焦虑起来，又皱着眉头：“这个地方也不适合我的孩子居住！”于是，他们又搬家了。

这一次，孟母带着孟子搬到了一所私塾附近。每月夏历初一时，文武官员到文庙，行礼跪拜，互相之间以礼相待，孟子见了，把这些礼节一一记在心里，并效仿着他们做着礼节。孟母见了，非常高兴，点着头说：“这才是我儿子应该住的地方呀！”是他们就在这个地方定居下来。

“孟母三迁”的故事就流传下来，后来，这个典故用来表示人应该要接近好的环境，才能学习到好的习惯，才能有大的作为。

《晏子春秋》有言：“婴闻之：橘生淮南则为橘，生于淮北则为枳，叶徒相似，其实味不同。所以然者何？水土异也。”淮河以南的橘子树，移植到淮河以北就变为枳树，只能结又苦又涩的果子。这用来比喻环境一旦改变，事物的性质也随之发生改变。这说明不同的环境对同一事物的发展起着重要的作用。

如果一个人生活的周围都是高尚的人，那么在他们潜移默化的作用下，这个人也会通过自身的努力，去赶超他们，与他们看齐。同样的，如果一个人总是与一些道德素质低下的人交往，久而久之他的品性也会变得低下粗俗。

⊙ 百人百姓，各人各性 ⊙

17 世纪末，在普鲁士王宫里，哲学家莱布尼茨在向王室贵族提出他的宇宙观：“天地之间是没有两个彼此完全相同的东西。”在场的人都哗然，很多人摇头表示不理解，也有的人表示出很不屑。于是，有人请侍女到后宫花园里去找两片完全相同的树叶，想以此推翻这位哲学家的妄断。结果，令他们大失所望，因为任凭他们怎么找，也没找到完全相同的树叶。因为从外观粗略地看，树上的叶子似乎都是一个样子，但仔细比对，却发现每片树叶都是大小不一、厚薄不等、色调不均、形态各异。其实何止是树叶，世界上的一切东西都没有绝对相同的，人的性格更是“各人各性”。

“一花一世界，一树一菩提”，在我们日常生活中，由于每个人的成长环境和所接触的事物是不一样的，所以造就了人与人之间的性格会有差异。要知道“百人百姓，各人各性”，我们要互相尊重，既不用自己的标准来衡量别人，也不用别人的标准衡量自己。

错误观点一：别拿自己的标准衡量别人

麦斯太太一辈子住在一所外墙斑驳的老房子里，她是一位寡妇，丈夫多年前去世之后，就没有再结婚。自己一个人孤孤单单地生活了大半辈子，她平时性格有点孤僻，处事敏感，有时候，邻居无意中的一句话都会伤害到她。她尤其不喜欢街对面住着的那位太太，多年来老是愤愤不平：“在路上见了面，老是不搭理我，有时候甚至不看我一眼就走过了。这个女人怎么这么不懂礼貌……”就这样，麦斯太太在抱怨中，她和街对面房子的太太做了25年的邻居，但没有说一句话。

直到有一天，对面的太太竟然主动来麦斯太太家里拜访，麦斯太太虽然对她不满，但也客气地出来搭话，不想这位太太羞涩地说：“其实，这么多年来，我没有什么朋友，一直想和你说说话，但是，我眼睛看不见，性格也内向，一直没好意思开口，希望你能原谅，现在我要搬走了，想来跟你说一声。”

麦斯太太听完后热泪盈眶，紧紧抓住这位太太的手，久久不肯松开。她知道，是自己的偏见，失去了25年来本应该有的友情，要是以前自己主动跟对面太太打招呼，可能她的日子不会这么枯燥寂寞，至少有个朋友可以谈心。正是因为拿自己的眼光衡量别人，才伤害自己，也伤害了别人。

生活中，有些人老爱总喜欢拿自己的标准衡量别人，如觉得好就一好百好；觉得人坏，就认为事事坏。如果我们转变心态，就会发现，人人都有自己的长处和优点。要懂得克制自己，善待他人，才是做人的根本。

错误观点二：别拿别人的标准衡量自己

世界上既然没有两片完全相同的叶子，也不可能有完全相同的人，尽管你现在可能很渺小，甚至是微不足道的，但请相信，你是独一无二的，这就是你存在的价值。拿别人的标准去衡量自己，盲目地改变自己，要求自己，并不能让自己像别人一样能有一番成就，反而有“东施效颦”之嫌。

麦克斯·威尔医师在罗斯福执政期间，曾为总统夫人的朋友做了很成功的手术。事后，总统夫人邀请麦克斯医师到白宫做客，他为此感到无比的荣幸。他在白宫留宿了一夜，恰好他住的房间的隔壁就是林肯曾经住过的寝室，他感到很兴奋和自豪。

第二天早上，他来到餐厅用早餐，总统夫人早就等在那里，他吃着盘中的早饭，心里别提多高兴了。

但是，问题出现了，因为侍者端来了一托盘的鲑鱼，他为此内心很挣扎，因为他吃鲑鱼有过不良的反应。

总统夫人看着麦克斯医师在发愣，就指着总统先生说："他很爱吃鲑鱼。"

麦克斯医师略微迟疑了一下，心想："总统都喜欢的东西，我还畏惧什么呢？"于是，就切下一块鲑鱼，吃了起来。

结果，在那天下午，麦克斯医师就出现了预料之中的不良反应，十分痛苦。

后来，麦克斯在其著作《心灵的慧剑》中写下了这么段话："这件事的意义在于：我不想吃鲑鱼，但鉴于总统先生喜欢，我于是屈就自己迎合了总统先生的口味，从而背叛了自己。虽然，这仅仅是人生中的一件小事，很快就会淡忘，可换个角度想，这不正是很多人为了成功最常碰见的陷阱？"

所以，每个人都不要拿别人的眼光去衡量自己，更不要去违背自己的意愿，强制去做跟别人一样的人，做好自己才是最重要的。否则只会适得其反。因为"百人百姓，各人各性"，每个人都是独一无二的，要敢于保持自己的本色，不必执着于同别人比高低。你只需要按照自己生活的轨迹，坚定走下去，才能真正活出自己的精彩。

⊙ 喝惯了的水，说惯了的嘴 ⊙

北朝时期，名将贺若敦因为多言遭遇了杀身之祸，临死时将儿子贺若弼的舌头刺出血，以此告诫他一定要谨言慎行。没想到贺若弼没有谨遵父亲教诲，也因为多言而死，父子两代英勇善战，却没战死沙场，倒是死在自己的舌头之下。就如老人所言："喝惯了的水，说惯了的嘴"，祸从口出，说话一定要谨言慎语，不要造成不必要的麻烦，影响了自己的大好前程。

贺若弼是隋灭陈的名将，他的父亲贺若敦为南北朝时期的大将军，以勇猛著称，屡立战功。贺若敦在参加平定湘州之战中立了大功一件，本以为能得到帝王的赏识以及朝廷的封赏。但他万万没想到，因为被奸人诬陷，不仅没有受到半点赏赐而且还被降职。于是，他心中愤愤不平，当着朝廷使者的面就怒火冲天，发泄心中的怨言。当时北周权臣宇文扈早就对他不满，有除之后快的想法。这次听到使者回来向他报告：贺若敦对朝廷出言不恭。于是宇文邕马上借故把贺若敦调回身边，在自己势力的威慑下，逼迫他自杀。贺若敦临死之前，对儿子贺若弼说："吾必欲平江南，然此心不果。汝当成吾志，且吾以舌死，汝不可不思。"也就是说，他的一生怀有平定江南的大志向，要儿子继承自己的遗志，但自己因为逞一时的口舌之快，招来杀身之祸。这件事不能不深思啊！贺若敦说完这句教诲，就拿锥子狠狠地刺破儿子的舌头，想用痛感之感让贺若弼记住他的告诫。

时光飞逝，转眼十几年过去了。江山已经易主，当世已是大隋的天下，贺若弼也官拜隋朝的右武侯大将军，以吴州总管镇守江北一带。在灭陈的战争中，贺若弼立下汗马功劳，但灭陈后，屡次为了功劳与韩擒虎言语起冲突。这使得隋文帝杨坚心里很不高兴，认为他一味贪功邀宠，没有大的作为。

贺若弼认为自己能力过人，连能力差自己一截的杨素都官拜尚书右仆射（相当于宰相），而他仅仅是一个将军爵位，没有实权，不满的情绪溢于言表。加之一些好事之徒把他说的密告给隋文帝杨坚，本来一时气话，当不得真的，但经过有心之人一传，就成了大事。杨坚把他下狱，责备一番，但念他有功，不久就放了出来。谁知他不但以此为戒，收敛自己的言行，反而四处炫耀他和太子杨勇的关系如何的密切，后来太子杨勇失宠被废，他又没管住自己的舌头，整日为杨勇鸣不平。文帝大怒，找他来质问："我用杨素为宰相，你却在众人面前多次大放厥词；我废杨勇，你也心有不甘。要是你整天带着不满的情绪来看待朝廷，你还能有什么作为？"文帝把他削职为民，一年后复其爵位，但永不重用。待杨广登基后，他因参议隋炀帝生活太奢靡，终是被隋炀帝所杀。

贺若弼父子的悲剧值得我们深思，孔子说："君子欲讷于言而敏于行"。该说的一定要说，不该说的不要说。说话要勤在心里思量，不能凭一时意气，逞口舌之快，更不能发一些徒劳无益、于事无补的牢骚怨言。我们遇到一些不平和偏见，最好的处理方式就是淡然处之，但凡不平则鸣，都会伤人伤己，对人生无益。

一位世界知名的银行家，在他未发迹之前遇到这样一件事，使他成就了自己的大业。

一天，他与某大银行的一位主管见面时，偶然说起他打算在长岛这个地方开办一家银行，这个想法若能实现，将来自己可谓前途无量。不料想，那位银行主管不但不赞成这个计划，反而流露出十分轻蔑的姿态说："想法不错啊！若是你活得够长，也许有一天你能在这里拥有自己的银行。"说完便起身告辞。

后来，这位银行家把这件事告诉自己的朋友说："当时我听了他的那句冷语，心里很生气：这是什么话！若是我活得够长，不就等于说我是一个庸碌无能、一事无成的人吗？这不是等于讥讽我开不出银行来吗？这样大的一个耻辱，岂是我所能忍受的？但我并没有为此找这个主管针锋相对一番，我觉得那样也是于事无补。我心里暗下决心，一定开设一家成功的银行给他看，而且我一定开办得比他的要红火。经过我的努力，我真的做到了，而且仅用了短短4年的时间，现在我们银行的存款数额已经超过他的一倍以上！"这位主管可曾想到：管不住自己的舌头，自己一句话就在不经意间为自己树起了一个强大的敌人。

上面的银行主管，如果懂得说话技巧，现在可能跟这位知名的银行家合作，事业做得更大了。我们在说话的时候要认清对方，顾虑别人的感受，坦白直率，仔细谨慎。一言可以兴邦，一言可以丧国。对于我们在日常的交往和工作中，也需要注重说话的艺术，说话时，要管住"说惯了的嘴"。

⊙ 习惯成自然 ⊙

拿破仑·希尔曾经说了这样一句话："习惯能成就一个人，也能摧毁一个人。"在我们日常生活中，"习惯"不再仅仅是一个普通的名词，它实际上已经成为我们存在于这个世界的生存法则：良好的习惯可以使我们拒绝平庸，站在社会的巅峰，俯视芸芸众生；坏的习惯却能将我们淹没在平庸的洪流中，再也找寻不见。

也许，我们许多人都还没充分认识到习惯所带来的巨大能量，实际上，习惯影响我们一生。习惯，如三月的春雨，润物细无声，一个人可以在不知不觉中被习惯所潜移默化。从这点来看，习惯的确是一种可怕的力量。但我们也不能被习惯所掌握，我们必须保持一个高度警惕：作为好的习惯，我们应该继续保持；对人生没有任何帮助的不良习惯，我们要坚决抛弃。

在古代，老师和学生一块郊游，等走到一片树林里的时候，老师停下脚步，仔细观察四周的树木：

第一棵树，刚刚长出新芽，只能算一棵幼苗，算不得树。

第二棵树，已经有了细细的树干，是一棵挺拔的小树苗，它的根须已经牢牢地盘踞在肥沃的土壤中。

第三棵树，苍劲挺拔，枝繁叶茂，已经有手腕那么粗。

第四棵树，是一棵高大的万年松，它有着粗壮的树干，广袤的枝丫，那旺盛的生命活力，貌似要冲破云天。

老师指着第一棵树对学生说："把它拔起来。"学生不费吹灰之力就拔出了那棵娇嫩的幼苗。

老师又说："拔出第二棵。"学生稍微费了点力气，拔出了第二棵小树。

老师接着说："接着拔出那边的第三棵树。"学生略微迟疑了一下，还是试着拔出第三棵树，但是毕竟树高根深，很是费力，待学生终于拔出那棵树的时候，已经是满头大汗，气喘吁吁的了。

老师又让他尝试着去拔出那棵遒劲的松树，学生踌躇了一下，拒绝了老师的要求，他是不可能完成这个任务的，甚至没有去做任何尝试。

老师看了学生一眼，语重心长地说："你看到了吧，你刚才的举动已经告诉你，习惯对我们的生活是有多么大的影响啊！"

其实，我们的习惯就像故事中的树一样，幼苗的时候，我们是很容易拔除，而随着岁月的流逝，树渐渐地长大，根也深入地下，就很难再把它拔除掉了。如果我们的习惯变成了一棵万年松，那么我们任凭怎样努力，那棵松树仍然在那里屹立，风雨不倒，雷打不动。

习惯一旦养成就很难改变，好的习惯是这样，不好的习惯也不例外。我们一定要养成好的习惯，那么它们就如同故事中说的万年松一样，茁壮而牢固，任尔东西南北风，有了这样的习惯，何愁平庸，成功是早晚的事。但是坏的习惯，一旦养成也如万年松那般，不容易轻易改变，所以在我们日常生活中，要注意不染上一些不良的习惯，以免日后生悲。

一个年轻渔夫住在海边破旧的小木屋里，虽然日子过得清苦，但面朝大海，心里常是"春暖花开"。有一天，他出海捕鱼遇到了一个老渔夫，老渔夫年事已高，一生去过很多的地方，他还告诉了年轻的渔夫好多海那边的奇闻逸事，最后，还告诉了他一个"龙珠"的秘密。

据传说，谁要是得到这颗龙珠，就能拥有呼风唤雨的力量，以后出海捕鱼定是满载而归。可是，这个宝贵的东西，并不是轻易就能得到的。据老渔夫说，在黑海岸边，有不计其数的珍珠铺在沙滩上，这颗龙珠就混在这些珍珠之中。从外观上看，它的样子和普通的珍珠没多大的区别，但唯一的不同在于，它的表面有龙鳞状的暗纹，其他的普通珍珠是很光滑的。于是，年轻的渔夫思虑再三，回到小木屋收拾了行囊，驾着自己的小船，不远万里，来到了黑海岸边。

这里，正如老渔夫所说，到处铺满了明晃晃的珍珠。年轻的渔夫也没想

太多，就开始了自己的寻宝计划，开始到处寻找龙珠。在这期间，他饿了就找些野果、小鱼充饥；困了，就在蜷在岩石旁小睡一会儿。他捡起一个珍珠，看一下没有龙纹，就顺手扔到海里。就这样他日复一日地重复着这个动作，转眼3年过去了，但他还没找到那颗龙珠。但他非常坚信，他一定能找到那颗龙珠的。于是，他按部就班操作自己的动作，捡起一颗珍珠，看一下就扔到海里，接着再捡再扔，如此循环往复……

终于有一天，他捡起一颗较大的珠子，上面有很深的龙纹，他看了一眼，不假思索地就把这颗珠子扔到了大海里。

在以后的日子里，他还是一如既往地寻找那颗龙珠，殊不知，那颗龙珠已经在自己习惯的动作下，被扔到了海里。他已经形成了把珍珠扔进海里的“习惯”，习惯的力量很是可怕，它甚至让人忘记自己的使命是什么，只按照习惯养成的法则行事，这样人活着是非常可悲的，人处在习惯意识的支配下，机械地活着，这跟行尸走肉有什么区别？这是习惯给人带来的苦果，我们一定要警惕这样的不良影响。

在现实生活中，习惯无处不在，它影响我们的思维方式和行为模式，习惯可以成就未来，习惯也可以摧毁未来，习惯成自然，每个人都多多少少有自己的习惯，在我们众多的习惯中，我们要拣出那些不良的习惯，扔进大海，留下那些好的习惯，这些好的习惯定会领你走向成功。正如著名教育家乌申斯基说的那样：“好的习惯是人在自己的神经系统中存放的道德资本，这个资本可以不断增值，而人在一生中可能都会享受这个资本的利息。”

⊙今日事，今日毕⊙

在很多情况下，一些人能够取得成功，就是因为形成了立即行动的好习惯，因此才会始终站在前列；而另一些人的习惯是一直拖延，直到无法应付的最后一刻，结果他们就被甩到后面去了。

当天的事情当天不做，那就成了拖延。拖延不仅出不了成果，精神也不会轻松，要做的事堆积在心，既不动手做，又忘记不掉，就会像欠债似的感到沉重。

周杰必须在下周一的公司例会上提交一份非常重要的市场分析报告。他很清楚这份报告对公司和他个人的重要性，这会关系到他个人年底的绩效考核。但是，如果要做到尽善尽美，让报告无可挑剔，他就必须在接下来的三个工作日内搜集大量的资料，也许还不得不牺牲自己的业余时间。一想到那些烦琐的表格、数据，他就觉得透不过气来。他对自己说，还是先放一放，现在没心情，等状态好点再开工好了。

就这样，周杰随手打开电脑，看看新闻、聊聊天，一天很快过去，他的状态还是没有“调整”好。星期四、星期五依然如此。

星期六，他痛快地睡了一个懒觉，踢了一会儿球……

星期天的下午，周杰不得不坐下来，面对那份令人讨厌的报告。他连续工作了十多个小时，总算勉强完成了，可是，他自己很清楚，这份粗糙的报告绝对无法让任何人满意。

星期一，当周杰把报告交给上司时，他已经从上司脸上不悦的神情中看到了自己年底的绩效考核分数。他再一次品尝了拖延的苦果。

在日常生活中，有许多应该做的事，不是我们没有想到，而是因为我们没有立刻去做。时间一过，就把它给忘了。其原因，有时是因为忙，有时是因为懒惰。一个事务繁忙的人想到一件事应该做，但他当时没有时间，于是想等一下再说。但是等一下之后，为其他事务分神，就把这件事情给忘了。

有些人虽然不忙，可是他喜欢拖延。该做的事虽然想到了，却懒得立刻着手去做，心里想着：“等一下再做吧！”可是，等一下之后，他就忘了，或者已经时过境迁，失去做的意义了。

如果想要做事有效率，最好是“今日事，今日毕”。

养成了“今日事，今日毕”的习惯之后，你就会发现自己随手都有新的成绩，问题随手解决，事务即刻办妥。这种爽快的感觉，会使你觉得生活充实、心情愉快。拖延的习惯不但耽误了工作的进行，而且在自己的精神上也是一种负担。事情未能随到随做，又不敢忘，实在比多做事情更加疲累。

做事要有始有终，这样可以使我们产生强大的责任感，使我们拥有坚强的毅力和恒心，在今后的工作、生活中立于不败之地。

习惯中最足以耽误人的，莫过于拖延的习惯。你应该极力避免拖延的习惯，就像避免罪恶的引诱一样。如果对于某一件事，你发现自己有着拖延的倾向，你就应该立即跳起来，不管它有多么困难，也要马上动手去做。不要畏难，不要偷安。这样，久而久之你就能改掉拖延的习惯。应该将拖延当作你最可怕的敌人，不要让它偷走你的时间、品格、能力、机会与自由，让你成为它的奴隶。

总之，“今日事，今日毕”，千万不要拖延到明天！

⊙要埋头苦干，不好高骛远⊙

有一篇关于杨石头的报道，讲述了时任奥美北中国区集团事业发展总监和奥美广告国内事业部副总经理杨石头的发展历程，通过他的故事，我们可以从他身上学到：从“牛”做起，埋头苦干的敬业精神。进入职场，我们就应该像一头默默耕耘的牛一样，埋头苦干，勤勤恳恳，不好高骛远。

18岁那年，高中毕业的杨石头没能考上大学，就去冶炼厂当了一名月薪104元钱的临时工。后来听说美术学院文化课要求低，他便决定一边工作一边学习美术，准备再次高考。于是，他不顾自己已经成人的年龄，到少年宫与一群小孩子为伍，从头开始，苦练画画。终于在1993年考取了北京服装学院工艺美术系装潢设计专业。这一年，杨石头已经23岁了，是班中最大的学生。

然而，家庭困难的杨石头，迫于生活压力，在上大学期间，不得不去做一些兼职工作。他选择了一家广告公司，工作可谓千辛万苦，因为当时根本没有现在的喷绘，他只能拿着油漆桶一点一点去刷“停车场”“计划生育”之类的牌子和标语。在大冷天里，还要从嘴里呵出气来才能不让刷子冻住。尽管如此，他还是像“牛”一样埋头苦干。他对同学们说：“我就是‘牛’，而且是一头很能干活的牛。”

有了当过临时工和在校打工的经历和经验，杨石头在大学毕业考虑自己职业生涯规划的时候，就立下志愿一定要当“牛”，职场起步从“牛”开始。杨石头选择了自己最为欣赏的奥美广告公司，经过应聘考试、面试，他顺利过关。就在他即将要成为奥美一员时，他应聘时的面试官、原北京奥美的总经理陈碧富正在创立观唐广告公司。在陈碧富的劝说下，杨石头放弃了奥美。

在观唐，杨石头从做会议记录、出账等基础工作开始，后做业务，从客户执行到客户经理，之后又主动请缨到上海发展，担任上海观唐广告公司客户副总监一职，负责统一中国总部饮料群在上海、北京、武汉、沈阳四个分区的整体传播工作。极盛的时候，杨石头一个人肩负着公司55％的营业额。第一份职场工作让杨石头领悟到："雄心的一半是耐心，职场生涯就像孵蛋一样，在28天的孵化过程中，虽然表面上没有什么不同，但其实里面每天都在发生变化，而这个过程就是'牛'的过程。"

作为一个职场"牛"人，杨石头更"牛"的还在后面。2000年的时候。杨石头又进入梅高（中国）传播集团，这家公司的创办人高峻是国内广告行业的教父级人物。杨石头历任客户群总监、中国区集团副总经理，他所负责的烟台啤酒整合传播案例获得了美国纽约广告节创意营销效果奖。而这时，年薪已达百万的杨石头却又在思考着自己的人生，调整着自己的职业生涯规划。

杨石头说，百万年薪不是他的梦，他不想做金钱的奴隶，理想才是他追随的目标。所以他决定放弃人人垂涎三尺的这份年薪百万的梅高中国区副总经理工作，要回归奥美广告公司做月薪只有3000元的文案工作，一圆当年加盟奥美的梦想。2003年冬天，杨石头给北京奥美创意总监写了一封求职信，他在信中写道："我不知道天堂是不是光明的，但是我知道天使一定是光明的。尼采说过，每块石头都有它的梦想。为什么不给我这块石头一点光明呢？"对于当时33岁的杨石头来说，这是一个很难让人理解的决定，以至于他家的小保姆都误认为他破产了。面对众人的不理解，杨石头坦言："我是'牛'。我是很能干活的，我必须这样做，尽管这条路走得非常艰辛。"就这样，在时隔八年之后，杨石头如愿以偿地进入了奥美这家全球顶级广告公司。他一如既往从"牛"做起，始终保持着"牛"的心态，"牛"的干劲。

一晃又是五年过去了，阳光果然照亮了这块石头——杨石头成为奥美北中国区集团事业发展总监和奥美广告国内事业部副总经理。在他的手上，北京奥美的国内客户群比例大幅度提升。而他展示出的专业素养以及对国家品牌营销的深刻洞察，使他成为2008北京奥组委官方执行顾问。2008年11月27日，杨石头获得了国际奥委会主席罗格、国际残奥会主席克雷文和北京奥组委主席刘淇联合签字颁发的金质嘉奖。

除此之外，杨石头还担任国家商务部品牌管理发展中心的首席品牌顾问，北京大学新闻传播学院IMC研究生班主讲教师，清华大学CIMT企业品牌讲师,《中国经济周刊》《数字中国》《亚太活动平台》的专栏作者，北京电视台《名人堂》节目常务对话嘉宾,《创业讲堂》节目主持人。

面对如此众多的角色，杨石头说:“每个人都有梦想，但进入社会之后梦想就转化成理想，就是理智的梦想。然后接下来就是像‘牛’一样一步一步去实现这个理想，等你实现了这个理想，你就是‘牛魔王’。”

在职场上，要知道每件事情都是由细小的事情组成，只有把小事认真勤奋的完成，才能成就未来的事业。如果你想在工作中取得优异的业绩，那就像杨石头一样，埋头苦干工作中的每一件事情。

第四章
事理规律：风不来树不动，船不摇水不浑
——掌握规律，从容人生

⊙ 强将手下无弱兵 ⊙

很多人都应该听过这样一个比喻：“一头狮子带领一群绵羊，经过一段时间之后，发现每只绵羊皆有如狮子般勇猛的性格。那么反过来，一只绵羊带领一群狮子，久而久之，每头狮子都是会变得和绵羊一样的温顺，失去了斗志”。这就是“强将手下无弱兵”的道理。

何为“强将手下无弱兵”？

根据《辞海》解释，将，即将领，是领兵的将领。兵的含义是武器、战士、或与军事战争有关事物的统称；兵可以指单独某个个体，也指兵团部队。“强将手下无弱兵”也就是说英勇的将领部下没有软弱无能的士兵，比喻好的领导能带出一支好的队伍。强将相当于一个优秀的领导者，他必须有很强的结果导向，以及敏锐的判断力等能力，而他领导的团队在发展过程中必然会优胜劣汰，弱兵总会被强兵取代。

“强将”不仅指自身强悍，屡立战功；而且也指的是懂得用人之道，懂得把合适的人放在合适的位置，使他们充分发挥自己的才能，从而变得更加强大。真正的“强将”能激卒成将，使手下的每个人都能独立作战，发挥出更大的潜能，取得更大的成功。

将和兵是一个团体中的不同分工，将是决策者，兵是行动者。强将之所以为强将，是因为在决策方面有其独到之处。而兵作为执行者，在整个团队中是不会以个体形象出现的，他只是构成团队的一个分子。一个出色的决策者手中必然会有一个高效运作的团队，如果失去了这样一个团队，那强将也

就不能称为强将。将之强，也就是团队之强，团队之强，靠的是个体之强。

我们都知道岳飞，南宋著名的将领。他背刺着母亲期望着的“精忠报国”，心怀收复中原的赤胆忠心，带领着他的岳家军，打得金将闻风丧胆，节节败退。如果仅靠着叱咤风云的岳飞将军自然不能够取得一次又一次的成功。正是由于岳飞的优秀影响了整个岳家军的每一个士兵，再加上岳飞的卓越才能，对待士兵纪律严明，赏罚得当，没有一个士兵不服，没有一个士兵不从，怎能不造就出一个强兵满营的岳家军呢？同时，这样一来，强将手下有强兵也就是一种必然了。

除此之外我们还可以从哲学的角度分析。退一步想，从士兵的主观因素分析，假设士兵的身体素质极差，甚至所有士兵都是老弱病残，那么很容易想象强将手下也未必是强兵了。众所周知：事物是普遍联系的，事物之间是互相影响相互作用的，要保证团队的有效运作，在内部个体之间必然将有一套良好的竞争淘汰机制，这也是对将之强的一个考验，没有能力管理好自己的团队，清除害群之马的将，是不能被称为强将的。一个强将要完全可以依靠他的军事才能训练，改变他的士兵。正所谓，兵熊熊一个，将熊熊一窝，强将手下无弱兵。

很多人自己很强，但是不会用人，这样的人是不能称之为强将的。

吕布就是一个例子。

关于吕布的评价很多。陈寿评价：“吕布有虓虎之勇，而无英奇之略，轻狡反复，唯利是图。自古及今，未有若此不夷灭也。”曹操评价：“布，狼子野心，成难久养。”

吕布的一生，虽然有轰轰烈烈的开始，但最终没能成就一番事业。这跟他的用人之道有关。吕布生性狡诈，为人反复无常，唯利是图，注定了其能称雄一时而不能称霸一世。在三国中，吕布堪称是天下无双的一流武将，曾在虎牢关大战刘备、关羽、张飞三人，也曾一人独斗曹操军六员大将，武艺超群。曾有人作诗称赞吕布：“切切情长总是痴，英雄无奈醒来迟。一从赤兔奋蹄去，万古唯留驻马石。养虎饲鹰不自值，志节何必更曾失。应知大耳多无义，枉论辕门射戟时。至今念念思悠悠，血染连环未忍收。多记虎牢龙起处，何来三姓与人留？”

吕布擅长骑射，臂力过人，号为飞将，闻名于并州。吕布虽骁猛善战，然而无谋而多又好猜忌，又易听信谗言，也不善于用兵，手下虽有张辽，高顺等猛将跟随，但却未尽其用，曹操围困大军三个月，手下离心离德，并出了侯成、宋宪、魏续等反叛小人。吕布的一生悲惨的下场看来，“强将”虽然勇猛，却没有调教出强兵，结果被曹操大败并被斩首。

从吕布一生的轨迹中不难发现，吕布智商肯定异于常人，不然他不会有如此高的武艺；吕布情商也不输于他人，不然他不会赢得美人“貂蝉”的垂青。这就出现了一个悖论，为什么如此出色的一个人物，却是这样的悲剧人生？简单总结一下：没有战略眼光和战略思考能力，唯利是图，不懂用兵之道。

“强将手下无弱兵”，也不能一概就认为，“将”总比“兵”强。有可能有这种情况，“强将”手下的兵一度比“将”能力强大。这时，如果“强将”本身嫉贤妒能，像《水浒传》里面，假面书生王伦容不得林冲一样，强兵就当然无法在其手下安身。在现实生活中，形形色色的王伦之流难道还少吗？他们喜欢忠实听话的奴才，重用庸才，容不得人才。虚怀若谷的“将”恰恰相反，他们善于使用比自己更强的人，为自己所用，对自己成功有利的人才，干吗舍弃。实际上，善于用强者才是更强者，这才是真正的“强将手下无弱兵”的精髓所在。吕布的问题也正在这里。

一个人要想让自己也成为强者，就要拥有一种“向强者学习”的精神，只要对方是强者，就要表示应有的尊重，并向他学习。只要拥有了这种强大的精神，就会不断地追逐强者，使得自身不断进步。

因此，我们应该知道，如果你是一个“将”就要有容人之量，有用人之能，只有这样，你才能成为强将，带出强兵。当然，大多数时候，作为一个普通人，很少有成为“将”的机会，这时候，就需要找一个领路人了，也就是找一个“强将”来带领我们，帮我们成长，即使做一个兵，也要做最强的“兵”。只有我们处在一个有竞争力的环境，我们的身边都是“强将”和“强兵”，才能够让我们学到更多的东西，也才能取得更大的成就。

⊙ 上有所好，下必甚焉 ⊙

大汉王朝的一代明君光武帝曾说过：“治理好一个国家的关键在于上位者是否具有道德上的大智慧，是否懂得用仁爱去滋养黎民的心，而不是助长一种唯利是图的不良风气；评价一个国家的标准，在于老百姓是否能安居乐业，而不是国库有多少存金。”他深深地懂得这样一个智慧：“上有所好，下必甚焉”，在上位者，如果把老百姓安居乐业作为头等大事，国家便兴旺发达；而当上位者只是一味地追逐自己利益的时候，天下就会陷入困苦和动乱之中。

"上有所好，下必甚焉"一句出自《孟子·滕文公上》："上有好者，下必有甚焉者矣。"其字面意思不难理解："处于上位的人喜欢什么、爱好什么，下面的人就会效仿，一定会喜欢得更厉害。"乍听起来，这话平白无奇，或许当年孟老夫子说出这话，只不过是对当权为政者的一句劝诫罢了。然而仔细研究一番，我们就会发现这是一句"非先贤不能道也"的至理名言。寥寥一句，便高度概括了"治国平天下"之道，便将当政当权为官为尊者的个人爱好与一国一地一个群体的风化风气之间的关系说了个透彻，切中要害。

"上有所好，下必甚焉"，古来有之，如：楚王爱细腰，宫中多饿死。

"昔者楚灵王好士细腰，故灵王之臣皆以一饭为节，胁息然后带，扶墙然后起。比期年，朝有黧黑之色。"用通俗的话讲，就是古时候，楚灵王喜欢腰细的人，为了投其所好，他的大臣们为了纤细自己的腰。每日惶恐，不敢吃太多的饭，就怕腰部臃肿，失去帝王的宠信。而且每天上朝之前，都先吸气收腹，屏住呼吸，然后把腰带束紧，扶着墙壁勉强站起来。到了第二年，满朝文武大臣，脸色都是变得黑黄色，呈现严重营养不良的状态。试想，大臣们连自己的身体都羸弱得不行，哪有心思去帮助帝王处理国事，后果可想而知。

也正因为这"上有所好，下必甚焉"的道理，古今贤哲从未间断地劝诫君王或在上位者"率身垂范"。作为在"上位者"，治国平天下，要少些权贵虚荣心，多一些爱民之心，以身作则，在思想和行动上起表率作用。

⊙ 辅车相依，唇亡齿寒 ⊙

熟悉中国历史的人都知道"辅车相依，唇亡齿寒"的故事，也明白其中蕴含的道理。我们不管所处在怎样的社会中，都不可能仅靠一己之力，就能生存下去的。我们必须或多或少与周围的环境发生这样或那样的关系。这个世界就是一个相互间利益交织的复杂体，一旦你牵扯到其中的某一根脉络，其他的脉络也必然跟着动。渔夫们住在湖边，靠捕鱼为生。那么渔夫和鱼之间就是一种"辅车相依，唇亡齿寒"的关系。一旦湖中的鱼被过度捕捞，那么湖中就没有鱼了，那么渔夫还靠什么养活自己。因此渔夫在捕鱼的同时，一定要懂得不能竭泽而渔，不能贪得无厌的道理，这样，鱼才能源源不断，生活也能继续下去。

但是，我们之中有很多人，就不懂得这个道理，最终酿成苦果。

春秋时，晋献公想要扩充自己的势力范围，就找借口说，虢国经常骚扰晋国边境的百姓，要发兵灭了虢国。可是在晋国和虢国之间隔着一个虞国，晋国的军队要想讨伐虢国，就必须借道虞国。一日，晋献公问殿下的大臣："攻打虢国，我国将士怎样才能顺利通过虞国呢？"大夫荀息说："虞国国君是个目光短浅、贪图蝇头小利的人，只要我们送他一些价值连城的美玉和宝马，我想，他不会不答应我们借道的。"晋献公一听，内心很是不快，踌躇了一会，没有回答。荀息看出了晋献公的这点心思，就说："虞虢两国是唇齿相依的近邻，虢国被灭了，虞国也不能独存，您的美玉宝马不过是暂时寄存在虞国国君那里罢了。"晋献公于是采纳了荀息的计谋。

与预料的一样，虞国国君见到晋国送来的珍贵的宝物，心花怒放，当听到说要借道虞国讨伐虢国之事时，也不假思索，一口应承下来。虞国大夫宫之奇听说此事后，赶快上前劝道："这事要从长计议，不能答应的借道的事情。虞国和虢国是近邻，唇齿相依的关系。我们两个小国相互依存，有事可以彼此之间相互帮忙，万一虢国灭了，晋国军队在回程的时候，也可能顺便进攻我们，我们虞国也就难保了。俗话说得好'唇亡齿寒'，没有嘴唇的保护，牙齿就会感到很寒冷。借道给晋国的事万万使不得。"虞国国君说："人家晋国是大国，现在专程送来美玉宝马和咱们交好，难道咱们能不答应这事吗？"于是，摆手让他不要再劝说。宫之奇见到虞公国国君一意孤行，鼠目寸光，他连声叹气，知道虞国离灭亡的日子不远了，于是就带着一家老小匆忙离开了虞国。果然不出所料，晋国军队在借道虞国消灭虢国后，在班师回朝时，又把亲自迎接晋军的虞国国君俘虏了，灭了虞国。

"唇亡齿寒"是要我们明白：关系密切双方，利害也相关，一方受到打击，另一方必然不得安宁。因此我们不管在做什么事的时候，一定不要目光短浅，要从全局来考虑问题。危害自己的事情不做，那么危害他人的事情，也是万万不能做的。不能仅仅以为，一些事情是他人的事情，与自己无关，事实上人与人之间是相互的，所以，我们不能做事太自私，要多为其他人的利益考虑。

有这样一则寓言：

一头驴子和一匹马托着货物，跟随主人在广袤的沙漠中穿行。因为货物太重，驴子有点不堪重负，就对马说："你帮我分担一点货物吧，我难以忍受了。"马没有理睬驴子的请求，继续仰着头往前行走。它们走了不久，驴子就因为体力透支，累死了。主人没办法，就把驴子身上的货物全部装到马的背上，最后，马也被累死了。

马的教训告诉我们“辅车相依，唇亡齿寒”的道理。试想，要是当初马替驴子分担了货物，那么结局可能是驴子和马都在目的地吃着绿油油的青草，悠闲地晒着太阳。

利益的关系是相互的，给别人留一条后路时，其实也是给自己留一条后路。如果我们懂得“辅车相依，唇亡齿寒”的道理，做事慎重，顾全大局，那么我们会避免犯很多错误。

⊙ 行得春风，便有夏雨 ⊙

《成功学》中有一个伟大的定律，叫付出定律：只要你有所付出，就一定会得到相应的回报。如果你觉得回报太少，那就表示付出太少；如果你想要得到更多，就必须付出更多。

“行得春风，必有夏雨”是一句民谚。春风，指偏东南风方向的风；夏雨，一般指梅雨。谚语意思是说，春季偏东南风较多的年份，则夏季梅雨一般也较多，大意是有所施必有所报。

一个人要想得到回报，就必须先付出。没有付出，哪里来的回报？就如同人们常说“一分耕耘，一分收获”。我们都知道，农民在收获秋季沉甸甸的谷物之前，必将付出春天播种的忙碌、夏季灌溉的汗水。相信很多读者都听过下面这个很富有哲理的故事：

一个人孤独地穿越沙漠，徒步行走了两天。途中他遇到沙暴袭击。一阵狂沙吹过之后，沙丘位置发生改变，他已认不得正确的方向。这时的他口渴难耐，已经支撑不了多久。突然，他发现前方有一幢废弃的小木屋。他拖着疲惫的身子走进了屋内。这是一间四周没有窗户，密不通风的小屋子，这样的设计可能是为了防止风沙灌入，只见里面堆了好多枯朽的木头。他几近绝望地环视四周，却意外地在角落里发现了一台抽水机。

他很兴奋，立马上前汲水，但任凭他怎么卖力压抽水机杠杆，也抽不出半滴水来，只有抽水机抽动空气的吱嘎声。他颓然坐地，却看见抽水机旁有一个用软木塞堵住瓶口的小瓶子，瓶上贴了一张泛黄的纸条，纸条上写道：“你必须用水灌入抽水机才能引水！千万不要忘记，在你离开之前，请再将水装满！要知道，你能饮到甘甜的水，有别人的付出，你才得到回报。现在是你回报别人的时候了！”他立即拔开瓶塞，发现瓶子里，果然装满了水！

他的内心，此时正纠结着……

如果自私的话，只要将瓶子里的水喝掉，他就不会渴死，兴许就能活着走出这片沙漠；如果照纸条写的做，把瓶子里唯一的水倒入抽水机内，万一水灌进去，却抽不出水，他就会渴死在这地方，到底要不要冒这个风险？

犹豫再三，他决定把瓶子里唯一的水全部灌入破旧不堪的抽水机里，以颤抖的手大力汲水，不一会儿，水真的涌了出来。等他喝完清凉的水之后，又把瓶子灌满了水，轻轻用软木塞封好，放在原处，然后在原来那张纸条的后面，再加一句自己的切身体验的智慧："相信我，真的有用，在取得之前，要先学会付出。"

这个故事反映的哲理就是"行得春风，必有夏雨"。试想，一个几近绝望的沙漠旅行者，身体没有水得到补充，他很快就会因脱水而死去。这时，一瓶水、一个纸条和一个抽水机。对他的选择来讲，当然是这瓶水来的最具诱惑性，喝掉这瓶水，他就能继续前进；但他当然也可以慎重自己的选择，把水倒进抽水机，抽出更多的水，供他在接下来的旅途中使用。显而易见，这是一个很大的考验，如果水没有冒出的话，他将很快死去，永远不可能走出这片沙漠。如果你是这个沙漠旅行者，你会怎么选择呢？其实有可能这个答案很简单：在取得之前，要先学会付出。要是不付出"一时之渴"的一瓶水，就永远不可能得到"足以走出沙漠的"更多水的回报。

可能有人会问："付出就一定会有回报吗？"在现实生活中，往往事情不都能尽如人意，付出并不总是能立竿见影地得到回报的。即使一些事情付出了，却收获了失败，也不要灰心，这只证明这种方式不行，换一种也许绝路便通途。要相信，只要用心去做了，俯下身努力付出，相信水滴终会穿石，柳暗花明就在一步之遥！

⊙ 冰冻三尺，非一日之寒 ⊙

一滴水从房檐上滴下来，落到青石板上，这看起来是一件多么微不足道的事，然而长年累月地滴，却能水滴石穿。做人也要具备这种"水滴石穿"的锲而不舍的精神，一旦确定了人生目标就持之以恒，并用自己坚忍不拔的品格、坚定不移的信心和坚持不懈的奋斗精神，取得一番成就。

有句民谚："冰冻三尺，非一日之寒。"观文而望其义，这句谚语比喻一种情况的形成，是经过长时间的积累、酝酿的。这句谚语暗示了我们无论是在学习、工作，或是对人生的追求中，成功并不是一蹴而就的事，而是一个长期奋斗积累，厚积薄发的过程。

从前，有一位果农在地里种下两棵苹果树的幼苗，很快它们开始发芽。鹅黄的叶片在春风中抖动着，很是惹人怜爱，第一棵树立志要长成白杨那样的参天大树，于是它拼命从地下吸取水分和养料，储备起来，滋养每一根枝干，为将来长成一棵大树做着积极的准备。但由于第一棵苹果树只顾着努力向上伸展枝丫，最初的几年没有结一个苹果，这让老农很恼火。相反，另外一棵树也是拼命从土里汲取营养，但志向是尽快开花结果，结果几年后，它就结了满树的苹果，果农欢喜极了，就更勤奋地给这棵苹果树浇水、施肥，那棵不结苹果的树就被冷落了。

时光飞转，那棵不结苹果的大树因为枝粗叶茂，养分充足，在一个秋季，成熟了一树又红又大的苹果。而那棵过早开花结果，急于求成的树，却因未成熟的时候就开始开花结果，现在养分耗尽、枝干叶枯，只能结出几个苦涩难吃的苹果。

果农诧异地叹了口气，用斧头砍伐了这棵过早衰败的苹果树。

在人生道路上，我们要学习第一棵苹果树，注重积累，厚积薄发；同时，我们也要以“过早开花的苹果树”为戒，莫急于求成。

在遥远的非洲草原上，有一种茅草，叫尖毛草，它是草原上最长的茅草，它刚发芽时，又细又短，并不显眼。可是只要雨季一来临，三五天的光景，它便能一下子伸长到两米左右。植物学家很好奇，就去实地观察和研究它，最终得出结论：原来在刚长出的前半年时间内，它并不是没生长，而是努力把吸收的养分存在了根部。雨季之前，尖茅草的茎虽然只长出1寸，根部却深深扎入地下已达20米，并且根部疯狂地向四周散开，贪婪地汲取沙土中稀缺的水分。当储存了足够的能量后，蓄势待发，只要雨水一落到它的身上，便一发不可收拾。

像“尖茅草”这样，通过自身的努力，多积累，最后厚积薄发，功成名就的案例多得不胜枚举。

有这样一个故事：

有一位小有名气的画家，在他刚出道时，3年也没有卖出一幅画，内心很是苦难，生活也很拮据。于是，他去请教一位世界闻名的老画家，他想知道自己的画那里出了问题？为什么整整3年没有一个人垂青。那位老画家听完，就问他每画一幅画大概需要多长时间。他说一般都是一两天，最多也不会超过3天。那老画家听完他的回答，对他说：“年轻人，你换种方式试试吧，你用3年的时间去细细画一幅画，我保证你的画一两天就可以卖出去，最多不会超过3天。”

这个故事里面隐含耐人寻味的道理：“成功绝不是一蹴而就的，只有静下心来日积月累的积蓄力量，才能够‘水滴石穿’。”

西晋时著名的辞赋大家左思，他的名篇《三都赋》就用整整十年才完工。他为了把《三都赋》写好，一天到晚都在构思《三都赋》的语言文字、思想内容和艺术境界，力求精益求精。为了能够及时把自己突发的灵感记下来，他走到哪里都带着笔墨纸砚，一想到有什么好的句子，就立马记录下来。

十载寒暑，左思终于完成了《三都赋》。他也为此名动天下。《三都赋》辞藻华美、文笔畅快，无论是在内容还是形式上，都取得了较高的艺术成就。文章一经问世，洛阳都城整个为之轰动，文人骚客争相传抄。由于传抄的人太多，一时间纸张变得供不应求，纸价暴涨。这也是“洛阳纸贵”这个成语的来历，这真是古代文坛一件无与伦比的风雅盛事。

左思用了整整十年才写了一篇足以让他流芳百世的文章，任何成功者，都是付出常人无法想象的辛苦才实现自己的人生价值的。

李白诗曰“十年磨一剑”，这是成功者才具备的一种良好人生态度。在这个物欲横流的社会中，很多人没有摆正心态，一心想急功近利，总幻想着不劳而获的成功，又或是走捷径一步成功，殊不知，这种心态不仅不会成功，反而极其有害。于是我们不得不承认，想要有登峰造极的成就，就必须先承受十年磨一剑的寂寞，当今的生活更是要如此。要知道，每一次成功所绽放的光芒，并不是那瞬间的张力，而是无数岁月所沉淀的巨大能量，正在厚重的这股动力，才能瞬间迸发，冲到制高点。

当下的你可能默默无闻，请不要急躁，可能在别人眼里你是一个平庸的人，但我们自己的心里要时刻明白，点点滴滴地积累，脚踏实地地学习，总有一天会获得成功。

⊙ 好钢要用在刀刃儿上 ⊙

“好钢用在刀刃上”，这 7 个字看上去非常普通，却是由平凡变为不平凡的卓越法则。要选择一个像刀刃一样关键的地方，集中几倍的力量去实现一个目标。不能把有限的力量分散在许多问题上，每个问题都想解决，最终一个都解决不了。

我们的时间有限、精力有限，不可能把所有的事情做到最好，但是我们一定可以把其中的一件事做到最好。心无旁骛地做一件事，更容易成为强者。

一个下岗女工靠亲人集资开了一家杂货店，几个月过去，生意很不好。她的丈夫喜欢读书，有一天，他对妻子说在图书馆看到一份杂志，上面有一个全球五百强企业的专栏，丈夫发现所谓的“五百强”不过也很寻常，都是些“一根筋、一条路”。妻子不太明白。丈夫继续解释说：“打个比方，你卖纽扣，就只卖纽扣，卖所有品种的纽扣，店再大，都不卖别的。以后你再进货，头饰、胸花之类的东西，不要再进了，全进纽扣，有多少品种进多少品种，看看会怎么样。”妻子半信半疑，抱着试一试的态度，集中所有资金做起了纽扣生意，谁知效果却非常不错。几年以后，这家曾经的小杂货店变成了这座城市唯一的一家“航空母舰式的纽扣店”。

丈夫的发现虽然有些肤浅，却很有道理。《财富》世界 500 强，都有一个规律，只做一件事，做好一件事。物流运递类第一名是 UPS 公司，UPS 发展到今天也只做了一件事——用最快的速度把包裹送到客户手中，仅仅因为做好了这一件事，UPS 就把业务做到了全世界。世界第一强、零售业的“老大”——沃尔玛自始至终只做零售。世界第二强——通用汽车公司，一百多年来，也是只做汽车与配件。很多著名的大企业、大集团公司，都是集中所有力量，取得一个行业的垄断和领先地位，再不断地进行科研，使自己的技术无法被同行业的竞争者所超越，从而取得超额利润。从这个意义上讲，他们确实是“一根筋、一条路”，这些现实案例也告诉了我们，只有集中精力做好最重要的事，才能获得成功。

只做好一件事，意味着集中精力发展。很多人涉足很多领域，学习很多知识，但是时间、精力等都是有限的，不可能全部深入钻研，结果每一项都没有很强的竞争力。目标定了很多，什么都想做，什么都没有做到最好，实质是没有自己的核心竞争力。只有找到自己的强项，找到最适合自己发展的那个领域，然后拿出全部精力去钻研，才能有所收获。

⊙ 人多计谋广，柴多火焰高 ⊙

一个犹太老汉养了十个儿子，但儿子们老是互相拆台、不团结，后来老汉想了一个主意，他把儿子们叫过来，每人分一根筷子，比比力气，看谁能折断。十个儿子都很轻松地将筷子折断了。他又每人分了十根绑在一起的筷子给儿子，结果谁都折不断。通过这件事，儿子们恍然醒悟，明白了父亲的用意。

这个故事说明了齐心协力之下能实现得更多、更快、更容易的道理。成功不是单打独斗的，没有人可以一个人做完所有的事情，因此，要想达到目标就需要与人合作。没有别人的帮助，我们能取得成就就很有限。

“一根筷子容易折，十根筷子折不断”，“人多计谋广，柴多火焰高”，这些话经常在我们耳边拂过，几乎成了老生常谈，使人厌烦。但是，如果想办成一件事或者办好一个企业，没有向心力是不行的。只有把众人的力量拧成一股绳，才能克服种种困难，也才能看到光明的前景。

团结协作是不可或缺的态度，下面的故事最能体现这一原则。

刘键毕业于一所名牌大学，几年的市场实战历练、摸爬滚打，使他羽翼渐丰，自认为具备了独当一面的能力。他从原来的公司辞职，希望跳槽到更好的公司，能够寻找到一个向更大发展空间的平台。经朋友介绍，他从广州来到武汉，到某公司市场部就职。由于有扎实的专业知识，以及大公司里积累的丰富工作经验，大方开朗的他深得领导青睐。刘键本人也自信满满，寻找着能充分展示自己能力的机会。一次，公司在内部广征市场拓展方案时，刘键所在的部门也跃跃欲试。经理也有意将此次方案的制作作为一个练兵的机会。他在分配任务时提醒：作为尝试，刘键与几名“后起之秀”可以每人单独完成一份，也可以合作完成一份。

凭借着在大公司工作的经验，以及对市场行情的把握，刘键决定单挑，而不是与他人合作。他花了整整一个星期，查阅很多资料，冥思苦想、细斟慢酌，终于完成了自认为不错的方案。完成“大作”后，他满以为自己的报告能够得到领导的赏识。报告上呈后，经理的评价出乎他的意料：“缺少了本地化的东西，操作性不强。不过，你的宏观视野很开阔。”上级的评价使他心里搞不清究竟问题出在哪里。之后，经理把几名“后起之秀”叫到一起，让他们分别揣摩各自的方案。在经理的“撮合”下，他们将各自方案中的亮点进行了提炼和重构，结果，新方案被老总评优，列为备选的最终方案之一。想着自己能与资深员工“并驾齐驱”，他们甭提多高兴了。

事后，经理指出，他之所以给出提醒，就是想让这几名年轻人互相合作、取长补短，不料，他们都选择了单兵作战，不愿意与他人合作。大家希望借助这次机会，崭露头角的想法固然没有错。但是，这样做的结果就是每个人的方案都不够完美。而集中大家的智慧合作完成后的报告则集中体现了每个人的精华所在，报告的质量远远超出了之前各自的方案。而从参与做报告的每个员工来讲，在此次方案的制作过程中，都从他人的身上学到了不少的东西，加深了员工之间的交流和沟通，工作能力也相应地获得了极大的提升，可谓受益匪浅。大家都感慨道，以前这种相互交流、相互学习的机会太少了，以至于都忽视了身边的同事身上也有很多的智慧火花。这件事对刘键触动也很大，他总结这件“策划否决案”时，感慨地说：“想要尽快成长，还是得注重协作和请教，否则，欲速则不达呀！”

所以，“人多计谋广，柴多火焰高”。单枪匹马不如合作共赢，良好的团结合作的局面一旦形成了，团体的智慧迸发的火焰还会少吗？事情还会办不成吗？

⊙大船只怕钉眼漏，粒火能烧万重山⊙

千里之行始于足下，万丈高楼起于抔土。任何一件大事都是由小事积累才得来的，没有一点点的积累，就不会产生质变，成就那些伟大。同时，那些大的损失和伤害也都是从一点点的小事开始的，一点点积累，积累到了一定的程度，就会爆发，从而造成灾难。就像老话说的那样“大船只怕钉眼漏，粒火能烧万重山”，我们要做的，就是排除这些小的隐患，时刻注意它们，将那些能够造成危险的及时解决掉，而对那些对成功有用的积累坚持下去，最终成就自己。

在大海的边上，有一个小镇，镇子里的人们都靠出海捕鱼来养活自己。

在这些捕鱼人中，有一个老汉，是最厉害的，他对海洋非常了解，知道哪里有鱼，也知道什么时候会有鱼。同时，他的捕鱼工具也是镇上最好的，他有一艘大船，跟随他已经好多年了，这些年在海中乘风破浪，养活了他们一家人。老人对这个大船非常爱惜，就像对待自己的孩子那样对待大船，从来不舍得从大船上卸下任何一个零件，他认为，如果那样的话，大船就不完美了，就不再是那个伴随自己多年的老朋友了。

我们都知道，人是会老的，其实船也一样，年头多了，就会老化，老人的那条大船当然不会脱离这个规律，它也慢慢变得有些破旧了。但在老人的眼里，他的大船依然是这世上最完美，最牢固的。

这天，老人的大儿子来找他，说船上有一块木板松动了，他想要换掉。老人听了，不禁大怒，他开始责备儿子，说他不懂得珍惜东西，说他不懂得珍惜“朋友”：“你知道吗？那条大船跟了我多少年？比你跟我的时间都长，你现在说什么？要把它上面的板子换掉，你知不知道，我对这条大船的感情？怎么可以换掉它的一部分呢？那样，还是那条跟随了我多年的大船吗？”

最后，老人的大儿子无奈地走了，他把那块木板拿了下来，换了个位置，又重新订上了。不过他还是有些不太放心，因为那块板子已经很破旧了，上面满是钉眼，他觉得，这样下去会出问题的。但是，他没有勇气换掉它，也没有勇气再跟父亲提这件事了，因为他了解父亲的脾气。

几天后，大船又一次出发了，带着老人和他的儿子们，去往大海，去寻找可以给人们带来生的希望的鱼类。

不过，这次他们的行程不是很顺利，在出海的第三天，他们碰上了大风暴。不过，老人是不担心这个的，他相信，自己的这条大船已经经历过无数次风浪了，比这次更大更强的都经历过，还会怕这一点点的挫折吗？

可是，老人没有想到，正是这个他非常信任的“老朋友”辜负了他的期望，船漏水了。就是因为那块布满了钉眼的木板引起的。当船上的人们发现了的时候，已经来不及补救了，因为水太大了。最后，船永远地留在了海底，跟着船一起留下的还有那个老人和他的儿子们。

悲剧总是我们不想看到的，但又总是我们不得不看的，就像故事中发生的事情一样。在这个故事中，是有温情的，老人对船的爱就是温情，他代表着一颗感恩的心，代表着一颗怀旧的心。这是一种品格，懂得感谢给自己带来帮助的一切人和事物的一种品格。通过这个，我们可以知道，这一定是个厚道的老人。同时，故事中也有警醒，那就是老人的儿子，他是非常专业的，能够及时发现将要出现的隐患。但，这些都避免不了悲剧的发生，至于悲剧的原因，归根结底，不是那个钉眼，而是没有对微小的隐患重视的粗心。

这个故事震撼人心的原因就是前面说的温情。是啊，越是有温情的悲剧，越是能对人产生冲击；就像越是厚道的人被欺负了，我们就越是生气一样。不过，最重要的是，我们要从这异常震撼的悲剧当中汲取到教训，学到经验，尽最大的努力去再次避免它。

要知道，在生活中，不能忽视任何一件小事，特别是那些能够导致大问题的小事。往往，这些小事正是决定一个人或一件事成败的关键。可能有些人会对此不以为然，觉得没必要大惊小怪的。不就是一点小小的隐患吗？如果他们知道这小事和大事之间的联系的话，估计就不会在这样说了。

据气象学家研究得出：某地上空一只小小的蝴蝶无意间扇动一下翅膀，就会扰动空气的流动，长时间后可能导致遥远的地方发生一场暴风雨，也就是著名的“蝴蝶效应”。同时，气象学家们也以此比喻长时期大范围天气预报往往因一点点微小的因素造成难以预测的严重后果。

通常，微小的偏差是难以避免的，但却可以通过一系列的连锁反应引起很大的骚动。就如同打台球、下棋等，往往“差之毫厘，失之千里”“一招不慎，满盘皆输”。

这时，比的就是谁能更在意这些微小的变化和异常。如果注意到了这些，那么离成功就更近了。注意不到，就会像那个老人一样，最后将生命葬送在大海之中。当然，我们日常的生活不会那么凶险，但是因此而失掉成功的机会，还是非常常见的。

所以，想要有一番作为，就要养成一定的良好习惯。在面对小事的时候，一定要引起注意，时间久了，自然就能做到防患于未然，那时，我们就拥有了更强的竞争力，也就会赢得更多的机会。

总之，记住这句话，“大船只怕钉眼漏，粒火能烧万重山”。任何大的灾难，失败，都是一点点积累起来的，没有平时的积累，就不会有最后的爆发，也就不会产生那么多让人扼腕的后果。我们要做的不是眼盯着大前方，一心只想着成功，那样只会让你体会失败。真正能成功的方法是盯着一个个小的地方，将其做好，有益的留下，有隐患的解除，时间长了，成功自然会来到你的身边。那时候，你就会发现，真正取得成功的方式不是紧盯着成功，而是先忘记成功，而去做好一件件小事，排除一个个小的隐忧。

⊙ 针尖大的窟窿斗大的风 ⊙

很多人都会有这样的情结，认为不管什么事情都是大的好。在他们的眼里，人生就是要轰轰烈烈的，做人就要做这世上的最高者，做事就要做这世上的最大事。可是，往往又由于没有足够能力和魄力，最后落得一事无成，不但没有做得了大事，连小事都没能做成一件，这就是悲剧了。

忽视小的害处大家应该都知道了，我国自古就有“千里之堤，溃于蚁穴”的说法，在这里，我们从另一个角度，从反面入手，谈谈注重小的好处。

我们都知道，小事是没有人愿意做的，这时候，在小事的领域内，就会出现一片真空，这片真空中，不论是竞争力，还是难度，都是相对较小的。这时候，就给我们带来了很大的施展空间，可以让我们去翱翔，如果把握住了这机会，那么，成功还会远吗？

相信很多人都看过那个新闻，一个北大的毕业生，毕业后没有从事自己的专业，也没有到大公司去上班，却回家摆了个猪肉摊，做起来小商贩。当时的社会一片哗然，人们都觉得这个人疯了，怎么可以这样呢？放着好好地前途不要，却甘愿做一个商贩，太没有出息了。

不过，几年后，就没有人在这样说了，因为那个北大学子在卖猪肉的行当里闯出了一番名堂，他成功了。在短短的时间内，他就开了31家分店，如今已经是一个小有成就的企业家了。

这就是，注重小的好处。古人常说，“针眼大的窟窿斗大的风”，这虽然是从另一个角度来讲述大小的关系，但是，其道理是相通的。如果不注意小节，就会出现大问题，相反，如果注意到了这些小节，那么，就有可能获得大的成功。

有这样一个故事：

一个英国人和一个犹太人都失业在家，他们便结伴同行，一同去找工作。这天，在去往面试的路上，他们同时看到地上有一枚硬币，静静地躺在那里，英国青年看也不看径直走了过去，犹太青年却正好相反，激动地将它捡了起来，在身上擦了擦，小心地装入了口袋。

半个小时后，两个人同时走进一家公司，开始面试。在与人力工作者交谈的过程中，两个人了解到，这家公司很小，任务却很重，工作很累，而且工资也不高，英国青年听完介绍后，不屑一顾地走了，而犹太青年高高兴兴地留了下来。

一转眼，两年过去了。就在两年后的一天，两人在街上再一次相遇，此时，犹太青年已成了老板，而英国青年，仍然还在寻找工作。

其实，那个英国青年并非不要钱，可他眼睛盯着的是大钱而不是小钱，所以对他来说，他的钱总在明天。这就是两个人的差别所在，也正是这差别造成了他们际遇上的不同。

通过这个故事，我们明白了，大和小对于一个人的作用，小是可以生出大来的，只要你对小足够重视，就可以做到。但是，现实生活中，好像很少有人能够看得如此透彻，他们更多的时候都是像那个英国青年一样，在大处着眼，而不屑于小事，结果，也跟那个英国青年差不多，不但没有做成大事，连小事都没有做好。

由此，我们应该明白，不能轻视任何的小事，在做事上如此，在做人上亦然，一个很小的毛病可能是你从来都不在意的，但是一旦出了问题就后悔莫及了。

老张是一个很老的赶车伙计，他从小就跟那些牲畜打交道，仿佛已经能够听得懂牲畜们的话了似的。对于老张来说，这世上只有不会赶车的人，而没有赶不了的车。事实也的确如此。在老张的一生当中，好像从未遇到过不听话的牲畜，不管何时何地，他都能够将车赶得稳稳当当，每次都能顺利地将货送到雇主的手里。

不过，老张也不是没有毛病的，他爱惜自己的马，却很少在意车。通常，对于一个熟练的赶车人来说，这是不可理解的，因为一般的人都是既爱马又爱车的。但老张就是这么奇怪，他很少去看车变得如何了，而总是跟自己的马窃窃私语，好像是多年未见的老朋友一样。

这天，老张又接到了雇主的邀请，让他帮忙送一批货物，货不重却非常值钱。不过，老张是不在意这些的，因为在他的眼里，没有送不到的东西，因此，那东西的价值也就无所谓了。

这次雇主让老张走盘山路，其实盘山路老张已经走过了好多次了。这次也算是轻车熟路了。不过，还是出了问题，问题不是出在老张的赶车技术上，而是出在他的车上——老张的车轴折了。

断了的车轴不能再承载车的重量，货物从车上掉了下来，滚落了山崖，老张看到这一切，傻眼了。傍晚的时候，老张一个人从山上下来了。他的马和车都没有了。因为车同货物一起滑落了山崖，马连着车，也一起掉了下去。

雇主很快就找到了老张，让他赔偿，老张无奈，变卖了自己所有的家当，才勉强凑够了赔款。如今，老张已经一无所有了。

后来，人们找到了老张那跌落山崖的马车。发现车轴上的折痕只有最中间是新的，外面一圈都是旧的。也就是说，老张的车轴早就出现裂痕了，不过是他没有注意到罢了，如果老张早注意到，也就不至于家道败落了。不过这时候后悔已经来不及了。

如果将老张和那个犹太人青年放在一起比一比，相信很多人都能够明了，对于大小不同的态度，会产生多么大的差异。是啊，古人的话从来都不是白说的，“针眼大的窟窿斗大的风”是至理名言。如果我们有这样的缺点，就像老张一样，那就应该警惕了，改掉它才会生活得更好；如果我们有这样的优点，就像那个犹太人青年一样，这时候你就应该窃喜了，因为你具备了成功的可能。不过要记住，一定要坚持，否则也是没用的。

总之，记住这句话，“针眼大的窟窿斗大的风”，明白不论从正面还是从反面来理解，都能给我们带来启发，你的生命将会更加精彩。

⊙ 失败是块磨刀石 ⊙

失败就像一块磨刀石，磨炼的是坚强的意志、不屈的决心、永恒的信心，经过失败之后，你的人生之剑才会变得更加锋利。

失败与成功是一个我们与生俱来的、每天都要面对的问题，有关这个问题的知识已经非常的完善和系统，以至于每一个人随口都能说出一大套理论。比如，“失败是成功之母”之类。可是，有多少人可以不惧怕失败？有多少人可以真正面对失败？有多少人可以始终保持奋斗的激情呢？

有一个普通的年轻人，从很小的时候就立志要成为一名受人尊敬的作家。贫寒的家境无法支持他去接受专业训练，他只能自己摸索着锻炼写作技巧。

他用干零活赚来的钱买了许多世界名著，并为自己列了一个非常详细的学习计划。每天从早到晚，他都钻在书和稿纸堆里。周围的人对他的“不务正业”根本无法理解，他努力调整心态，对那些讽刺和讥笑不予理会。

他开始动笔写自己的第一本小说，用了将近一年的时间，写了又改，改了又写，他总是无法非常满意。当写不下去时，他从不勉强自己，而是放下笔，拿出世界名著，来到郊外空旷的田野里，坐在那儿静静地读、细细地想。一旦灵感出现，他会抱起书，以百米冲刺的速度跑回家，趴在桌子上写起来。终于，书稿完成了，他极其兴奋地重读一遍，为自己花费无数心血培育出来的“婴儿”而激动不已。

然而，这份激动只能属于他自己，因为整个城市没有一个出版商肯为他出版作品。尽管如此，他仍然没有气馁，他更加刻苦地去学习名家的作品，把每一点儿想法和火花都记录下来。到了晚上，夜深人静，他便坐在台灯下写起小说来。就这样，他又学了5年，写了5年，然而，5年来的辛勤劳动也没有得到任何一个出版商的承认，那厚厚的一摞摞稿子，不曾有一个字变成铅字。这一切使他非常失意、灰心。

在又一次打击之后，他忽然感到，有一种强烈的悲伤在胸中流淌，他有一股冲动要把这种感觉写下来。他再一次拿起笔，尽情地抒写着，那是一个年轻人的成长故事，命运的不公、人生的坎坷，他有很多的话要说，因为，那就是他自己的生活，就是他自己的遭遇。他找到了长久以来自己作品中缺少的东西——真挚的感情和自我的风格，他在模仿别人的路上已经走得太远了。

将书稿寄出的时候，他的心情非常平静。他想，就是再失败他也不怕了，因为他是在为自己写作，笔下流淌的是自己的心声。

两个星期无声无息地过去了，他早就拿起了笔，开始创作另一部作品。一个下午，他接到了电话，一个温和的声音对他说："你的小说内容很好，非常令人感动，我们准备出版它。"

他终于成功了。

长达数年的奋斗，不怕打击和失败，这样经历，给了我们一些启示：只有不畏艰难、不怕失败的人，才能取得真正的成果。

人的一生要找的东西很多，而真正能找到的却很少，重要的不是找到什么，而是你是否一直在寻找。其实，人生是由失败与成功交互堆叠而成的，差别只在两者的次数多寡而已。失败并不可耻，可耻的是信心因挫折而死。

失败一般意味着反省，意味着策略的调整、意识的清醒、方案的检讨。

失败不能失去元气，更不能丢了性命，也不能心死，这样才有可能化腐朽为神奇，把失败过程中获得的经验、结识的朋友，取得的各种阶段性成果，加以同化、重组，以便再战。失败正是在这个意义上被称为成功之母，否则，失败就只能是失败。只有卷土重来才能给过去的一切重新赋予新的意义，才能给过去的一切以新的说明。

人生往往都是进两步、退一步。失败是代价，成功是结果。许多人之所以能够成功，就是受赐于先前的屡屡失败。假使他没有遭遇过失败，他恐怕反而不能得到大胜利。对于有骨气、有作为的人，失败反而会增加他的决心与勇气。

跌倒了以后，就立刻站立起来，要学会从失败中求取胜利，这就是古往今来成就伟大人物的一个秘诀。

第五章

世态人情：世事如棋局局新

——洞察世故，掌握主动权

⊙ 取敌之长，补己之短 ⊙

敌人并非一无是处，学会利用敌人，在与敌人对抗的过程中，利用对方的优势，以弥补自己的劣势。这比单纯地对抗要更为明智。

在亚热带，有一个由三种动物组成的非常有意思的生物链：毒蛇、青蛙和蜈蚣。毒蛇的主要食物是青蛙，青蛙却以有毒的蜈蚣为美食，在青蛙面前是弱者的蜈蚣却能够使比自己体形大得多的毒蛇毙命，一般的毒蛇对他都无可奈何，三者间两两都是水火不相容的。有趣的是冬季里，捕蛇者却在同一洞穴中发现三个冤家相安无事地同居一室，和平相处地生活。

他们经过世代的自然选择，不仅形成了捕食弱者的本领，也学会了利用自己的克星保护自己的本领：如果毒蛇吃掉青蛙，自己就会被蜈蚣所杀；而蜈蚣杀死毒蛇，自己就会被青蛙吃掉；青蛙吃掉蜈蚣，自己就成为毒蛇的盘中餐。这样一来，为了生存，青蛙不吃蜈蚣，以便让蜈蚣帮助自己抵御毒蛇；毒蛇不吃青蛙，以便让青蛙帮助自己抵御蜈蚣；蜈蚣不杀死毒蛇，以便让毒蛇帮助自己抵御青蛙。三者相克又相生，这是一个多么美妙的平衡局面。

这个平衡格局有个朴素的道理：“取敌之长，补己之短”，在敌我争锋中，可以以敌制乱，用敌于我。利用敌人达到让自己更好地生存的目的。

众所周知，联想中国在商用、中小客户上的业务和戴尔一直是狭路相逢的老对手。联想却承认自己从对手身上甚至比从合作伙伴身上学到的东西还多：联想从 2003 年开始就在逐渐修改销售的薪酬体系，把工资加奖金的方式改得更加趋向于业绩导向，逐渐贴近戴尔的按照毛利提成；2004年，联想取消了客户经理上班打卡的制度，给予了他们更大的自由度；随着自由度的加大，联想对销售客户拜访的监测也开始完善，现在，联想的客户经理们和戴尔的同行一样，每周要递交上周的拜访汇总，并且按照规定接受上司的直接询问……

“戴尔最值得学习的地方是对流程和客户的管理。”前者完善到一个人只要跟着流程走就能做好销售的地步，后者则成为戴尔判断市场和预测销售最好的武器。这就是联想中国所希望移植过来的戴尔基因。在企业后端的供应链和后台的销售支撑系统上，戴尔的成功之处也正在被联想所参考。

向对手学习，是联想不断保持发展活力的根本原因之一。一个集团、企业尚且如此，对于我们个人来说，学会向对手学习，才能拥有永不枯竭的推进能源。

我们应该学会向敌人学习，从敌人那里吸取自己需要的经验。向敌人学习减少了自己探索的风险；向敌人学习还能发现自己的不足，以较小的付出获取较大的利益；向敌人学习更有益于审视自我，扬长避短，发挥优势。

⊙ 人见利而不见害，鱼见食而不见钩 ⊙

面对利害得失，世人往往只关注其得和利，而忽视害与失。就像鱼儿为贪吃而只见诱饵却看不到鱼钩一样。纵观古今中外，世间不知有多少人生悲剧大都源于这一规律。

我国古代有这样一个故事：

鲁国的宰相公仪休非常喜欢鱼，赏鱼、食鱼、钓鱼、爱鱼成癖。

一天，府外有一人要求见宰相。从打扮上看，像是一个渔人，手中拎着一个瓦罐，急步来到公仪休面前，伏身拜见。公仪休抬手命他免礼，看了看，不认识，便问他是谁。

那人赶忙回答：“小人子男，家处城外河边，以捕鱼为业糊口度日。”

公仪休又问：“噢，那你找我所为何事，莫非有人欺你抢了你的鱼了？”

子男赶紧说：“不不不，大人，小人并不曾受人欺侮，只因小人昨夜出去捕鱼，见河水上金光一闪，小人以为定是碰到了金鱼，便撒网下去，却捕到一条黑色的小鱼，这鱼说也奇怪，身体黑如墨染，连鱼鳞也是黑色，几乎难以辨出。而且黑得透亮，仿佛一块黑纱罩住了灯笼，黑得泛光。鱼眼也大得出奇，直出眶外。小人素闻大人喜爱赏鱼，便冒昧前来，将鱼献于大人，还望大人笑纳。”

公仪休听完，心中好奇，公仪休的夫人也觉纳闷。那子男将手中拎的瓦罐打开，果然见里面有一条小黑鱼，在罐中来回游动，碰得罐壁乒乓作响。公仪休看着这鱼，忍不住用手轻轻敲击罐底，那鱼便更加欢快地游跳起来。

公仪休笑起来，口中连连说：“有意思，有意思。的确很有趣。”

公仪休的夫人也觉别有情趣，那子男见状将瓦罐向前一递，道：“大人既然喜欢，就请大人笑纳吧，小人告辞——”公仪休却急声说：“慢着，这鱼你拿回去，本大人虽说喜欢，但这是辛苦得来之物，我岂能平白无故收下。你拿回去——”

子男一愣，赶紧跪下道：“莫非是大人怪罪小人，嫌小人言过其实，这鱼不好吗？”

公仪休笑了，让子男起身，说：“哈哈哈，你不必害怕，这鱼也确如你所说奇异喜人，我并无怪罪之意，只是这鱼我不能收。”

子男惶惑不解，拎着鱼，愣在那里，公仪休夫人在旁边插了一句话：“既是大人喜欢，倒不如我们买下，大人以为如何？”

公仪休说好，当即命人取出钱来，付给子男，将鱼买下。子男不肯收钱，公仪休故意将脸一绷，子男只得谢恩离去。

又有好多人给公仪休送鱼，却都被公仪休婉言拒绝了。

公仪休身边的人很是纳闷，忍不住问：“大人素来喜爱鱼，连做梦都为鱼担心，可为何别人送鱼大人却一概不收呢？”

公仪休一笑，道：“正因为喜欢鱼，所以更不能接受别人的馈赠，我现在身居宰相之位，拿了人家的东西又要受人牵制，万一因此触犯刑律，必将难逃丢官之厄运，甚至会有性命之忧。我喜欢鱼现在还有钱去买，若因此失去官位，纵是爱鱼如命怕也不会有人送鱼，也更不会有钱去买。所以，虽然我拒绝了，却没有免官丢命之虞，又可以自由购买我喜欢的鱼。这不比那样更好吗？”

众人不禁暗暗敬佩。

公仪休身为鲁国宰相，喜欢鱼，却能保持清醒，头脑冷静，不肯轻易接受别人的馈赠，这实在很难得。

由此可见，有些事，表面看来能获得暂时的利益，但从长远来看，却“因小失大”，损失惨重，明智的人会既见利也见害，绝不会被眼前的利益所迷惑。

在利益前面我们要预见可能发生的负面影响，在权衡利害之后做出正确的抉择。像下面的故事中亨利食品公司做的一样。

有一次，美国亨利食品加工工业公司总经理亨利·霍金士突然从化验室的报告单上发现：他们生产食品的配方中，起保鲜作用的添加剂有毒，这种毒的毒性并不大，但长期食用会对身体有害。另一方面，如果食品中不用添加剂，则又会影响食品的鲜度，对公司将是一大损失。

亨利·霍金士陷入了两难的境地，到底诚实与欺骗之间他该怎样抉择？最终，他认为应以诚对待顾客，尽管自己有可能面对各种难以预料的后果，但他毅然决定把这一有损销量的事情向社会宣布，说防腐剂有毒，长期食用会对身体有害。

消息一公布就激起了千层浪，霍金士面临着相当大的压力，不仅自己的食品销路锐减，而且所有从事食品加工的老板都联合了起来，用一切手段向他施加压力，同时指责他的行为是别有用心，是为一己之私利，于是他们联合各家企业一起抵制亨利公司的产品。在这种自己食品销量锐减、又面临外界抵制的困境下，亨利公司一下子跌到了濒临倒闭的边缘。

在苦苦挣扎了4年之后，亨利·霍金士的公司已经危在旦夕了，但他的名声却家喻户晓。

后来，政府站出来支持霍金士，在政府的支持下，加之亨利公司诚实经营的良好口碑，亨利公司的产品又成了人们放心满意的热门货。

由于政府的大力支持，加之他诚实对待顾客的良好声誉，亨利公司在很短时间里便恢复了元气，而且规模扩大了两倍。也因此，亨利·霍金士一举登上了美国食品加工业第一的位置。

在诚信与欺骗之间，霍金士没有因为暂时利益而选择欺骗，而是顶住重重压力，退而居守“诚信”。事实证明，他的做法是明智的。实际上，世事往往就是这么奇妙，当你对于眼前利益唾手可得的时候，你一定不要被暂时利益蒙蔽双眼；而要静下心来，守住阵脚，不要盲从大流，不要向压力妥协，而应坚定地选择自己认为正确的道路。这样，当大风大浪过去之后，你会发现，你当初的选择竟为你带来了如此巨大的回报。

⊙ 身轻失天下，自重方存身 ⊙

一个人要傲然矗立于天地间，首先必须自重。

“圣人终日行而不离辎重”，这是《老子》中的一句话，并非简单指旅途之中一定要有所承重，而是要学习大地负重载物的精神。

大地负载，生生不已，终日运行不息而毫无怨言，也不向万物索取任何代价。生而为人，应效法大地，有为世人众生挑负起一切痛苦重担的心愿，不可一日失却这种负重致远的责任心。这便是“圣人终日行而不离辎重”的本意。

志在圣贤的人们，始终要戒慎畏惧，随时随地存着济世救人的责任感。倘使能做到功在天下、万民载德，自然荣光无限。道家老子的哲学，看透了“重为轻根，静为躁君”和“祸者福之所倚，福者祸之所伏”自然反复演变的法则，所以才提出“身轻先天下，自重方存身”的告诫。

虽然处在荣华之中，仍然恬淡虚无，不改本来的素朴；虽然燕然安处在富贵之中，依然超然物外，不以功名富贵而累其心。能够到此境界，方为真正悟道之士，奈何世上少有人及，老子感叹：“奈何万乘之主，而以身轻天下。”

有两个空布袋，想站起来，便一同去请教上帝。上帝对它们说，要想站起来，有两种方法，一种是得自己肚里有东西；另一种是让别人看上你，一手把你提起来。于是，一个空布袋选择了第一种方法，高高兴兴地往袋里装东西，等袋里的东西快装满时，袋子稳稳当当地站了起来。另一个空布袋想，往袋里装东西，多辛苦，还不如等人把自己提起来，于是它舒舒服服地躺了下来，等着有人看上它。它等啊等啊，终于有一个人在它身边停了下来。那人弯了一下腰，用手把空布袋提起来。空布袋兴奋极了，心想，我终于可以轻轻松松地站起来了。那人见布袋里什么东西也没有，便一手把它扔了。

“轻则失本，躁则失君。”人们不能自知修身涵养的重要，犯了不知自重的错误，不择手段，只图眼前攫取功利，不但轻易失去了天下，同时也戕杀了自己，犯了“轻则失本，躁则失君”的大错。

提及身轻失天下，不由想到了新朝王莽。当了15年新朝皇帝的王莽，是近两千年来中国历史上争议最多的人物之一，有人把他比作“周公再世”，是忠臣孝子的楷模，有人把他看成“曹瞒前身”，是奸雄贼子的榜首。白居易一语道破天机：“向使当初身便死，一生真伪复谁知！”

王莽是皇太后王政君弟弟王曼的儿子，父辈中九人封侯，父亲早死，孤苦伶仃。与同族同辈中声色犬马的纨绔子弟相比，王莽聪明伶俐，孝母尊嫂，生活俭朴，饱读诗书，结交贤士，声名远播。他曾几个月衣不解带地悉心侍候伯父王凤，深得这位大司马大将军的疼爱。加官晋爵后的王莽依旧行为恭谨，生活俭朴，深得赞誉。正当王莽踌躇满志之时，成帝去世，哀帝即位，王莽的靠山王政君被尊为太皇太后，失去了权力，王莽下野，并一度回到了自己的封国。这段时间，王莽依然克己节俭，结交儒生，韬光养晦。为了堵住悠悠之口，哀帝以侍候太皇太后的名义，把王莽重新召回到京师。随着年仅9岁的汉平帝即位，王莽将军国大政独揽一身，其野心也急剧膨胀。而后，一心想当帝王的王莽，假借天命，征集天下通今博古之士及吏民48万人齐集京师，“告安汉公莽为皇帝”的天书应运而生，王莽也理所应当的由“安汉公”而变为摄皇帝、假皇帝。“司马昭之心，路人皆知。”在平定了几多叛乱之后，王莽宣布接受天命，改国号为“新”，走完了代汉的最后一幕。

称帝后，他仿照周朝推行新政，屡次改变币制，更改官制与官名，削夺刘氏贵族的权利，引发豪强不满；他鄙夷边疆藩属，将其削王为侯，导致边疆战乱不断；赋役繁重，刑政苛暴，加之黄河改道，以致饿殍遍野。王莽最终在绿林军攻入长安之时于混乱中为商人杜吴所杀，新朝随之覆灭。

老子说：“及吾无身，又有何患。”人的生命价值，在于其身存。志在天下，建丰功伟业者，正是因为身有所存。现在正因为还有此身的存在，因此，应该戒慎恐惧，燕然自处而游心于物欲以外。不以一己私利而谋天下大众的大利，立大业于天下，才不负生命的价值。可惜为政者，大多只图眼前私利而困于个人权势的欲望中，以身轻天下的安危而不能自拔，由此而引出老子的奈何之叹！

要知道，身轻失天下，自重方存身。

⊙ 想人所想，急人所急 ⊙

胡雪岩说：“送礼，总要送人家求之不得的东西。”但是如果你能送对方急需的东西，那效果可就非同一般了，因为雪中送炭是最能打动人内心的。

左宗棠打败太平军，成功收复杭州，胡雪岩再一次察觉机会来了，立即赶到杭州，想要接近左宗棠。左宗棠对于这位远道而来的商客没有什么好脸色，传言他以购粮为名携带巨款逃到上海去了，来找我又是个什么名堂，不可能白白来送死，让我捉了他斩首示众？

胡雪岩来到左宗棠的府上，人家连个赐座的意思都没有，使得胡雪岩尴尬不已。“人在屋檐下，不得不低头”，胡雪岩只能耐着性子，毕恭毕敬地同左宗棠交谈。首先当然是恭贺左宗棠收复杭州，其次，胡雪岩还不忘来段恭维的答谢词，感谢他解救了生灵涂炭的杭州城，让百姓过上了安宁的日子。本是故意给胡雪岩难堪的左宗棠，在这样一番礼数下倒也拉不下面子，便示意胡雪岩坐下。

坐定后，左宗棠开门见山便提到了王有龄，还有关于杭州购粮一事。这倒正好给了胡雪岩一个陈述的机会。他前前后后细说了当初王有龄托付他带着巨款去上海购粮一事，从杭州城出来之后，不仅粮食买好了，连粮船都已经到了钱塘江，可当时，太平军把整个杭州城守的甚是森严，里面的人是出不来，外面的人进不去，在苦等数日之后，实在没有办法，才离开钱塘江的。这怎么算是逃跑呢？

左宗棠听完之后，对这件事情，甚至对胡雪岩都有了改观的态度。但是胡雪岩终究是个能说会道的商人，保不准添油加醋在里面。胡雪岩知道，光靠说是不能让他完全相信自己的，于是从身上拿出两万两银票，交给左宗棠，并且声称是当初王有龄给自己办粮所剩的银票，本是国家所有。两万两银票虽然对于整个军队而言算不了什么，但是眼下，还是能解燃眉之急的，左宗棠于是叫了手下，收下银票。

胡雪岩接着又说，对于王大人，我虽然尽力了，但是总觉得亏欠他，因为受了托，却没有办到手。不过，到了今天总算可以交差了。左宗棠问他，何以这样说？

胡雪岩说，我购买了一万石米，停在江面上，还有一批军用的药品，打算献给左大人的队伍，既感谢左大人为百姓的付出，也完成王大人生前所托，告慰他在天之灵。

听了这话的左宗棠，可真是喜到了心底里。因为这几天以来，他一直在为士兵的粮食和药品愁眉不展，这几年庄稼收成不好，再加上杭州城里刚被战火洗劫，饿死的百姓不计其数，士兵吃饭也成了个问题，没有了粮食，哪还有力气来杀敌。一听到胡雪岩有一万石米就在江面的船上，而且还是以这样大义的理由，能不高兴吗？

左宗棠立即吩咐下人摆酒，同胡雪岩交谈起来。

粮食的问题是解决了，可军饷没着落。每月筹集二十万银两的军费，可不是简单的。胡雪岩这个时候倒是想到了一个办法。太平天国运动以来，其官兵积累的钱财是很多的，如今打了败仗，人可能能够苟且生存，但财不一定能够带走。假如左宗棠宣布，凡太平军官兵，只要你投降，便网开一面，允许你光明正大地做人，前提是你必须要缴纳一定的罚款。左宗棠听后，大赞这个方法极妙，当即命胡雪岩着手办理此事。为了让人相信，这并不是个什么幌子，胡雪岩还打出了自己钱庄的名号，果不其然，这个办法有了很好的成效。

粮食、军饷，样样都到了左宗棠的心坎上，于是对于胡雪岩的才华非常赏识，很快便把他视为自己的左右手对待。

胡雪岩初遇左宗棠时，遭到了冷遇，但是，胡雪岩没有就此打退堂鼓，而是胸有成竹地面对问题。他不仅分析了左宗棠的性格，按照他的性子冷静地应付着。还在事前了解到左宗棠最关心的问题——粮食、药品和军饷，并把这些需求都付诸实践，送给了左宗棠，胡雪岩由此在左宗棠心中的地位就完全不一样了。

与人交往，不在于你能给出多少物质上的东西，而是要懂得对方需要什么。想人所想，急别人之所急，自然能交到朋友。

⊙ 不管闲事终无事 ⊙

俗话说："各人自扫门前雪，休管他人瓦上霜。"意思是告诉我们要管好自己，不要去管别人的事。这多少有些人情冷漠的意思，当然不值得推崇，然而这句话多少还有一些道理值得借鉴。帮助人是每个人都必须做的事情，但是在帮助别人的时候一定要考虑：这个帮助是否必要，是不是正确的。如果帮忙的方式不对，那么最终帮忙就会变成管闲事，而管闲事只会招致别人的厌烦，而不管闲事终究会无事。

帮忙和管闲事其实只有一线之隔，帮忙帮到了点上就会让朋友心生温暖、充满感激，而管闲事只会让朋友哭笑不得，尴尬不已，甚至会反目成仇。想要帮忙就一定要帮到点子上，而不只是凭着自己盲目的"热情"去做事，而丝毫不去理会对方愿不愿意接受。

韩昭侯是战国时期韩国的国君，有一次他酒醉后坐在椅子上打瞌睡。为国君管理冠冕的侍从担心昭侯受凉，于是就给他盖上了一件衣服。不久，昭侯醒过来后看到身上盖的衣服很高兴，他觉得他的臣子对他非常忠心。于是便和蔼地询问左右道："寡人打盹的时候，是什么人为寡人盖上的衣服呢？"左右侍卫回答说："是管理冠冕的侍从担心大王受凉而为大王盖上的。"

韩昭侯听后，竟然出人意料地下令将管理冠冕的侍从以及管理衣服的侍从通通予以处罚。昭侯大声申斥道："寡人处罚管理衣服的侍从，是因为他没有尽到他的职责。寡人处罚管理冠冕的侍从，是因为他逾越了自己的职责范围。"

韩昭侯认为，虽然管理冠冕的侍从给自己盖衣服是忠君的表现，使自己的身体免于寒冷的侵袭，但是侵犯他人职责带来的不良影响，远远超过了寒冷带给自己身体的不适。

尽好自己的本分，不要去管别人的闲事是一门非常深的学问，自己以为自己是在为别人分忧，其实是在插手自己不该做的事情，这不会得到任何的夸赞，相反会招致别人的厌恶。

《庄子·逍遥游》里记载了这样一个故事：

相传在远古时候，在阳城有一位很有才能、很有修养的人，他的名字叫许由。他在箕山隐居，人们都十分敬佩他。

当时尧帝想把帝位让给许由，于是尧帝对他说："你看，天上的日月已经出来了，这时还不熄灭蜡烛的火光，它的光同日月比起来，太微不足道了！天上的及时雨已经降落了，这时还要用人工去灌溉，难道不是徒劳吗？先生很有才华，要是当了帝王，一定会治理好天下。如果仍旧让我继续占着这个帝位，我心里会觉得非常惭愧，所以请允许我把天下交给您吧！"

许由不愿接受帝位，于是连忙推辞说："您已经把天下治理得很好了，我再来代替你，这是非常不合理的。鹪鹩在森林里筑巢，有一根树枝的地方就足够了，鼹鼠在河边饮水，顶多喝满一肚子也就够了。算了吧，我的君主！天下对我来说又有什么用呢？厨师在祭祀的时候，又做菜，又备酒，忙得不可开交，可是掌管祭祀的人，并不能因为厨师很忙，而忘记了自己的本职工作，丢下手中的祭祀用具，去代替厨师做菜、备酒啊！你就是丢开天下不管，我也绝不会代替你的职务。"说罢，许由就到田间劳动去了。

许由是聪明的，他懂得不是自己的事情，他绝对不会去插手，正所谓"不在其位，不谋其政"，不是自己的事情就不要去多管闲事。

帮助人是好的，但一定要掌握好帮忙与多管闲事之间的差别，只有用正确的方法帮助需要帮助的人，才叫真正的帮助人；而如果盲目地去插手别人的事情，最终只会换来别人的埋怨，那样多管闲事还不如不管闲事，不管闲事就会无事了。

⊙ 礼下于人，必有所求 ⊙

俗话说："虚心竹有低头叶，傲骨梅无仰面花。"意思是竹子内心谦逊才向人虚心低头，梅花高傲不屈从不仰面拍马逢迎。生活中也如此，礼下于人时，定是有所求。平时不向你低头的人在向你低头的时候，一定是遇到了问题。

其实在为人处世的时候，一旦遇到问题时，礼下于人，低下头未尝不是一种好的办法。“礼下于人，必有所求”，而当有所求的时候，礼下于人也是一种很高的智慧。

春秋后期，各国诸侯王的地位一落千丈，而卿大夫的势力不断崛起，原来是礼乐征伐自天子出的状况，现在变为卿大夫们横行专权。当时，各国都发生了公室与卿大夫夺权的斗争，鲁国就出现了季孙氏、叔孙氏、孟孙氏瓜分公室的事件。

原来鲁昭公时，鲁国的大权实际是由季孙、叔孙、孟孙三家执掌的，三家中以季孙氏的势力最为强大。因而鲁昭公很不高兴，慢慢地，他与季孙氏的矛盾越来越大。于是鲁昭公就萌生了除掉季孙氏的想法，于是就发兵围攻了季孙意如。季孙意如被围困在高台上，他对昭公说：“贤君也不调查一下我是否有罪，就派兵来攻打我，我希望你能够调查清楚，然后再打我不迟。”鲁昭公说：“你的罪行十分的明显，连小孩子都知道，还用调查吗？”季孙意如没办法，就请求昭公把他囚禁在费城，然而昭公没有同意。最后，他请求昭公同意他坐一辆车子流亡到国外。

昭公听到这就想杀了他，不管他怎么说就是不答应。这时昭公的家臣对昭公说：“您还是答应季孙氏的请求吧。鲁国的政权已经掌握在季孙氏手里多年了，他又非常会笼络人，所以支持他的百姓非常多。我们一时还不能攻下高台，攻下以后也不知会发生什么变故，所以答应他的请求把他驱逐出国是一个不错的办法。”但昭公仍旧不听，接着他就派人去刺杀季孙意如。

叔孙氏得知了消息，非常不安，叔孙的家臣劝叔孙说：“假如昭公消灭了季孙氏，那他也会不久来消灭我们的，我们最好要救助季孙氏。”叔孙氏觉得有道理，于是便发兵攻打鲁昭公的军队。孟孙氏得知后，也派兵围攻鲁昭公。一时三股军队合围了昭公，风云突变，鲁昭公的军队一下就被打散了，尸体满山遍野，血流成河，昭公一看大势已去，便领着几个随从逃往齐国。齐景公听说鲁国内乱，昭公已经逃到了阳州，便准备到阳州去慰问。鲁昭公听说齐景公要来，便先率人到了野井。

齐景公慰问昭公，这是出于礼节。而昭公先去野井迎接，这是礼先于人。假如想求人帮助，必然先礼下于人，低头致敬，讲究礼貌。齐景公见昭公礼先于已，便对昭公说：“你的忧虑就是我的忧虑，我献给你二万五千户人家，一切听从你的安排。”

昭公一听十分高兴，于是不久便派人同齐国订立了盟约。从而为自己东山再起打下了基础。

鲁昭公的低头策略为自己赢得了机会，赢得了帮助，礼下于人并不是真正的示弱，而是避一时的不利，等待更好的机会。

有求于人时，不妨先低头，在很多人心中总会认为是低三下四地去求别人，其实大可不必有这样的想法，因为每个人都有求人办事的时候。求人办事时自己本身就低势于人，同时也只有这样才容易得到别人的认可，得到别人的同情。这种“低势”其实就是为了“欺骗”对方的眼睛，把自己强大、高调的一面隐藏起来，让对方忽视你，同情你，最后就能帮助你，进而让你获得良机。

在人屋檐下，要懂得适时地低头。这是一种处世的柔术，一种权变，更是最高明的生存智慧。

老百姓有一句俗语，叫作“人在屋檐下，不得不低头”，意思是就是说人在权势、机会处处都不如别人或受人限制的时候，就不得不低头退让，年轻人要想有所成就，不妨将此当作为磨炼自己的机会，并借此休养生息，以便让将来东山再起的机会增大，而绝不可一味地消极甚至消沉。只有那些经不起困难和挫折的人，才将一时的逆境看作是事业的尽头、人生的失败，而不去想办法克服眼前的困难，只是一味地怨天尤人、听天由命。

“礼下于人，必有所求”，这句话可以说是洞彻世事人情，相当有智慧。当人有需要的时候往往就会收起平时的强势，摆出一个低姿态，以此来博得同情并最终换取帮助。求人也如此，当你需要帮助时，你不可能摆出一副恃强凌弱的姿态去寻得帮助。想要得到帮助应该礼下于人，放低自己的姿态，这样才会得到别人的认可，别人才会伸出援手，给你尽可能的帮助。

礼下于人的时候，你会明白那是有所求，如果你能够帮助他的话，就尽可能地伸出你的援助之手。而当你有求于人的时候，礼下于人是一个非常好的方法。人在屋檐下，不得不低头，主动放下身段求人后你会发现在不久的时间后，你可以更好地伸直腰板。

⊙ 与其苛求环境，不如改变自己 ⊙

任何人都不可能离开环境而生存，在无法改变环境时，与其苟求环境，不如改变自己。只有弱者才会因为适应不了环境而惨遭淘汰。

有一句老话："事必如此，别无选择。"这几个字令人心痛，却又是不得不承认的真实处境。在人的一生中，总是有一些事情，虽非心甘情愿，却也无可奈何。正如每一条所走过来的路径都有它不得不这样跋涉的理由一样，每一条要走上去的前途也都有它不得不那样选择的方向。逆来顺受是一种无奈，却也是人生的必修课。

在面对生命的起伏不定与阴晴圆缺时，有人仍然能够活得精彩。有人能从磨炼中吸取智慧，有人则在类似的经验中受伤屈服，成功者和普通人的差别就在于此。

一家500强之一的美国公司在选择北京办事处负责人时，通过一个很小的细节考察了应聘者的环境适应能力。当时，共有7名应聘者，其中只有一位是女士。考官故意把应聘者的位置安排在空调下，而且将其功率开得很大。结果，6位男士都无法忍受长达两小时的面试，只有这位女士坚持到了最后。当面试结束时，这位主考官说："由于公司刚在北京成立办事处，属于万事开头难的阶段，所以只有能够适应环境，敢于接受挑战，并且能够以愉快的心情去面对压力的人才会被我们录用。钟女士，欢迎你加入公司。"

改变自己，适应环境的能力是必须的，因为只有从容地适应环境，才能在不断变化的环境中保持旺盛的精力，好整以暇地迎接挑战。

所谓"适者生存"，适应环境是非常重要的。如果你想坦然地面对急剧变

化的环境，就需要与现实环境保持良好的接触，心甘情愿以客观的态度面对现实，冷静地判断事实，理性地处理问题，随时调整，保持良好的适应状态。

在我们的人生中总有一些事情，虽非，却也无可奈何。有生之年，我们势必会有许多不愉快的经历，它们是无法逃避的，我们也是无法选择的。我们只能接受不可避免的现实，努力做自我调整。

当我们学会“与其苟求环境，不如改变自己”时，就会有能力开创更丰富的人生。人，贵为宇宙的精华、万物的灵长，是可以通过改变自己来接受任何现实的。

松树无法阻止大雪压在它的身上，蚌无法阻止沙粒磨蚀它的身体，但它们可以弯曲自己，可以包裹沙子来适应这悲惨的遭遇，学会和环境化敌为友，这是一种适应性，也是一种生存的技巧。人类作为万物的灵长，又怎能屈居于这些小生物之下？正如席慕蓉所说：“请让我们相信，每一条所走过来的路径都有它不得不这样跋涉的理由，每一条要走下去的前途都有它不得不那样选择的方向。”我们也许没有选择的权利，但我们有改变自己的能力。

⊙ 少些书生气，多点世态心 ⊙

一些初入职场的人，即使穿得再成熟，也不代表真正成熟，单纯和书生气息仍旧未全部摆脱。北大法学院院长朱力曾经对毕业生说：“社会更多是一个利益交换的场所，是一个市场，是‘平民政治’。评价的主要不是你的智力优越与否（尽管你的聪明和智慧仍然可以帮助你），而是你能否拿出什么别人想要的东西，这个标准不再由中心——教师确定，而是分散——由众多消费者确定的。”

因此，我们千万不要把自己十几年来习惯了的校园标准原封不动地带进社会，否则你就会发现“楚材晋不用”，只能像李白那样用“天生我材必要用”来安慰自己，更极端地，甚至成为一个与社会、与市场格格不入的人。

在职场交往中，人们常说“这个人城府太深”之类的话，“城府”是个贬义词，谈到“城府很深”，大家心中闪现第一个形容词是“可怕”，那待人处世的心机、令人难以揣测的用心，让人一想到便不寒栗，与这种人打交道，稍一不慎便会有被玩弄于股掌之上的危险。

其实，从另一个角度看，“城府”难道不是一种人生智慧的代名词吗？

让自己有点“城府”，别总想看上去比别人更聪明。如果别人有过错，无论你采取什么方式指出别人的错误，一个蔑视的眼神、一种不满的腔调、一个不耐烦的手势，都可能带来难堪的后果。人，有时会很自然地改变自己的想法，但是如果有人说他错了，他就会恼火，更加固执己见。人，有时也会毫无根据地形成自己的想法，但是如果有人不同意他的想法，那反而会使他全心全意地去维护自己的想法。不是那些想法本身多么珍贵，而是他的自尊心受到了威胁……

但是，如果急于求得理解，一有所得，不看对象，不分场所，立即发表出来，往往是没有好处的。不要把别人都看成是一无所知的人，其实，你周围的人和你一样，都各有主张，多数人不喜欢采纳别人尤其是下属的主张，因为，这往往会被认为有失身份，有损体面。如果你把同事都看成是庸才，只有你自己有真知灼见，你只会给人留下喜好吹嘘、骄傲自负的恶劣印象，你的人脉附加值将大打折扣。

佳宜是一个个性张扬的前卫女孩，她热爱无拘无束的生活方式，把平凡、规矩、条条框框视为死敌。

大学毕业后，她获得了一家合资企业的面试机会。当天，她的打扮令所有面试官目瞪口呆，露脐装、超短裙、冲天辫，手腕上一串数十个银手链……出门时母亲一再让她穿得“正常”点，她依然我行我素。

佳宜的专业能力和外语口语能力确实不俗，面试官最后和颜悦色地说：“你的条件很优秀，可以胜任这项工作，不过，我想提醒你，我们公司是一家正规企业，着装方面有一定要求，不能太随便，更不允许暴露……”佳宜立刻打断了他：“我的能力与我的衣着没有任何关系，这么穿我觉得最舒服。如果非要穿正装上班，我会连气都喘不上来！”面试官被这么抢白还真是头一遭，他表情严肃起来，冷冷地说：“那么好吧，请你去能让你随心所欲的地方发展，我们公司不欢迎像你这么有个性的天才。”

张扬个性肯定要比压抑个性舒服，但是如果张扬个性仅仅是一种任性，仅仅是一种意气用事，甚至是对自己的缺陷和陋习的一种放纵，那么，这样的张扬个性对你的前途肯定是没有好处的。所以，“走自己的路，让别人去说吧”这种态度从某种意义上来说，在现实生活中是不大行得通的。

社会的发展不会等待我们的成长，当我们雄心勃勃规划自己的事业时，现实可能会给我们当头棒喝。踏入社会，我们就不应该再是一副学生模样了，要多学习社会知识，多懂点人情世故。

⊙路径窄处，留一步与人行⊙

古人常说："路径窄处，留一步与人行；滋味浓时，减三分让人尝。"就是说在道路狭窄的时候，要退让一步让别人能走；在享受美餐的时候，要分一些给别人吃。这同时也是立身处世取得成功的最好方法。

对于我们做人来说，不要事事处处争强好胜，不要遇事就和人硬碰硬，应该明白"退一步海阔天空"的道理。处处和人硬来，最终可能双方都头破血流。懂得退让并非是示弱，而是智慧的表现。古今中外和许多名人智者都有过类似的经历。

在争执中，人人都不愿承认自己的错误，总是将责任推给对方，对对方大加指责，公说公有理，婆说婆有理，一点小事就由于相互的不依不饶而转变成了大事，那时再要化解就相当难了。

如果遇事不仅不懂得退让，还苦苦相争，那最后受害的肯定是自己。有这样一则寓言：南方的河里有一条豚鱼，游到一座桥下，撞在了桥柱上。它不怪自己不小心，也不想绕过桥柱，反而生气起来，认为是桥柱撞了自己。它气得张开嘴，竖起颚旁的鳍，胀起肚子，漂在水面上，很长时间一动也不动。飞过的老鹰看见它，一把抓起来，把它的肚子撕裂，这条豚鱼就这样成了老鹰的食物。

苏东坡听后就此议论说："世上有的人在不应该发怒的时候发怒，结果遭到了不幸，就像这条豚鱼，'因游而触物，不知罪己'，不去改正自己的错误，却妄肆其忿，至于磔腹而死，真是可悲！"

事情发生后总是责备别人，当然会有很多气受了。豚鱼错就错在不会退避。现实生活中，不是有很多这样的"豚鱼"吗？如果不能看清形势，该退的时候就退，而是时时逞强，只会使自己陷入孤独无助的处境；生意场上如果不能量力而行，退让一步，可能会错误的投资，损失惨重，那么，种下的苦果只会由自己来吞食。

因此，不管是做人，还是做事，都必须要懂得退让的要诀，要在退让中体现出自己的魄力和智慧，同时也能保存实力，量力而行，而不是为了表面文章而大伤元气，这才不失为人生当中的妙招。

退一步让三分，不仅给别人留一条活路，也是自己拓宽人际资源的绝妙之策。生活中，今天你让了他一步，明天他会还你两步，这样一来二去就等于交了一个好朋友，朋友多了好办事，人脉是一个人在社会上打开一道通往成功的方便之门。如果你凡事都想利益独享，凡是好处都自己独吞，那么即使你有着惊世的才华也只能是无用的白纸，而且在别人的心目中你也是一个自私自利的人，如果学点分享主义，好处利益分给众人，让每个人的心理得到平衡，这样大家肯定会通力合作，协助你顺利取得成功。

《菜根谭》中有句话说："人情反复，世路崎岖。行不去处，须知退一步之法；行得去处，务加让三分之功。"这句话的意思就是，人间世情反复无常，人生之路崎岖不平。在人生之路走不通的地方，就要知道退让一步的道理；在能走得过去的地方，也一定要给别人三分的便利，这样才能逢凶化吉、一帆风顺。的确，我们要永远记住：路经窄处，留一步与人行。

⊙退一步，才能进十步⊙

适时的退让是非常必要的，这对争取到最后的胜利绝对有益无害。要知道，谁笑到最后，谁才能笑得最好。

以"退"的方式来达到"进"的目的，可以说是一条独辟蹊径的成功经验。

俗话说：退一步路更宽。实际上，退是另一种方式的进，而防守也是另一种形式的进攻。暂时退却，忍住一时的欲望，将你内心涌动的志向之火悄悄隐藏，养精蓄锐，鼓足力量，后退之后的前进将是更快、更有效、更有力的。有时，通往成功的路，便是这样一条曲线之路，但踏上这条路你就绝对不会撞得头破血流。欲速则不达，退一步才能进十步，就是这个道理。

一位计算机博士学成后开始找工作，因为有个吓人的博士头衔，一般的用人单位"不敢"录用他，而经验的缺乏又让很多知名企业对他抱有怀疑。在整个不景气的就业形势下，他发现自己的"高学历"竟然成了累赘。思索再三，他决定收起所有的学位证明，以一种最低的身份进入职场，去获取自己目前最需要的财富——经验。

不久，他就被一家公司录用为程序输入员。这种初级工作对于拥有博士学位的他来说简直是种"侮辱"，但他并没有敷衍了事，反倒仔仔细细、一丝不苟地工作起来。一次，他指出了程序中的一个重大错误，为公司挽回了损失，老板对他进行了特别嘉奖，这时，他拿出了自己的学士证，于是，他得到了一个与大学毕业生相称的工作。

这对他是个很大的鼓励，他更加用心地工作，不久便出色地完成了几个项目，在老板欣赏的目光中，他又拿出了自己的硕士证，为自己赢得了又一次提升的机会。

爱才惜才的老板对他产生了浓厚的兴趣，开始悉心地观察他，注意他的成长。当他又一次提出一些改善公司经营状况的建议时，老板和他进行了一次私人谈话。看着他的博士证书，老板笑了。他终于得到了理想中的职位，尽管有些曲折，但他却觉得从最低处开始努力的整个过程都很有意义。

这位博士以退为进，先将自己放在一个极低的水平线上，然后踏踏实实地奋斗，为自己积蓄内在资本。“真金不怕火炼”，他在平凡的岗位上显示出了光彩，被慧眼识英雄的老板委以重用。在目标不可能一蹴而就的时候，他选择了暂时的“退”，为自己赢得了另一个事业起步的机会。

一个人只有深谙进退之道，知道审时度势，才能明确自己的处境，从而知进识退，进退有节，挥洒自如，才能在激烈的社会竞争中立于不败之地。

生活的智者们不会在形势不利于自己的时候去硬拼硬打，那样，有可能是以卵击石，自寻死路；也有可能是两败俱伤，损伤惨重。在这种时候，他们会先“退一步”，以求打破僵局，为自己积蓄力量赢得机会，从而可以“前进十步”。真正的智者总能分清不同的场合，进而采取不同的处世态度。当自己处于弱势时，总是采取以退为进的方针，才能避开强者的锋芒，保存自己的实力。等到有朝一日羽翼丰满时，才表明自己的主张和态度，这时候，他们就是真正的强者了。

第六章
做人哲学：谦则能和，傲则易怒
——高标做事，低调做人

⊙ 生气不如争气，翻脸不如翻身 ⊙

德国哲学家康德曾说："生气是拿别人的错误惩罚自己。"在我们的日常生活中，每个人都会经历许许多多的磨难，比如工作上的、家庭上的，谁都不敢说自己一辈子不会遇到这些问题。当我们因这些问题一遍一遍地折磨自己时，那么为什么不试着绕开它，去做个聪明的人，去好好善待自己呢？

只有那些特别愚蠢的人才会一味地去生气，而聪明的人则想的是怎样去争气。世界上没有过不去的火焰山，我们何必拿着别人的错误来惩罚自己呢？有生气的时间和精力，还不如用在自己的工作、学习和事业上，让自己的知识领域拓宽，让自己睿智起来，这样才会让自己的实力增强。生气没有用，只有为自己赌口气，自己去争气，这才是你的唯一出路，所以"生气不如争气，翻脸不如翻身"。

南北朝时的高洋是一个懂得适时弯曲的人。高洋在尚未称帝时，政权在其兄长高澄的手里。高洋的妻子十分美艳，高澄很嫉妒，而且心里很是不平。高洋为了不被高澄猜忌，装出一副朴诚木讷的样子，还时常拖着鼻涕傻笑。高澄因此将他视为痴物，从此不再猜忌高洋。高澄时常调戏高洋的妻子，高洋也假装不知。后来高澄被手下刺杀，高洋为丞相，都督中外诸军。朝中大臣素来轻视高洋，而这时高洋大会文武，谈笑风生，与昔日判若两人，顿时令四座皆惊，从此再不敢藐视。高洋篡位后，初政清明，简静宽和，任人以才，驭下以法，内外肃然。

当时西魏大丞相宇文泰听到高洋篡位，借兴义师的名义，进攻北齐。高洋亲自督兵出战，宇文泰见北齐军容严盛，不禁叹息道："高欢有这样的儿子，虽死无憾了！"于是引军西还。

在今天的现实生活中，已不存在这种不忍让就会动辄丢性命的屈伸之道了，但适时弯曲是必需之策。弯曲时更容易看清彼此更多的东西，更有利于沟通和进步。

一个名叫拉升·彼德的男士在海军服役两年后，回到了美国首都华盛顿，之前服务的那家广播公司正等待他继续去做播音工作，但是换了个新上司。由于某种原因，这位新上司好像不大愿意接受他。

他憋着劲儿要在各个方面和他的上司比个高低，于是他冷静、谨慎地工作着。新上司对他主持的节目时间重新安排以后，他按捺不住了。他一直是和老搭档主持某个喜剧节目的，而新安排的时间差得不能再差了——将近午夜。

他怒火中烧，准备和上司干一场，但是为了饭碗他还是忍了下来。搭档和他接受了这个倒霉的时间安排，兢兢业业地工作着，三年后，这个节目成为华盛顿首屈一指的节目。

一天，新上司主动邀他参加电台的聚会，这次是躲不掉了。晚会上，他遇到了上司的未婚妻。她是个聪颖、活泼、务实的姑娘。像她这样的姑娘怎能喜欢一个没有什么可取之处的人呢？通过上司的未婚妻，他对上司的人格品行的看法有了转变。

随着时间的流逝，他的态度转变了——上司的态度也变了。后来，他们成了好朋友。他仍在全国广播公司工作，并在全国一档著名的电视节目中主持气象预报。

己不如人时，当面翻脸、发泄怒火只会自取灭亡，懂得适时弯曲、暗中发力才是求胜之道。当遭遇别人的欺辱时，是生气对自己有利，还是忍下这口气对自己更有利？是翻脸对自己有利，还是适时弯曲对自己更有利？这是不言自明的。当然，不能为弯曲而弯曲，要在弯曲时不忘积极进取，最后一鸣惊人，显示出强者的实力时，自然会赢得别人的尊重。

⊙ 学会低头，才能出头 ⊙

低调做人既是一种处世哲学，又是一种处世姿态，更是一种理智的人生选择。

不少人在春风得意时都极易喜形于色，夸耀自己；身处高位，都易颐指气使，飞扬跋扈；稍有才能便妄自尊大，目中无人。那种唯恐天下人不知的彰显心理不知害了多少人。保持低调行事作风的人恰恰相反，他们无论在什么情况下都不显山露水，不愿意让别人看到自己高出于人的那一面。

汉更始元年，刘秀指挥昆阳之战，震动了王莽朝廷。然而，刘秀兄弟的才干也引起了更始皇帝刘玄的嫉妒。

刘玄本是破落户子弟，投机参加了农民起义军，没有什么战功，自当上更始皇帝后，又整日饮酒作乐，不事朝政。刘玄怕刘秀兄弟夺了自己的皇位，便以“大司徒刘縯久有异心”的莫须有罪名，将立有战功的刘縯杀害了。刘秀接到兄长被杀害的消息，几乎昏厥，但当着信使的面仍极力克制自己，说道：“陛下至明。刘秀建功甚微，受奖有愧，刘縯罪有应得，诛之甚当。请奏陛下，如蒙不弃，刘秀愿尽犬马之劳。”转而，刘秀又对手下众将说：“家兄不知天高地厚，命丧宛县，自作自受。我等当一心匡复汉室，拥戴更始皇帝，不得稍有二心。皇帝如此英明，汉室复兴有望了。”刘秀的这种虔诚态度，感动得众将纷纷泪下。刘秀突然遭此打击，自然难以忍受，然而他心里清楚，刘玄既然杀了兄长，对他刘秀也难容。

此后，刘秀对刘玄更加恭谨，绝口不提自己的战功。刘秀的行动，早已有人密报给刘玄。刘玄在放心的同时，觉得有些对不起刘秀，便封刘秀为破虏大将军，行大司马之事，并令刘秀持令到河北巡视州郡。刘秀借机发展自己的力量，定河北为立足之地。更始三年初春，刘秀实力已壮，便公开与刘玄决裂。更始三年六月己未日，刘秀登基，是为光武帝，建国号汉，史称东汉。

力求出人头地，是一种积极的人生态度，无可厚非。但急于出头，行高于人，让自己鹤立鸡群，必定会遭遇别人的嫉妒和排斥。细观刘秀的处世之态，也许你会得到许多启发。你可以让自己的才能高出于人，但绝不可让自己显出高人一等的姿态。不显不露是一种低调，只有低调的人，才能在困境中学会低头，也只有适时低头的人，才能最终从芸芸众生中脱颖而出。

⊙ 多做事，少抱怨 ⊙

常听人教诲，要“多做事，少抱怨”。可是，有很多人经常怨天尤人，就是不在自身上面找原因。实际上，一个人失败的原因是多方面的，只有从多方面入手寻找失败的原因，并有针对性地进行自省，才能起到纠错的作用。

科尔斯在一家500强公司上班，他很不满意这份工作，愤愤地对朋友说："我的老板一点也不把我放在眼里，我在他那里工作一点儿机会都没有。明天我就要对他拍桌子，然后辞职不干了。"

"你对公司的业务完全弄清楚了吗？对于他们做国际贸易的窍门都搞通了吗？"他的朋友反问。

"没有。"

"君子报仇十年不晚，我建议你好好地把公司的贸易技巧、商业文书和公司运营完全搞清楚，甚至如何修理复印机的小故障都要学会，然后辞职不干。"朋友说，"你把你们的公司当作免费学习的地方，等所有东西都学会了之后再一走了之，这样不是既有收获又出了口气吗？"

科尔斯听从了朋友的建议，从此便默记偷学，下班之后也留在办公室研究商业文书。

一年后，朋友问他："你现在学会了许多东西，可以准备拍桌子不干了吧？"

"可是我发现近半年来，老板对我刮目相看，最近更是不断委以重任，又升官、又加薪，我现在是公司的红人了。"

"这是我早就料到的。"他的朋友笑着说，"当初老板不重视你，是因为你的能力不足，而又不努力学习。之后你痛下苦功，能力不断提高，老板当然会对你刮目相看。"

作为企业的一名员工，要想在工作中取得成功，必须适时清理一下内心的"乌云"，经常自查自省，把负面的因素扔进"垃圾桶"。"多做事，少抱怨"，在工作出了差错时，不能一味地逃脱责任，应该多思索和反省自己的过失与责任。这是一个员工自我成长和完善的过程，同时也是对一名优秀员工的衡量标准。

一个人只有不断地反省，才会不断地提高。

⊙人在屋檐下，不得不低头⊙

俗话说"人在屋檐下，不得不低头"。人在一生中总会有不同的际遇、不同的处境。顺风好行船，逆境难为生；位高好成事，位卑难做人。

西汉时期的韩信忍胯下之辱正是这种"必须得低头"的最好体现。如果他不低头，就会把自己弄到和地痞无赖同等的地步；若奋起还击，闹出人命吃官司不说，还很可能赔上一条小命。韩世忠和岳飞、张竣都是宋高宗时的抗金名将。秦桧因岳飞多次阻挠他与大金议和，又屡次出言攻击他，心生怨恨，便罗织罪名把岳飞逮捕入狱，害死于风波亭。

岳飞死后，韩世忠知道自己也难容于秦桧，便上奏章请求解除枢密使的职务，秦桧便顺水推舟授他一个闲散的官职。

韩世忠赋闲之后，口不言兵，每天跨驴携酒，泛游西湖，许多人都不知道他就是名震天下的韩元帅。

韩世忠的部将旧属路过杭州时，都来拜访老帅，韩世宗却拒而不见，平时更不和军中大将通报消息，以免被秦桧罗织成罪名。

秦桧害死岳飞后，对韩世忠也是恨之入骨，恨不能把他也如法炮制。然而他没想到害死岳飞的民愤会如此之大，自己也感到很害怕，又见韩世忠口不言兵，又和军队断绝往来，也不再出言阻挠自己与大金议和，既无威胁也无妨碍，便放过了他。

以韩世忠的忠义和抗金之功，秦桧万不会放过他，若和秦桧争斗，只会白白赔上自己的性命。这个时候只能低下头来，避开深为昏君信赖的奸臣秦桧，才能得以自保。

历史上，这样在屋檐下低头的能屈能伸者有很多。

隋朝的时候，隋炀帝十分残暴，各地农民起义风起云涌，隋朝的许多官员也纷纷倒戈，转向农民起义军，因此，隋炀帝的疑心很重。唐国公李渊多方树立恩德，声望很高，许多人都来归附。有一天，隋炀帝下诏让李渊到他的行宫去觐见，李渊因病未能前往，隋炀帝很不高兴，多少有点猜疑之心。当时，李渊的外甥女王氏是隋炀帝的妃子，隋炀帝向她问起李渊未来朝见的原因，王氏回答说是因为病了，隋炀帝又问道：“会死吗？”

王氏把这个消息传给了李渊，李渊知道隋炀帝对自己起疑心了。于是，他故意广纳贿赂，败坏自己的名声，整天沉湎于声色犬马之中，而且大肆张扬。隋炀帝听到这些，果然放松了对他的警惕。

试想，如果当初李渊不主动低头，很可能就被正猜疑他的隋炀帝除掉了，哪里还会有后来的太原起兵和大唐帝国的建立！

历数古今中外得大成之人，无不是善处逆境的智者。他们能屈能伸、能俯能仰，从不把自己看得比别人更高贵。这恰恰显出了一种做人的风范。

⊙虚怀若谷，谦恭自守⊙

道家强调“气也者，虚而待物者也。唯道集虚。”从这句话中，我们可以做这样的理解，那就是一个人要抛弃心中的得失成见，让心灵“虚而待物”，做一个谦虚君子，更能显出其力量与魅力。而一个人要保持内心的纯净与空灵，用庄子的话说就是要“去知集虚”，在道家看来，只有这样才能摆脱尘世得失心的干扰，拥有快乐美好的人生。而这正是做人谦虚的表现。相反，如果不够虚心，骄傲自大，那就很有可能犯一叶障目、贻笑大方的事情了。古往今来，因此闹过笑话甚至犯错误的人，数不胜数，就是大才子苏东坡也有过这样的经历。

有一次苏东坡去拜见王安石，当时王安石正在睡觉，他被管家徐伦引到王安石的东书房用茶。徐伦走后，苏东坡见四壁书橱关闭有锁，书桌上只有笔砚，更无余物。他打开砚匣，看到是一方绿色端砚，甚有神采。砚池内余墨未干，方欲掩盖，忽见砚匣下露出纸角儿。取出一看，原来是两句未完的诗稿，认得是王安石写的《咏菊》诗。苏东坡拿起来念了一遍：“西风昨夜过园林，吹落黄花满地金。”

苏东坡哑然失笑，这诗第二句说的黄花即菊花。此花开于深秋，敢与秋霜鏖战，最能耐久。随你老来焦干枯烂，并不落瓣。说个“吹落黄花满地金”岂不错误了？苏东坡兴之所发，不能自已，举笔舐墨，依韵续诗两句：“秋花不比春花落，说与诗人仔细吟。”然后就告辞回去了。

不多时，王安石走进东书房，看到诗稿，问明情由，认出苏东坡的笔迹，口中不语，心下踌躇：“屈原的《离骚》上就有‘夕餐秋菊之落英’的诗句。他不承认自己学疏才浅，反倒来讥笑老夫！”又想：“且慢，他原来并不晓得黄州菊花落瓣，也怪他不得！”后来，苏东坡被贬为黄州府团练副使。苏东坡在黄州与蜀客陈季常为友。重九一日，天气晴朗，恰好陈季常来访，东坡大喜，便拉他同往后花园看菊。令他惊讶的是，只见满地铺金，枝上全无一朵。惊得苏东坡目瞪口呆，半晌无语。苏东坡叹道：“当初小弟妄续王丞相的《咏菊》诗，谁知他倒不错，我倒错了。今后我一定谦虚谨慎，不再轻易笑话别人。唉，真是不经一事，不长一智啊！”

我们也经常犯苏东坡这样的错误，我们自己的往往为自己思想中某些固有的成见所左右，对事物做出错误的判断。所以，做人一定要低调，要谦虚，不要为自己的成见所蒙蔽，把一切作想当然的理解。

人类的智慧可以认识世间的万事万物，却偏偏难以认识自己。因为不认识自己，所以自命不凡；因为不认识自己，所以性情狂妄；因为不认识自己，所以才会逃避；也正因为不认识自己，才会在自己的强项上重重地摔伤。而只有找准自己的位置，认清自己的角色，才可以不迷失自我。

可惜的是，做出一点点成绩便会飘飘然是许多人的通病。成绩使人们的心无限膨胀、无限上升，以致不能再认清自己的实力，丧失理智地去攀登永远无法逾越的高峰。最后，不但得不到成功，还会搞得疲惫不堪、伤痕累累。

谦卑是一种无言却厚重的力量，它比骄傲更有力。一个人如果想在纷繁复杂的世间走好，有时谦恭比骄傲更有用处。

谦恭自守是一种人生的大智慧，拥有这种智慧的人虽有大功却甘居下位，保持谦虚，是很难得的。“居功而不自傲”、虚怀若谷、谦恭自守是美德，是一个人取得更大成功的保障，而“自满者败，自矜者愚”，一旦你感觉到了自己的伟大，并希望别人对你顶礼膜拜时，那你就准备迎接失败吧。

自负绝对不能与自信画等号。自信的人对自我价值有积极的认识，他们坚强乐观，笑对生活中的挫折和坎坷；自负的人却过高地估计自我，狂妄自大，从不懂适时的收敛，最终将会跌进失败的深渊。

曾国藩是中国历史上最有影响的人物之一，其为人处世堪称难得。他常对家人说，有福不可享尽，有势不可使尽。他平日最好昔人“花未全开月未圆”七个字，将其视作惜福保泰之法，常存冰渊惴惴之心，处处谨言慎行。他的处世原则是：趋事赴公，则当强矫；争名逐利，则当谦退。开创家业，则当强矫；守成安乐，则当谦退。出与人物应接，则当强矫；入与妻奴享受，则当谦退。若一面建功立业，外享大名，一面求田问舍，内图厚实，二者皆盈满之象，全无谦退之意，则断不能长久。

“水满则溢”，一个容器若装满了水，稍一晃动，水便溢了出来。自负的人心里装满了自己过去的所谓“丰功伟绩”，再也容纳不了新知识、新经验和别人的忠言了。长此以往，事业或者止步不前，或者猝然受挫。

因此，一个人不管自己有多丰富的知识，取得了多大的成绩，或是有了何等显赫的地位，都要谦虚谨慎，不能自视过高；应心胸宽广，博采众长，不断地丰富自己的知识，增强自己的本领，进而获得更大的业绩。如能这样，则于己、于人、于社会都有益处。谦虚永远是成大事者所具备的一种品质，而只有浅薄者才会为自己的成功自鸣得意。

⊙放下身段，不言自高⊙

如果你想把事做成，不妨以一种低姿态出现在对方面前，表现得谦虚、平和、朴实、憨厚，甚至愚笨、毕恭毕敬，使对方感到自己受尊重，比你聪明，在谈事时也就会放松警惕。

其实，以低姿态出现只是一种表面现象，是为了让对方从心理上感到一种满足。实际上，表面谦虚的人，反而是非常聪明的人。当你表现出大智若愚来，使对方陶醉在自我感觉良好的气氛中时，你就已经受益匪浅，已经达到了你的目的。

你谦虚时，显得他高大；你朴实和气，他就愿与你相处，认为你亲切、可靠；你恭敬顺从，他的指挥欲得到满足，认为与你配合很默契，很合得来；你愚笨，他就愿意帮助你。这种心理状态对你非常有利。

相反，你若以高姿态出现，处处高于对方，咄咄逼人，对方就会感到紧张，做事就没把握了，而且容易产生一种逆反心理，使工作难以进行。

因此，为了把事办成，不妨常以低姿态出现在别人面前，使别人感到安全时，你自己也是安全的。

赫蒙是美国著名的矿冶工程师，毕业于美国的耶鲁大学，在德国的弗莱堡大学拿到了硕士学位。可是当赫蒙带齐了所有的文凭去找美国西部的大矿主赫斯特的时候，却遇到了麻烦。那位大矿主是个脾气古怪又很固执的人，他自己没有文凭，所以就不相信有文凭的人，更不喜欢那些文质彬彬又专爱讲理论的工程师。赫蒙前去应聘并递上文凭时，满以为老板会乐不可支，没想到赫斯特很不礼貌地对赫蒙说："我之所以不想用你，就是因为你曾经是德国弗莱堡大学的硕士，你的脑子里装满了一大堆没有用的理论，我可不需要什么文绉绉的工程师。"聪明的赫蒙听了不但没有生气，相反，他心平气和地回答："假如你答应不告诉我父亲的话，我要告诉你一个秘密。"赫斯特表示同意，于是赫蒙小声对赫斯特说："其实我在德国的弗莱堡并没有学到什么，那三年就好像是稀里糊涂地混过来一样。"赫斯特听了笑嘻嘻地说："好，那明天你就来上班吧。"就这样，赫蒙通过了面试。

美国著名政治家帕金斯 30 岁那年就任芝加哥大学校长，有人怀疑他那么年轻能不能胜任大学校长的职位，他知道后只说了一句："一个 30 岁的人所知道的是那么少，需要依赖他的助手兼代理校长的地方是那么的多。"就这短短的一句话，使那些原来怀疑他的人一下子就放心了。

许多人往往喜欢表现出自己比别人强，或者努力地证明自己是有特殊才干的人，然而一个真正有能力的人是不会自吹自擂的，所谓“自谦则人必服，自夸则人必疑”，就是这个道理。保持低姿态，先让别人感到缺他不可，努力寻找并讲出对方的优点，就会让对方觉得有面子，感到光彩。这样一来，对方与你的关系便近了一步，最终，得到好处、被人尊重的，还是你。可以说，低姿态正是胜利者的姿态。

一个容器若装满了水，稍一晃动，水便溢了出来。一个人若心里装满了骄傲，便再也容纳不了新知识、新经验和别人的忠言了。古语常说“谦虚使人进步”，谦就是一种礼貌，一种礼节上的心态；虚就是一种空杯心态，把自己归零。

乔布斯创建的苹果品牌红极一时，他甚至获得了国家所奖励的勋章，就连他自己都承认，当荣誉来得太快，身份提升得过于迅猛，真的不是一件特别幸运的事。

那时候的苹果公司其实已经出现了危机，因为各大企业发现了电脑的利润，都开始纷纷研发出个人电脑，抢占市场份额。而苹果公司里的员工与管理层也觉察出了企业危机，纷纷为乔布斯出谋划策。乔布斯当时的表现是非常生气，他只相信自己，甚至提醒大家不要忘记了他的身份，他觉得自己没有错。

因为乔布斯的一意孤行，他们的苹果电脑终于开始节节败退，员工和管理层对乔布斯的抱怨开始甚嚣尘上，每个人提起他，都不再是从前的敬仰，而是非常生气。乔布斯觉得在这样的环境下，已经不能再让自己很好的工作。于是，他选择了辞职。

离开了苹果的乔布斯又组建了新的公司，一切从零开始，也正是由此，他开始反思当初作为一个董事长自己的所作所为。当他发现从一个普通员工的角度来看，自己确实错了的时候，他开始积极地想出补救措施，为自己的江山开辟出了一个新的领域。

当他以后重新回到苹果公司的时候，所有的员工看着眼前这个崭新的乔布斯，没有了他从前的戾气与强权，有的只是温和的微笑，大家对他的回归报以了最热烈的掌声。

一个已经装满了水的杯子难以再装别的东西了，人心也是如此。

人生就是汲取各种养分、滋养生命的过程。如果我们带太多的自满上路，就像那个装满水的杯子，再也容不得半点水进入，这将是人生最大的悲哀。

在人生的旅途中，每一个即将上路或已在路上的人都一定要牢记，不论什么时候，都要学会谦虚。学无止境，心有空余，才能装物。

⊙ 危行言逊，不落祸患 ⊙

做人危行言逊，方不落祸患。历史上以此道著称者其实不少。比如有一副对联：“诸葛一生唯谨慎，吕端大事不糊涂”，说的是诸葛亮一生的事功在于谨慎；宋代宰相吕端，小事马虎大事却从不糊涂，是个非常精明的人。

孔子曾说，社会、国家上了轨道，通常要正言正行；遇到国家社会乱的时候，人们自己的行为要端正，说话要谦虚，不然则会引火上身。儒家强调为人处世要危行言逊，也就是行为举止要谨慎，如履薄冰一般。虽然我们也说谨小慎微，但也要注意将谨慎与小气区别开来。人谨慎可以，绝对不能器量窄小。

郭子仪被唐德宗称之为尚父，尚父这个称谓，只有周朝武王称过姜太公，在古代是一个十分尊崇的称呼。由唐玄宗开始，儿子唐肃宗，孙子唐代宗，乃至曾孙唐德宗，四朝都由郭子仪保驾。

郭子仪爵封汾阳王，王府建在首都长安的亲仁里。汾阳王府自落成后，每天都是府门大开，任凭人们自由进进出出，而郭子仪不允许其府中的人对此进行干涉。有一天，郭子仪帐下的一名军官要调到外地任职，来王府辞行。他知道郭子仪府中百无禁忌，就一直走进了内宅。恰巧，他看见郭子仪的夫人和爱女正在梳妆打扮，而王爷郭子仪正在一边侍奉她们，她们一会儿要王爷递毛巾，一会儿要他去端水，使唤王爷就好像奴仆一样。这位将官当时不敢讥笑郭子仪，回家后，他禁不住讲给他的家人听，于是一传十，十传百，没几天，整个京城的人都把这件事当成笑话来谈论。郭子仪听了倒没有什么，他的几个儿子听了却觉得大丢王爷的面子，他们决定对父亲提出建议。

他们相约一齐来找父亲，要他下令，像别的王府一样，关起大门，不让闲杂人等出入。郭子仪听了哈哈一笑，几个儿子哭着跪下来求他，一个儿子说：“父王您功业显赫，普天下的人都尊敬您，可是您自己却不尊重自己，不管什么人，您都让他们随意进入内宅。孩儿们认为，即使商朝有贤相伊尹、汉朝的大臣霍光也无法做到您这样。”

郭子仪听了这些话，收敛了笑容，对他的儿子们语重心长地说：“我敞开府门，任人进出，不是为了追求浮名虚誉，而为了自保，为了保全我们全家的性命。”

儿子们感到十分惊讶，忙问其中的道理。郭子仪叹了一口气，说道：“你们光看到郭家显赫的声势，而没有看到这声势有丧失的危险。我爵封汾阳王，往前走，再没有更大的富贵可求了。月盈而蚀，盛极而衰，这是必然的道理。所以，人们常说要急流勇退。可是眼下朝廷尚要用我，怎肯让我归隐，再说，即使归隐，也找不到一块能容纳我郭府一千余口人的隐居地呀。可以说，我现在是进不得也退不了。在这种情况下，如果我们紧闭大门，不与外面来往，只要有一个人与我郭家结下仇怨，诬陷我们对朝廷怀有二心，就必然会有专门落井下石、妨害贤能的小人从中添油加醋，制造冤案，那时，我们郭家的九族老小都要死无葬身之地了。”

郭子仪所以让府门敞开，是因为他深知官场的险恶，光明正大可以为自己澄清许多事情。他的政治眼光和德行修养，经过复杂的政治斗争之后修炼而来。最后郭子仪享年八十五岁，子孙皆为显贵。

历史上的功臣，能够做到功成名就的不少，但是能做到像郭子仪这样的，功盖天下而君主不怀疑，位极人臣而不令其他人嫉妒，却又着实不多。谨慎坦荡，这是儒家交给我们的处世做事之大智慧。郭子仪便是深谙此道。所以回过头再看郭子仪的为人处世，他的确深谙孔子所说的“危行言逊”之法。

这些儒家的处世做事哲学给予我们这样的启发，那就是我们要懂得尽量谨言慎行，低调做人，这样才能较易明哲保身。

⊙ 得意之时不可忘形 ⊙

做人要学会宠辱不惊，失败时须努力，得意时不要忘形，无论怎样的上升和降落，都应泰然处之，以淡定的态度，笑对人生。

人毕竟是人，是人都有人性，在运气好时，难免会自鸣得意。但一个懂得做人的人知道，当自己的人生处于得意之时，千万不能忘形，这样你才能不会伤人，也不会被伤。得意到了狂妄的地步，整个人飘到半空中，那就很容易摔下来，而且会摔得很惨。乐极生悲的例子总是屡见不鲜，因此，在得意之时，记得提醒自己保持头脑清醒。

李想调到新单位的那段日子里，几乎在同事中连一个朋友也没有，他自己也搞不清是什么原因。原来，他认为自己正春风得意，对自己的机遇和才能满意得不得了，几乎每天都使劲向同事们炫耀他在工作中的成绩。他得意忘形的样子让所有人看了生厌，一听见他的吹嘘就唯恐避之不及。

后来，还是他当了多年领导的老父亲一语点破，他才意识到自己的症结到底在哪里。他很惭愧。从此，他开始有意地自我收敛，与同事打交道时谦虚低调，常向前辈请教，努力做好自己的本职工作，很快，他成了单位里最受欢迎的人，上级也对他器重有加。

从李想的亲身经历中，我们可得到一个宝贵的经验：得意时不要高兴太早。

在得意之时，请压抑自己过度张扬的欲望，多一点谦虚，少一些自我炫耀。把过去的辉煌当作是一种人生经历，你不可能从那上面得到更多了，所以暂且放下它，去迎接你的下一次辉煌。

得意忘形是一种危险的人生态度。一个人如果自以为已经有了许多成就而止步不前，那么他的失败就在眼前了。许多人一开始奋斗得十分努力，但前途稍露光明后，便自鸣得意起来，于是失败立刻接踵而来。

你最近运气特别好，你常常会自鸣得意吗？如果是，那你就要好好学一番涵养的功夫，把你那因升迁而引起的过度兴奋压平下去才好。你所拟的一生计划，当然是非常伟大的，但在你没有达到这个伟大目标之前，中途的一些升迁，真可说是再平常不过的小事。也许在你实行一个计划时，一着手就大受他人夸奖，但你必须对他们的夸奖一笑置之，仍旧埋头去干，直到心中的大目标完成为止。那时人家对你的惊叹，将远非起初的夸奖所能及。

一个人的伟大与否，也许可以从他对于自己的成就所持的态度上看出来。堆积你的成就，作为你更上一层楼的阶梯吧。

⊙ 笨鸟先飞早入林 ⊙

世界上的人是有聪明和笨的区别的，有的人生来就智力超群，做事的能力也胜过众人。而有的人却是非常笨，做事情也比别人差很多。这个世界是残酷的，竞争随着社会的发展而变得越来越激烈。面对这种情况，智力超群的人做事情当然会轻而易举，然而笨的人甚至是有缺陷的人就会落后别人一步了，为了在激烈的竞争中不被淘汰，这些人就应该付出比别人更多的努力，正所谓“笨鸟先飞早入林”。

一个人的条件如果比其他人差的话，那么他就应该付出比别人多数倍的努力，勤能补拙，只有靠着不懈的努力才不会被这个世界抛弃，才能让自己成功。

伟大的科学家爱因斯坦曾说过："成功等于艰苦劳动，正确的方法及少说空话的和。"这也正是他成功的秘诀。在这三个条件中，"勤"是首要的条件。因为勤能补拙。爱因斯坦小时候也不是超人的天才，甚至有人说他是笨蛋。但是爱因斯坦深信天才出于勤奋，他用勤奋来弥补自己的"笨拙"。为了彻底弄清一个问题，他比别人要多花几倍的时间，终于用汗水浇开了成功之花，对科学技术的发展作出了巨大的贡献，从而自己也走上了成功。"笨鸟先飞早入林"的意思就是如果自己能力不行，害怕自己落后的话，就应该比别人先行动，以此来弥补自身的不足。

现在的社会上，有许多人总是抱怨自己的情况不好，干不好事情，而不去努力。如果他们能学习"笨鸟"，在自己的弱点上努力改进，他们肯定能克服困难，最终能用勤来补拙的。其实世界上并没有完美的人，许多人是靠自己的辛勤努力才走上了成功的道路。当然了，如果一个人有很多的优点但是却不好好地利用，也会变为"拙"的。最好的例子就是方仲永，他小时候可谓是一个天才，只要指一样物品让他作诗，他很快就可以完成。可是，后来他父亲不让他学习，方仲永也就重新变成了普通的人，最后也没有什么成就。因此，当我们发现身上的缺点时，千万不用懊恼，要记住，勤能补拙，只要肯努力就没有什么困难是不能被征服的，最终就一定会成功的。

爱因斯坦小时候，却是被所有人公认的一个小笨蛋，笨到同学们见到他就会不停地议论纷纷，笨到老师也觉得他无可救药了。可是，爱因斯坦去具有了常人所没有的意志力，那就是"勤奋"！有一次在手工课上，别的小朋友都交了一个个非常精美的手工作品，可是他却交了一个工艺粗糙的小木凳子，看了他的作品大家都大声地笑话他。老师也讽刺他："我看没有比这个更糟糕的东西了！"可是爱因斯坦却拿出了两个比这个更加糟糕的小凳子。这时，老师和同学们全部都惊呆了，也由此改变了对他的看法。

这是爱因斯坦的成长过程中一次小小的勤奋，他的收获是得到了同学和老师对他新的看法。当爱因斯坦长大了以后，他变得更加勤奋了，他的成就也就更大了——他得到了诺贝尔奖，以及许多数都数不清的奖项。最终成了一位让世人夸赞的大科学家。

笨鸟先飞早入林，勤能补拙，只有努力才会获得别人无法获得的成就。

⊙不会做小事的人，也做不出大事来⊙

很多人都梦想着有一天做成别人做不成的大事，梦想着自己有所作为，有一番大成就，但是他们瞧不上平日里的小事情，认为做大事的人怎么能被这些芝麻大的事情所困扰呢，其实这种想法是大错特错的。“千里之行，始于足下”，“一屋不扫又何以扫天下”，不会做小事的人，是永远也不会做出大事来的。只有注重细节的人，才会有掌握全局的能力。

人，只要能够一心一意地做事，世间就没有做不好的事。很多时候，小事不一定就真的小，大事不一定就真的大，关键在于做事者的认知能力。那些一心想做大事的人，常常对小事嗤之以鼻，不屑一顾。其实连小事都做不好的人，大事是很难成功的。那些真正伟大的人物从来都不轻视日常生活中的各种小事情，即使常人认为很微小的事情，他们也都满腔热情地去对待。

“勿以善小而不为，勿以恶小而为之”。细微之处见精神。拥有做小事的精神，才能产生做大事的气魄。不要小看作小事，不要讨厌做小事。每个人都应从小事做起，因为用小事堆砌起来的事业大厦才是坚固、牢靠的。

有一个求职者去一家公司应聘，那个公司招聘一名营销经理，年薪8万。这名求职者一路闯关，从99位应聘者中杀出，终于获得了总裁的召见。

这名求职者走进总裁办公室。总裁不在，只有一位年轻漂亮的女秘书，她微笑着对这名求职者说：“先生，您好。总裁不在，总裁让您给他打个电话。”这名求职者就掏出了手机，拨了一串号码。但就在这时，求职者看见办公桌上有两部电话，就问那小姐：“我可以用用吗？”“可以。”女秘书依然微笑着。

于是求职者拿起了电话，终于跟总裁联系上了。总裁在那端兴奋地说：“我看了你的简历，打听了你的答辩情况，你的确很优秀，欢迎你加盟本公司。”求职者听了总裁的话，高兴得心花怒放，他的第一个反应就是要将这个好消息与女友分享。而半个月前，女友出差去了国外。求职者刚拨了手机，却又迟疑了：这可是国际长途啊！这时，他又看了看那两部电话，忽然想到：“我都快是公司的人了，他们是大公司，不会在乎一点儿电话费吧？”于是便拿起电话给他的女友报告他被录取的好消息。恰在这时，另一部电话响起。

“先生，您的电话。”女秘书送了求职者一个非常诡秘的笑。

“对不起，刚才我的话宣布作废。通过我们公司的监控，你没能闯过最后一关，实在抱歉……”总裁在电话里温和地对求职者说。

“为什么？”求职者非常不解地问。

女秘书惋惜地摇摇头，对他说道：“唉，许多人和您一样，都忽略了一个微小的细节。在没有成为公司正式员工之前，你明明身上有手机，干吗不用手机呢？”

因为一个小小的细节使得这名求职者最终与成功失之交臂，没有被公司录取。可见细节对成败的作用是多么的巨大啊。

懂得做小事的人才是聪明的人，这些人往往会取得更好的成就，小事做多了也就成了大事了。

1984 年在东京国际马拉松邀请赛中，名不见经传的青年选手出人意料地夺得了世界冠军。当记者问他凭什么取得如此惊人的成绩时，他只说了一句话：“凭智慧战胜对手。”

大多数人都认为这个矮个子选手是在故弄玄虚。马拉松比赛是比拼体力和耐力的运动，只要身体素质好且耐性好的话就有机会夺冠，而说用智慧取胜确实有点勉强。

两年后，意大利国际马拉松邀请赛在意大利北部城市米兰举行，这位青年代表本国参加比赛。这一次，他又获得了世界冠军，记者又请他谈谈经验。

青年不善言辞，回答的仍是上次那句话：“用智慧战胜对手。”这回记者没有在报纸上挖苦他，但是他们对他所谓的智慧仍旧感到迷惑不解。

10 年后，这个谜终于被解开了。青年在自传中是这么说的：“每次比赛之前，我都要乘车把比赛的线路仔细地看一遍，并把沿途比较醒目的标志画下来，例如第一个标志是银行，第二个标志是一棵大树，第三个标志是一座红房子，这样一直画到赛程的终点。然后比赛开始后，我就以百米冲刺的速度奋力地向第一个目标冲去，等到达第一个目标后，我又以同样的速度向第二个目标冲去。40 多千米的赛程，就被我细化成许多个小目标轻松地跑完了。起初，我并不懂这样的道理，我把目标定在 40 多千米外终点前天线上的那面旗帜上，结果我跑到 10 多千米时就疲惫不堪了，然后我就被前面那段遥远的距离吓倒了。”

青年是聪明的，他把一件事分成很多很多的小部分，然后再去努力地把这些细化的小事一一做完，最终做成了大事。假如他仍旧像最初一样把目标定在终点，那么他很可能就不会有如此巨大的成就了。

不会做小事的人，也做不出大事来。只有那些注重细节，认真做每一件小事的人才会做成大事的。瞧不起做小事的人并且不屑做小事的人最终也不会有大的成就。

⊙不怕人不请，就怕艺不精⊙

汤姆是一名技术娴熟的厨师，在马达加斯加的一家知名酒店工作。

一日晚间客流高峰的时候，侍者端回一盘油炸马铃薯并对汤姆说："有位客人说马铃薯切得太厚了，要你在重新加工一下，切薄一点。"汤姆用手捻起一片马铃薯，发现切法与平常没有不同，厚度已经很薄了，而且重要的是，从来都没有其他客人这样抱怨过太厚的问题，但汤姆还是用自己精湛的厨技，将马铃薯全部对切一半，然后再放进滚烫的锅子里油炸好，最后吩咐侍者端了出去。

不一会儿，侍者又把那盘子马铃薯端了回来，无奈地对汤姆说："那个客人很挑剔，说话犀利的很，埋怨我服务态度很不好，马铃薯怎么还是这么厚？"汤姆也觉得这个客人实在很挑剔，但心想与其跟这样的人理论半天，浪费时间，不如再将马铃薯切薄一点。等再次切好、炸好捞起来以后，他考虑到马铃薯可能会因为太薄而失去本来的味道，于是顺手在上面洒了些许胡椒与盐巴。

不久，侍者却再次拿着盘子走进来，不过，这次不是再次加工，而是笑着说："那个客人终于满意了，刚刚还嫌太厚不好吃，现在却一个劲地称赞你调理得很棒，还说从来没吃过这么独特的油炸马铃薯。"

从此这个酒店，特色的招牌菜之一就是这道炸马铃薯薄片，它不仅吸引了许多慕名而来的游客来品尝，而且后来这种做法还遍布了全球。这道菜就是：薯片。

"不怕人不请，就怕艺不精。"故事说的就是这个道理。凡事不要贪图走捷径，也不要觉得学的越多越好，只要我们脚踏实地去做，不驰于空想，不骛于虚声，以求真的态度做踏实的工作，并把它做精，做出自己的特色，在工作上不怕没有伯乐。

劳动者劳力，是谋生需要；经营者劳心，也是谋生需要。只要专一，坚持不懈，就会在任何行当取得精湛的成绩。只要技术精湛了，就不会没有出路。人生的好多时候都好比掘井，如果我们选定一个位子，使劲地挖下去，假以时日，定能喝上甘甜的井水，但是如果我们只挖一半，或者是到处乱挖，只是耗费了力气，却不会挖到井水。于是，在我们工作中，千万不要好高骛远，不踏实专攻一业。你可以博览群书，工作也可以身兼数职，专业也可以跨很多领域……但是，你有没有想过，这样你拿得出手的特长是什么？可能你会迷茫。

在美国耶鲁大学的入学典礼上，按照惯例，校长每年都会介绍一位优秀的新生。去年，校长隆重介绍的是一位会做苹果派的女生，场下的学生都感到吃惊，很不理解，会做苹果派，这没什么大不了的啊，耶鲁大学这样的名校，不乏才华横溢的奇才，为何要推荐一个仅仅善于做苹果派的学生呢？

校长刚开始没有讲话，等下面学生的窃窃私语停止下来的时候，他说："我们学校新生入学，特长一栏，几乎每个人都写了诸如绘画、运动、音乐、读书等几项，这样的特长让人感觉很泛泛，不清楚你到底最擅长什么，这样反而掩饰了自己的真正的特长。这位女生就有自信，敢于填写自己的特长：做苹果派，这是你们所不会的，所以她在今年的学生中脱颖而出。"

这位女生真是聪明，她知道在耶鲁每个学生都可能有自己特长，甚至有的人身怀几种技能，但是，把有限的精力去做那么多事，反而不如把精力投入做苹果派这一件简单的事上来的容易得多。同时，她也懂得，在特长一栏，填写"会厨艺"总不如直接写"会做苹果派，来的醒目的多"。那些填写绘画、读书、音乐等的学生，可能也仅仅是会涂鸦几幅画，读了几本书之类的，他们笼统地把这些字眼写在特长一栏，也仅仅是为了博得彩头。

所以说，我们求职的时候，不要一味抱怨没有伯乐识得，找不到好的工作，与其这样抱怨，不如省下时间，好好想一想自己到底会什么一技之长，如果没有，那干脆回去脚踏实地的学习争取学精一门本领，这样即使你不去找工作，工作自然来找你。

谚语说："艺多而不养身，不专之咎也！"技艺会了很多还没饭吃，说明你不专不精。挖井多而没有水喝，是不专的过错。

所以，在成功的路上，不要左顾右盼，老是艳羡别人的成功，别人的好工作。我们只要相信一条：执着，专一，认真，踏实。在以后的生活和工作道路上，就什么也不怕。不管我们现在所处什么职业，都要好好地干，你如果要获得幸福的爱情，美好的事业，唯专一尔！艺精之时，自然会有人请。

有些人，学艺不精还牢骚满腹，把不好的情绪带到工作上来，一有事，就吵吵嚷嚷。所谓职场上说的“博而不精”是指这样一些人：学过很多东西，但多而不够专业；做过很多业务，但只学到皮毛，更无从独立担当。这种人在求职或工作的过程中，经常会为如何选择职业或做什么类型的工作而纠结；对于企业，用这样无法独立创造价值的人，他自身都不清楚自己的职业定位，企业又如何为他们安排合适的职位呢？

人在职场，一个基本理念是：胸怀一技，走遍天下，无往不利。许多人在总结自己职场失利的原因，认为自己是不善于吹拍逢迎；不善于融入环境，某个领导老找自己的茬……但是，这些都是为自己没能力找理由。我们在职场不顺的时候，多多试着从自身找原因，不要把事事都推到客观条件。企业找员工，不是为了找朋友、找亲戚，而是为了找能干事的“帮手”，帮自己把企业做好做大。所以，有本事的人，不愁找不到好公司、好位置。

第七章

生活处境：得意失意莫大意，顺境逆境无止境

——花开花落，顺逆有常

⊙ 得意不可再往 ⊙

老话说得好："凡事当留余地，得意不可再往。"在生活中、事业上，让你大获成功或大占便宜之处，正是需要我们小心提防的"陷阱"。"得意不可再往"，蕴含的哲理虽然微妙，却是生命中的常态。

正如弘一法师所云："事当快意处，须转。言到快意时，须住。殃咎之来，未有不始于快心者。故君子得意而忧，逢喜而惧。"这句话的意思是，人在得意时需要打住，静静地内省，不能忘形，以免因此而使自己不慎犯错。

高明的人，能上能下，达则兼济天下，穷则独善其身，要想做到这一点，就得先从做事留余地来说。老子的"知足"哲学也就包括这种思想：过分自满，不如适可而止；金玉满堂，往往无法永远拥有；富贵而骄奢，必定自取灭亡；锋芒太露，势难保长久。

历史上凡是自表其功、自矜其能，不分场合的夸耀自己的人，十有八九都会遭到猜忌甚至会招致杀身之祸。刘邦曾经问韩信："将军能看我带多少兵马？"韩信说："陛下带兵最多也不能超过十万。"刘邦一听，当然很不高兴，就问韩信："那么你能带多少兵马呢？"韩信说："我和大王不同，我带兵则是多多益善。"韩信说出这样的话，肯定让刘邦觉得丢了面子，又怎么不耿耿于怀呢？即使是自己有功劳，有才能，也要注意对方的感受，不能口无遮拦而让对方觉得难堪。

曾国藩曾经研究过《易经》，他说："日中则昃，月盈则亏，天有孤虚，

地阙东南，未有常全不缺者。”事物就是这样此消彼长、祸福相依的。所以清代的朱柏卢在劝诫后人时说：“凡事当留余地，得意不宜再往。”一旦什么事情做过了头，就要注意它会走向一个反面。

在与人交往的时候，尤其是在上司面前需要表现自己的时候，也要把握分寸，尽量让自己的言行举止都做到“适中”、恰到好处，千万不要过分表现、夸耀，若不然就有可能会遇到意想不到的麻烦或灾祸了。

电视剧《潜伏》中，余则成在事业上可以说是非常成功的，从单枪匹马刺杀民族败类李海峰，到找出潜伏在延安的特务“佛龛”，再到暗杀特务袁佩林，除掉凶恶之极的陆桥山……每一次都很漂亮地完成了任务，但在胜利面前，余则成没有欣喜若狂，在高兴到极点时，也只是和翠平两人躲在家里偷偷喝上几杯白酒而已。再看身为行动队队长的马奎，好大喜功，仗着自己和毛人凤的关系，毫无顾忌地怀疑余则成、与陆桥山作对、查站长……以致最后得罪了周围所有人，被五花大绑送到外地受审。

在工作中，我们也可能和余则成一样，有着骄人的成绩，深受领导的喜爱，但风光得意之时一定要保持理智，要警惕成功后随之未来的鲜花和掌声。不要像马奎那样觉得自己很了不起，目中无人，忘乎所以，否则只会让自己处于不利的境地。那些潜藏在得意和成功背后的祸患，才是真正值得我们注意的危险者。

一只风筝在微风中飘然升起，越过了屋顶，飘过了树梢。这时，站在树上的花喜鹊对它说：“风筝大哥，你飞得真好！”

“不。”风筝谦虚地说，“要不是有风，要不是有线牵着我，我是飞不好的！”

风越来越大了，线越放越长了，风筝也越飞越高了。等它飞过山顶的时候，心里就有些飘飘然了：“啊！当

我躺在屋里桌子上的时候，怎么也不知道我原来也是一个飞翔的天才！”

风筝随着风在不停地上升、上升，一直飞到了白云之上。当它俯视地面的时候，地上的房屋、树木、河流，甚至大山都显得那么渺小，就连平时高飞的雄鹰，现在也在它的脚下。它心里有一种说不出的滋味，仿佛自己的身体也在膨胀，变得高大起来。

“喂！”它毫不客气地对在它脚下盘旋的雄鹰说，“抬起头来看看我！过去人们总是赞扬你飞得高，现在怎么样？我比你飞得还要高！”

雄鹰抬头看看它，并没有与它争辩，只是意味深长地瞅了瞅它身下那根长长的线，微微一笑。

这样一来，风筝更沉不住气了，涨红了脸说：“你这是什么意思？好像我离了线就不能飞似的！其实，我还可以飞得更高些，都怪这根可恶的线！”为了显示自己的才能，风筝拼命挣扎，只听得“嘭”的一声，拴在它身上的线断了。风筝很得意，心里想：这下可好了！我可以自由飞翔了，想飞多高就飞多高！果然，在断线的瞬间，它迅猛地向上冲了好大一截。

谁知它很快便失去了重心，在风中身不由己地向下翻滚，最后一头栽进了臭水沟。

风筝离开了线便会跌跤，人过于忘形而脱离底线，就容易遭遇挫折。可见“得意忘形”会害人不浅。很多人在春风得意时容易喜形于色，在沾沾自喜中迷失自我。能够始终保持平常心的人总是少数，心态平和的人无论任何情况下都不显山露水，却往往能在“不显不露中出头”。

因此，越是春风得意之时，就越要停下来经常反躬自省，如果我们认识到眼前所看见的一切都可能在未来发生变化，那么我们就不会在成功的得意中被突然袭来的变化所打倒。因此，保持随时应对变化的心态，并时时留意身边的变化，并以此调整我们生活或工作的方式，我们才能从容生活在每一个当下。

⊙ 心安茅屋稳 ⊙

“心安茅屋稳”意思是：心平气和，即使住的是茅草屋，心里也会觉得踏实安稳。心不安，心里永远不会有“稳”的感觉；一个人心中的欲望太强，是无法懂得什么才是生活。只有真正安静下来用心去体悟，才会参透到世间人生的奥妙，内心淡泊而无杂念，才会安心于简单宁静的生活。一个心安性定的人，才能有如鱼得水般的人生，这也是一种“道”。

心安茅屋稳的法则：心态上要淡泊、明志、清幽、致远。

东晋大诗人陶渊明辞官归田园，过着“躬耕自资”的生活。其夫人翟氏，与他志同道合，“夫耕于前，妻锄于后”，一起下田地劳动，勤俭持家，他与当时老农日益接近，生活息息相关。“方宅十余亩，草屋八九间，榆柳荫后檐，桃李罗堂前。”陶渊明酷爱菊，宅子四周篱笆下，都种上了菊花。“采菊东篱下，悠然见南山”（《饮酒》）至今脍炙人口。他本性嗜酒，饮必醉。朋友来访，无论贫富贵贱，只要家中有酒，必与之同饮。他每次必先醉，便对客人说：“我醉欲眠，卿可去。”这是一种怎样的境界？淡泊、明志、清幽、致远。这一切陶渊明都达到了。

一个拥有淡泊、明志心态的人，就能够始终保持自己的独有的作风，就能宠辱不惊，就能“心安茅屋稳”，风雨不动，在浮躁的环境中，自己还能够继续保持一颗恬淡安定的心，只要心性定，波澜不惊，就能安心学习、工作和生活。

《菜根谭》上讲：“身不宜忙，而忙于闲暇之时，亦可警惕惰气；心不可放，而放于收摄之后，亦可鼓畅天机。”这是讲在日常忙碌的生活中，如何偷得浮生半日闲。与其为名利而劳神费力，不如抛却杂念，静下心来，做一些自己喜欢的事情；与其为了名声殚精竭虑、心力交瘁，不如放弃身外之物，安贫乐道，“走自己的路，让别人说去吧”。人生要想幸福，稳稳当当走到百年，就应该追求内心的安定与自由。即使再忙也要带着一份淡泊的心态，不可把心沉没于追名逐利之中。

居里夫人不畏艰险发现了镭，对于是否把镭申请为专利时，又面临一个艰难的选择。如果申请了专利，那么肯定会得到一笔可观的收益，这无疑对现在贫寒的家境有很大的改善。

居里夫人说：“如果我们申请专利，那我们会获得亿万资产，那无疑会改变我们现在宁静的生活。难道现在的生活不是我们所要的吗？上帝已经赋予我们很多，我们不需要更多。更多的金钱不仅不会给我们所需要的任何财富，反而会打破我们简单而饱满的生活。”

伟大的科学家阿尔伯特·爱因斯坦评价说：“在我认识的所有著名人物里面，居里夫人是唯一不为盛名所颠倒的人。”当一个人的内心是足够高贵淡泊时，外界的一切世俗事物，都是微不足道的。

淡泊宁静的人，往往是最清醒的，对人生的思考也是最深刻的。圣严法师说：“要有时时静悟的简静心态，反省自己的不足，感受生活赐予的美妙。这样，时时鞭策自己，才会对生活充满了敬重。”让我们淡泊宁静，抛弃浮躁，活在自由简约中，体味生活的从容，实现人生的价值。

⊙塞翁失马，焉知非福⊙

在《庄子》中，把“塞翁失马，焉知非福”的人生哲理讲得十分透彻。庄子引用古代人的迷信来说明一般人认为不吉利的东西，但“神人”却认为这种“不吉利”反而有益无害。比如说，一匹头上有白毛的马没人敢骑，反而因此免去了一辈子的奴役；一头鼻子高高翘起的猪不会被杀掉作祭祀，才会好好地活到老。所以，世人认为不吉利的，在上天看来却是大吉大利。任何事情都有它的两面性，关键是看你如何从不利的一面当中看到有利的那一面。

从前有一个国王，除了打猎以外，最喜欢与宰相微服私访。宰相除了处理国务以外，就是陪着国王下乡巡视，他最常挂在嘴边的一句话就是“一切都是最好的安排”。

有一次，国王兴高采烈地到大草原打猎，他射伤了一只花豹。国王一时失去戒心，居然在随从尚未赶到时，就下马检视花豹。谁想到，花豹突然跳起来，将国王的小手指咬掉小半截。

回宫以后，国王越想越不痛快，就找宰相来饮酒解愁。宰相知道了这事后，一边举酒敬国王，一边微笑着说：“大王啊！少了一小块肉总比少了一条命来得好吧！想开一点，一切都是最好的安排！”

国王听了很是生气：“你真是大胆！你真的认为一切都是最好的安排吗？”

“是的，大王，一切都是最好的安排。”

国王说：“如果我把你关进监狱，难道这也是最好的安排？”

宰相微笑说：“如果是这样，我也深信这是最好的安排。”

国王大手一挥，两名侍卫就架着宰相走出去了。

过了一个月，国王养好伤，又找了一个近臣出游了。谁知路上碰到一群野蛮人，他们把国王抓住用来祭神。就在最后关键时刻，大祭司发现国王的左手小指头少了小半截，他忍痛下令说：“把这个废物赶走，另外再找一个！”因为祭神要用“完美”的祭品，大祭司就把陪伴国王一起出游的近臣抓来代替。脱困的国王大喜若狂，飞奔回宫，立刻叫人将宰相释放了，在御花园设宴，为自己保住一命，也为宰相重获自由而庆祝。

国王向宰相敬酒说："宰相，你说的真是一点也不错，如果不是被花豹咬一口，今天连命都没了。可我不明白，你被关进监狱一个月，难道也是最好的安排吗？"

宰相慢慢地说："大王您想想看，如果我不是在监狱里，那么陪伴您微服私巡的人，不是我还会有谁呢？等到蛮人发现国王不适合拿来祭祀时，谁会被丢进大锅中烹煮呢？不是我还有谁呢？所以，我要为大王将我关进监狱而向您敬酒，您也救了我一命啊！"

宰相是一个明智的人，他能从事物的不利中看到有利的一面，并始终认为一切都是最好的安排，这无疑是一种积极的人生态度。

正是因为有些人不能正确地看待自己的利与不利，没有正确认清自己的价值，没有好好地活在这个世界里，才会自己给自己找麻烦。人生中难免遭遇一些利害得失，学会辩证地看待事物的两面性，就会少一些挫折感，你的人生才能轻松愉快。

上天总是公平的，在这里多给你一些，就会在其他方面拿走一些，所以得失不要看得太重，像塞翁一样做个生活的哲学家，便会减去不少烦恼。

⊙ 冬长三月，早晚打春 ⊙

我们都喜欢生活中发生各种各样的"好事"，而不是诸如生病、事业失败等"坏事"。然而古人告诉我们："物极必反。"人生总是一波三折，谁也无法永远一帆风顺，也无法一辈子坏运连连。当我们无法阻止这种变化时，不妨顺应变化，好事发生时，不要骄傲得意，而要趁机将人生提高到更高的一个高度；如若坏事临门时，也不要沮丧绝望，不妨韬光养晦，为下次的机会做足准备。要知道，世间事无绝对，"冬长三月，早晚打春"，当你处于人生的困顿期，颓丧绝望时，不妨说服自己多撑一天，一个月，甚至一年吧，你会惊讶地发现，当你拒绝退场时，生命将给予你怎样的惊喜。

法布尔 19 岁时从师范学院毕业，做了一名小学老师。他通过自修，一步步由初中老师、高中老师，最后升到大学讲师。这期间，法布尔一边教书，一边学习化学知识。他有一个想法，就是把用作染料的茜草色素的主要成分——茜素纯化提炼出来。

经过努力，实验成果很显著，他和印染厂的工人们都盼望着他的研究能够正式投产。当研究成功后，他却得知了另一个消息：人工茜素已经合制成功，这预示着法布尔的天然茜素纯化技术没有任何价值。

多年研究与实验的辛苦，瞬间就付之东流了，对法布尔而言，这是一个不小的打击。一段时间过后，法布尔从失落的情绪中恢复了过来，决定换一个研究方向，开始着手进行科普知识的推广。在 87 岁高龄时，他完成了自己的代表作《昆虫记》的最后一卷。

法布尔一生坚持自学，先后取得了物理学士学位、数学学士学位、自然科学学士学位及博士学位。《昆虫记》的成功给他带来了“昆虫界的荷马”以及“科学界的诗人”美名，他本人也因为此书而获得了社会的广泛认可。

谁也不会天生“衰命”，只因我们未认识到这种无常而心生妄念，从而把生活和工作弄成一团乱麻。要知道，挫折与苦难是生命必然的悲痛，然而，落叶飘过腐烂之后，春天的新绿才能丝丝抽出，而春蚕吐丝作茧自缚的终极是新生命的诞生！我们生活在这起起落落、斑斓又黯淡的世界中，如一棵绿芽、一朵花的开放，一只大雁南飞，是自然的生生不息。而春的温暖、夏的炙热、秋的萧瑟和冬的肃杀，都让我们轮流经历着，以此启发我们不同于任何生物的智慧。正如林清玄所说的：“生命中虽有许多苦难，我们也要学会好好活在眼前，止息热恼的心，不做无谓的心灵投射。”

古希腊哲人苏格拉底说：“许多赛跑者的失败，都是失败在最后几步。跑‘应跑的路’已经不容易，‘跑到尽头’当然更困难。”一个人的成功往往来自自己内心的一份坚持，这一点点坚持使他们成为真正的赢家！

鲁冠球起家于一个只有3000块钱无牌照的小型米面加工厂，现在却是一家资产过百亿的跨国集团老总。他 15 岁辍学，20 岁有了第一次艰苦创业。鲁冠球从亲戚那里东拼西凑借来3000块钱，创办了只有一台磨面机、米机，没敢挂牌子的小型米面加工厂。因为时代的原因，私营活动在当时被严令禁止，干出一番事业并不容易。第一次创业差点让鲁冠球倾家荡产，也让他背负上祖父和父亲的沉重压力，但他总不甘心，于是就有了第二次的创业经历和艰苦的原始积累。

第一次创业后没多久，鲁冠球就又发现了在当时铁锹、镰刀没处买，自行车没处修的日子里，鲁冠球又勒紧裤腰带借了 4000 块钱，和 5 个人合伙开了一个铁匠铺。没有原料，就大街小巷的收废钢废铁，回去后就打铁锹和镰刀，生意越来越红火。公社领导不久就发现了鲁冠球的才能，就让他接管宁围公社农机汽配厂：一个 84 平方米的烂厂房。他没有丝毫犹豫就答应了下来，变卖了自己所有的家产投入到厂子中。最开始，厂子的产品没有销路，鲁冠球就带领几十名骨干，兵分多路四处打听销售渠道。

终于，他们得知在这一年，山东胶南会举办一次全国性的汽车零部件订货会。这个消息让所有人乐得炸开了锅，鲁冠球用最快的速度租了两辆车，拉着产品和销售科长等人直奔胶南而去。最开始的3天无人问津，就在大家坚持不下去的时候，鲁冠球果断地说："调价！降20%，我看看有没有人来买！"果然，这招吸引了210万订单，农机厂的销路自此打开，工厂也度过了最初的难关。

最初的艰苦磨砺不但使鲁冠球更具经商智慧，也使其具备了优良的品质。他曾经因为收到一位消费者的投诉，就收回3万余件产品，全部销毁，损失达40余万元。他并不心痛，只有防微杜渐，企业才能走得更远。

相比同时期的其他人，鲁冠球获得了一个"商界不倒翁"的名号，因为他的稳，他的持久和反思，更因为他能耐得住"坏运"时期的"熬"。

人生就像四季，有着寒暑之分，也会有冷暖交替的变化。情场失意、工作不得志、与家人无法沟通、在同事中不被认同、亲人病危……当我们面临人生的冬季时，不可避免地会陷入情绪的低潮，并经常在低潮与清醒中来回摇摆。当我们处于人生的冬季时，正是好好反省、重新认识自己的时候，因为在所谓清醒的时刻，往往并非是真正的清醒。不管是刻意压抑或是在潜意识中，都会在有意或无心的时候，否定内心的种种孤寂、空虚的感受，也压抑了由恐惧所引起的各种负面情绪。当然，一般人也想解决这样的问题，有人尝试各种各样的方法，只是到了最后，还是不忘提醒自己这样的话："书上写的、朋友说的我都懂，不过，懂是一回事，能不能做到又是另外一回事！"就这样，不是畏惧改变，就是不耐心等待，而错失了反省自己的机会。

生命会衰老，心路无尽头。在人生的旅途上，有寒雾笼罩的抑郁窘迫，也会有丽日蓝天的欢欣舒畅，有风雪交加的漫漫长夜，也会有月朗星稀的锦绣黎明。心路上有喜悦也有哭泣，有鲜花也有荆棘，有坦荡也有坎坷，有春天也有冬季。这就是生命中原本的模样。而我们所要做的，便是由缰的思绪之马，慢慢地，走出冬季，向阳光明媚的春天走去。

⊙ 不经冬寒，不知春暖 ⊙

挫折是每个人会遇到的，有的人面对挫折就打退堂鼓，不去勇敢地面对，而是选择避而远之。殊不知只有经历了这些磨难才会到达幸福的彼岸。失败是成功之母，面对困难，去勇敢地解决，去毅然决然地前行，只有这样才会成功。只有经历了风雨，才会看到彩虹，不经历冬寒，则就不知道春暖。就像歌词里说的那样："把握生命里的每一分钟，全力以赴我们心中的梦，不经历风雨，怎么见彩虹，没有人能随随便便成功。"

每一个成功都包含着无数的挫折与无奈，每一条通向成功的路上都洒满了数不清的辛酸和痛苦，每一条通向成功的路上都饱含着成功者的泪水和汗水。

"天下没有免费的午餐"，生活中也没有所谓的一帆风顺。要想学会走路，就要先学会摔跤，跌倒后再爬起来，再跌倒再爬起来。只有明白了跌倒的疼痛，才能成功地站起来，大踏步地前进。

海滩上，有一大一小两只蚌相遇了。小蚌见大蚌神情非常的沮丧，一副痛苦不堪的样子，便关心地问道："伙计，你有什么不愉快的事吗？"

大蚌答道："唉，别提了，前几天，我一不小心，让一颗沙砾跑进了我的身体里，粗糙的沙砾不断摩擦着我的身体，那种难言的痛苦，简直让我生不如死啊。"

"天哪，你也太不小心了，瞧瞧，你现在正承受多么巨大的痛苦啊。我一定要加倍小心，绝对不让任何异物进入到我坚硬外壳的防线内。"

这时一只海龟听见了它们的对话。"朋友们，你们知道如果沙粒跑进了你们的身体里会产生什么吗？"海龟向两只海蚌打招呼。

"除了令人难以忍受的痛苦，还会有什么呢"小蚌说道。

"是呀，除了撕心裂肺的疼痛，还能有什么新鲜玩意？"两个海蚌冷冷地白了一眼海龟。

"哦，朋友，我非常理解你的心情，此刻你感到非常痛苦，但你也许不知道，此时此刻，你的身体里会自动分泌出'珠母质'，它们会一层一层地将粗糙的沙砾包裹起来，而若干年后就将会形成大海中最动人、最璀璨的珍珠。"

经过了痛苦的折磨，珍珠才会产生，珍珠之所以美丽不仅是因为它光彩夺目，更是因为它经过磨难，珍珠最有价值的地方也在于此。一颗精美的珍珠，必然经受过蚌的肉体无数次蠕动以及无数风浪的打磨，才能熠熠生辉。

辽阔苍穹中自由翱翔的老鹰，是经历了无数次跌下山崖的痛苦，才锤炼出一双凌空的翅膀。挫折是人生的一笔财富，是促使成功的一剂良药，不经历磨难的人生，怎么可能会散发出夺目的光彩呢？冬寒过后才能感受到春日的和煦，而风雨之后才能看见彩虹。

2005 年感动中国的人物洪战辉说："承受越多的苦难，你就会成长得越快，经历越大的撞击，你就会变得越发坚忍。"人生需要迎头迎接风雨，并呼喊让暴风雨来得更猛烈一些，因为风雨过后才会有彩虹，没有人可以避免失败，失败是通往成功路上必不可少的经历。想要做成一件事，就必须先学会正确对待失败的打击，并且要把失败当作成功的垫脚石。

有一个人遭受了挫折，他整天都闷在房间里。几个朋友劝他出去爬爬山散散心。于是这个人就跟着朋友去爬山。当他们开始爬山的时候还是阳光灿烂，可是爬到半山腰时却乌云密布，下起了倾盆大雨。这个人一看到下大雨了，就失去了爬山的兴趣，并想马上下山。朋友们说："既然来了，就坚持到底吧，再说衣服也淋湿了。"于是他就很不情愿地跟着朋友们继续上山。快到山顶的时候，雨不知不觉地停了。他们站在山顶上看四周，虽然山腰被乌云所笼罩，但是峰巅的景色特别美丽，这是平时看不到的。

其中的一个朋友说道："我们已经站在有雨的云层之上，所以能够见到阳光。如果我们刚才犹豫了不继续往上爬，就欣赏不到此番美景。"

这个人听了朋友的一番话，顿时豁然开朗，并由此感悟人生，走出了烦恼和痛苦的苦海。

许多人一陷入苦难，就非常悲观失望，心生抱怨，并给自己施加特别重的压力，其实抱怨是另一种苦难的开始。如果在苦难之中放松自己，就可以得到另一种东西，因为彩虹总是出现在风雨后，不经历苦难，就会看不到美丽的风景。

一天，一个人碰巧看到一只飞蛾正在破茧，出于好奇，他便一直耐心地观察。这只飞蛾十分艰难地将躯体从那道小口子中一点点地挣扎出来，一个小时过去了，两个小时过去了，三个小时过去了……飞蛾已经精疲力竭。但是无论飞蛾怎么奋力挣扎也无法摆脱茧的束缚，这个人因此觉得它肯定出不来了。

于是，他决定帮助一下这只可怜的飞蛾。他拿来一把剪刀，小心翼翼地将茧破开一道非常大的裂口，这个裂口足以让飞蛾轻易地钻出来。结果，那只飞蛾很容易地从茧里爬了出来。但是，它的身体是十分臃肿的，翅膀也瑟瑟地紧贴着身体。

这个人等着飞蛾飞起来，却只见它只是跌跌撞撞地往前爬，怎么也不能打开翅膀。又过了一会儿，它就死了。这个人怎么也不明白，这是为什么？

原来，飞蛾在由蛹变茧时，翅膀萎缩，十分柔软，而当破茧而出时，必须要经过一番痛苦的挣扎，使身体上的体液流到翅膀上，翅膀才会变得坚韧有力，只有这样，出来以后才会飞翔。

这只飞蛾因为没有受到那一番痛苦的折磨而最终死去，没有得到破茧化蝶的壮丽。

总之，要想感受春天的温暖，就要先体会冬天的寒冷，要想成功就一定要品尝失败的滋味。只有经历了无数次的磨难后才会是真的人生。

⊙ 弓硬弦常断，人强祸必随 ⊙

刚闯入社会、开始工作的我们年轻气盛，雄心勃勃，好大喜功。在工作中，稍微取得了一点功绩顿时就雄心万丈、得意洋洋，甚至在别人面前耀武扬威。岂不知炫耀的背后往往是“满招损”，骄傲通常都是招致灾难的祸根。

年羹尧建功沙场，以武功著称。1700 年考中进士后入朝做官，“更无舟楫碍，从此百川通”，进入官场的年羹尧仕途平坦，升迁非常很快，在 1709 年做上了四川巡抚的位子。用不到 10 年的时间，年羹尧成为封疆大吏，此时的年羹尧深得康熙赏识。康熙希望他“始终固守，做一好官”，对他寄予厚望。

年羹尧也不负康熙厚爱，在击败准噶尔部首领策妄阿拉布坦入侵西藏的战争中，立下汗马功劳。1718 年，年羹尧被授为四川总督，兼管巡抚事，统领军政和民事。1721 年，年羹尧进京入觐。康熙御赐弓矢，并擢升年羹尧为川陕总督，成为西陲边境的重要大臣。当年九月，青海郭罗克地方叛乱，在正面进攻的同时，年羹尧又利用当地部落土司之间的矛盾，辅之以“以番攻番”之策，迅速平定了这场叛乱。叛乱平定后，抚远大将军被召回京，年羹尧受命与管理抚远大将军印务的延信共同执掌军务。

到了雍正即位之后，年羹尧更是备受倚重。在有关重要官员的任免和人事安排上，雍正每每要询问年羹尧的意见，并给予他很大的权力。在年羹尧管辖的区域内，大小文武官员一律听从年羹尧的意见来任用。由于两人私交也很好，雍正对年羹尧的宠信到了无以复加的地步，年羹尧所受的恩遇之隆，也是古来人臣罕能相匹敌的。1724 年 10 月，年羹尧入京觐见，获赐双眼孔雀翎、四团龙补服、黄带、紫辔及金币等非常之物。年羹尧本人及其父年遐龄和一子年斌均已封爵位，11 月，又以平定卓子山叛乱之功，赏加一等男世职，由年羹尧次子年富承袭。

在生活上，雍正对年羹尧及其家人也是关怀备至。年羹尧的手腕、臂膀有疾及妻子得病，雍正都再三垂询，赐送药品。对年羹尧父亲年遐龄在京情况，年羹尧之妹年贵妃以及她所生的皇子福惠的身体状况，雍正也时常以手谕告知。至于奇宝珍玩、珍馐美味的赏赐更是时时而至。一次赐给年羹尧荔枝，为保证鲜美，雍正令驿站6天内从京师送到西安，这种赏赐甚至可与“一骑红尘妃子笑”相媲美了。

但是，随着权力的日益扩大，年羹尧以功臣自居，变得目中无人。一次他回北京，京城的王公大臣都到郊外去迎接他，然而他对这些人正眼都不带看一下，显得非常傲慢无礼。甚至对雍正有时也不恭敬，一次在军中接到雍正的诏令，按理应摆上香案跪下接令，但他随便一接了事，这令雍正很气愤。他一出门，威风凛凛不算，就连他家一个教书先生回江苏老家一趟，江苏一省长官都要到郊外去迎接。此外，他还大肆接受贿赂，随便任用官员。雍正渐渐对他忍无可忍。

1726年初，年羹尧给雍正进贺词时，竟把话写错，赞扬的语言成了诅咒的话。雍正以此为借口，抓了年羹尧，此后又罗列了多条罪状，将他彻底打倒。最后，年羹尧在雍正的谕令下被迫自杀。年羹尧父兄族中任官者俱革职，嫡亲子孙发遣边地充军，家产抄没入官。叱咤一时的年大将军最后以身败名裂、家破人亡告终。

稍微取得了一点成就便作威作福，目中无人，天上地下唯我独尊，最后遭受失败也是情理之中的事情。

年羹尧倚仗功勋，无视朝纲，最终人强祸随，招来杀身之祸。所谓枪打出头鸟，做人一点不知谦逊低调，便很容易遭受别人因看不惯而做出的攻击。诸如此类的例子，不胜枚举，最为人们熟知且扼腕的当属历史上蜀国的关羽。三国时期，关羽也是因为妄自尊大才导致祸的。

自刘备攻取益州以来，关羽一直坐镇荆州。荆州包括南阳、南郡、江夏、武陵、长沙、桂阳、零陵7个郡，是曹操、刘备、孙权三方必争的战略要地。赤壁之战后，曹操还占据着南阳郡和南郡的北部，孙权占据着江夏郡和南郡的南部，其余四郡被刘备所“借”。孙权曾多次派人接手长沙、零陵、桂阳三郡，都被予以拒绝。孙权一怒，马上派吕蒙率领两万兵马用武力接收这3个郡。吕蒙夺得了长沙、桂阳两郡后，刘备急忙亲率五万大军下公安，派关羽带领三万兵马到益阳去夺回那两个郡。孙权也亲自到陆口，派鲁肃领一万兵马扎在益阳，与关羽相拒。东吴的军队和关羽的军队都在益阳扎营下寨，彼此对峙。此时，曹操攻下了汉中，刘备为联合孙权共同抵抗曹操，决定与孙权平分荆州。为了与关羽重修旧好，孙权想与关羽联姻，不想竟被目中无人的关羽以“虎女岂肯嫁犬子”拒绝。这种侮辱性的语言攻击让孙权很生气，后果很严重。

为了实现诸葛亮和刘备在《隆中对》中所筹划的跨据荆、益二州，待时机成熟时荆州军队直下宛（今河南南阳）、洛（今陕西南部），完成统一大业的计策，关羽一直虎视襄、樊。建安二十四年（219年），镇守荆州的关羽，抓住战机，亲自率领主力北攻荆襄。当时魏国征南将军曹仁驻守樊城，将军吕常驻襄阳。曹操从汉中撤军到长安后，派遣平寇将军徐晃率军支援曹仁，屯于宛城（今河南南阳）。樊城之战开始后，曹操又派左将军于禁、立义将军庞德前往助守，屯驻于樊城以北。

此战中，关羽利用地势，水淹七军，活捉于禁。此时，魏国荆州刺史胡修、南乡（治南乡，今河南淅川东南）太守傅方，均降于关羽，陆浑（今河南嵩县东北）人孙狼等，亦杀官起兵，响应关羽，关羽声势一时“威震华夏”，以致曹操想迁都以避其锋芒。

此时的孙权受关羽如此傲慢对待，早有攻取荆州之意。曹操派使者与孙权结成联盟，并答应许给孙权荆州之地。吕蒙推荐陆逊代替自己，当时的陆逊年少多才却无名望，正任定威校尉。陆逊到任后，派使者给关羽送去了礼物和一封信，信上恭维关羽水淹七军，功过晋文公的城濮之战和韩信的背水破赵，还撺掇关羽继续发挥神威，夺取彻底的胜利。关羽看到陆逊是个无名晚辈，对自己又如此恭敬、诚恳，根本没把他放在眼里，就大胆放心，把荆州大部分军队陆续调到了樊城。

围攻樊城的战争开始后，腹背受敌的关羽败走麦城，为吕蒙所擒，一代英雄就此陨灭。“关羽万人之敌，为世虎臣。羽报效曹公，有国士之风。然羽刚而自矜，以短取败，理数之常也。”水淹七军之后，好大喜功的关羽从此更是眼里放不下一个人，然而紧接着跟来的便是身首异处的悲惨下场。

自傲者往往是偏见者，狭隘的眼光只看得到自己的长处和别人的短处，用自己的长处跟别人的短处做比较，优越感自然就产生了。这种缺乏自知之明、莫名其妙的优越感就是葬送自己前程的罪魁祸首。

做人需不傲才以骄人，不以宠而作威。记住，“弓硬弦常断，人强祸必随”，任何时候我们都不要自视高人一等。

⊙ 宠辱不惊，去留无意 ⊙

陈眉公辑录的《幽窗小记》中记录了明人洪应明的对联：“宠辱不惊，闲看庭前花开花落；去留无意，漫随天外云卷云舒。”这句话的意思是说，为人做事只有把宠辱看作如花开花落般平常，才能不惊；只有把职位去留看作如云卷云舒般变幻，才能无意。

大画家齐白石的座右铭："人誉之一笑，人骂之一笑。"这句话正好可以看作是那副对联的最好写照。

"人骂之一笑"的这一句话，看似容易，真正做起来却难，因为那需要"波澜不惊"的情怀。阅历丰富又看惯了人情世故的齐白石老人一直明白一件事情：尽管自己学术有成，但是艺术界一贯如此，树大招风，再加上人多嘴杂、众口难调，有赞赏声，自然也就会有谩骂声。各人欣赏眼光不同，对同一幅艺术作品，喜欢者赞不绝口，厌恶者可能会将其贬得一文不值，且不说是心存偏见还是嫉贤妒能。所以，又何必太在意外界的骂声、诽谤声，虽然也难免会声声入耳，但听了之后不必当真，一笑了之而已。当然，这是对于那些无聊的毁谤，如果是有道理的真知灼见，则不能"一笑了之"了，那就需要有能够接纳忠言的胸襟。

能够做到"人誉之一笑"，需要一个人的睿智通达，知道山外有山，人外有人。每一个领域都新人辈出，各领风骚，即使是被别人奉为大师，自己也不能真的就把自己当作了大师。

比起猛烈的攻击，其实掌声和鲜花容易使人眩晕，因为人在荣誉面前的抵抗力总是很低下，此刻，一定要保持清醒的头脑，如果真的觉得自己已经可以了，就该落后了，就离淘汰出局不远了。所以，尽管齐白石的艺术生涯硕果累累，一直生活在荣誉和光环中，水到渠成地成为人民艺术家、中国美术家协会主席、人民代表大会代表、国际和平奖获得者……但他却始终是一笑了之，既不得意忘形、目空一切，也不孤芳自赏、故步自封。

齐白石的"两笑"，真正地阐明了一个道理：宠辱不惊。

在现实生活中，人生总是会有起有落，"宠"或"辱"是每个人都会遇到的事情。"受宠"时，我们就难免扬扬自得，忘乎所以，美滋滋地感受着似锦繁花；而当"受辱"时，自然也难免愤怒的火焰在胸中燃烧，痛苦难耐，灼伤了自己，也焚烧了别人。倒不如以平和的心态。看淡"宠辱"，那么，就不会产生失衡的落差了。

无论是显赫名人还是无名小卒，哪有不受毁谤、不招指责，不被调侃、不被人嫉妒的？遇到这种情况如果挨个生气愤怒一遍，再多的精力也不够用啊。

不过，比起"辱"不惊，能做到"宠"不惊的才是真正的高手。

曾有这样一则笑话：

从前有一个老童生，考了一辈子科举连个秀才都没捞上。有一次，他和儿子同科应考。等到放榜的那一天，儿子看了榜，知道自己已经被录取，赶快回家报喜。当时老童生正在房里洗澡，儿子敲门大叫说："父亲，我考取了！"老子在房里大声呵斥说："考取一个秀才，算得了什么，这样沉不住气，将来怎么成大器！"儿子一听，吓得不敢大叫，便轻轻地说："父亲，你也上榜了！"只听"砰"的一声，房门打开，他父亲连衣裤都没穿上，一丝不挂地一冲而出，大声呵斥说："你为什么不先说？"

看来，能够面对自身的"宠辱"还泰然处之确实需要一些定力。能做到顺其自然，是一种难得的境界。所谓"布衣可终身，宠辱岂足赖"，人生的一切都是过眼云烟，既然如此，人生的宠辱也不过是一刹那，又有什么值得夸耀和留恋呢？

如果一个人能够做到宠辱不惊，那么，不管是在日常生活还是人际关系上，他都不会被世事搅乱，总有一份平和宽松的心态。所谓"君子坦荡荡，小人长戚戚"。一个没有杂念、低调单纯的人，他的心是一片静谧的森林，没有喧闹，没有浮躁，是一种雾霭袅袅的清晨中随着微风低吟的舒缓心境。但是，如果不能够做到这一点，他的心就像暴风雨中的一株小树苗一样，永远处在飘摇之中。

既然如此，何不在平和中找寻人生的美景，将一切都看作平常自然。

高山流水、四季变换不过是轻轻而来，又轻轻而去罢了。世态炎凉、人情冷暖，乐又何妨？怒又何妨？唯有视宠辱如花开花落般平常，才能波澜不惊。

19世纪中期，英国实业家菲尔德率领他的船员和工程师在大西洋底铺了一条海底电缆，首次将欧美两个大陆联结起来，因此被誉为"两个世界的统一者"，一夜之间，他成了最光荣、最受尊敬的英雄；但好景不长，因技术故障，刚接通的电缆信号中断，顷刻之间人们的赞辞颂语骤然变成愤怒的狂涛，曾经的英雄几乎在一眨眼之间，就变成了"骗子"。

面对如此悬殊的宠辱逆差，菲尔德泰然自若，一如既往地坚持自己的事业。

经过6年的努力，海底的电缆最终成功地架起了欧美大陆的信息桥梁。

宠也自然，辱也自在，菲尔德之所以成为菲尔德，也正在于此。其实，宠辱不惊可以成为我们心灵上的一帖抚慰剂。当我们为爱情、金钱、名利苦苦挣扎时，不妨用平和的潇洒来灌溉焦躁的心田；当我们失意、悲伤时，不妨用宁静的单纯来抚平灼痛的伤口。

若心中无过多的欲念，又怎会患得患失？我们只要管好自己，得之不喜，失之不痛，不计较得失，不在意别人的眼光；只要做自己喜欢的事，按自己的路去走，外界的评说又算得了什么呢？

只有做到宠辱不惊，方能恬然自得。人人都希望拥有愉悦的生活，面对“宠辱”，只要我们做到“不惊”，就可以高枕无忧了。

⊙有求皆苦，无欲则刚⊙

怎样才算得上真正的刚强，老人言告诉我们：“有求皆苦，无欲则刚。”

孔子说，我始终没有看见过一个够得上刚强的人。有一个人说，申枨不是很刚强吗？孔子说，申枨这个人有欲望，怎么能称得上刚强呢？一个人有欲望是刚强不起来的，碰到你所喜好的，就非投降不可，只有无欲时才能刚强。

如果一个人说什么都不求，只想成圣人、成佛、成仙，其实也是有所求，有求就苦。人到无求品自高，要到一切无欲才能真正刚正，才能真正作为一个大写的人，屹立于天地之间。

“事能知足心常惬，人到无求品自高”，这是清代陈伯崖写的一副千古绝对。李叔同曾经写过一首赠友人诗，诗中便引用了该联：“今日方知心是佛，前身安见我非僧。事业文章俱草草，神仙富贵两茫茫。凡事须求恰好处，此心常懔自欺时。事能知足心常惬，人到无求品自高。”这里说的“无求”，不是对学问的漫不经心和对事业的不求进取，而是告诫人们要摆脱功名利禄的羁绊和低级趣味的困扰，有所不求才能有所追求。

林则徐最初在山东济宁当运河河道总督时，便立下一块石碑，上面镌刻着这7个大字：“人到无求品自高”，一针见血地道出无私无欲的崇高品德，作为自己的座右铭，时刻鞭策自己、激励自己。林则徐面对官场的腐败风气的污邪，曾语重心长地给在京翰林院任职的长子写过一封书信，信中说：“吾儿年方三十，不过君恩高厚，邀幸成名，何德何才，而能居此……唯有一言嘱汝者，服官者应时时作归计，勿贪利禄，勿恋权位，而一旦归家，则又应时时作用计，勿儿女情长，勿荒弃学业，须磨砺自修，以为一旦之用。”林则徐故居厅堂中悬挂着一幅他亲笔所书的格言：“海纳百川，有容乃大；壁立千仞，无欲则刚。”

道家说，有所求而无所得，无所求而有所得。表面上看是一种消极的处世态度，静心领悟，会发现这其实是一种深层次的人生哲理。正所谓：山高人为峰，无求品自高。

一位高僧和一位老道，互比道行高低。相约各自入定以后，彼此追寻对方的心究竟隐藏在何处。和尚无论把心安放在花心中、树梢上、山之巅、水之涯，都被道士的心于刹那之间，追踪而至。和尚忽悟因为自己的心有所执着，故被找到，于是便想："我现在自己也不知道心在何处。"和尚进入无我之乡，忘我之境，结果道士的心就追寻不到他了。超然忘我，放下得失之心，不苦苦执着于自己的失与得、喜与悲，便不会陷入欲求的痛苦之中。

淡泊明志，宁静致远。拥有一颗宁静的心，我们才能从容地面对自己的生活。很多时候，当我们处在困窘的处境中，似乎会有更多的渴望，然而，太多不切实际的杂念，也往往是我们登上人生顶峰的最大阻碍。这时候，如果你能够让你的心态平静下来，不受外界的干扰，那么你就可以得到你想要的一切。

⊙先自我肯定，才能得到别人的肯定⊙

生活中的最常见的还是平凡人，没有过人的智慧，也没有惊为天人的美貌，而且或多或少，还会有些缺陷和不足，比如说话结巴，生性怯懦等等。很多人对自己的"不美好"郁郁寡欢，缺乏信心，常常自我否定。对此，林语堂曾经说过："自己都不相信的人怎能使人信服？"在我们的周围，并不是每个人都是天之骄子，能受到上天给予的恩宠。天降大任之前，我们首先要肯定自己的能力，发挥自己无限的潜能，最终才能获得别人的肯定。

肯定自己非常重要，因为即使我们有这样或者那样的不好，但是没有人能代替自己。或许我们出生并不显赫，学习并不出众，所在职位也不核心，但这丝毫不阻碍我们自己对自己的肯定。自己肯定自己的重要性首先表现着对自然规律的尊重。从一颗小小的受精卵，到诞出健康的胎儿，历经千辛万苦孕育出来的生命怎么会不重要？人为万物灵长，生而为人，本就是一件神圣而值得骄傲的事情。我们有智慧，能思考，有感情，能表达，这多么奇妙和伟大，如果你是一个有着感悟之心，且对一切造物主的赐予都心怀感激，你定会尊重、热爱生命且为之骄傲。一切有生命的存在骄傲应是如此，何况你是不平凡的万物灵长——人！每一个人在降生的时候，他的身上必定有出众的东西，做这件事情是你的弱项，做另一件事情必为你的强项。

有很多人不敢断定"我很重要"的很大一个原因是他们搞混了"重要"和"伟大"，重要和伟大并不是同义词，重要是心灵对生命的允诺，人们常从一个人事业是否成功，甚至肤浅的是否有钱来判断一人是不是重要。其实这些外在的东西都不应当成为标准，只要我们时时刻刻努力，为了理想奋斗，我们就是世间无比重要的存在。

汤姆·邓普西生下来的时候就只有半只左脚和一只畸形的右手，但是他的父母并没有认为这样的问题会给汤姆的人生路带来什么影响。汤姆在父母的肯定下自己也不觉得自己和别人有什么不同，他做了任何健康男孩所能做的事：比如童子军团行军10公里，他走得不比任何人差。

后来他逐渐对橄榄球有了兴趣。他发现，自己可以把球比他的小伙伴们踢得都远，于是他央求父母为他找人专门设计了一双鞋子，日日努力训练，最终他通过了踢球测验，并且得到了冲锋队的一份合约。

然而，教练得知他的情况后，婉转地告诉他“不具备做职业橄榄球员的条件”，并且还劝他去试试其他的事业。可汤姆并没有因此而断言自己不行，相反，他无比地相信自己可以踢好橄榄球，他申请加入新奥尔良圣徒队。教练虽然心存怀疑，但是看到这个男孩这么自信，于是对他有了好感，便留下他，给他一个机会。

几个星期后，教练渐渐发现汤姆为了踢好橄榄球真的很努力，并且汤姆身上有一种感染力，深深地让别人觉得“我汤姆，能踢好球”。在一次友谊赛中，汤姆踢出了55码并且为本队贡献了数分，这也使他获得了新奥尔良圣徒队职业球员的工作，在那个赛季中他的球队得了99分。

不久，汤姆就迎来了他一生中最伟大的时刻。那天，球场上坐了6.6万名球迷，比赛只剩下最后几秒钟，球队把球从28码线推进到45码线上。当汤姆进场时，他知道他的球队距离得分有45码远。队友尽力把球传到汤姆脚下，汤姆一脚全力踢在球身上，球笔直地向前冲去。6.6万名球迷屏住气观看，不到1秒钟，球在球门横杆之上几英寸的地方越过，接着终端得分线上的裁判举起了双手，表示得了3分，汤姆的球队以19比17获胜。球迷顿时开始狂呼高叫，为这踢得最远的一球而兴奋，也为胜利而兴奋，当然也为汤姆而兴奋，因为他的故事已经家喻户晓！

汤姆并没有因为天生的残疾而感到自卑，否定自己，消极应对，实际上，他非常自信，他一开始就肯定自己可以踢球，是踢橄榄球的料，这自信让他忽略了自身条件的不足。就像健全的普通人一样，发现了自己的专长和兴趣，然后为了梦想和目标努力坚持。诚然，身体缺陷不利于体育运动，这不是他自卑或放弃的理由，天赋让他骄傲，他那骄傲而执着的心最终引导他实现了在旁人看来不可思议的成功。

其实，每个向往成功，不随波逐流的人，都应该肯定自己，并且相信其实最优秀的人就是你自己，把自己当做主角，在人生的舞台上倾力上演属于自己无怨无悔的人生。我们有千千万万个理由和无数的底气，能让我们扬起头，对所有人宣布：我很重要。

可悲的是，有些人一生都在怨天尤人，质疑自己。每当梦想萌生时，或者机会来临时，他们的第一反应往往是，我能行吗？我能干好吗？其实这时他们急需肯定自己，自我肯定是由内心深处自然而然散发出来的气场，它会让你在行动之中倍感力量和指引，此时你生命中的贵人便会悄悄来到你身边，他也会被你的自信感染，此时你就是千里马，伯乐自会来找你。当然这一切的前提是自信，以及自我肯定。林语堂曾经说过："自己都不相信的人怎能使人信服？"如果一个人消极自卑，甚至思维混乱，精神萎靡，那么他就变不成千里马，纵使有伯乐在他的身边，伯乐也终将弃他而去。

因为人们都喜欢帮助，提携乐观自信的人，因为这样的人身上有无限魅力，人们将会受到他们积极正面的感染与影响。

总之，人生如同一部戏剧，我们都在扮演着自己的角色。有的人把自己当成很重要的角色，有的人把自己当成无关紧要的路人甲。但是只要我们愿意，我们每个人都是主角，都很重要，相信自己，当生活的主角，向梦想进发！

从前，有三个人住在一座闭塞的岛上，与世隔绝。

这座小岛上没有食物，他们只能吃四周浅海里的鱼。这里的鱼都属于同一种类，个头非常大，一只就足够一个人吃一天。

但是他们显然无从了解人类先进的捕鱼技术，只能跳进水里用手去抓鱼，这非常辛苦，还好他们基本上每人每天都能抓到一条，不至于挨饿。

三个人中有一个精力特别旺盛，除了捕鱼，他还想做几件好看的棕榈叶衣服，还想盖一个遮风挡雨的住所。

但抓鱼几乎占用了全部的时间，还能做些什么事呢？一定要想办法缩减捕鱼时间，他的大脑飞快运转。

突然，他想到自己经常被沙滩上的棕榈叶划伤，为什么不用它来捕鱼呢？

第二天，其他两个人去捕鱼的时候，发现这个人在沙滩上忙活，好奇地问："你干什么呢？"

"我要用棕榈树叶做个工具帮我捕鱼。"聪明人回答。

他们一脸不屑，嘲笑说："那你这个工具要是不好用，可别哭着来跟我要鱼吃。"

这个人并没有被吓倒，反而干得更起劲了。他找来一些柔软的棕榈树皮，把它们搓成一股股绳子，又将这些绳子横横竖竖地织成一张网。

在织的过程中，他又在捆网结的时候把棕榈叶穿进去，露出锋利的叶尖。

到这一天结束时，一张结实又厉害的渔网终于织成了。他拿着渔网朝海浪冲去，几分钟后，他就捕到了一条鱼。

其他两个人不再笑了。在接下来的一小时里，这个人又捕到了第二条鱼。两个伙伴惊叹不已。

从此以后，他们三个人再也不用花一天时间去捕鱼了。他们腾出了更多的时间忙别的事情，盖房子、做衣服、养动物、游戏，生活比原来丰富精彩了很多。

生活之所以一成不变，是因为你根本就没想着去改变。一旦开动了你的智慧，生活就会浓缩起来！不要说什么是办不到的事情，你今天的想法很可能成为明天的希望和现实。

所有人都是可以创造奇迹的，就看我们是否愿意付出、愿意相信。很多问题不是解决不了，而是我们提前对自己强调了“你解决不了”。很多事情也不是我们无法面对，而是有很多人告诉我们“你可以不用面对”。

第八章

个人涵养：茶也醉人何必酒，书能香我不须花

——为人若君子，不可当小人

⊙ 君子坦荡荡，小人长戚戚 ⊙

洋洋洒洒一部《春秋》，总不过都是君子与小人的故事。流芳百世者，多为君子；遗臭万年者，皆为小人。君子谦谦，小人戚戚。古往今来，人世百态，有君子处皆有小人。小人者，于承诺中背信弃义，置他人以致国家安危于不顾，只为求得一时苟活的性命；于坦荡中掖掖藏藏，置他人利益为罔闻，只为寻得一己私利。小人者，心中亦无爱，或利欲熏心，或心胸狭隘，或飞短流长。为求浮名荣耀甚至是蝇头小利，往往大打出手，近乎不择手段。

所以，君子与小人的度量皆在一个“德”字中。《论语·里仁》中就讲到了一个关于君子与小人的名句：“君子怀德，小人怀土；君子怀刑，小人怀惠。”所以说，君子胸有千壑，小人独善其身；君子顺道而行，小人贪图小惠。

而在生活中，我们总会难免碰到小人，往往在有意无意之间和小人打上交道。如此情况，我们又该如何处置？

古语云：“君子动口，小人动手。”面对小人们的不择手段，死缠烂打，再聪明的人也会防不胜防。所以，一旦被他们带进沟里，定力不够者往往也会不顾一切地陷入与小人的纠纷里，结果到最后往往弄得焦头烂额。

所以，与小人发生直接的冲突是一种不明智的行为，因为冲突正是他们施展自我“才能”的利器。动手者，小人之善道也。正所谓“新鞋不踩臭狗屎”，在与小人打交道时务必考虑周全，最好不要与其发生正面冲突，这对一

般人来说，都无异于以卵击石。这并不是说在力上小人有多么强大，而是在行为方式上，他们可以没有道德底线，心中无德者招数自然也是极尽下三烂之能事，所以，纵使你实力强势无敌，也难免不会躺着中枪。

“小人”随处可见，这种人常常是一个团体纷扰之所在，他们的造谣生事、挑拨离间、兴风作浪，很让人讨厌，所以人们对这种人不但厌而远之，甚至还抱着仇视的态度。

再坏的人也不愿意被人认为自己“很坏”，总要披一件伪善的外衣，而你偏要以正义之手，揭开他们的面纱，却照出了小人的原形，这不是故意和他们过不去吗？

所以，“宁得罪君子，不得罪小人”成了待人处世中与小人打交道至理名言。但是，在生活中碰到此等人，我们是不是唯有忍气吞声自认倒霉？或是亦步亦趋，也在红尘的浸染中学会了那谄媚卑鄙的嘴脸？窃以为，不可如此。

对于动手的小人，我们自当以动口的君子之德去感化他，而即便不能做到如此，我们也应该时常怀有一颗君子之心，以大德之礼赢得天下苍生的厚爱，将眼光放得更长远，不要在某一个小人身上栽了跟头，失了感化更多有回头之心的浪子的机会。

所以，与君子共事，自是坦坦荡荡，无所谓小人的那些伎俩；与小人共事，当心胸开阔，目光高远，不要落入他们的窠臼。

孔子就曾说：“君子易事而难说也。说之不以道，不说也。及其使人也，器之。小人难事而易说也。说之虽不以道，说也。及其使人也，求备焉。”与君子一起做事很开心，也很容易。因为君子多半胸怀坦荡，没有什么偏见与私心，凡是合理的建议他自然会欣然接受。但是你若要讨好君子，或是送礼，或是奉承，皆是入了魔道，实不足取。所以，私情在君子中，抵不过秉公办理的半点威风。

但是小人呢？正好相反。对于小人，你只要送他所需，送他所急，送他所喜，他就一定很高兴。但是你要和他一起共事就难了，以为内他们的眼中永远只有私利，无关大局，更何况是你呢？

所以，在现实生活中，与君子，心中无私，口中自是直来直去，勿藏藏掖掖；与小人，多半则要以君子动口的灵活来应对随时动手的他们了。

徐文远是名门之后，他幼年跟随父亲被抓到了长安，那时候生活十分困难，难以自给。他勤奋好学，通读经书，后来官居隋朝的国子博士，越王杨侗还请他担任祭酒一职。隋朝末年，洛阳一带发生了饥荒，徐文远只好外出打柴维持生计，凑巧碰上李密，于是被李密请进了自己的军队。李密曾是徐文远的学生，他请徐文远坐在朝南的上座，自己则率领手下兵士向他参拜行礼，请求他为自己效力。

徐文远对李密说：“如果将军你决心效仿伊尹、霍光，在危险之际辅佐皇室，那我虽然年迈，仍然希望能为你尽心尽力。但如果你要学王莽、董卓，在皇室遭遇危难的时刻，趁机篡位夺权，那我这个年迈体衰之人就不能帮你什么了。”

李密答谢说：“我敬听您的教诲。”

后来，李密战败，徐文远归属了王世充。王世充也曾是徐文远的学生，他见到徐文远十分高兴，赐给他锦衣玉食。徐文远每次见到王世充，总要十分谦恭地对他行礼。有人问他：“听说您对李密十分倨傲，却对王世充恭敬万分，这是为什么呢？”

徐文远回答说：“李密是个谦谦君子，所以像郦生对待刘邦那样用狂傲的方式对待他，他也能够接受；王世充却是个阴险小人，即使是老朋友也可能会被他陷害杀死，所以我必须小心谨慎地与他相处。我查看时机而采取相应的对策，难道不应该如此吗？”

等到王世充也归顺唐朝后，徐文远又被任命为国子博士，很受唐太宗李世民的重用。

灵活应对，而不是莽撞行事。徐文远当是有君子遗风。人世间，小人君子皆不尽，于不同时机里，尽可能维护全局，放眼更广阔的未来，当是成大事者，泽被万代。君子动口，自当晓之以理，不卑不亢，娓娓道来；小人动手，自当灵活机动，勿让自己的梦想折戟其中。动手者图的无非一时之快，却往往到最后，得不偿失。唯其如此，方能于纷乱世事间，谈笑自如，而君子之风，也定能代代传承下去。

⊙ 别让陋习成自然 ⊙

每个人都或多或少的有些陋习，很多时候我们意识不到，正是那些陋习阻碍了我们向成功迈进的脚步。

习惯在长时间逐渐形成的，一时不容易改变的行为、倾向或社会风尚。但习惯有好坏之分，其中有些约定俗成的好习惯往往伴随人的一生。如闲暇则有手不释卷的习惯，见人有热心相助的习惯，待人接物有讲究礼节的习惯，等等，这些好习惯是一种内在品德的发扬与表现。与此相反，有的习惯则属于一种对事物偏颇的认识或生理本能的追求，如好吃懒做、好赌成瘾、出言不逊等等，这些坏习惯会让人性格扭曲，不仅对自身毫无益处，还会给社会带来许多不安因素。当陋习刚刚染身的时候，人们往往不以为然，可是一旦病入膏肓，到了不可救药的地步，就后悔莫及了。

有一个著名的实验足以说明陋习的严重性，把青蛙放在开水中，青蛙会迅速跳出来，但是把它放在冷水中慢慢加热，青蛙就会感觉很舒服，直到最后烫死在里面。我们身上的很多不自觉行为，就像青蛙所处的水一样，在慢慢加热。在学校里面，只知道背答案却不知道如何独立思考的习惯，使我们失去了重要的创造能力；在工作中，只知道服从却不知道提出更好意见的习惯，使我们失去了很多发展的机会；在生活中，天天上网聊天看电视连续剧的习惯，使我们失去了很多专心致志完成重要事情的时间。最后，我们这辈子平庸地来，平庸地去。

请给自己一段时间，总结一下你生活中的成功与失败，寻找一下成功与失败的根本原因，把这些原因一条条清晰地写下来，再把你生活中所有的习惯写下来，看看哪些习惯是好习惯，哪些是坏习惯。如果自己想不清楚，就求助于那些了解你的人，他们能一针见血地指出你的优点和缺点。当你把成功的原因和好习惯列成一栏，把失败的原因和坏习惯列成一栏之后，你会吃惊地发现，你的好习惯就是你成功的原因，而坏习惯也正是你失败的原因。

不以善小而不为，不以恶小而为之。习惯大都是从小积累起来的，这句话听起来非常老套，但却与我们的切身利益息息相关。达尔文曾经说过，不管社会如何发展，生存好的一定是那些平日里养成良好习惯的人。虽然有些残酷，却真的是一条经由实践检验证明的道理。

人常说，“习惯成自然”，当你将陋习也当成自然时，你必将走向失败。你习惯衣衫不整、头发凌乱地出入公众场合，或是打扮怪异，夺人眼球，丝毫不在乎周围那些惊讶的眼光；你习惯迟到、消极怠工，在所有人心中，你早已成了自由散漫、吊儿郎当、没有工作责任心的代名词；你习惯诸多借口，无论别人提出的批评多么富有建设性，你却只会搬出一大堆理由辩驳，推卸责任，你给人的印象就是胸襟狭窄、刚愎自用；你习惯于依赖别人，从来不敢提出自己的见解，人云亦云，拾人牙慧，又有谁能够放心地对你委以重任，安排你独当一面……于是，当你将陋习视为自然的时候，你将会品尝到自酿的苦果。

陋习会使你丧失成功的机会，它是阻碍你成功的障碍，让你扔掉握在手里的机会。因此，请检视一下你生活和工作中的所有习惯，看哪些习惯会成为你成功的障碍，然后，试图一项一项改正它们，切勿被坏习惯所束缚。

那么，如何改掉陋习呢？唯一的办法，是养成一个良好的习惯。

心理学原理告诉我们，改变一个习惯，至少需要两个星期。这就告诉我们，改变习惯是一个痛苦的过程，但这样的痛苦我们可以承受，可以制定切实可行的计划，一步一步地向前走，而放任陋习却是没有出路的。

⊙ 常善人者，人必善之 ⊙

在看到需要帮助的人就本能地伸出援手的人，当自己遭遇困难时，通常也会适时地得到援助。我们相信好人有好报，想好事，做好事，就会有好结果。正如日本实业家稻盛和夫先生指出的那样，善行必会衍生出另一个善行，善行终会招来善报。

“常善人者，人必善之”，要有愿意为别人服务的精神，俞敏洪就是因为为别人服务的精神而得到了“好结果”。

俞敏洪在北大读书的时候，每天为宿舍打扫卫生，这一打扫就打扫了 4 年。另外，他每天都拎着宿舍的水壶去给同学打水，把它当作一种体育锻炼。

又过了十年，到了 1995 年年底的时候新东方做到了一定规模，他想找合作者，结果就跑到了美国和加拿大去寻找他的那些同学。他说他自己当时为了诱惑他们回来还带了一大把美元，每天在美国非常大方地花钱，想让他们知道在中国也能赚钱。

俞敏洪当时想的是大概这样就能让他们回来。后来他们回来了，但是给了俞敏洪一个十分意外的理由。他们说回来是冲着俞敏洪过去为他们打了 4 年水。他们说，他们知道，俞敏洪有这样的一种精神，所以他们一起回中国，共同为新东方努力。正是由于俞敏洪的这种奉献精神才有了新东方的今天。

“常善人者，人必善之”，想好事，做好事，就会有好结果。一个人做好事不难，难的是一辈子做好事，这是雷锋的朴实语言，它激励并影响着一代代国人。学习雷锋好榜样，是个永恒的主题。好人好报，是中国传统文化的体现，也是人们的衷心期望。

⊙ 诚信无须假于笔墨，美丽无须假于粉黛 ⊙

诚信，就是诚实信用，忠诚正直。即忠于事物的本来面貌，不隐瞒自己的真实想法，不掩饰自己的真实感情，不说谎，不作假，不为不可告人的目的而欺瞒别人。诚信是现实生活中维系人与人之间亲密关系的纽带。

诚信是做人之本，是一种至高无上的美德，是中华民族的传统美德。不诚信的人是很难被别人接受的。在人生的漫漫长路中，诚信就像是一盏明灯，指引着我们走向成功之路。现实生活中只有每个人都拥有诚信的品质，践行诚信的美德，才能相互信任，相互交流，搭建起友谊的桥梁。

我国著名的教育家、思想家孔子就曾经说过："人而无信，不知其可也"。意思是说做人却不讲信用，我不知道那怎么可以。说的就是做人要诚信的基本道德。

在秦朝末年有一个叫季布的人，他一向说话算数，在当时社会上的信誉非常高，许多人都非常崇拜他，也非常相信他，而且同他建立起了深厚的友情。在当时民间甚至流传着这样的谚语："得黄金百两，不如得季布一诺。"

后来秦朝灭亡后，他因故得罪了汉高祖刘邦，于是刘邦悬赏黄金百两全国捉拿他。他的朋友只要把他抓住献给刘邦，就可以得到百两黄金作为奖励，但是结果他的那些昔日的朋友不仅不被重金所惑，而且纷纷冒着被灭九族的危险来保护他，最终刘邦也没有抓到季布。

由此可见，一个人诚实守信的人，自然能获得朋友的尊重和友谊，这就是俗话说的"得道多助"。反过来，如果一个人或者一国之君因贪图一时的安逸或者小便宜，而失信于自己的人民或者是朋友，表面上看好像是暂时得到了"实惠"。但是从长远来看，为了这点实惠，他毁了自己的声誉，这无比他所得到的那点"实惠"要重要得多。所以，失信于朋友，无异于丢了西瓜捡芝麻，从长远看是得不偿失的。

信誉必须建立在诚实的基础上。不能诚，便不能有信；有了诚，信才能笃实。

胡雪岩是晚清时期富可敌国、名震天下的商业领袖。胡雪岩虽出身贫寒，却有鸿鹄之志，在钱庄做学徒的时候，潜心练就了超凡的阅人处事的能力。后借助官府要人王有龄之力，潜龙升空，开钱庄、运漕米、贩生丝、办药店、兴洋务，铸就了辉煌事业，被清廷赐予“二品顶戴，赏穿黄马褂，准紫禁城骑马”的殊荣，人称“红顶商人”。胡雪岩经常讲：“做人无非讲个信义”，无信不足以立，做人与做事本质上是相通的。一个成功的人，不管他从事的是何种行业，往往首先应该是个讲诚信的人。作为一个成功商人的胡雪岩，更是深谙这点。诚实守信，在他经营的生意中，表现得淋漓尽致。

胡雪岩在创办胡庆余堂国药号时，曾亲自制作了一块“戒欺匾”，匾曰：“凡百贸易均着不得欺字。药业关系性命，尤为万不可欺，余存心济世，不以劣品弋取厚利，唯愿诸君心余之心，采办务真，修制务精，不至欺予以欺世人，是则造福冥冥，谓诸君之善为余谋也可，谓诸君之善自为谋也亦可。”胡雪岩认为，制药“修合虽无人见，诚心自有天知”，体现出一定的道德自觉。

药店开张之日，胡雪岩亲自去站柜台。当顾客对药品微露不满时，胡雪岩立即笑脸道歉，收回原药，并说：“准定一两天内赶制好药调换。”他还在店堂内放置了一只大香炉，终年香烟缭绕。碰上顾客拿着不满意的药前来交涉，胡雪岩总是告诫下属，不要和顾客争吵，顾客认为不满意的药品，一律投入香炉焚之，并给另配新药。胡庆余堂生产的花露，在顾客中享有较高声誉，每年销量都很可观。为满足需求，每年生产量很大，一般总是当年卖不完。如存放到下一年再卖也是可以的，但药效和香气都稍为逊色。为了对顾客负责，胡庆余堂严格规定：凡当年卖不完的花露，一过夏天，就全部倒掉。

中药的主要原料是天然的动、植、矿物，品种繁多，分布极广，属性复杂，甚至对产地也有特殊要求；仅典籍所载已达3000多种，其真伪优劣直接影响质量，往往事后极难分辨。胡雪岩派人去各地专门采购各类药材，“坐庄办货”，同时，就在货源处进行检验。不仅贵重药材如此，即使是橘皮，尽管浙江又多又便宜，但因药性不够理想，也要舍近求远，去广东要陈三年的“陈皮”。凡采购的药材，均由指定的“进货阿大”把关验收。

胡庆余堂的道德自觉，一直延续到今天。近几年来，不事张扬的胡庆余堂，实现利润每年以近乎100%的速度增长，发展势头十分强劲。“北有同仁堂，南有庆余堂”，胡庆余堂国药之所以与同仁堂齐名，之所以百年仍存，药“真”“质”“精”乃为根本所在。

⊙知足不辱，知止不殆⊙

《增广贤文》中写道：“知足常足，终身不辱；知止常止，终身不耻。”这里的止，就是停止的意思。知止，它告诉人们凡事要知道满足，要适可而止，这样，才能让自己的一生无辱、不耻。

知止而止，是一个人立身不败的根本。做人应常修从业之德，常怀律己之心，常思贪欲之害，常弃非分之想，这样才能避免灾祸、平安长久。金朝的石琚就是知止的一个榜样。

金熙宗时期，石琚任邢台县令时，官场腐败，贪污成风，独石琚洁身自好，他还常告诫别人不要见利忘义。

石琚曾经规劝邢台守吏说：“一个人到了见利不见害的地步，他就要大祸临头了。你敛财无度，不计利害，你自以为计，在我看来却是愚蠢至极。回头是岸，我实不忍见到你东窗事发的那一天。”邢台守吏拒不认错，私下竟反咬一口，向朝廷上书诬陷石琚贪赃枉法。结果，邢台守吏终因贪污受到严惩，其他违法官吏也一一治罪。石琚因清廉无私，虽多受诬陷却平安无事。

石琚官职屡屡升迁，有人便私下向他请教升官的秘诀。石琚说：“我不想升迁，凡事凭良心无私，这个人人都能做到，只是他们不屑做罢了。人们过分相信智慧之说，却轻视不用智慧的功效，这就是所谓的偏见吧。”

金世宗时，世宗任命石琚为参知政事，不料石琚百般推辞。金世宗十分惊异，私下对他说：“如此高位，人人朝思暮想，你却不思谢恩，这是何故？”

石琚以才德不堪作答，金世宗仍不改初衷。石琚的亲朋好友力劝石琚道：“这是天下的喜事，只有傻子才会避之再三。你一生聪明过人，怎会这样愚钝呢？万一惹恼了皇上，我们家族都要受到牵连，天下人更会笑你不识好歹。”

石琚长叹说：“俗话说，身不由己，看来我是不能坚持己见了。”

石琚无奈接受了朝廷的任命，私下却对妻子忧虑地说：“树大招风，位高多难，我是担心无妄之灾啊！”他的妻子不以为然，说道：“你不贪不占，正义无私，皇上又宠信于你，你还怕什么呢？”

石琚苦笑道：“身处高位，便是众矢之的，无端被害者比比皆是，岂是有罪与无罪那么简单？再说皇上的宠信也是多变的，看不透这一点，就是不智啊。”

石琚在任太子少师之时，曾奏请皇上让太子熟习政事，嫉恨他的人便就此事攻击他别有用心，想借此赢取太子的恩宠。金世宗听后十分生气，后细心观察，才认定石琚不是这样的人。后来，金世宗把别人诬陷的话对石琚说了，石琚所受的震撼十分强烈，他趁此坚辞太子少师之职，再不敢轻易进言。

大定十八年，石琚升任右丞相，前来贺喜的人络绎不绝。石琚表面上虚与委蛇，私下却决心辞官归隐。他开导不解的家人故旧说："我一生勤勉，所幸得此高位，这都是皇上的恩典，心愿已足。人生在世，祸在当止不止，贪心恋权。"

他一次又一次地上书辞官，金世宗见挽留不住，只好答应了他的请求。世人对此事议论纷纷，金世宗却感叹说："石琚大智若愚，这样的大才天下再无第二个人了，凡夫俗子怎知他的心意呢？"

石琚确实是一位有大智慧的人，因为他清楚繁华只如过眼云烟，终究有散去的时候，"因嫌纱帽小，致使锁枷扛"的例子已经比比皆是了，警钟敲得已经足够响了！

隋朝时的大儒王道，专门写过一本名叫《止学》的书，其中有一句非常有名的话："大智知止，小智惟谋。"意思是说拥有大智慧的人知道适可而止，而只有小聪明的人却只知道不停地谋划。因此，为人大智慧，须懂得"过犹不及""知止不败"的道理，当行则行，不被风光迷惑双眼，当止则止。

⊙ 大智若愚 ⊙

庄子说："知其愚者，非大愚也；知其惑者，非大惑也。"人只要知道自己的愚和惑，就不算是真愚真惑。是愚是惑，各人心里明白就足够了。圣贤将"装傻"上升到哲学的高度，其中的深意耐人寻味。

在一个小镇上，有一个傻孩子，人们常常捉弄他。其中最为乐此不疲的一个游戏是挑硬币，他们把一枚五分硬币和一枚一角硬币丢在孩子面前，他每次都会拿走那个五分的。于是大家哈哈大笑，感叹一番"真傻""傻得不可救药"。

一个女教师偶然看到了这一幕，心中非常难过，她为那些没有同情心的人感到可悲。她把孩子拉到一边，对他说："孩子，你难道不知道一角钱要比五分钱多吗？为什么要让人家嘲笑你呢？"

出乎意料的事发生了，孩子双眼闪出灵动的光芒，他笑着说："当然知道！可是如果我拿了那一角钱，以后就再也拿不到那许多的五分钱了。"

这个孩子正是那种貌似愚钝、内心清明的人，他的傻只是一种伪装，那些肤浅的人们在嘲笑他的同时，却扮演了被算计、被愚弄的角色。谁聪明谁傻，从表面上是看不出的，真正的聪明人往往不是光彩外露的。

在纷繁复杂、变幻莫测的世界上，那些智者不得不故意装憨卖傻，以一副糊涂表象示之于众人。然而也唯有如此，方称得上有“大智慧”，是“大聪明”。明朝时唐伯虎曾经被宁王请去做幕僚，但是唐伯虎很快发现，宁王图谋不轨，包藏犯上作乱的祸心，自己如果跟着他，后果不堪设想。怎么办呢？唐伯虎心生一记：装疯卖傻。于是他整日在街头上装疯，甚至赤裸狂奔，闹得满城风雨。宁王无奈，只好派人将其送回家乡。唐伯虎得以巧妙脱身，后来宁王兵败被俘，他没有受到牵连。

装傻是人际关系范畴的必不可少的技巧和艺术。装傻是一种人生大智慧。每个人都希望比别人显得更聪明。装傻可以满足这种心理。他会感觉自己很聪明，至少比你聪明一些。一旦他意识到这一点，他将再也不会怀疑你可能有更加重要的目的。

⊙说话要诚实，办事要公道⊙

人生在世，短短几十年，如果我们对自己的人生没有一把衡量对错的标尺，那是很危险的，我们可能会迷失在罪恶的万丈深渊中。我们做人要堂堂正正地做人；在办事情、处理问题时，也要站在公正的立场上，提出合理的解决方案。我们在对待任何事物都要遵循自己的原则，诚实待人，公正对物。

春秋时期，吴国有一个人叫季札，有一次君王派他出使鲁国，季札在出使的途中经过徐国，于是徐国国君设宴招待他。等大家都入席坐定之后，徐国国君言语之间，掩饰不住他对季札那一把宝剑的喜爱之情。季札心里就琢磨：“他喜欢我的这一把宝剑，出于两国的和平考虑，我也应该把它送给徐国国君。但是现在不行，因为我要出使鲁国，这个佩剑是必要的显示身份的礼仪，所以只能等办完事以后才可以送给他。”所以季札在心里记住了这件事。后来等他顺利出使鲁国，返回来经过徐国时，他就去特意去拜访徐国国君，想要把宝剑亲自送给他。

不巧，徐国国君那时已经去世了。季札知道以后，就前往他的坟前给他祭拜。祭拜完了，把宝剑挂在坟旁的树梢上，然后离开。他的仆从说：“主人，你没有必要这样做啊，因为你之前就没有亲口答应要把这把宝剑送给徐国国君。纵使你答应过他，他现在也已经死了，你遵守不遵守对他来说还有何意义呢？”季札回答说：“我的心里早就已经答应送给他了。怎么可以因为他去世而违背我的内心的承诺呢？”这就是历史上著名的“季札挂剑”的由来。

古代人的“信”不只在言语上，连一个念头也不能违背，因为他们不愿违背自己的良心。古代人的这种精神，正说明了古人做人的诚实，我们后人要好好地向他们学习才是。

包拯，字希仁，庐州合肥人。年少时，包拯就勤奋好学，“不为戏狎”；成年后，他十分注重名节礼仪，立志做一个有所作为和道德高尚的人。宋仁宗天圣五年，未到而立之年的包拯就中了进士甲科，从此开始了自己清正严明的为官之道。他为官二十多年，自始至终严于律己，以铁面无私，执法不避亲党著称，是北宋时期最有影响的一位大清官，赢得了后人的敬重。

生活在朝政腐败、贿赂成风时代的包拯，却为官清廉，不为浊世所污染，已经很是难得。包拯在做御史中丞时，曾连续弹劾了两位大臣——张方平和宋祁，他们在朝廷是很有影响力的人物。张方平在执掌大权期间，有一个开酒坊的刘姓富翁，因拖欠官府的粮食，折合一百多万钱，借贷无着的情况下，只有变卖家产来偿还债务。这时，张方平便利用职务之便，廉价收购了刘家的宅院，据为己有。这桩不光彩的事情被包拯知道后，上奏仁宗，罢免了他职务。张方平的继任者宋祁，生活习性散漫，名声不好，他终日游宴，生活异常奢靡。他代张方平出任三司使不久，就在包拯等直言纳谏官员的一片“弹劾”声中，被贬为郑州知州。

包拯为人，性情峭直，从不会做虚伪狡诈的勾当。他疾恶如仇，执法不避亲属，所有故旧、亲朋的一些请托，都被他一一拒绝。他更注重自身的廉洁，虽贵为朝廷重臣，“衣服、器用、饮食如布衣时”。他最痛恨贪赃枉法的之辈，曾作遗嘱道：“后世子孙中若有做官的犯了赃罪，生前不得让其进家门，死后也不许葬入包家的坟地。如不遵守我的遗训，就不能算我的子孙。”

包拯可谓大公无私的典范，我们后人至今还为他的所作所为而钦佩不已。

由古思今，一个人，一个企业要想在商场中立足，就必须懂得这两点：做人诚实，办事公道。曾经一个成功的企业家说过：“其实一个老板，不必要有太大的能耐，最要紧的是要厚道，然后你的员工就地道了。”

厚道与是一个道理，它是一个人做人的基本准则。一个企业有生命力，首先就要有明确的企业基本准则、企业的精神和文化，这与做人是一样的，企业能够诚实、公正对待自己的客户，那么就能建立雄厚的企业。企业的成长不是一个人就能支撑，需要领导和员工的共同努力。一个领导在企业中就如同一个领航掌舵的人，他的言行举止，一举一动都会影响员工的处事方式，有一个厚道、诚信、坚持原则的领导，那么长期的“近朱者赤”的熏染，员工也会变得厚道起来，企业也会受到社会的认可。

⊙饱谷穗头往下垂，瘪谷穗头朝天锥⊙

“饱谷穗头往下垂，瘪谷穗头朝天锥”常用来比喻有真才实学的人往往会谨慎谦恭，虚心好学，而无真才实学的人反而表现出自高自大，目中无人的姿态。

谦让而豁达的人们总能赢得更多的朋友。他们善于放下自己的架子，虔诚、恭敬地对待身边的每一个人。反之，那些妄自尊大、高看自己小看别人的人什么事都爱露一手，仿佛就自己行，对别人不屑一顾，总认为，在这个世界上，唯我最大，舍我其谁。因此，只要是涉及利益重新分配或调整时，都采取“当仁不让”的态度，因而什么都想沾，什么都想贪。这样刚开始可能会占到一些便宜，但最终只能是得不偿失。

被称为美国之父的富兰克林，年轻时曾去拜访一位德高望重的老前辈。那时他年轻气盛，挺胸抬头迈着大步，一进门，他的头就狠狠地撞在门框上，疼得他一边不住地用手揉搓一边看着比他的身子矮一大截的门。出来迎接他的前辈看到他这副样子，笑笑说：“很痛吧！可是，这将是你今天访问我的最大收获。一个人要想平安无事地活在世上，就必须时刻记住：该低头时就低头。这也是我要教你的事情。”富兰克林从这一准则中受益终生，后来，他功勋卓越，成为一代伟人。他在一次谈话中说：“这一启发帮了我的大忙。”

这个故事，何尝不是给了我们一大启发呢！为人应该谦逊、和蔼，这样别人才愿意亲近你，你做事才有基础；反之若恃才妄为、高傲自大，人皆远之，你就成了“孤家寡人”了。

职场老人都会给新人这样的忠告：“低调做人，高调做事”。事实上，很多人能够做到高调做事，真正做到低调做人的职场中人还是少数的。在职场上，一个有能力的职场者在工作中其实无时无刻不想着表现自己光鲜的一面，所以更多的时候他们会卖力地工作。但是一个合格的职场者会更懂得谦虚做人，这样才能够真正制胜于职场。

第九章

立身处世：信者行之基，行者人之本

——修炼自己，把握人生福祸之密钥

⊙ 前事不忘，后事之师 ⊙

自己经过的事，不要轻易将其抛诸脑后，忘记过去意味着背叛，无视以前的经验教训，必将在人生的道路上吃亏。“前事不忘，后事之师”。因为前面的成功与失败，个人也好，国家也好，是如何成功的，又是如何失败的，会告诉我们很多。

相传，在一片深山密林中，一座“仙人居”位于山巅。一日，一位年轻人风尘仆仆，从很远的地方来求见“仙人居”的圣人，想拜他为师，修得正果。年轻人进了深山，走啊走，走了很久，犯难了，路的前方有三条岔路通向不同的地方，年轻人不知道哪一条路能够通向山顶。

忽然，年轻人看见路旁有一个老人在小憩，于是走上前去，轻声唤醒老人，询问通向山顶的路。老人睡眼惺忪地嘟哝了一句“左边”，便又睡过去了。年轻人便从左边那条小路往山顶走去。走了很久，路突然消失在一片树林中，年轻人只好原路返回。回到三岔路口，老人家还在睡觉，年轻人又上前问路，老人家舒舒服服地伸了个懒腰，说了一句：“左边。”便又不理他了。年轻人转念一想，也许老人家是从下山角度来讲的“左边”。于是，他拣了右边那条路往山上走去。走啊走，走了很久，眼前的路又消失了，只剩一片树林。年轻人只好原路返回。

回到三岔路口，见老人家又睡过去了，他更是气不打一处来。他上前推了推老人家，把他叫醒，问道：“你一大把年纪了，何苦来骗我，左边的路我走了，右边的路我也走了，都不能通向山顶，到底哪条路可以去山顶？”老人家笑眯眯地回答："左边的路不通，右边的路不通，你说哪条路通呢？这么简单的问题还用问吗？"年轻人这才明白过来，应该走中间那条路。但他总想不明白老人家为什么总说"左边"。带着一肚子的疑惑，年轻人来到了"仙人居"。他虔诚地跪下磕头，圣人笑眯眯地看着他，原来圣人就是三岔路口的那位老人家。

这个故事简单却内涵丰富，以前经历的事情要作为现在行事的指南，以过去为镜子，照出成败得失，不能混混沌沌、糊糊涂涂地度过一生。

杜牧的《阿房宫赋》中"秦人不暇自哀，而后人哀之；后人哀之而不鉴之，亦使后人复哀后人也"，这一句便道出了"前事不忘，后事之师"的道理。古人云："以铜为鉴，可以正衣冠；以人为鉴，可以明得失；以史为鉴，可以知兴替。"以史为鉴，可以找到行事的准绳，看到过去的得失，规划未来的方向。

⊙人无远虑，必有近忧⊙

未来是不可预测的，而人也不是天天走好运的。就是因为这样，我们才要有危机意识，在心理上及实际作为上有所准备，好应付突如其来的变化。

无论目前自己的发展状况有多么稳定，都不能排除来自敌人的威胁。在敌人积聚实力的同时，我们自己不突破、不进步，势必会落在后面。我们所能做的是以发展来超越敌人的发展，以进步来超越敌人的进步，一刻也不能停息。

有一头野猪对着树干磨它的獠牙，一只狐狸见了，问它为什么不躺下休息享乐，而且现在也没看到猎人和猎狗！野猪回答说：等到猎人和猎狗出现时再来磨牙就来不及啦！

就像野猪所说的，时刻也不能放松，如果没有远见，看不到潜在的危险，那么，在你防备最松懈的时候，危险突然而至，你除了惊惶失措、束手就擒之外，还能有什么作为？

人如果时刻都有危机意识，不敢懈怠，那么便能生存；如果没有远虑，今朝有酒今朝醉，自我满足、自我陶醉，那么就有可能自取灭亡！

那么，个人应如何把“危机意识”落实到日常生活中呢？这可分成两方面来谈。

首先，应落实在心理上，也就是心理要随时有接受、迎接突发状况的准备，要有远虑，这是心理预防。心理有准备，到时便不会手足无措。

其次，在生活中、工作上和人际关系方面要有足够的认识和准备：人有旦夕祸福，如果有意外的灾难，我的日子怎么继续？要如何解决困难？世上没有天长地久的事，万一失业了，有何退路？有人取代了我现在的位置，我又该怎么办？

其实你要想的“万一”并不只这几样，所有的事你都要有“万一……怎么办”的“远虑”，并未雨绸缪，早做准备。尤其关乎前程与生存的事情，更应该有危机意识，随时把“万一”摆在心里。

心中常有远虑，就能发愤图强，与命运抗争，保持上进心。如果沉湎于安乐，则会消磨意志，麻木不仁，不思进取，停滞不前，直至陷入“近忧”，一筹莫展。

“吾日三省吾身”是一种难得的清醒；“一日无为，三日不安”是一种昂扬的精神。故步自封，因循守旧，得过且过，那将一事无成；同样，如果小富即安，小胜大醉，小利狂喜，那就必败无疑。我们要长久地立于不败之地，就必须时刻保持着危机意识。

有一句话，叫作“没有危机感就是最大的危机”。成功的花朵再美，也只属于过去的时光，前面有着更重的担子在等着我们，有着更曲折的征程在等着我们。我们务必清醒地对待这一点，一切从零开始，带着危机感站在新的起点上，继续奋勇前进。有了危机意识，我们才不会盲目乐观，陷入真正的“危机”。

⊙ 信誉重于泰山 ⊙

“狼来了”的故事相信大家都知道：放羊的孩子由于经常说谎，骗大家说狼来了，大家蜂拥而至去打狼，结果狼没有来，几次三番，让别人对他失去了信任。最后即使狼真的来了，也没人再相信他，结果放羊孩子被狼吃掉了。

人与人之间的交往，信誉是很重要的。如果一个人有信誉，那么别人就愿意跟他交往，在生意上也愿意与之合作，这是双方都有利的结果；如果一个人不讲诚信，那么别人也不愿意和他打交道，长此以往，可能一事无成。

一个南方人在北方做生意，他做人有原则，非常讲信誉。

他的事业现在做得很大，建造了好几个厂区，弟弟也在自己的帮助下，成就了一番事业，在他们家乡那个地方也小有名气。由于他很讲信誉，从不拖欠工人的钱，当地的人也很愿意到他的工厂里做工，由于工资给的高，也及时，老板性格也和气，工人都很爱戴他。

然而，天有不测风云。一年的腊月二十六，这位南方老板为了从北方赶回去给家乡的工人发工资，不顾恶劣的天气，在高速路上出了严重的车祸，一家老小六口人全部遇难。据他的弟弟回忆说，那天天气不好，就劝他说，晚几天再走吧，他却说：“我们再怎么也不能拖欠工人的工资，一年到头，就靠着打工赚这么点钱，也不富裕，过年了，肯定也指望这点钱置办年货，过个好年呢。我要是没回去，工资没发，那不是人家年过得也不高兴。”

弟弟听了这话，也没再阻拦，就嘱咐路上小心，结果竟发生如此悲剧。弟弟很是悲痛，在车祸现场几欲昏厥，但是他还是坚持着，把哥哥的遗愿做完，他回了南方的家，给那里的工人一一发完工资，才定下心来办丧事。

那天举行葬礼的仪式现场，前来吊唁的人络绎不绝，灵前跪倒了一片，哭声震天。那是工厂的工人在哀悼自己的老板。

这位南方的老板，人虽然走了，但他的信誉仍然会被大家认可，相信他的事业在弟弟的接手下还会做大，因为只要信誉还在，力量就还在。

在国学经典《论语》中关于信誉有这样讲述：

子贡问孔子治国之道，孔子说：“治国要义有三，足食，足兵，民信。”

子贡问：“如果不得已，要在这三者中去掉一个，那么先去哪一个呢？”

孔子答曰：“去兵。”

问：“再去掉一个呢？”

回答说“去食”，最后留下民信。

孔子说了句为政真谛：“民无信不立。”

孔子又曰：“人而无信，不知其可也。”

中国几千年的信誉文化成为人类生存的法则，祖祖辈辈的遗训，代代传承，推进了人类社会向文明发展。一个国家不讲信誉就不会有所发展，反而会造成社会动荡；一个人要是不讲信誉就不会有所作为，反而会变得孤立无援。

冯玉祥将军也说：“对人以诚信，人不欺我；对事以诚信，事无不成。诚信乃为人之本”。高尔基如是说：“走正直诚实的生活道路，定会有一个问心无愧的归宿。”富兰克林则认为：“失足，你可能马上又站起来；失信，你将永难挽回。”从上面这些至理名言中可见，信誉是何等的重要，我们在感叹当今社会信任出现危机，人人谨慎自保的同时，是否也应当反省一下自己，是否做到“一言既出，驷马难追”。

一个人可以失去财富、失去职业、失去机会，这些都可以再重来，但万万不可失去信誉，失去了，想要找回来是很难的一件事。做人只有诚实守信，才能赢得别人的信任和尊敬，事业才能做成功，言而无信只能自毁前程。无论在什么时候，遇到怎样的问题，也不能失了信誉。

要时刻牢记“信誉重于泰山”。

⊙ 与善人居，择善而从 ⊙

古希腊哲学家毕达哥拉斯说：“要使你的朋友不致成为仇人，而使你的仇人却成为你的朋友。”放开眼界，收起报复的心态，以一种大度宽容的方式对待周围的人，即便不能都使其成为朋友，也能避免其站到自己的对立面去。

哲人霍姆曾经说过：“为朋友死并不难，难在有一个值得为之而死的朋友。”人不能没有朋友，但是，芸芸众生选谁为友，需要慎重选择。一个拥有真正朋友的人，比亿万富翁更富有——即使再多的金钱也不能改变这一事实。

有一个发生在越南的故事：

几发迫击炮弹落在一所由传教士创办的孤儿院里。传教士和两名儿童当场被炸死，还有几名儿童受伤，其中有一个小姑娘，大约8岁。一名医生和护士带着救护用品赶到。经过查看，这个小姑娘的伤最严重，如果不立刻抢救，她就会因为休克和流血过多而死去。输血迫在眉睫，但得有一个与她血型相同的献血者。经过验血医生发现，几名未受伤的孤儿可以给她输血。

医生用掺和着英语的越南语，护士讲着相当于高中水平的法语，加上临时编出来的大量手势，竭力想让这些幼小而惊恐的听众知道，如果他们不能补足这个小姑娘失去的血，她一定会死去。他们询问是否有人愿意献血。一阵沉默做了回答。每个人都睁大了眼睛迷惑地望着他们。过了一会儿，一只小手缓慢而颤抖地举了起来，但忽然又放下了，然后又一次举起来。

“噢，谢谢你。”护士用法语说，“你叫什么名字？”“恒。”小男孩很快躺在草垫上。他的胳膊被酒精擦拭以后，一根针扎进他的血管。输血过程中，恒一动不动，一句话也不说。过了一会儿，他忽然抽泣了一下，全身颤抖，并迅速用一只手捂住了脸。“疼吗？恒？”医生问道。恒摇摇头，但一会儿，他又开始呜咽，并再一次试图用手掩盖他的痛苦。医生问他是否针刺痛了他，他又摇了摇头。

就在此刻，一名越南护士赶来援助。她看见小男孩痛苦的样子，用极快的越南语向他询问。听完他的回答，护士用轻柔的声音安慰他。顷刻之后，他停止了哭泣，用疑惑的目光看着那位越南护士。护士向他点点头，一种消除了顾虑与痛苦的释然表情立刻浮现在他的脸上。

越南护士轻声对医生说：“他以为自己就要死了，他误会了你们的意思。他认为你们让他把所有的鲜血都给那个小姑娘，以便让她活下来。”“但是他为什么愿意这样做呢？”医生问。这个越南护士转身问这个小男孩：“你为什么愿意这样做呢？”小男回答：“她是我的朋友。”

为朋友而牺牲，为友谊而奉献一切，除了感动，留给我们的只有思考：我们为朋友做了什么？很多时候，我们所需要的仅仅是一两句关心的话，朋友就知足了。当然，那话里包含着的是一颗真爱的心。真正的友情是我们宝贵的财富，为了友情，我们甚至可以放弃生命，这就是朋友的力量。

一个人结交什么样的朋友，对自己的思想、品德、情操、学识都会有很大的影响。俗话说：“近朱者赤，近墨者黑，近贤则聪，近愚则聩。”古人很重视对朋友的选择。孔子曰：“君子慎取友也。”也有人说：“匹夫不可以不慎取友。”品德高尚的人，历来受人推崇，也是人们愿意结交的对象。而品德低劣的人，常常被人鄙视，极少有人愿与之结交。这就告诫我们，选择朋友要选品德高尚、心胸宽广者。工作中更应如此。古人说：“与善人居，如入芝兰之室，久而不闻其香，即与之化矣。与不善人居，如入鲍鱼之肆，久而不闻其臭，亦与之化矣。”墨子有更形象的比喻，他把择友比作染丝：“染于苍则苍，染于黄则黄，所入者变，其色亦变。五入而已，而已为五色，故染不可不慎也。”也许你说自己“抗腐性”强，可为什么不“择善而从之”，反而自讨苦吃呢？与高尚的人在一起，你也会感染他的气质，何乐而不为呢？

古人的交友择友之道，我们可以借鉴，慎重择友，时刻牢记，多交朋友，但不可滥交。只有这样，在工作和生活中，才能多一些快乐，少一些烦恼。

朋友多了路好走，足见朋友的重要。但是有时候滥交朋友等于自找麻烦，滥交朋友容易交到损友，损友之于我们有百害而无一益，所以朋友可以广交而不可滥交。

另外，对待各类朋友都应该秉承着择贤人而交，然后以宽和的心去对待他们，方不失交友之道。

⊙ 饮水思源，缘木思本 ⊙

我们生而为人，不能忘本，更不能忘却自己何以生、何以乐、何以福。饮水思源，缘木思本是我们做人的根本和正道所在。

梁元帝曾派遣庾信出使北朝的西魏。在他42岁那年，西魏灭梁朝，而庾信也被扣留在长安（西魏都城），长达28年。虽然他在北朝官至大将军，但是庾信却很想回去，常常思念故国和家乡，南朝也曾几次向北朝讨要庾信，却都被拒绝。于是他在《征调曲》中写道：“落其实者思其树，饮其流者怀其源”。意指吃果子时不能忘了结果的果树，而喝水时要想想水的源头。如今，人们也常常用“饮水思源，缘木思本”来形容吃水不忘挖井人，怀念今日取得成功的根基，以表示不能忘本。

广州丰田公司的员工人人持有一张名片大小的彩色卡片，上面印着《广州丰田宪章》，上有“以人为本”的字眼。在“企业方针”里，也有“以人为本”的内容。不过，最让人感兴趣的是“企业精神”里那句具有中国传统的“感恩戴德，饮水思源”这句话，据说，这是广州丰田执行副总经理袁仲荣的一大主张。

袁仲荣表示，这八个字的含义非常深远。“作为一个刚入社会的人来说，他应该对他的父母、老师心怀感恩，进入社会以后，对同事、朋友，对培养自己的企业，也需要感恩戴德。每个人要时刻心怀感恩之心，在营造团队的时候大家就会更容易互相理解，可以互相换位思考，这样的话，就会创造一个和谐的环境气氛，对工作开展也是非常重要的。

“你知道招聘大学生的时候，我会问他们什么问题吗？我问，你是农村来的吗？他说，农村来的。我再问，你能讲讲你的父母吗？我认为，如果一个农村孩子连自己父母都羞于启齿的话，那么这个人的道德观就有问题，这样的人我根本不会让他进公司。

“我还会问他们，第一个月工资你打算怎么分配？如果是农村孩子有贷款助学金，我会问你打算怎么还？在这些方面，如果一个人可以显现出感恩戴德的情操，那么我相信他是一个可塑造的人才。

“当然，公司对员工也应怀有感恩之心，因为企业的发展是由每个员工来完成的，企业希望为员工都能提供美好的未来。为此，我们已做了许多提高员工技能和福利的事。我们公司非常尊重人性，例如，工作服不一定是夏天最好的服装，所以我们就统一置办了透气吸汗的T恤衫。”

正是因为懂得“饮水思源，缘木思本”，广州丰田才能在日益激烈的竞争中越走越稳。而在生活中，感恩之心更是我们每一个人不可或缺的阳光雨露。无论你是何等尊贵，或者多么卑微；无论你生活在何地何处，或是你有着怎样的生活经历，只要常怀感恩的心，就必然会不断地涌动着诸如温暖、自信、坚定、善良等这些美好的处世品格，而这一切又必将让我们拥有一个丰富而充实的生命。

⊙ 居上以仁，居下以智 ⊙

春秋战国时期，很多小国为了自保和壮大，在如何治国和如何与邻国交往方面颇下工夫。齐宣王就曾经为了邻国交往之道问过孟子：“交邻国有道乎？”即与邻国交往有什么好的策略吗？孟子回答说，当然有。“唯仁者能以大事小，是故汤事葛，文王事昆夷。惟智者为能以小事大，故大王事獯鬻，勾践事吴。以大事小者，乐天者也；以小事大者，畏天者也。乐天者，保天下；畏天者，保其国。”这里孟子提出了两个原则：一种是“以大事小”，这是仁者的风范，是顺应“天地万物”的乐天心理，不愿意去欺负弱小，这样可以使天下太平。另一种是“以小事大”，这是明智之举，顺从比自己强大的国家，则可以保护国家臣民的安全。这里的“天”在“天人合一”的哲学上，还包括了人事在内。人与人之间的和谐相处也要注意这一原则。就是说，在人之上要以人为人，在人之下要以己为人。

居上位时，一定要谦虚，切不可仗势欺人，人生总是盛极而衰的，一个人不可能永远风光无限，繁华过后总会凋零。对于真正悟透人生的仁者来说，谦卑才是应有的心态，而以恭敬心去尊重和对待每一个人，则是他们的特征。

在林肯的故居里，挂着他的两张画像，一张有胡子，一张没有胡子。在画像旁边贴着一张纸，上面歪歪扭扭地写着：

亲爱的先生：

我是一个11岁的小女孩，非常希望您能当选美国总统，因此请您不要见怪我给您这样一位伟人写这封信。

如果您有一个和我一样的女儿，就请您代我向她问好。要是您不能给我回信，就请她给我写吧。我有四个哥哥，他们中有两人已决定投您的票。如果您能把胡子留起来，我就能让另外两个哥哥也选您。您的脸太瘦了，如果留起胡子就会更好看。

所有女人都喜欢胡子，那时她们也会让她们的丈夫投您的票。这样，您一定会当选总统。

格雷西

1860年10月15日

在收到小格雷西的信后，林肯立即回了一封信。

我亲爱的小妹妹：

收到你15日的来信，非常高兴。我很难过，因为我没有女儿。我有三个儿子，一个17岁，一个9岁，一个7岁。我的家庭就是由他们和他们的妈妈组成的。关于胡子，我从来没有留过，如果我从现在起留胡子，你认为人们会不会觉得有点可笑？

忠实地祝愿你

林肯

第二年2月，当选的林肯在前往白宫就职途中，特地在小女孩的家乡小城韦斯特菲尔德车站停了下来。他对欢迎的人群说：“这里有我的一个小朋友，我的胡子就是为她留的。如果她在这儿，我要和她谈谈。她叫格雷西。”这时，小格雷西跑到林肯面前，林肯把她抱了起来，亲吻她的面颊。小格雷西高兴地抚摸他又浓又密的胡子。林肯对她笑着说：“你看，我让它为你长出来了。”

原来林肯的胡子是为一个小小的女孩子而留，而这个女孩子他一开始并不认识。有人说，林肯是为了拉两张选票所以才留起胡子的。其实对于一场大选，两张选票能起的作用很微小。即便换位思考，如果你接到类似的信，多数人还是会一笑了之，觉得一个11岁的孩子不值得重视。可是林肯不但重视了一个小女孩的来信，还认真地写了回信并真的蓄起了胡子。在人之上要以人为人，林肯做到了这点，这也许就是他让人们拥护和爱戴的原因。

生活中有不少人难忍一时之气，而与人起了正面冲突，“伤敌一千，自损八百”，最后两败俱伤。但是，仔细想来，这又何苦呢？牺牲是一时的，保全却是一世的。牺牲是爆发，保全是维持。牺牲是激情，保全是平淡。浓肥辛甘非真味，真味只是淡，淡淡地融化在生活中。保全也许也是一种牺牲，牺牲狂热，牺牲内心深处的原始冲动，只是用最小的牺牲来求得更多的平和与幸福。

所以，人生就是如此玄妙，人上人下间也存在为人处世的大智慧，需要好好琢磨，认真对待。

⊙少指责，多认错⊙

人都是有自尊的，很少有人不会主动去维护自己的意见和看法。因此，几乎没有谁在听见“你错了”三个字时，内心仍能非常平静。很多人会为来自他人的指责闷闷不乐，冲动的人更可能当即暴跳如雷，反唇相讥。我们常常肆无忌惮地指责别人的错误，却没有意识到这样做是会给别人的心中留下疤痕的。

在人际交往中，破坏力最强的莫过于这三个字：你错了。它通常不会造成任何好的效果，只会带来一场不快、一场争吵，甚至会使朋友变成对手，使情人变成怨偶。

没有多少人能够正视别人的批评，大人物不能，小人物更不能。

人性表现出来的是，做错事的人只会责怪别人，而不会责怪自己——我们都是如此。这不是度量的问题，而是人性的问题，只有极少数人能够克服人性的弱点而使度量大到能接受批评的程度。

因此，当我们想说“你错了”的时候，我们要明白，哪怕我们费尽口舌，他的想法仍然是：“我看不出我怎样做，才能跟我以前所做的有所不同。”无论他是否辩解，他都不会真正接受我们的批评。既然如此，我们还不如承认是“我错了”，也许对疏通关系和解决问题更有好处。

有一位著名的作家用主动认错的方式赢得了读者的尊重。

在长达二十年社会纪实体裁小说写作之后，作家尝试着变换风格，推出了一部侦破类新作，这让许多读者无法接受。一名愤怒的读者甚至写信给他，言辞非常激烈，指责他根本不该转型。其中很多语句有失偏颇，看得出这位读者对小说艺术的理解并不深入。但这位作家并没有恼羞成怒，而是非常认真地写了一封回信，在信中，他只字不提这位读者的不礼貌和认识上的浅薄，只是很诚恳地承认自己并不适合悬疑推理题材的写作，他很感谢读者的意见，希望以后能够经常互相交流看法。

我们可以想象，那名激动的读者看到回信后，一定会心生惭愧，为自己的粗鲁无礼，为作家的谦逊大度。在一个胸襟宽广、能够认识自己的错误、敢于向别人承认错误的人面前，任何问题都将迎刃而解，任何矛盾都将烟消云散。

事实正是如此，当我们说对方错了时，他的反应常让我们头疼，而当我们承认自己也许错了时，就绝不会有这样的麻烦。这样做，不但会避免所有的争执，而且可以使对方跟你一样的宽宏大度，承认他也可能弄错。

假如事情到了不得不说“你错了”的地步，你也应遵循一个原则，即对事情有好处又不伤害对方的自尊。

你应该尽量让对方明白你的好意。你指出对方的错误，到底是为了贬低他、抬高自己，还是为他好？他也许并不明白。所以，你要设法让他感到你的好意。此外，讲话时态度一定要谦和诚恳，用语不能激烈，否则对方就会以为你在教训他；也不必过于委婉，否则他会认为你惺惺作态。

此外，指出别人的错误时，要选择适当的场合和时机。原则上讲，要在对方情绪比较稳定时指出他的不足之处。人在情绪不正常时，可能什么也听不进去。最好避开第三者，以一对一的方式进行，以免让他产生当众出丑的感觉。在大庭广众下指出别人的错误，除了会为自己多树立一个敌人外，别无益处。

此外，我们也不妨试着了解犯错的当事人，试着理解他为什么会犯错。这比批评更有益处，也更有意义得多；而这也孕育了同情、容忍以及仁慈。

你应该尽量少说“你错了”，即使对方存在问题，也一定可以找到别的办法让他认识到这一点，想让别人同意你而放弃自己的观点，温和巧妙的言辞远比直来直去聪明得多，也有效得多。此外，教会自己承认“我错了”，这不仅仅是为了改变别人心中那个强词夺理的顽固分子印象，也是为了对自己负责。只有当你意识到自己错在哪里，你才有可能将其改正。

⊙ 水至清则无鱼，人至察则无徒 ⊙

有一个人自命清高，看不惯尘世，去找禅师诉苦，禅师告诉他："知道'水至清则无鱼'吗？美玉还暗藏瑕疵呢，有雅量、懂包容才是大器，君子亦如是。"

古人云："水至清则无鱼，人至察则无徒。"水太清了，鱼就无法生存；对别人要求太严了，自己就会没有伙伴。这正是古人眼中与人相处的"中道"。水清当然好，但太清的水，容不了任何微生物生存，也没有任何隐蔽，因此，鱼就无法存活。现实社会里，人能明察是非、分清善恶，当然好，但过分明察秋毫，对别人太过苛刻，就变成了对人求全责备的严苛挑剔，就不能容人了。

孔子曰："君子周而不比，小人比而不周。"周是指包罗万象，好比一个圆满的圆圈，各处都统一；比则是指经常将别人与自己做比较，容不得别人有与自己不同的地方。一个君子的为人处世，就应该平等地对待每一个人，全面看待，并以公正之心待人。如果都希望别人完全和自己一样，则容易流于偏私。比而不周，如果斤斤计较，只和自己友好的、符合自己要求的人做朋友，凡事都以"我"为中心、为标准，这是小人的作为，

事物的差异性决定了每个人都不可能是完全一样的，朋友亦是如此。更何况，人无完人，或多或少都会犯些错误。因而，我们对朋友的要求不能太过严苛，对于小的过失、缺陷，应该予以包容、谅解，并尽量欣赏、鼓励朋友，包容原谅他们的无心或情有可原的小过失，这才是应有的处世待人之道。相比之下，因为一点瑕疵就与朋友划清界限，则称不上是明智之举。

汉末魏初的名士管宁、华歆是从小到大的好朋友，少年结伴读书。一次，两人一同在园中锄菜，地上有块金子，管宁视而不见，继续挥锄，视非己之财与瓦砾无异，华歆却将金子拾起察看，仔细想过之后又将金子丢弃了。此举被管宁视为见利而动心，非君子之举。

还有一次，两人同席读书，外面路上有官员华丽的轿舆车马经过，前呼后拥十分热闹，管宁依旧同往常一样安心读书，华歆却忍不住将书本丢到一边，跑出去看了一下热闹。此举被管宁视为心慕官绅，亦非君子之举。于是，管宁毅然将两人同坐的席子割开，与华歆分坐，断了交情，说："你不再是我的朋友。"

华歆真如管宁认为的那样不是君子、不值得一交吗？事实并非如此。据

史书记载：

华歆自离开管宁后，便出仕为官，并且始终廉洁自奉。当初他受曹操征召将行，“宾客旧人送之者千余人，赠遗数百金”。华歆推辞不过，就暗暗在礼品上做上记号，事后一一送还。魏文帝时，华歆官拜相国，但他一直过着简朴的生活，得到的俸禄大多拿来接济穷苦的亲戚，以至于自己家一直很贫穷。

而且，两人绝交后，华歆并不因当初的难堪迁怒于管宁，而是多次向朝廷推荐管宁，鼓励管宁出仕，为社会出力，但管宁拒不接受。

从这一点上至少可以看出，华歆这个人是非常豁达、心胸宽广的。而管宁，虽然自比为君子，但显然，他只是一个不合格的、流于偏私的“君子”。

倘若我们像管宁一样不能容忍朋友的缺点，看到朋友有一点瑕疵，就否定他，那么估计也没有人愿意和我们成为要好的朋友了。幻想所有的人都和自己一样，或者幻想所有的人都那么完美，这只能是一厢情愿的想象。照此发展下去，我们就有可能因太过苛刻而流于偏私，从而失去真正值得结交的朋友。

交友如此，做人亦是如此。生活中，如果你以严苛、挑剔的眼光看待周围，那么你看到的将是一个不完美的世界，自己也很容易陷入其中。而如果我们善待周围的一切，以宽容、欣赏的眼光来看待这个世界，就会发现你生活的环境是多么的美好。

一位老禅师和一位老农坐在一个小城镇的道路旁下棋。一位陌生人骑马来到他们的身边，把马停下来，向他们问道：“师父，请问这里是什么镇？住在这里的居民属于哪种类型？我正想决定是否搬到这里居住。”

老禅师抬头望了一下这位陌生人，反问道：“你刚离开的那个小镇上住的人，是属于哪一类的人呢？”

陌生人回答说："住的都是些不三不四的人，素质十分低下，我住在那儿感到不愉快，因此打算搬到这儿来居住。"

老禅师说："施主，恐怕你搬到这里来住也会感到失望的，因为这个镇上的人与你离开的那个镇上的人完全一样。"

过了不久，又有另一位陌生人向老禅师打听同样的情况，老禅师又反问他同样的问题。这位陌生人回答说："啊，我以前居住的小镇上的人都十分友好，我的家人在那儿度过了一段美好的时光，但我正在寻找一个比我以前居住地方更有发展机会的城镇，因此我们搬出来了，尽管我们还很留恋以前的城镇。"

老禅师说道："年轻人，你很幸运，在这里居住的人都是跟你差不多的人，相信你会喜欢他们，他们也会喜欢你的。"

一旁的老农不明白，为什么同样的问题，老禅师给出了不同的答案，甚至是两个截然相反的答案。

老禅师告诉他："念由心生，如果你以欢喜之心待人，自然看万事万物都欢喜，如果你以悲苦之心待人，自然看万事万物都悲苦。"

正如故事中老禅师所说的，如果以欢喜、欣赏的眼光看待这个世界，我们看到的将是美好的风景；而如果以悲苦、挑剔的眼光来对待，我们看到的也将是不尽如人意的景象。

虽然每个人心目中所认为应该的，或我们对每个人所认为应该的，各有不同，但包含"应该"之念是一致的。换言之，我们大多数人常以理想的眼光来看待别人，来要求这个世界的变化。然而，我们却也由此对别人、对世界产生了失望之情。所以，对待世间的人和事，我们应抱有客观公正的态度，既能看到他人的优点，也能包容和理解他人的不足。

"水至清则无鱼，人至察则无徒。"不妨心存厚道，多以宽容之心待人，君子和而不同，这样我们在交友与交际上也能变得更加游刃有余。

⊙ 生活要"老成" ⊙

生活难免发生磕磕碰碰，理亏的一方只要态度诚恳地主动认错，赔着笑脸认个不是，承担相关的责任，有理的一方即使想动手打人，或者即使已经伸出了手，也会因为对方诚恳的态度而下不了手。无论是在生活还是工作中，与其他人产生矛盾、有冲突时，要保持冷静，多站在对方的角度去考虑问题，将心比心，这样就没有什么解决不了的问题。

20世纪60年代初，美国有一位非常有才华的人，他曾经做过大学的校长，成绩斐然。后来此人想要从政，于是去竞选美国中西部一个州的议会会员。此人精明能干，又很有资历，而且又博学多识、社交广泛。无论从哪个方面看，在当时的情况下此人都很有希望赢得那一次选举的胜利。

但是，就在那次选举进行到最紧要的时候，他的竞选对手散布了一个很小的谣言，说："就在三四年以前，在他竞选议员的那个州的首府举行的一次教育会议中，他跟一位年轻的女教师'保持着一种不正当的男女关系'。"其实这位候选人的很多朋友都知道这是一个弥天大谎，大家都依然相信这位候选人的为人。但是这位候选人对此事感到非常愤怒，认为自己受到了不公正对待。为了不让自己的名誉因此事受到影响，就尽力想要为自己辩解，试图证明自己是清白的。所以在以后的每一次竞选集会中他都要站起来极力澄清事实，一而再，再而三地提及此事，想以此来证明自己的清白。

其实，大部分的选民根本就没有听过这件事情，即使部分人听说了，也是抱着将信将疑的态度来看待。但是，因为当事人几乎在每个场合都会提及此事，在任何可能的机会都为自己努力去澄清。现在人们却愈来愈相信有那么一回事，真是愈抹愈黑。到了最后，选民们还反问："如果他真是无辜的，他为什么总是提起这个事情呢？为什么要百般为自己辩解呢？明明是心里有鬼。"这个事件就这样恶性循环，最后这位候选人变得更加气急败坏，更加不遗余力、声嘶力竭地在各种场合下为自己洗刷，谴责谣言的传播。然而，这样做的后果是更使人们对谣言信以为真。最后他竞选失败了，但更悲哀的是，竟然连他的妻子也开始转而相信这个谣言，夫妻关系也出现了问题。真是应了中国那句古话："赔了夫人又折兵"。

其实只要冷静思考一下，如果这位候选人能够保持头脑清醒，从竞选对手的角度和选民的角度多去思考一下这个问题，或许选择的处理方法就会大不一样，那么竞选结果也会截然不同。因为各种各样的原因，人们在工作中或者生活中有时会遇到一些人恶意的指控，甚至陷害，或者经常会遇到种种不如意。俗话说"人生不如意十之八九"，由此可见，这类事情本身就是生活的一部分。有的人能够从容应对，兵来将挡水来土掩，稳妥地解决种种冲突和不利局面。而有的人会因此大动肝火，结果却把事情搞得越来越糟。其实，遇到这种情况最重要的一条就是首先要保持头脑冷静，然后才是思考如何化解对自己不利的局面。

2008 年 5 月 12 日，四川汶川发生了 8 级地震，楼房相继倒塌，很多学生遇难。而一个名叫康洁的学生给人们留下了深刻的印象。地震发生时，康洁正和同学在六楼的一个教室上课，面对突如其来的地震，几乎所有的人都没有应对的经验。大部分孩子都不知所措，眼看教学楼就要倒塌。就在此时，康洁做出了一个惊人的举动，她选择了最危险的方式求生，从教学楼六楼飞身跳下。然而奇迹出现了，结果她只是受了一点轻伤。而且成功自救后，她还能返回楼内救助老师和其他同学。

那么是什么原因让康洁在危机时刻做出了这样的举动呢？从记者对她的采访我们知道，地震发生时她先是和其他同学一样钻到了桌子底下，但是经过稍许考虑后在教学楼就要倒塌的一刹那，她选择从教学楼的六楼纵身跳下。康洁对记者说："我想与其在教室里被白白砸死，还不如拿自己的性命拼一回。"在选择跳楼之后的几秒钟时间里，小姑娘又分析了两个方面的问题，一是她所在的教室有两边可以跳，一边是学校的操场，那里全都是水泥地。而另一边是农民的田地，都是一些松软的泥土。所以，康洁选择了从泥土地一侧跳下。第二个问题是落地时选择哪个部位最先触地才能将伤害降到最低。她的想法是手和头当然都不能先着地，只有努力让自己屁股着地。在康洁刚刚落地时教学楼也全塌了。最后，康洁居然只有腿部被划伤。

最让人恐惧的事情就是面对死亡时的抉择，而这个小姑娘面对死亡却没有恐慌，能够保持清醒的头脑，在几秒钟之内思考与逃生相关的三个重要问题，最终在地震中成功活了下来并且还从废墟中救出了几名同学和老师。

在人生的道路上，遇到问题时，一定要保持头脑清醒，多多思考问题的症结所在，这样才能把事情处理好。而不是遇事不经大脑地使用武力解决，靠拳头是不能解决问题，反而会使事情往更坏的方向发展。相对的，我们也会遇到这样一些人，他们爱使用极端手段处理问题，那么最好的办法也是要冷静，努力克制自己，用合理有效的手段去面对，反而使事情有了新的转机，俗话说"生活要'老成'"，也是这个道理。

⊙ 过头饭不吃，过头话不说 ⊙

在修建砖混结构楼房的时候，沿长度方向经常隔一定距离就会有一条断开的缝隙，这是故意设计上去的，叫作"伸缩缝"。是为了防止楼房"生长"的时候挤压变形。建楼如此，做事如此，为人也是如此，凡是不可做过头，说话也要留余地。

恶语伤人三冬寒，我们一定要善于控制自己，明白什么是应该说的，什么是不可以说的。永远别说不该说的话，否则只能是伤人伤己。

俗话说：蚊虫遭扇打，只为嘴伤人。许多人总是不加思考、滔滔不绝地讲话，很少考虑别人的感受和自己将面临的后果。有的人性情直爽，动不动就向别人倾吐苦水。虽然这样的交谈富有人情味，但他们没有想到并不是所有的人都能够严守秘密。直到这些不可与人言的隐私成为对头手中的把柄时，他们才会幡然醒悟，追悔莫及。有的人喜欢争论，一定要胜过别人才肯罢休。结果当时确实在口头上胜过了对方，但却深深损害了对方的“尊严”。对方可能从此记恨在心，后果不堪设想。有的人喜欢当众炫耀，陶醉在别人羡慕的眼光里。岂不知在得意忘形中，失去了人心……

所以，为人处世，需要讲究说话的艺术。

过头饭不吃，过头话不说，说话除了要给别人留余地之外，更要给自己留有余地。不要把话说得太满太死。毕竟谁也不知道以后会发生什么事，说话行事为自己留有余地就是为了避免自己将来下不了台。

因此，说话的时候一定要给自己留有余地，让自己可进可退。要知道，说话也好比在战场上一样，只有说出去的话要进可攻，退可守，才能够让自己既有了牢固的后方，出击对方又可及时地退回，从而让自己永远处于主动的地位。

要在谈话时给自己留余地，需注意以下几点：

第一，话不要说得太绝对

这个世界上没有绝对的事情，所以话也不要说得太绝对。尤其是对于一件我们自己都还没有完全弄清楚的事情，就更不要用那些绝对的字眼。因为太绝对的话往往不真实，而且容易让别人反感。你可以仔细想一想，在我们的周围，是不是有很多这样的人，他们总是特别自信，即便自己没有完全的把握，仍敢在他人面前很有把握地讲话，这样的人，是不是会让你从心底里反感？

老张和李庄是第一次见面，两人聊得还挺投机，聊着聊着便谈起了情理与法理的关系。老张说：“这是个智者见智，仁者见仁的问题，本没有定论的。”但李庄却说：“在这个社会，你必须讲法理，根本不能讲情理。按我的意思呀，在现在的社会，人心不古，跟人讲情理是没用的，必须要用法律来解决问题！”这本是闲聊，但是他的话过于绝对，引起了老张的反感，老张立即反唇相讥：“社会上不讲道德是不行的……”一场针锋相对的吵架就这样发生了。

与人交谈的时候，即便是我们绝对有把握的事，也不能把话说死，更不用说那些本就没有定论的事情，太绝对的东西总是容易引起他人的挑刺和反感，而如果对方有意挑刺，会让你自己陷入尴尬的境地。与其给别人一个挑刺的借口，不如把话说得委婉一点，给自己留一个更为广阔的空间与对方周旋。

第二，话要说得圆润

话好不好听，关键就在于圆不圆润，能把话说得八面玲珑，自然让别人听起来就舒服。尤其是当我们只是出于社交目的甚至是求人办事的目的跟他人谈话时，更要把话说圆润。如果话说得太直，就会激恼对方，最后，你得不到任何好处。说得圆润一点，一方面能给我们留下一定的回旋余地，另一方面，能让人产生好感。

一天中午，某家旅店的服务员犯了难，原来，她发现了前一晚已经结账的高小姐仍然住在客房，如果直接去问张小姐何时起程，就显得不礼貌，但如果不问，又怕高小姐赖账。于是大家商量决定让善于谈话的大李去和高小姐谈谈。

大李很快来到了高小姐的房门口，敲了门，等高小姐开门后说："您好！请问是高小姐吗？""是啊！您是谁？"张小姐问道。"我是公关部的，听我们经理说，您身体不太舒服，不知道现在好点了没有？"这就是大李的开场白。

大李的开场白让高小姐表情轻松了很多"谢谢您的关心，现在好多了。"

于是，大李趁热打铁："我听说您昨天已经结账，可今天没有走成。这几天的天气不好，是不是航班取消了？您看我们能为您做点什么吗？"大李这番话说得滴水不漏，高小姐于是回答道："非常感谢！昨晚结账是因为我的朋友今天要来，我不想账积得太多，就先结了一次，大夫说，我的病还需要观察一段时间。"

"高小姐您不要客气，有什么事只管吩咐好了。"说完，大李就回去了。

"那先谢谢了！有事我一定找你们。"

然后，高小姐就去结账去了。

大李去和高小姐的谈话，目的是要弄清楚，到底是走还是不走？如果不走，就要问清楚原因。但这个问题不好开口，说得不好就会得罪人，甚至还会得罪自己的上司。但是大李的话说就得非常圆润，先是寒暄一下，然后又问高小姐需要什么样的帮助，一副非常关心的表情，而让高小姐深受感动，在不知不觉中就弄明白了事情的原委。大李成功的秘诀就在于他的说话技巧十分高超，说得十分圆润，又达到了预期的目的，且没有让对方太过于难堪。

第三，说话不要信口开河，尤其是不能违背常理，违背了常理，谎言就不攻自破了

有两个推销员在火车上推销自己的袜子，其中一个推销员随手拿起一只袜子，拽着袜子的两端使劲拉，怎么拉袜子都没破，目的是为了向大家展示良好的韧性。然后他又随手拿起一根长长的针，在拉得绷直的袜子上来回划动，说："大家看看，怎么划都不会抽丝。"紧接着他又拿起打火机，在袜子下面轻快地晃动，火苗穿过袜子，但袜子却没有烧着。"大家看，这袜子根本不怕火烧。"

推销员的这番话这引起了大家的好奇心，大家都纷纷想试试这个袜子的神奇之处。于是，一位顾客有意拿起针，只划了一下就在袜子上划了一个洞，原来只有顺着纹理划才不易划破，并不是怎样都划不破。另一位顾客更要用打火机烧，急得推销员赶忙补充说："袜子并不是烧不着，我那样做只是证明它的透气性好。"最后大家终于明白怎么回事。袜子的质量的确很好，但明显没有推销员说的那么夸张。最后，还是没有多少人买袜子，因为推销员的夸大其词已经影响了顾客的消费情绪。

而第二位推销员就显得十分聪明了，他也是一边说一边演示，但他懂得话不能说满的技巧。

只见他一边拉扯袜子，一边用打火机穿过袜子的时候这样说道："任何事物都有它的科学性，袜子怎么会烧不着呢？我只是证明它的透气性好。当然它也并不是穿不破，但是韧性是没得挑的。"他的这番介绍就没有给一些人留下反驳他的空子。接下来，他一边给大家传看袜子，一边讲解促销的优惠价格。显然，比起前一位推销员，人们更愿意买他的袜子，因为他看上去更实在。

所以，说话不要太满，在考虑事情的时候，要有全力以赴的进取准备，也要注意给自己留条退路。这样，才能进可攻，退可守，消除了自己的后顾之忧。任何时候，给对方和自己都要留有余地，这样事情才不会陷入尴尬的境地。

不管是日常交流还是朋友之间开玩笑，都应该把握分寸。花不可开得太盛，盛极必衰；话也不可说得太过，过必有所失。把话说满了往往会掐断自己的退路，把话说过头了往往会招人反感。因此，任何时候都要记住"过头饭不吃，过头话不说"的俗话，给自己留些余地，才不会受"失言"之害。

⊙名誉是把双刃剑⊙

名誉是一座气魄恢宏的大厦，一砖一瓦来自你的日积月累，来自你的一言一行，必须足够小心谨慎，才不会让大厦中途倒塌。

关于名誉，莎士比亚这样说过："把名誉从我身上拿开，我的生命也就完了。""无瑕的名誉是世间最纯粹的珍宝。失去了名誉，人类不过是一些镀金的粪土、染色的泥块。"

名誉的裁定是一把寒光逼人的双刃剑。好的一面可以让美德濡养四方，让丑恶聚焦于众，然而名誉被错位或颠倒了，往往会让好人痛心、坏人得意，君子皱眉、小人欢心。

一个人被委屈和冤枉的时候一定是心灵最痛苦的时候，那种感觉就像什么东西被哽在喉咙里，吐又吐不出，咽又咽不下。尤其是对于那些已经取得过名誉的人，他们在大众的眼里的被监视性和被否定性尤为峻厉，所以他们大多处事谨小慎微、多做少说、处处赔笑。但是即便如此，人有时还是有很多被冤枉的尴尬。

用生命来保全清白的名誉，毕竟太过极端。但许多人为了名誉痛苦不堪，为了名誉挣扎得如此艰难，这都是事实。于是，有人说："名誉值几个钱？""走自己的路，让别人说去吧！"这种潇洒的人生态度，对于那些被名誉压得喘不过气的人们来说，确是一道良方。然而，放弃名誉这个世界就会美好吗？有责任感的人绝对不会认同。人与人之间的交往，没有彼此的名誉作为保证，还有什么意义？与名誉相联系的是彼此之间的"信任"和"重视"，放弃名誉，失去的东西会更多，整个人类社会大厦将失去基础，所有事情悬在空中，毫无安全感可言。

人过留名，如果你希望自己留下的是洁白芳香的美名，就应该像鸟儿爱惜自己的羽毛一样，爱惜你的名誉。

为了捍卫名誉，我们应该总是用高标准要求自己。心口如一，不说假话；表里如一，远离虚伪，让自己活得更轻松、更从容。为了捍卫名誉，我们应该锻造自己坚持原则和正义的力量，要坚持自己认为是正确的东西，敢于反对那些违背人性准则的东西；为了捍卫名誉，我们应该坚持不懈、一心一意地追求自己的目标，绝不能轻易动摇。每一个人的名誉都来之不易，追求名誉的过程本身就是一个自我实现、自我认证的过程。

"名誉虽然不是德行的真正原则和标准，但是它离德行的真正原则和标准是最近的。"我们不妨将这句话牢记于心，捍卫我们自己的名誉，就从现在开始。

⊙ 刻薄不赚钱，忠厚不蚀本 ⊙

在生意场上，难免因为一些见解、认识、处理方式不同而发生矛盾，出现这样或那样的失误或误差。即使这样，商家也不能摆出一副尖酸刻薄的嘴脸，与顾客发生争执。常言道："刻薄不赚钱，忠厚不折本。"遇事忠厚的人，往往是聪明的人，他们看问题总是把眼光放长远，不为眼前的小事儿放弃最基本的原则。真正聪明的商家总是化干戈为玉帛，吃一点小亏，赢得一个顾客，最终赚取良好的口碑，事业也就兴旺起来。

下面这个故事讲的就是做生意忠厚本分的重要性。

县城主街开着两家米店，一家叫"昌盛"，另一家叫"兴隆"。

"兴隆"米店的掌柜财大气粗，官场上也很有势力，在平日里就很不把"昌盛"放在眼里。每次米业的行会邀请各家老板聚会的时候，"兴隆"的掌柜总是会借机讥讽"昌盛"的老掌柜一番，每次"昌盛"的老掌柜都是笑笑回避了。

不仅如此，"兴隆"掌柜对自己店内的伙计也很刻薄，每天活很繁重不说，还时不时地受到掌柜的打骂。每月的月俸也被掌柜因为这事那事克扣得所剩无几，伙计们也是怨声载道的。到店内买米的顾客，掌柜也是爱理不理的。买得多了，陪个笑脸，买得少了，还嫌麻烦呢。就这样店内的生意渐渐衰败下去。

"昌盛"米店的老掌柜年事已高，就把店交给了精明的儿媳妇。儿媳妇眼看兵荒马乱，生意难做，于是就想出个多赚钱的办法。这一天，她把星秤师傅请到家里，避开众人后，对星秤师傅说："麻烦师傅给星一杆十五两半一斤的秤，我多加一串钱。"从前的秤十六两一斤，星秤师傅为了多得一串钱，就忘掉了自己行业的规矩，满口答应下来。

儿媳妇嘱咐完毕，留下星秤师傅一个人在院里星秤，自己去米店料理生意去了。米店老掌柜虽然已经不插手米店的经营，但是也暗地里帮衬着料理米店，毕竟儿媳妇再精明，还是年轻，遇事没什么经验。这两个月以来，儿媳妇的一举一动他都看在眼里，当然星秤这件事，老掌柜也知晓了。

儿媳妇离开之后，老掌柜沉思半天，走到院子里对星秤师傅说："我儿媳妇一介女流，想事欠稳妥，有时犯了糊涂，刚才一定是把话说错了。请师傅星一杆十六两半一斤的秤，我再送您两串钱。不过，千万不能让她知道。"星秤师傅为了再多得两串钱，于是就答应了。

一杆十六两半一斤的秤很快就制成了，星秤师傅也履行诺言，没把修改秤的事情告诉老掌柜的儿媳妇。当天儿媳妇就把新秤拿到米店使用了。一段时间后，"昌盛"米店的生意却意外兴旺起来，"兴隆"米店的老主顾也纷纷转到"昌盛"来买米。

又过了许久，整个县城的人都来"昌盛"买米，而斜对门的"兴隆"米店却是顾客稀少。

到了年末，"昌盛"米店发了大财，"兴隆"米店也没法开张了，于是把米店转让给了"昌盛"。年三十晚上，一家人围在一起吃年夜饭。

儿媳妇心里很得意，出了个题目让家人猜猜自己发财的关键所在。大家七嘴八舌地说，都没能说到点子上。儿媳妇这时，很神秘地笑着对大家说："你们说得都不对。咱们靠的是这杆秤！这杆秤是十五两半一斤，每卖一斤米，就省下半两米，日积月累，咱们米店就发财了。"

接着，她把年初多掏一串钱星十五两半一斤秤的经过讲给大家说了一遍。长辈、伙计们一听，都很惊讶，说她就是厉害，在这个年月还能多赚钱，还是有自己的一套生意经的，儿媳妇也很是自满，一遍一遍地敬老掌柜的酒，希望得到他的肯定。

老掌柜喝完杯中的酒，慢悠悠地从座位上慢慢站起来，对儿媳妇说："我有一件事要告诉你，你得仔细听着，咱们米店以后还得靠你上下打点，不懂得基本的生意经，太危险啊。"待儿媳妇点头后，他把年初多掏两串钱星十六两半一斤秤的经过讲给她讲了。老掌柜接着说："你说得也对，咱是靠秤发的财。我们的秤每斤多半两，顾客就知道我们米店做买卖忠厚，就愿到我们这来买米，生意自然就兴旺了。尽管每斤米少获了一点利，可卖得多了获利就大了，这就是'忠厚不折本'的道理。其实我们是靠忠厚发的财啊。"

儿媳妇呆住了，一句话也没说，慢慢地走进自己的房里。第二天吃过年初一的早饭，儿媳妇亲自跑到老掌柜的房内，诚恳地对他说："我错了，也明白了您的用心，以后买卖不管怎样，要忠厚本分。"从此之后，他们家的米店更加地红火了。

讲到这里，我们就会明白：做生意，讲究忠厚本分，才能成功。

世上有很多做生意成功的人士，就是都是一些性情温和、忠厚老实、本本分分的人。一个生意人过于刻薄，其实是非常有害的，既害人又害己。与顾客交易的过程中，这种人往往被视为不可信任的小人。顾客渐渐就会对他另眼相看，时间久了，生意就很难做下去。因为刻薄就毁了生意，还是很不划算的。所以，经商要忠厚，切不可尖酸刻薄。

第十章

言行智慧：一嘴莫生两舌头

——做了再说，说了就做

⊙ 会说的，不如会听的 ⊙

“会听”的耳朵比“会说”的嘴更受欢迎。与其滔滔不绝地谈论自己，倒不如静下心来，听听别人说什么。我们知道，人们往往对自己的事更感兴趣，对自己的问题更在乎，更喜欢自我表现。一旦有人专心倾听我们谈论自己时，我们就会感到自己被重视、被尊重、被理解。而如果对方没有耐心地听我们讲话，或者把我们的话当耳边风，随便敷衍，我们就不会有好的感觉。知道了这些，在以后的交流中就要耐心地听取别人的倾诉，让别人觉得你是一个值得信赖的人，是一个尊重别人的人。

连平是罗宾见到的最受欢迎的人士之一。他总能受到邀请，经常有人请他参加聚会、共进午餐、担任基瓦尼斯国际或扶轮国际的客座发言人、打高尔夫球或网球。

一天晚上，罗宾到一个朋友家参加一次小型社交活动。碰巧发现连平和一个漂亮女孩坐在一个角落里。出于好奇，罗宾远远地注意了一段时间。罗宾发现那位女孩一直在说，而连平好像一句话也没说。他只是有时笑一笑，点一点头，仅此而已。几小时后，他们起身，谢过男女主人，走了。

第二天，罗宾见到连平时禁不住问道：“昨天晚上我在斯旺森家看见你和最迷人的女孩在一起。她好像完全被你吸引住了。你怎么抓住她的注意力的？”

“很简单。”连平说，“斯旺森太太把苏珊介绍给我，我只对她说：‘你的皮肤晒得真漂亮，在冬季也这么漂亮，是怎么做的？你去哪呢？阿卡普尔科

还是夏威夷？'

'夏威夷。'她说，'夏威夷永远都风景如画。'

'你能把一切都告诉我吗？'我说。

'当然。'她回答。我们就找了个安静的角落，接下去的两个小时她一直在谈夏威夷。

今天早晨苏珊打电话给我，说她很喜欢我陪她。她说很想再见到我，因为我是最有意思的谈伴。但说实话，我整个晚上没说几句话。"

由此可见，在人际交往过程中，会倾听更受欢迎。威廉·詹姆士说过："人类本质里最深远的驱动力是希望具有重要性。人类本质中最殷切的需求是渴望得到他人的肯定。"因此，人际交往的一个极为重要的法则就是时时让别人感到重要。与倾诉相比，倾听就是给人一种肯定和重要的感觉。

倾听很重要，但现实生活中，许多年轻女性却不注意倾听，她们是人群中的活跃者，她们喜欢以自我为中心，在喋喋不休之中让自己占尽谈话的"风头"，而忽视了别人也有谈吐的欲望，别人也渴望交流，最终，在有意无意间，令人感到压抑和被忽视。她们伤害了别人，自己也得不到好人缘。所以，"会听"的耳朵比"会说"的嘴巴更重要，与其滔滔不绝地谈论自己，倒不如听别人如何说。

民间有一种很有意思的说法，说人们之所以喜欢拜观音菩萨，就是因为她只听不说。虽然是一个民间说法，却说明了倾听在社会交际中的重要性。同样，在西方也流行着这样一句谚语："上帝给我们两只耳朵，却只给了一张嘴巴，其用意是要我们少说多听。"

假如你是一个说话者，而你的交流者没耐心听你讲话，或者把你的话当耳边风，随便敷衍，你会有好的感觉吗？相反，如果对方相当重视你的谈话，你肯定更容易和对方交流。

卡耐基曾被邀请去参加一个桥牌集会。卡耐基不玩桥牌，在场的一位金发女郎也不玩。她发现卡耐基以前曾是罗维尔·托马斯进入无线电业之前的经理，也发现他在准备生动的旅行演讲的时候，曾在欧洲各处转过。因此她说："卡耐基先生，我请求你把所有你去过的那些美妙的地方，以及你所见过的那些美丽景色，全部告诉我。"

坐在沙发上，金发女郎说她和丈夫最近刚从非洲旅行回来。"非洲！"卡耐基惊叹，"多么有意思！我一直想看看非洲，但除了有一次在阿尔及利亚待了24小时以外，我从没去过。真的，我多羡慕你，请把非洲的情况告诉我"。45分钟很快就过去了。她一次也没有问卡耐基到过什么地方，看到什么。她不想听卡耐基谈论他自己的旅行，她所要的只是一个感兴趣的听众，她滔滔不绝地告诉卡耐基她到过的地方。

她与众不同吗？许多人都像她那样。我们应该聆听别人的理由至少有两个：第一，只有凭借聆听，你才能学习；其次，别人只对听他说话的人有反应。

可惜，我们大部分的人很少真正记得应用它。卡耐基说："最重要的是聆听，在你开口告诉别人你有多棒之前，你一定要先聆听。然后你才能开始认识别人，与别人交谈，千万别高人一等。多跟别人交谈，用心倾听，不要太快下决定。"简单地说，世界上任何人都喜欢别人听他说话，只有对听他说话的人，他才会有反应。聆听是表示尊重的一种最佳方式，表示我们看重他们。聆听他人，我们等于是在说："你的想法、行为与信念对我都很重要。"

倾听是对他人的一种尊重、一份理解、是心与心的交流，是情感与情感的互动。倾听是对他人最好的恭维，学会倾听，你才能将自己打造成为人生的智者。

在人与人的交往中，每个人都希望别人能听自己的话，这是人的一种心理欲求。如果一个人在交际中一直以自己为中心，滔滔不绝地谈论自己，就会让人感到乏味和厌倦。所以，西方人常说："与人交谈，犹如弹弦一般，当别人感到乏味时，便要把弦按住，使它停止振动、发声。"当你忍不住要夸夸其谈的时候，请多想想这样所带来的恶果吧。

话说多了，就会让人生厌，也容易"祸从口出"，这时，最好的办法是学会静心倾听。注意听，给人的印象是谦虚好学，专心稳重，诚实可靠；认真听，能减少不成熟的评论，避免不必要的误解；善于听，能让你拥有丰富的人脉资源。

⊙ 玩笑之时有分寸 ⊙

玩笑是把双刃剑，用得好可以调节我们的生活，一旦失去分寸，就会适得其反，弄巧成拙。

俗话说，凡事有度，适度则益，过度则损。人际交往中，开个得体的玩笑，可以松弛神经，活跃气氛，创造出一个适于交际的轻松愉快的氛围，因而诙谐的人常能受到人们的欢迎与喜爱。但是，开玩笑开得不好，则适得其反，伤害感情，因此开玩笑要掌握好分寸。

喜欢开玩笑的人一般都心怀善意，他们想做的有时只不过是要多给人增加一份快乐而已。但无论如何，玩笑也有伤人的可能，其界限是很难分的。开玩笑，必须随时记住这一点，即适可而止，否则一步走错弄巧成拙，便得不偿失。

一天，几个同事在办公室聊天，张宁刚配了一副眼镜，于是拿出来让大家看看她戴眼镜好看不好看。大家不愿扫她的兴都说很不错。这件事使胡威想起一个关于近视眼的老小姐的笑话。接着是一片哄笑声，孰料事后竟从未见到张宁戴过眼镜，而且碰到胡威再也不和他打招呼了。

其中的原因不难明白。说者无心，听者有意，在胡威来想不过是说起一则近视眼的笑话，然而，张宁则可能这样想："你取笑我戴眼镜不要紧，还影射我是个老小姐。我老吗？我才 26 岁！"

一句玩笑伤害了他人的心灵，让原本顺畅的人际关系出了问题，这岂不是得不偿失？有太多这样的例子告诉我们，不要为了一时口快乱开玩笑，有失分寸的玩笑一定会引来麻烦，我们应该引以为戒。

人生如若没有了玩笑的调剂，那一定活得太累太累。不过，开玩笑也是人生的一种智慧，一种艺术，一种境界，一种性情，并不是人人都能够游刃有余地使用这件利器的。不懂开玩笑的人是可悲的，而玩笑开过了火也同样是可悲的！

玩笑不宜随意挥霍，否则它就会从珠玉变为粪土；玩笑不是一个筐，不能什么都往里装。

人的脾气、性格、爱好不同，开玩笑要因人而异。开玩笑要注意长幼关系。长者对幼者开玩笑，要保持长者的庄重身份，使幼者不失对长者的尊敬；幼者对长者开玩笑，要以尊敬长者为前提。开玩笑要注意男女有别。男性对语言情境的承受能力较强，一般的玩笑不会导致男性的难堪；女性对语言情境的承受能力较弱，不得体的玩笑会使女性难堪，甚至"下不来台"。开玩笑还要注意亲疏的差异。一般情况下，与自己比较亲近、熟悉的人在一起开玩笑，即使重一点，也不会影响友好关系。但与自己比较陌生的人在一起，就不宜开玩笑，因为你对人家的个性、经历、情趣、隐私不了解，可能在开玩笑中冒犯了人家，引起反感，不利于今后的互相了解和友谊的发展。

开玩笑要因地而异。一般来讲，在庄严、肃穆的场合不能开玩笑，工作时间不能开玩笑，在公共场合和大庭广众之下，也尽量不要开玩笑。在非常时期，不能拿非常之事开玩笑，在公共传媒上开玩笑更是要慎之又慎。

开玩笑要讲究内容健康。拿别人的生理缺陷开玩笑，这是故意揭"伤疤"；捕风捉影，把小道消息当作笑料，这是不负责任的低级趣味；把玩笑下流化，将肉麻当有趣，这是寻求感官刺激。凡此种种，都应坚决避免。

总之，只有当你把握好开玩笑的分寸时，你才能够放心大胆地开玩笑，成为一个真正幽默的人。

⊙谣言止于智者⊙

在春秋战国时期，南子是卫国国君的宠妃，是个倾国倾城的美人，但是在外面的名声不太好。有一次，孔子去会见南子，子路很不高兴。他劈头盖脸地质问他的老师，一点也不给孔子面子。急得孔子赌咒发誓说："我要是做了什么伤天害理的事，那真是要天打五雷轰！"其实，子路听说孔子去见了南子，很着急也很生气的主要原因是担心老师的声誉被毁。但是，孔子并不这样认为，他说："子路啊，你不要人云亦云。难道你不知道人言可畏吗？别人说南子不好——是个天厌之的人，但是我见了她觉得她很好，并不是外面所传说的那样。"

在这里我们能够看到一个智者的修养：背后不胡乱说他人是非，而且让谣言止于智者。关于这一点，古今中外的思想家空前一致。

有这么一个故事，一个人急急忙忙地跑到苏格拉底那儿，对苏格拉底说道："我有个消息要告诉你……"

"等一等，"苏格拉底打断了他的话，"你要告诉我的消息，用3个筛子筛过了吗？"

"3个筛子？哪3个筛子？"那人不解地问。

"第一个筛子叫真实。你要告诉我的消息，确实是真的吗？"

"不知道，我是从街上听来的。"

"现在再用第二个筛子审查吧。"苏格拉底接着说，"你要告诉我的消息就算不是真实的，也应该是善意的吧。"

那人踌躇地回答："不，刚好相反……"

苏格拉底再次打断他的话："那么我们再用第三个筛子，请问，使你如此激动的消息很重要吗？"

"并不怎么重要。"那人不好意思地回答。

苏格拉底说："既然你要告诉我的事，既不真实，也非善意，更不重要，那么就请你别说了吧！这样的话，它就不会困扰你和我了。"

这就是智者的胸怀，让扰乱人心的谣言到我们这里戛然而止。否则以讹传讹，后果就不堪设想了。谣言的危害猛于虎，它不仅伤害到一个人的声望名誉，更有可能会使人以死正身。就如，在20世纪的旧上海，阮玲玉可以说是名噪一时的名角。但是这位才华卓绝的女演员却因为不堪忍受流言蜚语而自杀，在25岁的花样年华香消玉殒。她走得匆忙，也留给我们诸多揣测，难道她年轻生命的代价还不能让世人惊醒吗？

人在职场，总难免会遇到各色人等，也难免会遇到谣言，但是面对闲言碎语我们要有足够的理性，千万不能火上浇油，也不要轻易相信这些人云亦云的事物，要学习孔子这位千古圣人的理智。他用自身的言行给子路上了一课，也给我们众人上了一堂深刻的人生课。

谣言依附盲从者而生存，而止步于智慧者。

宋国有一个姓丁的人家，家里没有井，因此整天都要浪费至少一个人的劳力到别的地方挑水。

后来，姓丁的人家决心在后院打一口井，请许多人帮忙。他们下了很大工夫，花了许多钱，终于有自己的水井了！

有了这口井，姓丁的人家就觉得轻松多了，挑水浇园和饮用都不必到很远的地方去；入秋时，田里还大丰收。于是，他们家的人对邻居说："我家开了口井，等于得了个人！"

有人在一旁听到这话，非常惊讶，以为丁家真的从井中挖出一个大活人。于是，这人就把这消息当作新闻，见到人便说："姓丁的人家开井，从井里挖了个人！"人们听了，都感到很惊讶，于是一传十，十传百，百传千……一时间，全国各地的人都听说了。

这话传到宋国国王的耳朵里，国王并不相信，就叫人到丁家问这件事。

丁家的人见国王派人来查问，非常慌张。等明白了怎么回事，才松了一口气，对那人说："我们丁家开井只能得水，怎么会得人呢？所谓开井得一人，是说因为有了这口井，我们家就节约了一个劳动力啊！"

了解了事情的真相后，国王下令禁止传扬这件事。从此，才没有人再说丁家井中得人的奇事了。

将"一"说成"十"是很多人的本性。总有一些人，怀有各种各样的目的和心态，唯恐天下不乱，对于一件小小的事情都会肆意夸大，歪曲事实，并广泛传播。谣言就是依靠这群人而生存的。谣言止于智者，当真相大白于天下时，谣言自然不攻自破，传播谣言的人也会销声匿迹了。

那么，在信息化时代，它在方便了沟通、密切了联系的同时，也为一些不准确或错误信息的快速传播提供了条件，产生不良影响甚至是严重后果。谣言止于智者。我们每一个人，都有责任和义务，学会做一个面对谣言的智者。真正的智者不一定要博古通今，不一定要历经坎坷，但一定要内心强大，有着健康平和的心态；真正的智者，一定能以柔克刚，以静制动，不能随波逐流、人云亦云；真正的智者，要有明辨是非的能力；真正的智者，要有终止谣言的勇气，还原事实真相的勇气。只有这样，才能从根本上铲除谣言生长的土壤，合力营造一个清明的世界。

⊙嘴上得有个把门儿的⊙

言语谨慎对一个人立身、处世具有很重要的意义。祸从口出，就是说祸患常因为言语不慎而招致。处世戒多言，言多必失。

我们常说："言多必失。"意思是说：如果一个人总是滔滔不绝地讲话，说得多了，话里自然就会暴露出许多问题。特别是人多的场合，一不小心，一旦失言，你的话就可能伤害了某个人，这自然会给你招惹祸端。

在事业成功的过程中，一言一行都关系着个人的成就荣辱，所以言行不可不慎。不论什么时候，在公共场合，说话时一定要注意说话的分寸。没有考虑周到的话，最好少说。总而言之，是"嘴上得有个把门儿的"。

杨涛被推荐到一所公司就任部门经理。在过去的工作岗位，杨涛的工作得心应手，无论是业绩还是人际关系都非常理想。刚刚来到一个新的环境，他觉得有些不适应，上任几个月始终不能摆脱过去公司的"痕迹"，忍不住拿过去公司的种种好处同现在的公司做比较，尤其在公司会议上，他每次总要不停地谈到过去公司的状况，"我们过去如何如何"几乎成了他的口头禅。久而久之，他发现许多同事对他总是敬而远之，他花了许多心思也没能够改善自己被"冷藏"的状况，直到一个偶然的机会，他听到几个女同事在背后议论："那个人真虚伪，既然过去的公司那么好，干吗跳槽过来呢？"他这才醒悟过来，开始注意自己的言谈举止，可惜他已经给大多数人留下了恶劣印象，想在短时间内让大家接受他又谈何容易。

杨涛在跳槽后，还残留着对过去工作环境的"留恋"，尤其是遇到一些不太如意的事情，就"触景生情"。这本来无可厚非，但他错误地让这种负面情绪从自己的言谈中流露出来，一味地回顾过去，难免令人生厌。跳槽从某种意义上可以说是对过去企业的"背叛"，既然已经"移情别恋"，又何必藕断丝连、旧情难忘呢？过去不必留恋，今天才更重要。杨涛没有注意到这一点，结果给大家留下了一个虚伪的印象。

在生活中，总是少不了杨涛这样的人，他们不加思考，滔滔不绝地讲话，很少考虑别人的感受和自己将面临的后果。

“言多必失”的教训实在太多，所以，请告诉自己，不要再希冀用言辞来给别人留下深刻的印象。你说得越多，你所能控制的也就越少，说出愚蠢的话的可能性也就越大。所以，嘴上得有个把门儿的。

为了避免多说话招致祸患，要注意以下几点：一是要少说话，多听听他人的意见和主张，虚心向有才能的人学习，才能以人之长补己之短。二是说话要慎重，不要妄发言论，信口雌黄，让人觉得你不知天高地厚。三是讲话要注意时间、地点、场合和讲话的对象，不要不管三七二十一，炫耀自己在某一方面有学识、有见解，或是比别人知道的他人隐私多，乱发议论，这样会伤害别人的自尊心，也会影响人际交往。四是要注意讲话内容的选择，该讲的要讲，不该讲的不要到处乱讲。

⊙ 藏不住事，不成大事 ⊙

藏不住事的人很容易将自己的隐私泄露给他人，自己的隐私一旦被人知晓，很可能酿成不可估量的祸事。

给你的隐私加把锁，不要轻易向人敞开你的心灵之门，如果你不想给人留下浅薄的印象，就不要轻易地让别人将你看得通通透透。

我们每个人在自己的内心里，都有一片私人领域，在这里我们埋藏了许多只属于我们自己的“隐私”。

那是自己的秘密，只可留给自己，千万不要随便说出口，也许它会成为别人要挟你的把柄。到最后，追悔莫及。

马林因为不懂保护隐私，吃了大亏。他刚入职场时，怀着很单纯的想法，像大学时代对室友们无话不说一样，常将自己的一些经历及想法毫不设防地对同事讲。马林工作不久，就因出色的表现成为部门经理的热门人选。可他曾无意中告诉同事，他的父亲与董事长私交甚好。于是，大家对他的关注集中在他与董事长的私人关系上，而忽视了他的工作能力。最后，董事长为了显示“公平”，任命一个能力和他差不多的职员为部门经理。如果马林保护好自己的隐私，也许就能得到这个升职的机会。老板们都欣赏公私分明的员工，敬业不仅意味着勤奋工作，更意味着以大局为重，不把私事带到工作领域中来。

很多人都和马林一样，有一个共同的毛病：心里藏不住事儿，有一点点喜怒哀乐，就总想找个人谈谈；更有甚者，不分时间、对象、场合，见什么人都把心事往外吐。

其实这也没有什么不对，好的东西要与人分享，坏的东西当然不能让它沉积在心里。要说可以，但不能“随便”说，因为你的每个倾诉对象都是不一样的，说心里话的时候一定要有“心机”，该说则说，不该说千万别说。

之所以处理隐私要这么慎重，是因为隐私会泄露一个人的脆弱面，这脆弱面会让人改变对你的印象。虽然有的人欣赏你“人性”的一面，但有的人却会因此而下意识地看不起你，最糟糕的是脆弱面被别人掌握住，会形成他日争斗时你的致命伤。这一点不一定会发生，但你必须预防。

其次，有些隐私带有危险性与机密性，当你毫无顾忌地倾吐这些隐私时，很可能有一天会被人拿来当成对付你的武器，你是怎么吃亏的，恐怕连自己都不知道。

即使对好朋友也该有所保留，不可随便说出来，你要说的隐私还是要有所筛选。因为你目前的“好”朋友未必也是你未来的“好”朋友，这一点你必须了解。

一定要给你的隐私加把锁，无论是办公室、洗手间还是走廊，只要是在公司范围内，都不要谈论私生活；不要在同事面前表现出和上司超越一般上下级的关系；即使是私下里，也不要随便对同事谈论自己的过去和隐秘思想；如果和同事已成了朋友，不要常在其他同事面前表现太过亲密，对于涉及工作的问题，要公正，有独到的见解，不拉帮结派。有些人喜欢打听别人的隐私，对这种人要“有礼有节”，不想说时就礼貌而坚决地说“不”。千万不要把分享隐私当成打造亲密同事关系的途径。

我们不妨学着换位思考，站在别人的角度想一想，也许更能理解为什么有些话不该说，有些事不该让别人知道。全面地看待问题，会有助于你权衡什么该说，什么不该说。

保护隐私，一来是为了让自己不受伤害，二来也是为了更好地工作。不过，也没必要草木皆兵，若对一切问题都三缄其口，也很容易让人觉得你不近情理。有时，拿自己的缺点自嘲一把，或和大家一起开自己的无伤大雅的玩笑，会让人觉得你有气度、够亲切。

⊙ 出门观天色 ⊙

俗话说：“出门看天色，进门看脸色。”无论做什么事，对什么人，只有先察言观色一番，摸清对方的心思后，再付诸行动，才能做到得心应手，万无一失。

康熙到了晚年，忌讳人家说老。如果有谁说老，他轻则不高兴，重则要让对方触霉头。左右的臣子都知道他这个心思，一般情况下都尽量回避说老。

有一次，康熙率领一群皇妃去湖中垂钓。不一会儿，渔竿一动，他连忙举起钓竿，只见钩上有一只老鳖，心中好不喜欢。谁知刚刚拉出水面，只听“扑通”一声，鳖脱钩掉到水里又跑掉了。康熙长吁短叹，连叫可惜，在康熙身旁陪同的皇后见状连忙安慰说：“看样子这是只老鳖，老得没牙了，所以衔不住钩子了。”

话未落音，旁边另一个年轻的妃子忍不住笑起来，而且一边笑一边不住地拿眼睛看着康熙。康熙见了不由得龙颜大怒，他认为皇后是言者无心，而那妃子是笑者有意，是含沙射影，笑他没有牙齿，老而无用了。于是，他将那妃子打入冷宫，终生不得复出。

为什么皇后在说话时明显说到“老”字，康熙并没有怪罪她，而妃子只是笑了一笑，康熙却怪罪她呢？首先是康熙的忌讳心理，他不服老，忌讳别人说他老，一旦有人涉及这个话题，心理上就承受不了。其次，由于皇后与妃子同康熙的感情距离不同。皇后说的话，仔细推敲一下，有显义和隐义两个意义，显义是字面上的意义，因为康熙与皇后的感情距离较近，他产生的是积极联想，所以他只是从字面上去理解，知道皇后是一片好心的安慰。妃子虽然没有说话，只是笑了一笑，但在康熙看来，她是在皇后说的话的基础上故意引申，是把那只逃掉了的老鳖比做皇上，是对皇上的鄙视，因而是大不敬。

所以，同样的问题，同样的环境，由于不同人物的不同理解，便引出不同的结果来。正所谓“说者无心，听者有意”，实际上究其原因，还是那个妃子没有用心去观察别人脸色的缘故。

人常说：“不打勤的、不打赖的，专打不长眼的。”这话说得实在有道理。因为与人相处时，如果你在无意之中触犯了别人的忌讳，就会在无形之中得罪对方。所以，察人不可不用心，不能因人外表而错判其人，更不能不知人心就与之随意亲近，因为有些人就是利用人们的这个弱点来达到自己不可告人的目的的。因此，在生活中，我们要做一个有心人。

所以，在生活中，为人处事都要用心，学会察言观色、学会灵活做事。正如老人言：“出门观天色，进门看脸色”。

⊙ 会表达，易成功 ⊙

会说话，才能拥有好的口才。如果你在社交中能侃侃而谈，用词高雅恰当，言之有物，对问题见解深刻，反应敏捷，应答自如，能够简洁、准确、生动地表达自己的思想与情感，更能表现出其不同凡响的气质和风度，那么，这对于生活和工作都是大有裨益的。

2003年10月15日“神舟五号”升空飞行之后，中央电视台《东方时空》曾专门对杨利伟和他的领导进行采访，请他们回答“杨利伟怎样成为中国太空第一人”这一广受关注的问题。

被采访的航天局领导说了3个原因：一是杨利伟在5年多的集训期间，训练成绩一直名列前茅；二是杨利伟处理突发事件的能力特别强，在担任歼击机飞行员时，多次化解飞行险情；三是他的心理素质好，口头表达能力强，说话有条理、有分寸。凭借以上3个优势，杨利伟最终通过了1600人——300人——14人——3人——1人的淘汰考验。

第三点原因令收看此节目的观众感触颇深。节目中还介绍：在总结会上，杨利伟准备充分、积极发言，发言条理清晰，逻辑性强，再加上不慌不忙，故而给领导留下了深刻的印象。所以，当口头表达能力作为选择的一个重要条件时，天平就偏向了杨利伟。

从杨利伟身上，我们可以明白这么一点：出色的口才不但能帮你施展才华，赢得领导的赏识，更会让你的事业成功。

在职场中，工作能力差不多的两个人，语言表达能力不好的人升迁机会往往要比语言表达能力好的人少得多。有人说，干得好不如说得好，这句话虽然有些偏颇，但是在职场中，会做事再加上会表达，这样的人肯定能迅速受到领导的青睐和重用。

美国某研究所进行的一项专门调查显示，有80%以上的企业管理者经常发出这样的抱怨：员工语言表达能力每况愈下，这主要表现在两个方面——与同事沟通出现语言障碍，向领导汇报时表述不清。

另一个数据也同样说明了这个问题。有65%以上的员工因为语言能力问题而迟迟得不到升迁，有的员工即使因为业务能力强而暂时得到升迁，但继续升迁的困难很大，究其原因就是语言表达能力不过关。

在职场中，有很多下属不善于和领导沟通，甚至害怕和领导沟通。尽管领导对自己也算不错，尽管彼此并无矛盾，尽管也明白沟通很重要，但在工作中还是会不自觉地尽量避免与领导沟通，或者减少沟通的内容。这样的下属得不到领导的赏识就是自然而然的了。

俗话说：会说话能当钱花。意思就是说，如果一个人善于驾驭语言，便可以不用一分一毫，得到所需要的东西。会说话可以推销，可以升官发财，甚至可以不战而屈人之兵。

在战国时期，苏秦和张仪就凭着三寸不烂之舌，跻身于中国统一的推动者之列，还并列成为一言以兴邦，一言以丧邦的纵横派鼻祖。

同样，在三国时期，刘备被曹操大军穷追猛打，眼看就要全军覆没，打出白旗投降服输，诸葛亮单舟渡江，在东吴“舌战群儒”，不花一文钱获得了东吴这个强大的盟友，使刘备免于灭顶之灾；后来，诸葛亮又在阵前温文尔雅地说了一席话，气死了大司徒王朗，真可谓杀人不见血，把语言直接转化为战果，传为千古佳话。

由此可见，会说话是多么的重要。尤其是在现代社会，在这个信息时代，社交成为生活中的重要组成部分，与人合作的机会越来越多，交际越来越多，推销自我的口才也越来越重要。有口才就是会说话。口才是一门艺术，话说得得体，不仅能体现出自身修养，让别人舒舒服服地接受我们的意见，使人愿意接近我们，说话可以让我们了解出对方的意图，或从中得到启示，增加彼此间的了解，和对方建立良好的友谊。

"会说话"不仅能当钱花，还有比当钱花更多的好处。比如说，会说话能帮助你在竞争中，转败为胜。

有一个美国人图拉德，他听说阿根廷需要在国际市场购买2000万美元的丁烷气体，就想做这笔生意，但他的实力远不如竞争对手。这时，他得知阿根廷牛肉过剩，就以买2000万美元牛肉为条件，说服阿根廷政府把丁烷生意合同给他。接着，他飞往西班牙，找到一家因缺少订货而濒于关闭的造船厂，以定购一艘造价2000万美元的超级油轮为条件，说服他们购买他买下的阿根廷的2000万美元牛肉。然后他直奔费城太阳石油公司，以购买2000万美元的丁烷气体为条件，说服该公司租用他在西班牙建造的2000万美元的超级油轮。最终，图拉德凭借他的口才，做成了这单生意。

"会说话"还能助人把宏伟蓝图变成现实。早在十九世纪，梦想修建美国中央铁路的4名加州人，自行组建了太平洋铁路公司。为了实现这个宏伟蓝图，他们亲自出马向铁路沿线的州县政府游说，不仅列举大量发展铁路事业对促进地方经济繁荣的好处，还详尽说明了他们方案的可行性和可靠性，晓之以理，动之以利，终于从沿线政府筹到大量资金。就这样，他们没出一文钱，靠自己的三寸不烂之舌，借用地方政府的经济力量，建成了美国中央铁路，并赚取了巨额利润。他们被当作美国第一代创业者和美国铁路创建人载入史册。

总之，会说话，当钱花。拥有好的口才，能够帮我们解决一些大大小小的问题，对于我们的生活、工作都有很大的益处。

⊙留点余地⊙

人们常说"满饭不能吃，满话不能说"，饭吃太饱容易伤身伤胃，话说太饱，则容易伤人伤己。说话留点余地，给别人一个出路，为自己种一片花田。

一个人做错事情是在所难免的，由此而挨批评也是理所当然的。但任何一个谈话高手都知道，批评的话最好不超过三四句。会做工作的人，在对别人进行批评教育时，总是三言两语见好就收，不忘给对方一定的余地。有的人不懂这个道理，他们总是不肯善罢甘休，非把对方批得体无完肤不可，结果是过犹不及，往往把事情推到了反面。

某工厂一位李姓工人私自把仓库里的钢筋拿了一根回家，安在窗户上。这事让厂领导知道了。领导抓住这一点，把李某狠狠地批评了一通。当然，李某也认识到自己的确错了，很诚恳地向厂领导认错。这件事本该到此为止，但厂领导并没有善罢甘休，非让李某写下书面保证并公开在厂中认错不可。书面保证可以写，但公开认错就有点勉为其难了。这类事本来就不光彩，如果让厂里同事都知道了，李某觉得很难堪，思来想去，仍找不到下台的办法，于是便递交了辞呈。

一般来说，批评应该适可而止，特别是对方已经明确认错，而事情又没有大到不可收拾，便没有必要把对方置于死地，让对方无颜面示人，因为我们批评的目的是为了治病救人，是为了帮助别人。

批评别人要留有余地，自己说话承诺就更要留有余地。对于你没有十足把握的事情，不要把话说得太满，给自己留些余地和退路。逢人且说三分话，说话不说太满，把握不好会吃大亏的。说话最好留点余地，才不至于给自己带来麻烦。

有时在工作中很多人在对领导许下诺言时，是抱着一定要完成的决心的，但是总会有一些不确定的因素干扰着我们，导致我们的工作不能如期完成。当然这并不是为不能遵守承诺找借口，而是要告诫我们自己——不要把话说得太死，凡事要给自己留有余地。否则一旦出现什么差错，不但领导不满，自己也会觉得很难堪。

王军是一家报社的记者，这一天主编安排他去采访一个作家，这个作家是出了名的不接受采访，但是王军并不知道这件事，所以当领导问他能不能做到时，王军自信满满地说："没问题，三天搞定。"主编感到很高兴，以为王军有什么秘诀。

王军在接受任务之后才知道这个作家是不接受采访的，但是既然已经答应了就一定要去做，就这样4天过去了，他的采访完全没有进展，主编找到他时，他只好和主编说："对不起，这次采访比较困难，我没有采访到那位作家。"

听了王军的话，主编生气地说："办不了你当初就直说，这不是耽误事吗？"

从这以后主编再也不敢把重要的采访任务交给王军了。

在这里，王军又犯了话说得太满的禁忌。在与领导说话时，我们要吸取王军的教训，做到说话留有余地。

领导布置的任务，千万不要在不了解的情况下轻易承诺，因为一旦你在事后发现自己无法胜任时，会让领导对你的评价大打折扣，认定你是一个不负责任，不可靠的人。

即使是自己熟悉的工作也不要轻易地说保证没问题，而是应该用更谨慎的方式来表达自己的决心，告诉领导你会尽你最大的努力完成这项工作，或者说在没有意外的情况下一定准时完成，这样的说法会让领导明白，工作中是充满了变数的，所以工作被某些变数所干扰而导致工作不能如期完成的情况是存在着的。这样即使工作没有如期完成，领导也会正确地评估你的努力，进而肯定你的成绩。如果工作如期完成了，领导一定会喜出望外，他对你的评价也会随之增高。

如果领导布置给我们的工作，我们没有把握什么时候能够完成，因为制约它的因素很多，这时为了给自己留有余地，说话时一定要给工作加上限制，像是在“××前提之下”一样，这样一旦出现意外，我们能够解释工作拖延的原因。既给自己留有余地，又让领导觉得你是一个认真负责的人。另外，在与领导交谈时，要尽量选择温和的语言，不要用尖酸刻薄的话与其沟通。凡事多想多考虑，不把话说死，才能为自己留有回旋的余地。

领导作为一个特殊的职位，高高在上，我们说话要倍加小心，但是，对其他同事甚至下属，我们也同样不能掉以轻心，不可把话说满。

在工作中，一旦我们选择了不留余地的说话方式，相当于走上一条不能后退的路，这样的说话方式不但吃力不讨好，还容易得罪他人，使我们日后的工作很难进行。

人生不是游戏，不能重新启动，所以失败是不能重来的，而且社会是复杂多变的，并不是只有黑白两种颜色，这就需要我们在说话时谨慎对待。给他人留有余地，给自己留有余地，才是真正的处世之道。

第十一章

为人胸怀：造房要余地，做人要余情

——眼界决定境界，气度造就高度

⊙ 得放手时且放手，得饶人处且饶人 ⊙

在人际交往中，得理不饶人的现象普遍存在。有些人一旦觉得自己有道理，就会揪住别人的过失，穷追猛打，非逼对方竖起白旗不可。但是，即使对方真的竖起了白旗，恐怕心里也有了很多的怨气，而怨气多了，就会发泄，这样就容易冤冤相报。因此，生活中一些极具智慧的人，大多具有一颗包容的心，他们懂得得理也让人，不会因为自己有理就咄咄逼人，就把对方“赶尽杀绝”，逼向绝路。

贝尼托·华雷斯是墨西哥前总统，墨西哥著名的资产阶级革命家和杰出的民主主义者。他是个纯血统的印第安人，牧童出身，连续当了四任总统。微贱的出身和他建立的丰功伟绩，使他成为一个传奇人物。但是，华雷斯虽然身居高位，却没有以此来严格要求别人，他总是宽厚待人，在别人犯了错时，只要没有违背原则，他就不去计较，宽大处理。

一次，华雷斯到维拉克鲁斯视察。他被迎进了卡利州长的官邸。州长给总统安排了最好的房间，但华雷斯借口奥坎波的房间更接近浴室，恳求和他交换。在总统一再要求下，奥坎波让步了。第二天清晨，华雷斯走出房间到浴室去。没有水。他拍了几下手掌，来了一个名叫罗娜的女仆，她是个乡村妇女，已经不很年轻，还有点脾气。

“你要什么？”这个女仆问道。

“请打一点水来。”华雷斯说。

“你要乐意，就等着吧。好个爱干净的印第安人！我总得先招待总统吧！”

华雷斯什么话也没说，就回自己房间里去了。过了一刻钟左右，总统又请她打点水来。

“你要乐意就等着，我得先伺候华雷斯先生！真不像话！没见过你这么不识相的人！这么着急，您就自己动手嘛，水龙头就在那儿！”说着给他指点了庭院一角的一个盥洗处。

华雷斯没对发脾气的罗娜说什么话，自己走去打水漱洗。

到吃午饭的时候，这个女仆穿上了她最好的衣服，心情紧张地盼着见到总统，希望有机会荣幸地伺候他。

突然间，她看见那个不识相的印第安人穿一身黑色大礼服，在主人卡利陪同下，沿着走廊穿过大厅。

“那家伙也来了。”这个敦厚的女仆想道。

当女仆看见大家一直等那个印第安人坐到他的高背椅上之后才敢入座，她吓得面无人色，浑身哆嗦，不由得惊叫一声。大家转过身来瞧这尴尬的女仆，她哭得悲悲切切。华雷斯站起身来，亲切地拉着她的胳臂说：“别哭了，小姐。您不要担心，没有什么了不起的事嘛。如果您的工作是招待大家，那您就干去吧，因为这里每个人都应当尽自己的本分。”

身为总统，华雷斯完全可以苛责女仆，但他没有那样做，反而在女仆自责难过时给予了安慰，他的雅量，他的宽阔的心胸，无疑是值得我们每个人学习的。

生活中，每个人都有做错事的时候，面对别人的错误我们不能一味地去责备，更不能在公众场合揭他人伤疤，若这样就会伤害对方的自尊，也容易留下怨恨。你可换位思考，因为你自己也是个普通人，也会犯错误，在你犯错误的时候难道你不希望别人能够原谅你吗？

得饶人处且饶人，在你给别人留一条路的时候，你也是在给你自己铺一条路，如果把对方往绝路上逼，你的人生结局也不一定会如意。

⊙君子记恩不记仇⊙

俗话说：“君子记恩不记仇。”

有一次，一位作家与两位朋友阿尔和马修一同出外旅行。

三人行经一处山崖时，马修失足滑落，眼看就要丧命，机灵的阿尔拼命拉住他的衣襟，将他救起。

为了永远记住这一恩德，马修在附近的大石头上，用力刻下这样一行字：某年某月某日，阿尔救了马修一命。

于是三人继续前进，几日后来到一处河边。可能因为长途旅行疲劳的缘故，阿尔与马修为了一件小事吵起来了，阿尔一气之下打了马修一耳光。

马修被打得眼前直冒金星，然而他没有还手，而是一口气跑到了沙滩上，在沙滩上写下一行字：某年某月某日，阿尔打了马修一记耳光。

这以后，旅行很快结束了。回到家乡，作家怀着好奇心问马修："你为什么要把阿尔救你的事刻在石头上，而把他打你耳光的事写在沙滩上？"

马修平静地回答："我将永远感激并记住阿尔救过我的命，至于他打我的事，我想让它随着沙滩上字迹的消失而忘记。"

其实，每个人都应该这样，对于别人的恩典，要牢牢记在心里；对于别人的伤害，要轻轻抹去。

宽容就是记着别人对自己的恩典，忘掉别人对自己的伤害。用爱和感激来代替仇恨，化解积怨。

古人云："人之有德于我也，不可忘也；人有愧于我也，不可不忘也。"简言之就是别人对我们的帮助，千万不可忘了，反之，别人倘若有愧对我们的地方，应该乐于忘记。

乐于忘记是一种心理平衡。有一句名言叫作："生气是用别人的过错来惩罚自己。"老是"念念不忘"别人的"坏处"，实际上最受伤害的就是自己的心灵，搞得自己痛苦不堪，何必？这种人，轻则自我折磨，重则就可能导致疯狂的报复了。

乐于忘记是灵活做人的一个特征，既往不咎的人，才可甩掉沉重的包袱，大踏步地前进。人要有点"不念旧恶"的精神，在许多情况下，人们误以为"恶"的，又未必就真的是什么"恶"。退一步说，即使是"恶"，对方心存歉疚，诚惶诚恐，你不念旧恶，以礼相待，说不定也能改"恶"从善。

唐朝的李靖，曾任隋炀帝的郡丞，最早发现李渊有图谋天下之意，亲自向隋炀帝检举揭发。李渊灭隋后要手刃李靖，李世民反对报复，再三要求保全他性命。后来，李靖驰骋疆场，征战不疲，安邦定国，为唐朝立下赫赫战功。魏征曾鼓动太子建成杀掉李世民，李世民同样不计旧怨，量才重用，使魏征觉得"喜逢知己之主，竭其力用"，也为唐王朝立下了丰功。

宋代的王安石对苏东坡的态度，应当说，也是有那么一点"恶"行的。他当宰相那阵子，因为苏东坡与他政见不同，便借故将苏东坡降职减薪，贬官到了黄州，搞得他好不凄惨。然而，苏东坡胸怀大度，他根本不把这事放在心上，更不念旧恶。王安石从宰相位子上垮台后，两人关系反倒好了起来。他不断写信给隐居金陵的王安石，或共叙友情，互相勉励，或讨论学问，十分投机。

相传唐朝宰相陆贽，有职有权时，曾偏听偏信，认为太常博士李吉甫结伙营私，便把他贬到明州做长史。不久，陆贽被罢相，贬到明州附近的忠州当别驾。后任的宰相明知李、陆有点私怨，便玩弄权术，特意提拔李吉甫为忠州刺史，让他去当陆贽的顶头上司，意在借刀杀人。不想李吉甫不计旧怨，而且上任伊始，便特意与陆贽饮酒同欢，使那位现任宰相借刀杀人之阴谋成了泡影。对此，陆贽深受感动，便积极出点子，协助李吉甫把忠州治理得一天比一天好。李吉甫不图报复，宽待了别人，也帮助了自己。

看了这么多脍炙人口的故事，我们也能感受到，古时官场的险恶，可政敌之间也能常常不计前嫌"化干戈为玉帛"，这种交友用人的态度是值得学习的。以古为镜，可以立德修身。在今日的我们看来，要从中领悟到的是做人要有胸怀，跟人结交关系不能太记旧恶，谁没有过错呢？最难得的不就是将心比心吗？当我们有对不起别人的地方时，不也是很渴望得到对方的谅解吗？

只有宽容才能化解世间的仇恨，只有宽容才是慰藉心灵的良药。不仅如此，宽容还是一种智慧。宽容和气度，不是天生的，而是高度的智慧和高度的自我克制。古语说："宰相肚里可撑船。"因为只有胸襟开阔眼光锐利的人，才有运用智慧的能力。能宽容别人的人，不只是给别人一次机会，同时也是给自己一次机会——收获快乐的机会。

心中充满怨怼的人，会感觉整个世界都是与他对立的，必定无法快乐，而如果以宽容面对时，这种对立感自然便会消失，取而代之的是友好与快乐，甚至还可能更多。

⊙ 将欲取之必先予之 ⊙

永远不要吝惜对别人的帮助，在帮助别人的同时，你也正是在帮助你自己，你将从中不断收获幸福和快乐。

有一位哲人这样说过，帮助自己的唯一方法，就是去帮助别人。

有一个盲人，在夜晚走路时手里总是提着一个明亮的灯笼。

别人见了觉得非常奇怪，问他："你自己根本看不见，为什么还要打着灯笼走路呢？"

盲人回答道："这个道理很简单，这个灯笼当然不是为了给我自己照路，而是为别人提供光明，帮助别人看清道路。也只有这样，别人才能看见我，不会撞到我身上，我的安全才有保证。"

当盲人无私地为他人着想、方便他人时，恰恰帮助了自己，给自己带来了方便。如果每一个人都能够像盲人这样学会帮助别人、关心别人，我们这个世界一定会变得更加美好。

帮助别人就是帮助自己，有时，仅仅只是举手之劳，却解决了人家的大麻烦、大问题，我们又何乐而不为呢？即使帮助别人需要耗费自己大量的精力、体力，耽误自己的时间，也是值得的，付出一定会有回报，你为他人所做的一切将为你赢得尊重、感激、信任等弥足珍贵的感情。

人与人之间的交往实质是一种平等互惠的关系，也就是说，你怎样对别人，别人就会怎样对你。你帮助我，我就会帮助你，正所谓"投之以桃，报之以李"，一个人只有大方而热情地帮助和关怀他人，他人才会给你帮助。所以你要想得到别人的帮助，你自己首先必须帮助别人。

当然，帮助别人还能给自己带来精神上的欢愉和满足，能够有余力让他人从困境中解脱出来，这本身就是一件值得自豪的事。我们应该时时伸出热情的手，时时帮助和关怀别人，因为我们的帮助，不仅能助人一臂之力，而且能给对方带来力量和信心，使他们有更大的勇气去战胜困难。

特别是当一个人遇到挫折、处于逆境之中时，如果我们能热情相助，那将犹如雪中送炭，别人也定会有"滴水之恩，当涌泉相报"的感激。"危难中见真情"，很多人在受到别人真诚的帮助后，总能以更真诚的感激报答别人。

在这个世界上，个人的力量总是单薄的，一个人无力去解决生活中的所有问题，没有谁能够离开别人的帮助而孤立地活着。为人处世，不能仅从"一己"考虑，只有多为别人着想，人们才会给你以友善的回报。

事实上，我们总想从别人那里获取更多的东西，自己却吝啬哪怕一点点的付出。其实，你只要主动去关照、帮助一下别人，你眼前的世界也许就会因此而改变。

在帮助了他人之后，你就会发现，最快乐的是你自己，并且，你从中还会增强自己处理问题的能力；在帮助别人的同时，你会收获一种十分难得的强者的感觉，正是这种感觉激励着我们奋发图强、走向成功。

⊙ 清者自清，浊者自浊 ⊙

语言沟通是人与人最基本的相处方式之一。然而，说来说去，难免有失真之语。诽谤就是失真言语中的一种攻击性很强的恶意伤害行为。俗语云："明枪易躲，暗箭难防。"也许，在很多时候，诽谤与流言并非我们所能够制止的，甚至是有人群的地方就有流言。那么，在生活中我们对待流言的态度就显得十分重要，正如美国前总统林肯所说："如果证明我是对的，那么人家怎么说我都无关紧要；如果证明我是错的，那么即使花十倍的力气来说我是对的，也没有什么用。"

当流言蜚语已经出现，一味地争辩往往会适得其反，让人觉得你在欲盖弥彰，有句话叫作"解释便是掩饰"，这话不是没有道理。沉默是金。的确，很多时候我们越是急于表现自己，就越是起到相反的效果。误会发生了，即使你再虔诚地解释，对方也未必听得进去。所以对付诽谤最好的方法便是保持沉默，让清者自清而浊者自浊，此乃最明智的选择。

《新唐书》中有一则武则天与狄仁杰的故事：武则天称帝后，任命狄仁杰为宰相。有一天，武则天问狄仁杰："你以前任职于汝南，有极佳的表现，也深受百姓欢迎。但却有一些人总是诽谤诬陷你，你想知道详情吗？"狄仁杰立即告罪道："陛下如认为那些诽谤诬陷是我的过失，我当恭听改之；若陛下认为并非我的过失，那是臣之大幸。至于到底是谁在诽谤诬陷，如何诽谤，我都不想知道。"武则天闻之大喜，推崇狄仁杰为仁师长。

俗话说："流言止于智者。"真正有智慧的人是不会被流言中伤的。因为他们懂得用沉默来对待那些毫无意义的流言诽谤。鲁迅先生曾经说过："沉默是最好的反抗。这种无言的回敬可使对方自知理屈，自觉无趣，获得比强词辩解更佳的效果。"在面对无聊的人的谣言攻击时，唯一的态度就是不辩。无视对方，就是给对方最好的反击。

老人言："浊者自浊，清者自清。"用不着过多的解释，也没必要整天为着别人说过的话而给自己平增烦恼。心如止水来应对诽谤，令其被时间洗礼，荡涤掉表面的伪装，诽谤自然不攻自破。面对生活中的种种误解与猜疑，就让我们做"流言止于智者"中的智者，宽容豁达地面对一切风风雨雨，我们的人生必定是另一种局面。

⊙ 人不在大，要有本事；山不在高，要有景致 ⊙

刘禹锡曾在《陋室铭》中写道："山不在高，有仙则名。水不在深，有龙则灵。"说的意思是，一座山，出不出名，不在于其是否高大，一条河出不出名不在于其是否够深，如果山里有仙，不高也会闻名，如果水里有龙，不深照样为人所知。而作为人也一样，就像刘禹锡在后面说的"斯是陋室，惟吾德馨"。他居住的虽然是一座简陋的小房子，但是由于他的品性高尚，一样可以让这座房子闻名。

其实，这不仅是刘禹锡个人的看法，许多人也早就总结出了这个道理。有句老话是这样说的："人不在小，要有本事，山不在高，要有景致。"说的也是这个道理。而且，古往今来，也确实有无数的人在用自己的实际情况证明着这个道理。

翻开史书，我们能看到很多这样的事情，一些看起来不起眼的人，却取得了很大的成就，这其中，有一个典型，就是晏子。

晏子是春秋时齐国人，历任齐灵公、齐庄公、齐景公三朝的卿相，辅政时间长达50余年，是一名出色的政治家和外交家。晏子逝世后，孔子称赞他说："救民百姓而不夸，行补三君而不有，晏子果君子也！"可谓是对他非常高的肯定了。

晏子虽然有大才，但是外形上并不出众，甚至可以说有些拿不出手，他个子很矮，长得也不好看。在那个人们经常以貌取人的年代里，自然会受到很多轻视，不过，晏子总能用自己的智慧来化解这些不快。

一次，晏子将要出使楚国。楚王听到了这个消息后，对手下说："我早就听说晏婴是齐国的善于言辞的人，可最近一打听竟然是个矮个子，那肯定就没有什么能耐了，看来传言也未必可信。如今，他就要来了，我想要侮辱他，你们说，用什么办法好呢？"楚王手下们马上回答说："大王，等他来时，我们绑一个人从大王面前走过。此时，您就问我们：'绑着的是什么人？'我们回答您'他是齐国人'，然后大王再问'犯了什么罪'，我们回答'犯了偷窃罪'。然后您说'哦？齐国人都好偷盗吗'，不就侮辱了他吗？"

没过几天，晏子就来到了楚国，楚王表示欢迎之后，请晏子喝酒，就在酒喝得正高兴的时候，两个小官吏绑着一个人从众人面前走过。楚王见状，问道："绑着的是什么人啊？"小吏说："大王，这是一个齐国人，犯了偷窃罪，我们押他去受刑。"楚王听了后，摆了摆手，让他们走了，然后看着晏子问道："先生，你们齐国人很善于偷东西吗？"晏子听了楚王的话，离开了坐席，恭敬地回答道："大王，我听过这样一件事：橘生长在淮河以南结出来的就是橘子，生长在淮河以北接出来的就变成了枳，两者形状相似，味道却截然不同。橘子甘甜，枳则奇苦。老农说，之所以有这样的差别，是因为水土不同。如今，这个人在齐国的时候不偷东西，一到了楚国就偷东西，莫非楚国的水土能让百姓喜欢偷窃吗？"

楚王听了晏子的话后，很尴尬，苦笑着说："圣人不是能随便开玩笑的，那是自讨没趣。"从那以后，楚王再也不以貌取人了。

相信很多人都看过这个故事，我们看故事的时候，都会为晏子的机智拍手称快，觉得痛快淋漓，而对楚王，则会觉得他是罪有应得，就该被羞辱。

记住那句话，"人不在大，要有本事，山不在高，要有景致"。

而同时，我们也要从另一方面认识到，真正能够让我们不同于众人的，是能力，是智慧，而不是外貌。因此，我们在改变自己的时候也应该是注重自己的修养而不是注重外貌。不要因为自己的某些外在的东西不如别人就对自己丧失信心，而是应该奋起努力，从内在上充实自己，最后取得成功。

加拿大第一位连任两届总理的让·克雷蒂安小的时候说话口吃，讲话时嘴巴总是向一边歪。

为此，克雷蒂安很伤心，一点也没有自信。后来，妈妈听人说说话的时候嘴里含上一粒石子，可以纠正口吃的毛病，就决定让小克雷蒂安试试。于是，小克雷蒂安就开始了艰苦的训练。

时间长了，克雷蒂安有点懈怠，不想再练了。妈妈看出了他的抵制情绪，跟他说："每一只漂亮的蝴蝶，都是冲破束缚它的茧之后才变成的。如果你能够克服困难，也可以成为一只漂亮的蝴蝶。"

那以后，小克雷蒂安更加认真了。终于，功夫不负有心人，经过长久的磨炼，克雷蒂安能够流利地讲话了。而且，也对自己有了信心。最后，他参加了全国总理大选，并一举夺得总理的位置。在竞争演说中，他曾诚恳地对选民说："我要通过刻苦努力，带领国家和人民成为一只美丽的蝴蝶。"后来，他成功了，为祖国做了很多贡献，加拿大人民亲切地称为"蝴蝶总理"。

我们要学习的就是克雷蒂安的这种精神，不要因为自己暂时的失意，或是外在条件的不足而对自己失去信心，记住，只要肯努力，就一定能够成功。

我想，看到这里大家已经明白了。外表，或者说外在，并不能证明一个人的真正实力，于己如此，于人亦然。我们不要因为别人外在的不如意而去嘲笑他，也不要因为自己外在的不如意而灰心。看人要看内在，做人一样要做内在。如果你做到了这些，于人来说，你必将是个受欢迎，受尊重的人；于己来说，也肯定能够实现自己的人生价值，做到不虚此生。

请牢牢记住这句话吧："人不在大，要有本事，山不在高，要有景致。"

⊙ 多一些宽容，少一些隔膜 ⊙

雨果曾经这样告诉我们："世界上最宽阔的是海洋，比海洋更宽阔的是天空，比天空更宽阔的是人的心灵。"懂得宽容，才不会对自私、虚伪、嫉妒、狂傲感到失望，才会用宏大的气量去感受相逢一笑泯恩仇的快乐。人生是个多彩的舞台。它不断上演着形形色色的人情冷暖、世态炎凉，而现实生活中人们必须能够承受这一切。这时，请不要忘记世间有两个字可使你和他人的生活多姿多彩：宽容。你对待别人宽容，那么即使再大的仇恨也会随之减少，取而代之喜乐就多了，这样的人生才会充满希望。

颜回是孔子的一个得意门生。有一次，颜回看到一个买布的人和卖布的在吵架，买布的大声说："三八二十三，你为什么收我二十四个钱！"颜回上前劝架，说："是三八二十四，你算错了，别吵了。"那人指着颜回的鼻子："你算老几？我就听孔夫子的，咱们找他评理去。"颜回问："如果你错了

怎么办？”答：“我把脑袋给你。你错了怎么办？”颜回答：“我把帽子输给你。”两人找到了孔子。孔子问明情况，对颜回笑笑说：“三八就是二十三嘛，颜回，你输了，把帽子给人家吧。”颜回心想，老师一定是老糊涂了，只好把帽子摘下，那人拿了帽子高兴地走了。后来孔子告诉颜回：“说你输了，只是输一顶帽子；说他输了，那可是一条人命啊！你说是帽子重要还是人命重要？”颜回恍然大悟，扑通跪在孔子面前：“老师重大义而轻小是非，学生惭愧万分！”

这种宽厚与容忍绝对不是争斗的小人能够做到的，明知对方错了，却不争不斗反而认输，虽然自己吃点小亏，但使别人不受大损。不重表面形式的输赢，而重思想境界和做人水准的高低，这样的人其实活得很潇洒。

当你对别人宽容时，也是对你自己宽容。明明是对方错怪了你，对方欺骗了你，对方伤害了你，心中却没有怨恨。看到这里，也许你会问：对坏人也宽容？正确的回答是，你不以牙还牙，这就是宽容。

所以，要让自己快快乐乐地生活在充满爱的世界里，自己首先要做一个宽宏大量的人。要真正做到宽容并不容易，如果你心里有恨和苦，宽容不了他人；或者，如果你认同宽容是很高尚的行为，不过难以时时做到，你应该远离品头论足的人，随着时间的推移，你会发现，你的宽容多了，你心里的喜乐也多了。

⊙凡事留一线，他日好相见⊙

万事不可做绝，不预留后路，否则就是把自己逼进了死胡同，没有变通的余地。日后即使想变、想通也无路可走了。而且，世事无常，谁都不能预料前方会发生什么，趁早给自己留条后路，出现变动时不至于束手无策。

《红楼梦》中的平儿，是凤姐儿的心腹和左右手，但在待人处事方面，她并不唯凤姐儿马首是瞻，或者倚仗凤姐，把其他人统统不放进眼里。她始终注意为自己留余地留退路，绝没有犯凤姐儿所说的“心里头只有我，一概没有别人”的错误，更不像凤姐儿那样把事做绝。平儿对下人从不依仗权势，趁火打劫，而是经常私下进行安抚，加以保护。一方面缓和化解众人与凤姐的矛盾，另一方面顺势做了好人，使众人在凤姐和她的对比之中，对她更有感激之情，为自己留出了余地和退路。凤姐死后，大观园一片败落，本是凤姐“党羽”的平儿却多次获得众人帮助渡过难关，终得回报。

在待人处世中，万不可把事做绝，要时时处处为自己留下可以周旋的余地，就像行车走马一样，一下子走到山穷水尽的地方，调头就不容易；留有一些余地，调头就容易多了。正如常言所说：“过头饭不可吃，过头话不可讲。”

与人相处也是如此，事情做“绝”了时，对方是善良人还好，对方若是恶人，反身一扑，自己就完全无路可走了。

而在猫与老虎的故事中，猫就聪明得多。传说猫曾做过老虎的老师，教它诸般发威、怒吼、卷尾、剪、扑之技，但猫思虑老虎比自己庞大，若日后它欲反扑于我该怎么办，遂保留了一手爬树的技巧，果然老虎不久就翻脸了，怒欲扑食猫老师，猫老师“嗖”地蹿上树顶，老虎抬头张望无计可施。

“凡事留一线，他日好相见”这句老话，也体现出为人处世的中庸之道。做事情不可做得太极端，话不可说得太满。就如，我国古代有个叫李密庵的学者，写过一首《半半歌》，诗云：“饮酒半酣正好，花开半时偏妍，帆张半扇免翻颠，马放半鞭稳便。半少却饶滋味，半多反厌纠缠。百年苦乐半相掺，会占便宜只半。”就是凡事要留有余地，不要不给自己和别人退路。凡事留有余地，则自由度就增加。进也可、退也可，亲也可、疏也可，上也可、下也可，处于一种自由的境地，体现了一种立身处世的艺术。

因而，做事之前考虑一下退路，说话之时留点回旋的余地，受益最多的人将是自己。物极必反，极端、绝对的为人处世方法可能会伤人害己。

中国人办事讲中庸之道，不偏不倚，不左不右，折中调和，不走极端。在为人处世时，严格要求自己，办事知道节度，不走极端，可以通行无阻，马到功成。

世事无常，万事多留些余地，多些宽容，这是一条重要的做人准则。在你留有余地的同时，别人也会因此而受益匪浅。

第十二章

待人接物：敬人者人恒敬之，爱人者人恒爱之

——有礼才会有理，圆融但不圆滑

⊙ 重视别人的名字 ⊙

名字对一个人来说，是最重要的东西之一。一个人从出生到去世，名字就一直和他缠在一起。人们不能没有名字，因为这是一个人区别于其他人的重要标志。叫响一个人的名字，这对于他来说，是任何语言中最动听的声音。

安德鲁·卡内基被称为钢铁大王，但他自己对钢铁的制造懂得很少。他手下有好几百个人，都比他了解钢铁。

但是他知道怎样为人处世，这就是他发大财的原因。卡内基小时候，就表现出组织才华。当他10岁的时候，他就已经发现人们把自己的姓名看得很重要。而卡内基更懂得利用这项发现，去赢得别人的合作。例如，一次，卡内基孩提时代在苏格兰的时候抓到一只兔子，那是一只母兔。他又很快发现多了一窝小兔子，但没有东西喂它们。可是他有一个很妙的想法。他对附近的孩子们说，如果他们找到足够的苜蓿和蒲公英，喂饱那些兔子，他就以他们的名字来给那些兔子命名，这个方法太灵验了，孩子们十分珍惜以自己名字为兔子命名的机会，他们不但为兔子找到了足够的吃的，并且在很长一段时间内珍爱那些兔子，他们与卡内基的关系也因此增进了很多，这件事卡内基一直忘不了。

好几年之后，他在商业界利用类似的方法，赚了好几百万元。例如，当卡内基和乔治·普尔门为卧车生意而互相竞争的时候，这位钢铁大王又想

起了那个关于兔子的经验。卡内基控制的中央交通公司正在跟普尔门所控制的那家公司争生意。双方都拼命想得到联合太平洋铁路公司的生意，你争我夺，大杀其价，以致毫无利润可言。卡内基和普尔门都到纽约去参加联合太平洋的董事会。有一天晚上，他们在圣尼可斯饭店碰头了，卡内基说："晚安，普尔门先生，我们岂不是在出自己的洋相吗？"

"你这话怎么讲？"普尔门问道。

于是卡内基把他心中的话说出来——把他们两家公司合并起来。他把合作而不互相竞争的好处说得天花乱坠。普尔门倾听着，但是他并没有完全接受。最后他问："这个新公司要叫什么呢？"卡内基立即说："普尔门皇家卧车公司。"

普尔门的眼睛一亮。"到我房间来，"他说，"我们来讨论一番。"这次的讨论改写了美国工业史。

安德鲁·卡内基还以能够叫出许多员工的名字为傲。他很得意地说，当他亲任主管的时候，他的钢铁厂未曾发生过罢工事件。

一般人对自己的名字比对地球上所有的名字之和还要感兴趣。记住别人的名字，而且很轻易就叫出来，等于给予别人一个巧妙而有效的赞美。若是把别人的名字忘掉，或写错了，你就会处于一种非常不利的地位。比如说，一个美国人有一次在巴黎开了一门公开演讲的课程，发出复印的信件给所有住在该地的美国人。那些法国打字员显然不太熟悉英文，自然在打名字的时候，就打错了。有一个人，巴黎一家大的美国银行的经理，写了一封不客气的信给他，因为经理的名字被拼错了。

我们应该注意一个名字里所能包含的奇迹，并且要了解名字是完全属于与我们交往的这个人，没有人能够取代。名字能使他在许多人中显得独立。

有时候要记住一个人的名字很难，尤其当它不太好念时。一般人都不愿意去记它，心想：算了！就叫他的小名好了，而且容易记。锡得·李维拜访了一个名字非常难念的顾客。他叫尼古得玛斯·帕帕都拉斯。别人都只叫他"尼克"。李维说："在我拜访他之前，我特别用心地念了几遍他的名字。当我用全名称呼他——尼古得玛斯·帕帕都拉斯先生时，他呆住了。在几分钟内，他都没有答话。最后，眼泪滚下他的双颊，他说：'李维先生，我在这个国家15年了，从没有一个人会试着用我真正的名字来称呼我。'"

刻意记住别人的名字，并且多去喊他的名字，因为，这样做可以让别人感受到你在关心他，重视他。这只是一个细节，一个生活中的细节。其实生活就是由细节堆砌起来的，认真地对待生活中的每一个细节，做好每一个细节，只有这样，我们才善待了生活。

由于认识到了记住他人的名字的重要性，在生活和社会交往中，我们就要有意识地去记住对方的名字。怎么正确地记住别人的名字呢？如果没有听清其名字，那么恰当的说法是："您能再重复一遍吗？" 如果还不能肯定，那么正确的说法是："抱歉，您可以告诉我怎么写吗？" 你是不是有过这样的情况，新介绍给你认识的人在 10 分钟之内就忘记其名字了？除非多重复几遍，否则，一般人都会忘记。

谈话中记住别人名字的办法是用多种谈话方式使用他人的名字。比如，莫斯格拉夫先生，您是不是在费城出生的？如果一个人的名字较难发音，最好不要回避，但很多人都采取回避的方式。如果碰上一个较难发音的名字，可以问："您的名字我念得对吗？" 人们是很愿意帮助你把他们的名字念对的。

是什么把我们需要记住的事物留在头脑中的呢？毫无疑问，联想是最重要的因素。

我们常常会因自己依然记得儿时发生的事而感到惊奇。

卡耐基开车到新泽西大西洋城的一个加油站加油，加油站的主人认出了他，虽然他们是在40年前见过面的。这太让卡耐基吃惊了，因为以前他从未注意过这位先生。

"我叫查尔斯·劳森，咱们曾经是同学。"他急切地说道。

卡耐基并不太熟悉他的名字，还在想他可能是搞错了。可是他叫出了卡耐基的名字，还提到了那所学校。他见卡耐基还是有些疑惑，就接着说："你还记得比尔·格林吗？还记得哈里·施密德吗？"

"哈里！当然记得，他是我最好的朋友之一。"卡耐基回答道。

"你忘了那天由于天花流行，贝尔尼小学停课，我们一群孩子去法尔蒙德公园打棒球，咱们俩一个队？"

"劳森！"卡耐基叫着跳出汽车，使劲和他握手。之所以发生这一幕恰恰是因为联想在起作用，有点像是魔术。

如果一个名字实在太难记了，不妨问问其来历。许多人的名字背后都有一个浪漫的故事，很多人谈起自己的名字比谈论天气更有兴趣。而能准确叫出别人的名字，不只表示了你对别人的尊重，更能让你在对方的心里留下深刻的印象，这对你以后的工作非常重要。

准确叫出别人的名字是对他人的一种隐性赞美。

美国民主党前全国委员会主席、邮务总长吉姆是一位传奇人物。

吉姆小时候家里很穷，10岁就辍学去一家砖厂做工，他把沙土倒入模子里，压成砖瓦，再拿到太阳下晒干。吉姆没有机会受更多的教育，可是他有爱尔兰人乐观的性格，人们自然喜欢他，愿意跟他亲近。在成长过程中，吉姆逐渐养成了一种善于记忆人们名字的特殊才能，这对他后来从政起到了重要的作用。

在帮助罗斯福竞选总统前的几个月中，吉姆一天要写数百封信，分发给美国西部、西北部各州的熟人、朋友。然后，他乘上火车，在19天的旅途中，走遍美国20个州，行程12000里。他除了乘坐火车外，还用其他交通工具，像轻便马车、汽车、轮船等。吉姆每到一个城镇，都去找熟人进行一次极诚恳的谈话，接着再开始下一段的行程。当他回到东部时，立即给在各城镇的朋友每人写一封信，请他们把曾经和他们谈过话的客人名单寄来给他。名单上那些不计其数的人，都得到了吉姆亲密而有礼貌的复函。

吉姆发现，一般人对自己的姓名都很敏感。把一个人的姓名记住，并很自然地叫出口，便是对他含有微妙的恭维、赞赏的意味。若反过来讲，把那人的姓名忘记，或是叫错了，不但使对方难堪，而且对自己也是一种很大的损害。

记住别人的名字，本是一件简单的事，可很多人却很少把它真的放在心上。见过一面的朋友，假若再见面时，你能一下就喊出他的名字，他会是何等惊喜与激动啊！记住别人的名字，不但是对对方的一种尊重，也是树立自己良好形象的一个有效方法。从现在起，记住与你交往的人的姓名，大方得体地叫出来，你会发现发生在你身上的变化与惊喜。

⊙ 打人莫打脸，骂人莫揭短 ⊙

俗话说："人有脸树有皮"。自尊心是每个人都有的，因此，在人际交往中，应当尽可能照顾别人的自尊需要，千万不要伤害别人的自尊心，尤其不要揭人短处，戳人伤疤。

当然，人际交往中摩擦是难免的，在摩擦中，应当就事论事，才能保持双方的理智，集中精力解决问题。假如搞人身攻击，不仅问题解决不了，还会引起激烈的冲突，甚至导致双方理智的丧失，干出蠢事来。

解决人际交往冲突的方法很多，非原则性的争执，则谦让宽容；原则性的问题，比如对方确实存在错误缺点，则采取"理直气和"法。即在批评别人时坚持以理服人、婉转迂回的方式。

《伊索寓言》中有一篇关于太阳和风的故事：

太阳和风谁更强有力？风说："我要让你看看我的力量，看见路上穿大衣的那个老头吗？我敢打赌，我能比你更快地使他脱掉大衣。"

于是，太阳躲到云后，风开始吹起来。风越吹越猛，但它吹得越急，老人却把大衣裹得越紧。

终于，风无可奈何地平息下来。太阳从云后露出脸来，以暖洋洋的光照着老人。不久，老人出汗了，不得不把大衣脱掉并躲到树荫下纳凉。

太阳对风说："怎么样，温和与友善比愤怒和粗暴更有力吧？"

从以上故事可以看出，有时候用温和的方式更容易让人做出改变或者接受我们的观点建议。所以在对人对事上，不揭人短处，不戳人痛处，用温和的语气更容易取得预期的效果。

此外，如果当你用理直气和法去指出或批评别人的缺点、错误时，需要注意以下几点：

1. 从正面称赞入手，然后再转入你要指出或批评的问题。

2. 间接友善地提醒别人的错误和缺点，启发当事人自己纠正。

3. 在指出或批评别人的错误和缺点时，要善于保住别人的面子，给别人台阶。

俗话说："良言一句三冬暖，恶语伤人六月寒。"揭人的短、伤人的自尊心是令人难堪的。在人与人之间的交往中，千万要维护别人的自尊，即使人家有错误，也应该在适当的场合婉转地给人指出。

明太祖朱元璋出身寒微，做了皇帝后自然少不了有昔日的穷哥们到京城找他。这些人满以为朱元璋会念在老朋友的情分上给他们封个一官半职，谁知朱元璋最忌讳别人揭他的老底，以为那样有损自己的威信，因此对来访者大都拒而不见。

朱元璋儿时的一位好友，千里迢迢从老家凤阳赶到南京，几经周折才算进了皇宫。一见面，这位老兄便当着文武百官大叫大嚷起来："朱老四，你当了皇帝可真威风呀！还认得我吗？当年咱俩一块儿光着屁股玩耍，你干了坏事总是让我替你挨打。记得有一次咱俩一块儿偷豆子吃，背着大人用破瓦罐煮。豆子还没煮熟你就先抢起来，结果把瓦罐打烂了，豆子撒了一地。你吃得太急，豆子卡在喉咙里还是我帮你弄出来的。你忘了吗？"

这位老兄还在喋喋不休唠叨个没完，朱元璋却再也坐不住了，心想此人太不知趣，居然当着文武百官的面揭我的短处，让我这个当皇帝的脸往哪儿搁？盛怒之下，朱元璋下令把这个穷哥们儿杀了。

“为尊者讳”，这是官场的一条规矩。一个人，无论他原来的出身多么低贱，有过多么不光彩的经历，一旦当上了大官，爬上了高位，他身上便罩上了灵光，变得神圣起来。往昔那见不得人的一切，要么一笔勾销，永不许再提；要么重新改造、重新解释，赋予新的含义。这位穷哥们儿哪懂得这一点，自以为与朱元璋有旧交，居然当众揭了皇帝的老底，触犯了“逆鳞”，岂不是自找倒霉吗？

朱元璋原本是泥腿子出身，早年当过和尚，后来又参加过推翻元朝统治的红巾军起义。这些经历在朱元璋看来都是卑微的。朱元璋因当过和尚，对“光”、“秃”一类的字眼十分忌讳；因红巾军被统治者说成是“贼”“寇”之类的组织，朱元璋便对这些字眼也极为反感。最具有代表性的例子是，杭州徐一在《贺表》里写了“光天之下，天生圣人，为世作则”几个字，朱元璋读了勃然大怒，说：“生者僧也，骂我当过和尚。光是削发，说我是秃子。则者近贼，骂我做过贼。”于是，立即下令把徐一处死。洪武年间，大兴文字狱，唯一幸免的文人是翰林院编修张某。他在作贺表文里有“天下有道”“万寿无疆”两句话，朱元璋看了发怒说：“这老儿竟骂我是强盗呢！”差人逮来当面审讯。张某说：“天下有道是孔子说的，万寿无疆出自诗经，说臣诽谤冤枉。”朱元璋被顶住了，无话可说，想了半天才说：“这老儿还这般嘴硬，放掉罢。”左右侍臣私下议论：“几年来才见饶了这一个人。”

揭皇上的短，要遭杀头。其实不光揭有分量的人物的短或遭到厄运，即便揭平常人的短也会遭人痛快，让彼此都不愉快。

俗话说：“打人莫打脸，骂人莫揭短。”中国人最爱面子，“人活一张脸，树活一张皮”。揭他人不光彩的过去是对他人的不敬重，也是自讨没趣的做法。

⊙ 吃水不忘掘井人 ⊙

乔治·马歇尔是美国的一代名将，在第二次世界大战中，他作为美国陆军参谋长，对建立国际反法西斯统一战线做出了重要贡献。

鉴于其卓越功勋，1943 年，美国国会同意授予马歇尔美国历史上从未有过的最高军衔——陆军元帅。但马歇尔坚决反对，他的公开理由是如果称他“Field Marshal Marshall”（马歇尔元帅），后两字发音相同，听起来很别扭。其实真正的原因是这将使他的军衔高于当时已病倒的潘兴陆军四星上将，因为马歇尔深知“吃水不忘掘井人”这个知恩图报的道理。马歇尔认为潘兴才是美国当代最伟大的军人，自己又多次受到潘兴将军的提拔和力荐，马歇尔不愿使自己崇敬的老将军的地位和感情受到伤害。

第一次世界大战中，马歇尔随美军赴欧参战。当时的美国远征军司令潘兴非常欣赏马歇尔的才能，大战末期将他提拔为自己的副官，视为得意门生。后来潘兴虽然退役，仍然多次力荐马歇尔晋升。在潘兴的有力影响下，1939年马歇尔领临时四星上将军衔出任美国陆军参谋长。

有一段小插曲足以说明马歇尔对潘兴的深厚感情。1938年春，马歇尔前往医院探望潘兴。潘兴若有所思地说：“乔治，总有一天你也会像我一样当上四星将军的。”马歇尔满怀感激地回答：“美国只有您有资格获四星上将军衔，绝不可能再有另一个人！”听到马歇尔的肺腑之言，潘兴顿时热泪盈眶：“谢谢你，乔治！”

马歇尔拒绝当元帅后，为了表示对他的敬意，美军从此不再设元帅军衔。1944年底，马歇尔晋升五星上将——美军的最高军衔。

现实生活中我们往往会发现这样的现象：一些取得成就的人，往往会上演一幕小人得志的丑剧，将最初的谦恭忘得一干二净，这样的人其实并不具备谦虚的美德。

伟大的人不会如跳梁小丑般，他们的谦恭是由内而外、自始至终的。越在名利的顶峰处显示出的虚心，越发显得弥足珍贵。

季羡林先生在德国留学期间，时逢战乱，生活得不到保障。此时，他得到了许多德国师友的真诚帮助与照顾，最终得以熬过难关。季先生对此一直心存感激，晚年还趁曾赴德开会的机会特地去探望当年的师友，以示感激。

感恩是一种心态。一个人如果常存感恩之心，就会保持积极良好的心态，对自己的所得感到满足，而不会过多地挑剔；对自己的所失也会处之泰然，而不会过多地失落；对自己的付出会感到自然，而不会认为是吃亏。因此，一个人常存感恩之心，无论对他人、对社会，还是对自己都是非常有益的。

对于我们来说，要常存感恩之心：我们能够来到这世上，享受生活，要感谢父母赋予我们生命；如果我们身体健康，没有疾病，那么我们应该对生活感恩；如果我们从未尝过战争的危险、牢狱的孤独，那么我们应该对社会感恩；如果我们银行里有存款，钱包里有票子，那么我们应该对政府感恩；

如果我们父母双全，孩子上进，那么我们应该对家庭感恩；如果我们所在的单位发展迅速，领导关怀，同事团结，事业有成，那么我们应该对单位领导和同事感恩……

我国古代的贤哲和现代的智者都非常注重修炼感恩之心，他们留下了许多知恩图报的动人故事。

春秋时期的齐桓公能够成为五霸之首，鲍叔牙推荐管仲功不可没。当初，管仲辅佐公子纠，为了帮助公子纠争夺齐国王位而箭射公子小白（即后来的齐桓公），小白登上王位之后，不计前嫌，任用管仲为相，总理齐国朝政，终于称霸诸侯。

管仲功成名就之后，也始终未忘报答老朋友鲍叔牙的知遇之恩。当他走向生命尽头的时候，齐桓公请教在他之后谁能继任宰相之位，管仲问齐桓公自己有什么想法，齐桓公说准备让鲍叔牙接任宰相之位，总理齐国政务。可是管仲却建议齐桓公不要让鲍叔牙继任相位。齐桓公听得一头雾水，心想管仲既然要感激鲍叔牙，为什么又不让鲍叔牙继任宰相呢？

其实，管仲不愧是一位智者，考虑问题比一般人要远得多。作为鲍叔牙的好朋友，管仲太了解当时的局势和鲍叔牙的个性了。他不让鲍叔牙继任宰相，是真心对鲍叔牙报恩。因为管仲知道，自己一死，齐桓公也就完了，如果让鲍叔牙继任宰相，一定会死于非命，而不得善终，那他就对不起这位好朋友了。

于是，管仲对齐桓公说："鲍叔牙是君子。即使给他一个大国，但是如果不按照他的方法来治理的话，他也不会接受的。鲍叔牙不可以做宰相，因为他喜欢良善，疾恶如仇，只要见到恶人就会非常忌恨，并且终身不忘。这样就会树敌太多，容易陷入敌手。因此，鲍叔牙不适合继任相位。"

管仲的真实意思是不想让鲍叔牙将命送到小人手里。历史的演绎果然不出管仲所料。管仲死后不久，齐桓公也死了，齐桓公家里争得不可开交，连安葬齐桓公的人都没有，过了很长时间，齐桓公的尸体都生了蛆才入葬。如果鲍叔牙继任相位，肯定难得善终。

人在受人恩惠的时候，会获得温暖和动力；人在施人以恩惠的时候，会获得内心的愉悦和安慰。在这个循环过程中，个人的价值和情感都进行了一次复制和传递，由此价值倍增，彼此受益。常存感恩之心，吃水不忘掘井人是一种高尚的道德境界，是人生最大的拥有，是事业成功的源泉，也是传递人间真爱最朴素的方式。

⊙ 辱人者必自辱 ⊙

现实中，有些人自以为是，心中没有平等的观念，总喜欢拿别人的缺陷或长相来歧视他人，结果反被他人羞辱。

春秋末期，齐国和楚国都是大国。有一次，齐王派大夫晏子去访问楚国。楚王仗着自己国势强盛，想乘机侮辱晏子，显显楚国的威风。

楚王知道晏子身材矮小，就叫人在城门旁边开了一个五尺来高的洞。晏子来到楚国，楚王叫人把城门关了，让晏子从这个洞进去。晏子看了看，对接待的人说："这是个狗洞，不是城门。只有访问'狗国'，才从狗洞进去。我在这儿等一会儿，你们先去问个明白，楚国到底是个什么样的国家？"接待的人立刻把晏子的话传给了楚王，楚王只好吩咐打开城门，迎接晏子。

晏子见了楚王，楚王瞅了他一眼，冷笑一声，说："难道齐国没有人了吗？"晏子严肃地回答："这是什么话？我国首都临淄住满了人。大伙儿把袖子举起来，就是一片云；大伙儿甩一把汗，就是一阵雨；街上的行人肩膀擦着肩膀，脚尖碰着脚跟。大王怎么说齐国没有人呢？"楚王说："既然有那么多人，为什么打发你来呢？"晏子装着很为难的样子，说："您这一问，我实在不好回答。撒谎吧，怕犯了欺骗大王的罪；说实话吧，又怕大王生气。"楚王说："实话实说，我不生气。"晏子拱了拱手，说："敝国有个规矩：访问上等的国家，就派上等人去；访问下等的国家，就派下等人去。我最不中用，所以派到这儿来了。"说着他故意笑了笑，楚王只好赔着笑。

接着，楚王安排酒席招待晏子。正当他们吃得高兴的时候，有两个武士押着一个囚犯，从堂下走过。楚王看见了，问他们："那个囚犯犯的什么罪？他是哪里人？"武士回答说："犯了盗窃罪，是齐国人。"楚王笑嘻嘻地对晏子说："齐国人怎么这样没出息，干这种事儿？"楚国的大臣们听了，都得意扬扬地笑起来，以为这一下可让晏子丢尽了脸了。哪知晏子面不改色，站起来，说："大王怎么不知道啊？淮南的柑橘，又大又甜。可是橘树一种到淮北，就只能结又小又苦的枳，还不是因为水土不同吗？同样道理，齐国人在齐国安居乐业，好好地劳动，一到楚国，就做起盗贼来了，也许是两国的水土不同吧。"楚王听了，只好赔不是，说："我原来想取笑大夫，没想到反让大夫取笑了。"

从此以后，楚王不敢不尊重晏子了。

楚王的等级观念根深蒂固，所以很轻视晏子乃至齐国。晏子知礼且据理力争，几个回合下来，楚王输给了晏子，并且心服口服。假如当初晏子不顾礼节，面对楚王的挑衅勃然大怒，那只会惹来楚国君臣的耻笑而已。

以前有一个秃子，一天他出门在外，住进一家小店，对面住了个麻子。月光照在麻子的脸上，秃子越看越有趣，就忍不住吟出一首诗：

脸
天排
糯米筛
雨洒尘埃
新鞋印泥印
石榴皮翻过来
豌豆堆里坐起来

秃子把麻子骂个痛快，很是得意忘形，就对麻子说："老兄，你能从一个字吟到七个字吗？"

麻子说："你吟罢了，我再模仿便没有味道，不妨我从七个字吟到一个字如何？"麻子就吟出一首诗：

一轮明月照九州
西瓜葫芦绣球
不用梳和蓖
虫虱难留
光不溜
净肉
球

秃子一听羞得满面通红，再也说不出话来。

戏弄别人，却被他人嘲笑，这便是居心叵测的人的下场。

卡耐基警告人们："要比别人聪明，却不要告诉别人你比他聪明。"这告诉人们，任何自作聪明的批评都会招致别人的厌烦，而缺乏感情的责怪和抱怨则更有损于人际关系的发展。

在日常生活里自以为是、动辄侮辱他人的人，往往会令人生厌而自讨没趣。

⊙ 货有高低三等价，客无远近一般看 ⊙

货物有高中低三等，才能比较出货物之间的差别。人在人格上却是完全平等的。无论是贫富贵贱，都应该一视同仁。有的商家长着一双势利眼，嫌贫爱富，看见顾客衣着光鲜，出手阔绰，就点头哈腰，作揖打躬；看见顾客穿的寒酸，转眼又是另一副嘴脸。岂不知做生意也如做人，这样势利的人，很是让人厌烦，迟早会影响到自己的生意。

马克·吐温的《百万英镑》，讲了这样的故事。故事发生在20世纪初的英国。一对富豪兄弟用一张面值百万英镑的现钞打赌，看这张钞票究竟会给人带来什么。他们选中从美国来的亚当作为自己打赌的人选，亚当无论去吃饭、逛服装店都会因衣衫褴褛遭到店主的歧视。但当他拿出这张钞票时，店主们不但向他大献殷勤，甚至费用都可以减免，因为在他们看来亚当是有钱的人，而且根本没有人可以给一张百万面值的钞票找零。下面的片段非常经典：

亚当闲来无事，又在大街上溜达。他无意中看到街边有一家装饰考究的服装店，内心顿时涌出一种热切的念头：彻底改变寒酸，给自己弄一套体面的行头。但问题是，自己能买得起吗？身上除了那张一百万英镑的钞票之外，一无所有。

于是，亚当努力克制自己，径直从那家服装店门口走了过去。可是，内心的欲望如喷涌的岩浆，时时鼓动着他。一时按捺不住，他又折了回来，这时，内心另一个声音又告诉他，不能放纵自己，要有男子汉抵制诱惑的气概。就这样，亚当内心徘徊不定，在服装店门口来来回回足足走了六趟，最终，理智败给诱惑，他步入了店内。

亚当环顾了店内四周的状况，对其中一个伙计说：“你们手头上有没有别的顾客试过不合身的衣服？”

这个伙计瞟了他一眼，没有搭腔，只是朝另一个伙计点了点头。于是亚当朝点头示意的那个伙计走了过去，那个也不搭理，而是又朝第三个伙计努努嘴，他只好又朝着第三个人走了过去，那人却要他等会。

亚当站在那里，内心怯懦地等待着。直到那个伙计忙完手头的一切杂事，才把亚当领到后面一个杂物间内，在一大堆退货中胡乱翻了一通，挑出一件衣服扔给亚当。亚当接过那件衣服穿在了身上。可是，那件衣服皱巴巴的不说，还不合身，毫无魅力可言，这可不是亚当想要的效果。但是现在亚当急需一件衣服，也由不得自己挑剔，他迟疑地对那个伙计说："能不能等两天再结账？我现在手头没有零钱。"

那个店员斜着眼睛，摆出一副刻薄的嘴脸说："噢，您没有零钱？我想也是呢，像您这样体面的先生只配带大票子呢。"

亚当火了，生气地说："你这个人怎么这样，你们做生意不能以貌取人吧。这件衣服，我还是买得起的，只是带了一张大票子，怕你们找不开，惹麻烦。"

那个伙计见亚当生气了，姿态稍稍收敛了一点，语气还是很不善，说："我可没有鄙视您的意思，您可不要为了逃避付款，故意找碴。我可告诉您，无论多大的票子，我们都能找得开。"

亚当二话没说，把钞票递给了那个伙计说："哦，那好吧，请您现在找开吧。"

看见有钞票，那个伙计立马摆出一副虚伪的恭敬嘴脸，皮笑肉不笑地把钞票接了过去。可是，只瞟了一眼，他的笑容立马僵硬了，嘴巴还抽搐地抖动着。亚当从来没有见到如此的生动的一张脸——瞬息万变、丑态百出。正在那个伙计呆若木鸡的当口，老板看出了端倪，放下手中的账本，走了过来，虚伪地问："怎么了，这位先生，有什么需要帮忙的吗？"

亚当说："没什么，只是等你们找钱。"

老板上下打量一下亚当，拉着脸说："托德，快给他找钱，还有好多活要干呢！"

托德讥笑着对老板说："找钱？先生，您说得轻巧，自个看看吧。"说着，就把那张钞票塞到了老板的手里。

老板低头看了一眼，低低地吹了一声口哨，接着一头扎进了那摞退货中又翻找起来，一边翻找，一边不停地唠叨："托德那个傻瓜，早晚我要把他赶走，竟然不识相地把那样一套寒酸的衣服卖给百万富翁！真是个不中用的东西，就因为老是分不清谁是百万富翁，谁是穷酸鬼，我的买卖才不好做了。啊，先生，你赶紧脱了您身上不合身份的衣服，再赏个脸，试试我找的这件衣服。"

待亚当试穿上那件衣服之后，老板又扯着公鸭嗓子说："看呢，这是多么合适啊，质地上乘，做工考究，完全就是按照贵族的标准设计的。再看看这条裤子，是多么的合身啊，先生，再试试这个马甲，啊哈，真是得体！再配上这件外衣，效果更好，简直是绝了，尊敬的哈利法克斯·赫斯庞达尔殿下的派头，也不过如此。"

亚当点头表示满意。

老板见势，接着奉承说："先生您真是见多识广，就是识货。这套衣服，您先顶一阵，我这就按照您的尺寸给你做体面的衣服。托德，愣在那里干嘛，赶紧把我的尺子和计量本子拿来。"

一阵忙活之后，亚当愣没插上嘴，老板就已经忙完了，正吩咐做晚礼服、正装、衬衫以及各种场合需要的衣服。亚当插了个空子对老板说："先生，我现在没法定做这些衣服，除非您找开那张钞票，或者允许赊账？"

老板立马笑脸迎着说："先生，可以赊账，您是谁呢，提钱就见外了。托德，赶紧把这些衣服精心地做好，一刻不能耽搁，送到先生的府上去。"

马克·吐温的这个故事很经典，揭露了资本主义"文明"的真相，特别是撕破了资产阶级所谓的道德外衣。我们要想成功，必须从上面的小说中吸取教训，和和气气地对待每一位客户，千万不要用势利的眼光看人，从而断了自己的财路。

⊙ 心口如一终究好，口是心非难为人 ⊙

常言道："心口如一终究好，口是心非难为人。"

春秋的时候，楚国叶县有一个名叫沈储梁的县令，人们叫他叶公。他嗜龙如命，叶公的家里，不管是装饰物、梁柱、门窗、碗盘、衣服等，上面都有龙的图案，连他家里的墙壁上也画着一条好大好大的龙。"我最喜欢的就是龙！"叶公得意地对别人说。

有一天，叶公喜欢龙的事被天上的真龙知道了，真龙说："难得有人这么喜欢龙，我得去他家里拜访一下啊！"真龙就从天上飞来叶公的家，把头伸进叶公家的窗户内，叶公一看到真正的龙，吓得夺路而逃，并大喊："有怪物啊！"真龙觉得很奇怪，说："你不是很喜欢我吗？你怎么说我是怪物呢？"叶公害怕得直发抖，说："我喜欢的是像龙的假龙，不是真的龙呀。"叶公话没说完，就连忙往外逃走了！留下真龙一脸懊恼地说："叶公说喜欢龙这件事是假的，他内心很怕我呢！"

后来，大家就用“叶公好龙”来形容一个人心口不一，口是心非。我们做人千万不要表面一套，背后一套，口是心非，失去大家对自己的信任，最终什么也做不成。

人的境遇、学识等因素，使得每个人对同一件事物的看法可能有所不同，所谓“横看成岭侧成峰，远近高低各不同”。我们有了想法，就要直抒己见，不要藏着掖着，造成别人的误会反而不好。你觉得他的方法不对，也可以直接告诉他，人与人地位都是平等的，提出中肯的意见，对谁都有利。

阿瑟是某大型公司的老板，在谈及他的成功经验时，他讲了自己小时候的一则故事：

当时我刚10岁的时候，正好遇上了那个年代的经济大萧条，为了能有自己的零花钱，我去一家糖果店干杂活。这份工作得来并不容易，我跟店主恳求了好久，他才答应让我留下来试试，因此，我干得比别人更加卖力，并在闲暇的时候和店主家的同龄儿子成了要好的伙伴。

一天，店主家里的儿子，要出去游玩，想邀请我一起去，但是店主平时对我很严格，当天安排的活一定要干完，才能休息或自由玩耍。这次情况也是。我还有好多活没干完，但是我非常想去游玩。店主过来，问我：“你想出去玩吗？但是你的工作没干完！”我犹豫了一阵，怯生生地回答：“我想去。”我说完，内心想到：“店主肯定会开除我的，因为我不勤劳，只想着玩了。”但不料想，店主听完，不但没生气反而很高兴地对我说：“阿瑟，你干得很好！你是个诚实的孩子，你敢于说出自己心中所想的，而不是口是心非，随便编造一个谎言敷衍了事。这是我故意考验你的。恭喜你过关了，你可以在继续在这里干下去，直到你自己不愿意为止。”当时我高兴极了，我终于拥有了一份长期稳定的收入，但我没忘记，这一切都源于自己敢于说真话的诚实。

以后我相继又干过很多职业，但“心口如一”一直是我的人生信条，它使我赢得了良好的声誉，人们都乐于和我合作，我也就有了今天的成就。

看来“心口如一”是商场必备的一项技能。如果在与人交往的过程中，始终戴着自己的面具行事，不仅别人感觉不到你的诚意，而且别人不会理解你的真实想法。所以，我们在与人交易的过程中，一定要“心口如一”。你的产品质量怎样，价值多少，有什么用途，都要一一对客户讲明白，这样才能取得他们对你的信任，买你的产品。如果你在推销自己产品的过程中，也是乱讲一气，故意把自己的产品说得天花乱坠，客户即使买了此产品，之后也会感觉上当，最终有可能造成退货，商家名誉上受到损失，更是得不偿失。

北宋词人晏殊，就是一个“心口如一”的人。在他14岁的时候，有人把他作为神童举荐给皇帝。皇帝亲自召见了他，并要他与一千多名进士同时参加考试。结果晏殊发现考试的题目竟然是自己十天前刚练习过的，就如实向真宗报告，并请求改换其他题目。宋真宗对此非常欣赏晏殊的诚实品质，便赐给他“同进士出身”。晏殊当职时，正值天下太平盛世。于是，京城的一些官员，便经常到郊外游玩或在酒肆饮酒。晏殊家贫，无钱出去吃喝玩乐，只好在家里和兄弟们读读书，写写文章，打发时间。有一天，真宗提升晏殊为辅佐太子读书。大臣们都惊讶异常，都不明白真宗为何做出如此的决定。真宗说：“近来群臣时常游玩饮宴，只有晏殊闭门读书，如此自重谨慎，正是辅佐太子合适的人选。”晏殊谢恩后说：“我其实也是个喜欢游玩饮宴的人，只是家贫而已，没钱挥霍而已。若我有钱了，也想出去到处玩耍。”这两件事，使晏殊在群臣面前树立起了信誉，而宋真宗也更加信任他了。

因此，“心口如一”的精神是多么的难能可贵啊！为人处世一定要言行一致，切莫因口是心非失信于人，从而招人唾弃。

⊙反驳也要给别人留面子⊙

反驳别人的观点也是一门非常深的学问。懂得反驳技巧的人往往是反对别人的观点后还会让别人接受自己的看法，而不会反驳技巧的人总是在道出自己的观点后就得罪了别人，甚至于反目成仇。因此，学会反驳别人，在人际交往中是非常重要的。

反驳是一种技术，也是一种艺术，而如何选择最有利的突破口是反驳成功的前提。学会选择最有利的突破口，就会使反驳成功了一半，不但不会伤害别人，相反地还会让别人高兴地接受你的观点。

一位政治家在演讲时，遭到了当地某个妇女组织代表的激烈指责，这些代表言辞激烈地批评他作为一个政治家，竟然不考虑到国家的形象，和两个女人发生过关系。顿时，所有在场的观众都屏声敛气，等着听这位政治家的桃色新闻。这位政治家并没有感到窘迫和难堪，而是十分轻松地对这些妇女代表说道：“现在我还和五个女人发生了关系。”

这种直言不讳的回答，使代表和群众非常吃惊，迷惑不解。然后，政治家继续说道：“这五位女士，在年轻时曾无微不至地照顾我，现在她们都已老态龙钟了，我当然要在经济上照顾她们，在精神上安慰她们，这五位女士就是我的家人。”

结果，那些代表们全部无言以对，而观众席中则掌声如雷。

面对别人的诽谤，这位政治家并没有恼羞成怒，而是机智地用幽默的口气化解了尴尬，不但反驳了别人，还为自己赢得了掌声。

在说服别人时，常常要反驳对方的无理观点。反驳不是一件难事，难的是要带着微笑反驳，让对方能够心服口服地接受你的观点。反驳需要给别人留有面子，不能直截了当地反驳，而应该抓准关键点，然后用轻松幽默或者别人可以听进去的话语进行反驳，这样既可以反驳别人的挑衅，又可以让别人接受你的思想，甚至对你佩服有加。周恩来在这方面就做得非常棒。

在一次外交部举行的记者招待会上，周恩来介绍了我国经济建设的成就及对外方针后，开始回答记者的提问。一位西方记者提问道：“请问，中国人民银行有多少钱呢？”这实际上是讥笑新中国成立初期的贫穷。

周恩来平静地回答道：“中国人民银行货币资金有18元8角8分。”听到这个回答，全场愕然，顿时鸦雀无声。

紧接着，周恩来以风趣的语调解释说：“中国人民银行发行面额为十元、五元、二元、一元、五角、二角、一角、五分、二分、一分10种主辅币人民币，合计为18元8角8分。中国人民银行是由全中国人民当家做主的金融机构，有全国人民作后盾，信用卓著，实力雄厚，它所发行的货币，是世界上最有信誉的货币之一，在国际上享有盛誉。”周恩来一语惊四座，大厅内立刻响起了听众的热烈掌声。

周恩来运用自己的机智不但化解了尴尬的局面，更为国家赢得了尊严，反驳别人的时候没有一句言辞激烈的话语，却让那位西方记者非常扫兴，最后无话可说。

学会用正确的方法反驳别人，给别人留有面子，只有这样才能既不伤和气，又可以反驳了别人的胡搅蛮缠。有的时候，言语激烈并不能够让别人听进心里，相反地会让别人更加的固执，完全听不进你的观点；而掌握了好的反驳方法就不一样了，不但可以表述自己的立场，还可以有力地反驳别人的观点，最重要的是还不会让别人感到尴尬，窘迫。

1961年6月，英国已经退役了的陆军元帅蒙哥马利访问中国。有一次他在河南洛阳参观，他非常好奇地走进了一家剧院，剧院正在上演豫剧《穆桂英挂帅》。当他了解了该剧的剧情后，连连摇头，并说道：“这个很不好，怎么能够让一个女人当元帅呢？”中方陪同人员连忙解释说：“这是中国的民间传奇故事，人们很爱看的。”蒙哥马利立即说道：“爱看女人当元帅的男人不是真正的男人，爱看女人当元帅的女人也不是真正的女人。”

中方陪同人听后非常不服气地说；“我们主张男女平等，男同志能办到的事，女同志也能办到。中国红军里就有很多女战士，现在的解放军里还有很多女少将呢。”

蒙哥马利毫不退让道：“我一向对红军、解放军很敬佩，但不知道解放军里还有女少将。如果真的是这样的话，真的是非常有损解放军的荣誉啊。”

中方陪同人员又反驳说：“英国女王也是女的啊。按照英国的政治体制，女王是英国的国家元首和全国武装部队的总司令，这又会不会有损英国军队的声誉呢？”

听到这话，蒙哥马利顿时无话可说了。

中方陪同人员机智地抓住蒙哥马利的心理很巧妙又毫不留情地反驳了他，不但让蒙哥马利无言以对，更让他无法生气，最后不得不作罢。

学会反驳，在反驳的时候给人一个台阶下，让其不会颜面扫地，在人际交往中是非常有必要的。掌握好反驳的技巧，你会在交往过程中更加的主动。

⊙ 先做朋友，后做生意 ⊙

俗话说得好，在家靠父母，在外靠朋友。在外经商就得会做“人情生意”。先做朋友，后做生意，这样才能把事情办好，生意做大。

李先生是杭州一家笔庄的老板。1989年在杭州创业时，他十分窘迫。那个时候是他人生中的最低谷。即使如此，他也没有放弃，而是经常出没于杭州的各个画廊、美术院校，只要有机会就给别人看他的笔。

一天，李先生在一个画廊里遇见了一家画院的院长。李先生看院长气度不凡，就拿出一支上好的鸡毛笔要送给院长，院长看后感到很惊讶。这次巧遇使院长对他的笔产生了浓厚的兴趣，以笔会友，两个人在研究笔的过程中结下了深厚的友谊。为了让更多的人了解他的笔，院长决定帮他开一个笔会，并免费提供场地。通过笔会，李先生认识了画院的更多的朋友，还帮助他解决了欠了多年的债务问题。时间长了，李先生的笔庄在杭州渐渐闯出了名气。

不久后，李先生将他的笔庄开在一个冷清的文化用品市场二楼的拐角里，气氛虽然冷清，但李先生却有他的目的。喜欢毛笔的人都是一些文人，不喜欢很热闹的地方，书法家、画家来这一看就会觉得比较高雅，地方也比较宽敞。

如今，李先生已经拥有两个笔庄、一家工厂，每年制作销售毛笔四五万支，李先生正走在成功的创业路上。

其实，做生意投资人情，谈的就是一个“缘”字，彼此能够一拍即合，要保持长期的相互信任、互相关照的关系也不那么容易，要办好事，我们就要牢记人情准则：“先做朋友，后做生意。”

某企业董事长的家里，每到年底时，都会收到堆积如山的赠品。由于太多，而且礼物和赠礼的人不一致的情形也不少。所以听说这位董事长只留下合意的礼物，其余的都退回百货公司。然而，有一年岁末，这位董事长却意想不到地收到了令他满意的礼物！那是在美国流行的“高句丽菜田娃娃”，不知是怎样寄来的，总之是送给董事长的小女儿的。赠品也很别致，而把这别致的礼物不送给董事长而送给他的女儿，的确令人深感其诚意。

有人出席某电气厂商主办的演讲会。演讲后，对送到车站来的主办单位的人员无意中提起“我母亲目前住院……”第二天，也不知演讲会的主办经理怎样打听到的，竟然到此人的母亲入住的医院来探病。此人在震惊于主办者意想不到的好意的同时，感激之情不可言表。

情感是人们沟通、交流的桥梁。饱含真情的语言则是唤起情感的一种最具感召力的武器。运用真情流露的言语策略，可以顺利地使双方产生情感共鸣，关系融洽，形成良好的交际氛围，可以有力地推动人们将某种行为动机付诸实施，并做出积极的反应。

人是感性动物，当然都难逃脱“人情债”。尽管在商场上素来有“认钱不认人”之说，但是成功人士都善于投资“人情生意”，所谓人情投资，就是能够在人情世故上多一分关心，多一份相助。

第十三章

自我修炼：一等二靠三落空，一想二干三成功

——人必自重，才能让他人尊重

⊙ 井淘三遍吃甜水，人从三师武艺高 ⊙

俗话说，“八仙过海，各显神通”。我们从事各行各业，有的人在这方面掌握了本领，取得了一定成绩；有的人在另一方面发挥了优势，取得了另一些成就；这都是与努力奋斗是分不开的。如果一个人做事不努力，什么本领没掌握，那么他只能失败，一生碌碌无为。但是一个人想取得更大的成功，成为社会的精英人才，仅仅掌握一种本领，就显得有点不够了。所谓“井淘三遍吃甜水，人从三师武艺高”说的就是这个道理。

“井淘三遍”就是多次反复将井底的泥沙挖出来，将井底的水脉疏通，如果泥沙被清理干净，井水会清澈见底，并无一丝污泥的味道，井水自然也就甘甜了许多。但若每次淘井均不仔细彻底，水还会甘甜吗？“人从三师”也是这个道理，仅跟随一位老师，只能学到一种本领，如果向多人请教，就可以掌握多种本领。“人从三师”还可以从多个角度弥补自身的不足之处，这样就可以更快地提高自身的素质，更好地发挥自身的潜能。但是如果我们“术业不专攻”地从学三师，只求师之名，不求师之艺，“画虎不成反类犬”，即便是从艺百师，自身也不可能有所提高。

“井淘三遍吃甜水，人从三师武艺高”，我们可以从两个角度来理解这句话：一是，井淘三遍，精益求精；二是，人从三师，技高一筹。

启示一：井淘三遍，精益求精——“王羲之吃墨”

王羲之少时，酷爱书法，每天练字十分刻苦。几年下来，据说他练字磨坏的毛笔，堆积在一起竟成了一座小山，人们叫它“笔山”。他家的附近有一个清澈的小池塘，他经常在这个小池塘里刷洗毛笔和砚台，这个小池塘的水渐渐地变黑了，人们就把这个小池塘叫作“墨池”。

成年之后，王羲之的字有“行云流水”之势了，但他还是每天坚持练字，从不懈怠。一日，他仍然聚精会神地在书桌旁练字，可谓到了废寝忘食的地步。家里的仆人端上他最爱吃的蒜泥和馍馍，催着他趁热吃，他充耳不闻，埋头练字。仆人见没法劝服他，只好去禀告王羲之的夫人。等夫人和仆人来到书房的时候，惊讶地发现王羲之正把一个沾满墨汁的馍馍往嘴里送，弄得满嘴漆黑，自己还在低头练字，仍没察觉。原来，王羲之边吃边练字，眼睛还一直盯着纸上的字，竟错把墨汁当成蒜泥蘸了。

夫人又是气他，又是心疼他，上前对王羲之说：“你一定要注意身体呀！你的字已经是很好了，为什么还要逼迫自己这样苦练呢？”

王羲之抬起头，回答说：“我的字虽然算是不错了，可那都是效仿前人的技法派别，并没有自己的写法，我要自成一体，那就要下一番苦工夫。”

经过长时间的艰苦摸索，王羲之终于独创一体，造就了一种流畅的新字体。大家都称赞他的字如行云流水，像游龙那样雄劲矫健，他也成为我国历史上最杰出的书法家之一。

从王羲之吃墨的刻苦精神，我们可以明白这样的一个道理：“井淘三遍吃甜水”，只有精益求精，努力刻苦，才能有所成就。

启示二：人从三师，技高一筹——“宋濂冒雪访师”

宋濂，明朝著名散文家，他自幼聪敏好学，不仅学识渊博，而且写得一手好文章，明太祖朱元璋赞其为“开国文臣之首”。

宋濂平时很爱读书，遇到不明白的地方总是要刨根问底地问别人。一次，宋濂又遇到了感到疑惑的问题，于是他冒雪徒步数十里，去请教梦吉老师。梦吉老师是有名的大学问家，不过他年事已高，早已不再收学生了。但宋濂觉得自己只要有诚意，一定会受到接见，就匆匆上路了。不过不巧正遇到老师外出，并不在家。宋濂并没有气馁，而是隔了几天之后再次拜访老师，但老师并没有接见他，宋濂只有守在门外等候，深冬时节，天气格外寒冷，宋濂被冻得瑟瑟发抖，回去发现，脚上都是冻疮。当宋濂第三次独自拜访的时候，不慎掉入了雪坑中，所幸被人救起，没有大碍，老师被他的诚心请教所感动，耐心解答了宋濂疑惑的问题。这之后，宋濂为了求得更多的学问，增长自己的才干，不畏艰辛困苦，拜访了很多名师，最终成了闻名遐迩的散文家，受到朝廷的器重。

我们一定要刻苦认真，有着“井淘三遍吃甜水”的精神，才能让自己更加专业，只有博学，爱问，乐于求知，有“人从三师”的意识，才能掌握更多的知识，更好地实现自己的人生价值。

⊙ 千招要会，一招要好 ⊙

现在流行着这样一种说法，做人就要一专多长。顾名思义，就是说首先要掌握并且精通一项技能，作为自己的核心资本；其次还要掌握多种其他技能，以适应高速发展的时代需求。老人们也常说：“千招要会，一招要好。”

现今的社会竞争日益激烈，对人才的要求越来越高。一个人要立身处世，事业有成，能够做到紧紧追随时代的发展、与时俱进，仅仅有一技之长是远远不够的，更要求全面发展，提高综合素质，成为一名一专多长的复合型人才。有人说能做到一招精就可以，为什么还要求做到千招要会呢？

这是因为当今社会职业结构变化频繁，新的职业纷至沓来，旧的职业不断被淘汰，这是不可逆转的历史潮流。随着社会的进步，新的职业不停出现，迫使我们不得不打破长久以来的习惯思维，一个人不可能像以前那样一辈子待在某一个单位里，人在一生中可能变换多个单位，也有可能变换多种职业，关键要不断掌握新技能，与时俱进。而要跟上时代发展的脚步，就要有“千招要会”的基础，再加上终身不断学习，这样才能真正做到与时俱进，而不被淹没在历史的潮流中。

根据数据我们知道，我国的旧职业已经消失了约3000多个。每当有新的职业出现的时候，我们不禁想到那些渐渐消失在人们视线中的旧职业：几十年前，掏粪工被评为劳动模范还是一个重要的新闻，但是现如今掏粪工这个职业已经成为一个历史名词，取而代之的是现代化的专业机械设备；在电脑还没有普及的时候，抄写工也曾经是读书人的热门职业，打字员也是一项收入很高的工作，但是现在呢？还有几个人不会使用电脑、不会打字？甚至可以说语音录入的时代已经开始。再比如以前的“赤脚医生”走街串巷，也曾经为人们的健康做了很大的贡献并成为很多人谋生的手段，但是现在随着人们生活水平的提高，社会对公民健康的越来越重视，“赤脚医生”已经淡出历史舞台，取而代之的是正规的医院。再比如以前的“理发员”成了现在的

"美发师"，以前的"炊事员"变成为现在的"营养配餐师"……这不仅仅是名字的简单改变，更反映出这些职业对从业者技能更高的要求。

但是我们也要注意到，老人们早就说过"吾生有崖，而知识无崖"。在这个知识大爆炸的信息时代，人类的智力水平是很有限的，所以如果想掌握所有的知识那绝对是不可能完成的任务。因此我们在"千招要会"的前提下，一定要做到"一招要好"。

对于大多数运动员来说，一般每个人只练习一至两个项目就可以，练习全能的人是非常少的。我国著名的跳水运动员郭晶晶其实最初学习的是游泳，但是经过很长一段时间的学习都没有学会。后来她的教练就让她练跳水。没想到郭晶晶悟性很好，而且胆子也很大，教练于是看中了她，觉得她有跳水冠军的潜质。

1996年奥运会后，郭晶晶训练当中受伤，小腿骨折，等腿伤好了，离全运会只剩下短短五个月的时间。而郭晶晶却身高长了5厘米，体重增加了10公斤。为了能在全运会上取得好成绩，郭晶晶开始了魔鬼般的训练。每天6点起床，训练到8点才能吃早饭。中午，当别人休息的时候，她还要去跑步，下午和晚上继续高强度的训练，最终她体重下降并且跳水技术也达到了一个新的水平。

郭晶晶在跳水的职业生涯中，经历了连续两次奥运会的失败，骨折，改变技术等等挫折，直到2004年的雅典奥运会上，才最终取得奥运冠军。坚持不懈的努力，终于使郭晶晶成为世界著名的跳水运动员。

在各个方面都有一定能力，在某一个具体的方面能出类拔萃的人，即"复合型人才"，是最受欢迎的。这一类人的特点是多才多艺，能够在很多领域大显身手。当今社会的重大特征是学科交叉，知识融合，技术集成。这一特征决定每一个人既要拓展知识面又要不断调整心态，变革自己的思维，努力提高自身的综合素质。在这个竞争激烈的时代，社会越来越需要一专多长的人。"一专多长"也顺应了社会对复合型人才的需求。

现在大学毕业生越来越多，就业压力也是越来越大，我们经常会听到身边有人感叹：自己命运不好，没有深厚的家庭背景，工作前途渺茫。如古人云"时运不济，命运多舛。冯唐易老，李广难封"。是的，社会的竞争越来越白热化，作为这个社会的一分子，在个人职业生涯中，我们一般人很难改变这个社会和工作的环境。但是我们能够做到的是改变自己，努力培养自己成为一专多长的人才。学习就是一个改变我们人生命运的武器。如果你在技术业务上钻得深一点，学得广一点，做一个一专多长的多面手，一定能够左右逢源。有很多的工作岗位会选择你，或者是被你选择。人生旅途，华丽转身，何愁没有能够施展自己才能的舞台呢？

一专多长的学习，能够让我们更加充实，拓展我们的职业生涯，拓宽我们的职业道路，提高我们的综合素质。只要能够做到“千招要会，一招要好”，那么在我们的人生旅途上，路会越走越宽、越走越广！

⊙ 不担三分险，难练一身胆 ⊙

俗话说：“不担三分险，难练一身胆”，意思是说如果想要练就一身胆识，就应该去多经历一些风险。在生活中，我们更是应该遵从这个原则，做任何事时一定要去亲身经历，要敢于去尝试，而不应该畏畏缩缩，瞻前顾后，或者是只去想而不去做。

当我们想到成功喜悦的同时，应该先想到失败的可能，失败与成功可以说是一对孪生兄弟，一个人如果没有经历失败，那么他也就接近不了成功。

杨澜是我国著名的主持人。当她从北京外国语大学英语系毕业时，她和她的同学们一样到处找工作。一天，她到中外合资的长城饭店去应聘市场销售部的岗位，日本籍经理对她的回答非常满意，于是就给了她一个提问的机会，结果她的提问让经理录取了她。“如果没有一个意外的机会，今天的我恐怕已经做了什么大饭店的什么经理，也许正带着职业的微笑，坐在一张办公桌后面呢。”杨澜所说的这个“意外机会”，是泰国正大集团结束了与几个地方台的合作，转与中央电视台共同制作《正大综艺》。双方决定要挑选一位有大学学历的女主持人。当辛少英导演来到北京外国语大学选人时，杨澜就被系里推荐去应试。

第一批试镜的就达到了50多人。当轮到杨澜上场时，她想：“这么多广播学院、戏剧学院的美女在这里，我基本上没有什么希望了，但我也不能给学校丢脸。”接着，她往灯光下一站，奇怪的是，她一点也不感到紧张。试镜后，杨澜的机灵、学识、胆识给评委留下十分美好的印象。导演认为她是有思想的，而且表现得很清纯。但是也有人觉得她“还不够漂亮”。于是剧组决定再从社会公开挑选主持人。杨澜也在接下来的几天里被要求一连试了5次镜。

一个星期后，杨澜被领进中央电视台的外宾接待室，里面坐着主管节目的领导和已经敲定的男主持人、著名相声演员姜昆。当她与一位漂亮的女孩站在一起接受考验时，她的好胜心被完全激发了出来。当被问及“你将如何做这个节目的主持人”时，杨澜很坦然地把自己的想法和盘托出：“我不认为主持人的主要标准是容貌，而是要看他是不是有强烈的与观众沟通的内心。我希望做这个节目的主持人，是因为我特别喜欢旅游。人与大自然相近相亲的快乐是没法用语言描述的，我要把这些感觉讲给观众听……”杨澜说得非常激动。当时，在场的人仿佛都被她镇住了，她最后也如愿以偿地当上了《正大综艺》的主持人。

无论是从女性角度还是传媒人身份来说，杨澜都是活得非常出色的。她从学生一跃成为中央电视台《正大综艺》节目主持人，然而正当红极一时的时候，她又毅然辞职去美国念书，回国后，她又到凤凰卫视主持《杨澜工作室》并兼栏目制片人，后来她又创办了阳光卫视，她的每一次转型都是在挑战自己。杨澜说：“宁可在尝试中失败，也不愿在保守中成功！”

“不担三分险，难练一身胆。”杨澜不怕失败，不怕挑战，在一次次的尝试中挑战自己。正是她这种勇于探索、不断进取的精神才使得她不断地进步，最终成为家喻户晓的名人。

霍英东是中国香港立信建筑置业公司的创办人。在香港居民的眼中，他是个“奇特的发迹者”。“白手起家，短期发迹”“无端发达”“轻而易举”“一举成功”等这些议论将霍英东的发迹蒙上了一层神秘的色彩。霍英东的发迹真的神秘吗？不，他主要是运用了“先出售、后建筑”的高招。霍英东还有另一个可贵的品质，那就是不错过任何一个机会来发展自己的事业。

朝鲜战争结束以后，霍英东慧眼独具，他看出了香港人多地少的特点，认准了房地产业大有可为。于是毅然倾其多年的积蓄，投资到房地产市场。1954年，他着手成立了立信建筑置业公司。他每日忙于拆旧楼、建新楼，又买又卖，大展宏图，用他自己的话说，他“从此翻开了人生崭新的、决定性的一页”！

如果说霍英东早年经营航运业是他创业初期的练兵的话，那么他超人的经营理念则在经营房地产业的过程中得到了充分的体现。在他以前的房地产业，都是先花一笔钱购地建房，建成一座楼宇后再逐层出售，或按房收租。而他则“变了个戏法”，即预先把将要建筑的楼宇分层出售，再用收上来的资金建筑楼宇，来了一个先售后建。这一先一后的颠倒，使他得以用少量资金办大事情。原来只能兴建一幢楼房的资金，他可以用来建筑几幢新楼，甚至更多；同时，他又能有较雄厚的资金购置好地皮，采购先进的建筑机械，从而提高建房的质量和速度，降低建造成本。更具竞争力的是他的楼宇的位置比同行的更优越，而价格却比同行的更低廉。而且，有时他还采用分期付款的预售方式，使人人都能买得起。霍英东的戏法真是高招，他开创了大楼预售的先河。为了推广先出售、后建筑的“戏法”，霍英东率先采用了小册子及广告等形式广为宣传。他说:“我们开展各种宣传，以便更多的有余钱的人来买。譬如来港定居或投资的华侨、侨眷、劳累了半生略有积蓄的职员、赌博暴发户、做其他小生意胀满荷包的商贩，都可以来投资房产。谁不想自己有房住？只有众多的人关心它、了解它、参与它，我们的事业才有希望。”霍英东的广告效果颇为不错。立信建筑置业公司在短短的几年里所营建、出售的高楼大厦就布满了香港、九龙地区，打破了香港房地产买卖的纪录。这个既不是建筑工程师出身，又非房地产经营老手的水上“穷光蛋”，用不长的时间便成了赫赫有名的楼宇住宅建筑大王、资产逾亿万的大富豪。现在，霍英东名下的公司有60余家，大部分都经营房地产生意，或与房地产关系密切。由他担任会长的香港地产建筑商会，经营着香港的70%的建筑生意。

每个人都应该生活在希望之中，做任何事都要去尝试，去实践。相反地，如果一个人只是得过且过地一天天混日子，心中没有任何希望，那么，他的生命实际上就已经停止了。只有担了三分险，才会换来一身的胆。

千般易学，一窍难通⊙

人生短暂，须臾几十年。在这有限的几十年间，我们能做的事情很多，但是能做好的却寥寥无几。这也就是老人们常说的“千般易学，一窍难通”的吧。其实，在人生道路上，接触一件事物，认识它的表面现象，懂得怎样去做这件事情并不困难，而要认识这个事物的本质，掌握它的内在规律，并不是一件容易的事。这就告诫那些正在人生道路上打拼的人，不要贪图“千般易学”，而要攻克“一窍难通”的困难。只有这样，我们才能从千般的行业中脱颖而出，因为我们手中掌握着别人不懂的“一窍”，有了这“一窍”，成功何难?

生活中，易学难精的例子不胜枚举。就拿大家常见的钓鱼来说，也许钓过鱼的人都有过这样的处境，和同伴并肩垂钓的时候，坐在旁边的同伴总是有鱼上钩，而自己却是一味“傻等”。还有明明有鱼上钩了，却出现竿断鱼走的遗憾。这种情况是应该怪自己运气不好，还是钓鱼工具质量不高呢？或许这都不是答案，因为这些可能都只是外因，真正的内因可能是自己的技术不到家。

钱四是一位钓鱼的资深玩家。他常说：钓鱼是件有学问的事，它涉及的知识范围很广，包括物理、地理、生物等多方面的知识。因为每到一处水域钓鱼都应该考虑该地区的环境，水的深浅，用哪一种鱼饵等。由于需要考虑的东西实在太多了，所以钓鱼本身就充满了挑战性和未知数，这正是钓鱼吸引人的地方。

人们常说只要有耐性就总会钓到鱼。其实，钓鱼除了讲求耐性还得讲求方法，不是一味静静地等待就能成事的。钱四说，能钓到鱼不仅关乎鱼饵还关乎钓鱼者的操作技术，如果熟练的话，就不会走鱼，不会断竿断线。钓鱼需要讲求技巧。钱四总结的经验是钓鱼时应该将鱼竿竖起一定的角度，借助鱼竿的韧性卸去一些冲力。因为鱼在水中时，一斤的鱼有着三斤的力，所以应该把鱼弄得筋疲力尽了再用筛子去捞。鱼没力时，借着水中的浮力和鱼鳔的充气上浮，十斤的鱼就相当于六七斤的鱼了。

对很多人来说，钓鱼是一件挺费时间的事，没鱼上钩还会觉得闷。钱四笑言他在其中获得不少乐趣。他说，钓鱼期间其实会发生不少的趣事，还经常发生一些鱼没上来人倒是先栽进水塘的事。当一个人钓鱼钓困了，就会疏忽大意。有时候等了半天，看到有鱼上钩了，他们就会很兴奋，身体也就不自觉地往前倾，而一旦失去平衡就成了“落汤鸡”了。他说就是他们参加钓鱼比赛期间，落水的事也是时有发生。因为比赛时用的竿是有长度限制的，竿不够长时，人就得尽量往前倾。人一激动，那肯定是落水没商量了。看到别人落水的窘态，周围人自然都会笑得不可开交。

钓鱼给了钱四不少生活的乐趣，他说钓鱼还给了他平静的心态。他一坐在水边垂钓，就会很快进入忘我的境界，并将一些烦恼的事情都抛开，一心只放在钓鱼的事上。

故事说了这么多，都旨在证明一点，钓鱼是件难事，也是件考验人耐性的事，但是掌握了要领，这件事不但会变得简单，还有很多乐趣，也能对修身养性起到很多增益效果。所谓千般易学，一窍难通。每个人都会拿个鱼竿放上鱼饵垂钓，但这所谓的一窍就是能保证你钓到鱼的技巧了。

懂得了掌握“一窍”对于自己的重要性，那么怎么从千般的行业中找出适合自己的那一项呢？那就是靠自己的努力，比别人付出百倍的努力。事情往往就是这样，你只要付出了，就一定会得到回报的，要想成功就必须努力。

社会上那些成功人士，哪个不是付出百倍艰辛才有现在的成就的？所以，为了成功，为了成就一份顶天立地的事业，就不要怕吃苦，持续做下去吧，有一天，你会成功的。

由上，我们可以知道“千般易学，一窍难通”对我们日常生活的影响，它不仅是告诉了我们一个道理，更是给我们的人生以指引。无论在学习上，自我定位上，还是日常的各种选择中，遵循这个道理，都能够让我们的价值得到更大的彰显。

⊙以德立身，以德服人⊙

做人必须从“德”字开始，树立有德之人的品牌，这样才能成大事。

罗曼·罗兰说：“没有伟大的品格，就没有伟大的人，甚至也没有伟大的艺术家，伟大的行动者。”成功靠的是什么？勤奋、学识、智慧、机遇、天才，等等，每个人都可以列出自己成功的理由。在迈向成功的征途中，上述因素或多或少，会为你指出前进的方向。但正如罗曼·罗兰所说，伟大的品格不可或缺。一个人成就大事，置于首位的是他的品格和操守。

我们看一个在美国职场广泛流传的例子：

美国加州的数码影像开发有限公司需要招聘一名技术工程师，有一个叫丹佛尔的年轻人通过笔试，进入了最后一关面试，他在一间空旷的会议室里忐忑不安地等待着。过了一会儿，有一个相貌平平、衣着朴素的老者进来了。丹佛尔礼貌地站了起来。那位老者盯着丹佛尔，直直地看了将近5分钟。正在丹佛尔不知所措的时候，这位老人一把抓住丹佛尔的手，激动地说：“真没想到能在这里看见你，可让我找到你了！上次要不是你，我可能就再也见不到我女儿了！”

“对不起，我不明白您的意思。”丹佛尔一脸糊涂地回道。

“上次，在森林公园里游玩时，就是你，就是你把我失足落水的女儿从河里救上来的！”老人肯定地说。丹佛尔明白了事情的原委，原来他把丹佛尔错当成他女儿的救命恩人了。

“先生，您肯定认错人了！不是我救了您女儿！”

“是你，就是你，不会错的！”老人又一次肯定地回答。

丹佛尔面对这个感激不已的老人，只能努力解释：“先生，真的不是我！您说的那个公园我至今还没去过呢！”

听了这句话，老人松开了手，失望地望着丹佛尔：“难道我认错人了？”

丹佛尔安慰老人：“先生，别着急，慢慢找，一定可以找到救您女儿的恩人的！”

后来，丹佛尔接到了录用通知书。有一天，他又遇见了那个老人。丹佛尔关切地与他打招呼，并询问他：“救您女儿的恩人找到了吗？”

“没有，我一直没有找到他！”老人默默地走开了。丹佛尔心里很沉重，对旁边的一位同事说起了那天面试的事。不料那个同事哈哈大笑：“他可怜吗？他是我们公司的总裁，他女儿落水的故事讲了好多遍了，事实上他根本没有女儿！”

“噢？”丹佛尔大惑不解，那位同事接着说：“我们总裁就是通过这件事来选人才的。他说过有德之才方是可塑之才！”

丹佛尔被录用后，兢兢业业，不久就脱颖而出，成为公司技术开发部经理，一年间为公司赢得了2000万美元的利润。当总裁退休的时候，丹佛尔继任了总裁位置。后来，他谈到自己的成功经验时说：“一个有德之人，绝对会赢得别人的信任！”

美国哈佛大学行为学家皮鲁克斯在《做人之本》一书中指出：“做人不是一个定下几条要求的问题，而是要从自己的根本开始，把自己变成一个以德为本的人，否则你就绝不会赢得别人的信任，更谈不上成功人生，反而会让人生早晚塌方的。”

其实品德对每一个人来讲都极为重要，尤其是身居高位、垂范下属的管理者。品德由种种原则和价值观组成，它给你的生命赋予了方向、意义和内涵。品德构成你的良知，使你明白事理，而非只根据法律或行为守则去判断是非。正直、诚实、勇敢、公正、慷慨等品德，在我们面临重要抉择之时便成了首要因素。

许多人认为，成功靠天资、能力、人缘。历史却教导我们：从长远来看，“真正的自我”比“人家眼中的我”更为重要。古今中外所有关于成功和自我奋斗的故事，都着眼于当事人的德行。人生须以德为本，才能有真正的成就和满足。

我们的祖先在几千年前就讲过“修身、齐家、治国、平天下”的古训，为什么把修身放在第一位呢？那就是不论你是找人办事，还是做任何事，修身是前提，没有修身的基础，一切都无异于空中楼阁。而修身则更倾向于道德问题。

修身不拘年龄，随时可以开始，要诀是自知自省，推己及人。就推己及人的观点而言，须先取得小我的胜利，然后才会有大我的胜利。如果你习惯从生活小事修养自己的品德，将来就更有能力塑造应付大事的毅力。

武器可以杀死人，却不能征服人心。真正能征服人心的，不是武器，而是品德。

有位青年脾气很暴躁，经常和别人打架，大家都不喜欢他。

有一天，这位青年无意中游荡到了大德寺，碰巧听到一位禅师在说法。他听完后发誓痛改前非，于是，对禅师说："师父，我以后再也不跟人家打架、斗口角了，免得人见人烦，就算是别人朝我脸上吐口水，我也只是忍耐地擦去，默默地承受！"

禅师听了青年的话，笑着说："哎，何必呢？就让口水自己干了吧，何必擦掉呢？"

青年听后，有些惊讶，于是问禅师："那怎么可能呢？为什么要这样忍受呢？"

禅师说："这没有什么能不能忍受的，你就把它当作蚊虫之类的停在脸上，不值得与它打架或者骂它。虽然被吐了口水，但并不是什么侮辱，就微笑着接受吧！"

青年又问："如果对方不是吐口水，而是用拳头打过来，那可怎么办呢？"

禅师回答："这不一样吗？不要太在意！这只不过一拳而已。"

青年听了，认为禅师实在是岂有此理，终于忍耐不住了，举起拳头，向禅师的头上打去，并问："和尚，现在怎么办呢？"

禅师非常关切地说："我的头硬得像石头，并没有什么感觉，但是你的手大概打疼了吧？"青年愣在那里，已是无话可说。

禅师告诉青年的是"德"，"德"不是空口的说教，而是实际的行动。正是如此，才有了震撼人心的力量。

才能不足恃，唯有道德的力量战无不胜。对任何领域而言，道德是获胜的首要因素，光有能力无法形成力量，将高尚的道德品质运用到实际行动中才能显出成效。

无论是职场打拼，还是为人处事，人们必须记住一点：无论任何人，如果你想得到别人的信任、尊重乃至服从，你就要修炼自己的人品，使之如润物无声的春雨、出淤泥不染的夏荷、凌寒独放的冬梅……

⊙ 苍蝇不叮无缝的蛋 ⊙

唐朝的杨慎矜沉毅有才干，深得唐玄宗赏识，被封为户部侍郎兼御史中丞。但右相李林甫、御史中丞王珙等人却深嫉杨慎矜受宠，怕他会威胁到自己的地位，一直虎视眈眈地图谋除掉这个政敌。一个权力欲极强的人，是面对因才干不足而地位不保还是采用极端手段固守权位的困境选择时，李林甫选择后者。

李林甫不是科举出身，文化素养与学识均十分低劣。李林甫的表弟、太常太卿姜度添了个儿子，李林甫兴发，手书贺词：“闻有弄獐之喜”，将“弄璋”写成了“弄獐”。贺喜的客人见了，一个个都掩鼻而窃笑。李林甫的学识浅薄，使他对文士产生一种本能的敌视。

杨慎矜生性豪爽，喜爱结交朋友。他还非常迷信，相信逢凶化吉之说。他家祖坟的守墓人告诉他，墓园里的草木似乎在流血。杨慎矜听后非常不安，认为这是不吉的征兆。此时一位叫史敬忠的术士对他说，祈禳可以免祸。

因此，他就在自家的后园大办法事。罢朝归家，杨慎矜就坐在丛棘之上，驱祸求福。就这样做了几十天的法事，据说坟里的树木也不流血了。

为了感谢史敬忠，杨慎矜将家里的一个婢女明珠送给了他。后来，明珠又被史敬忠献给了杨贵妃的妹妹八姨。有一次，八姨带着明珠进宫，被唐玄宗看见。玄宗对明珠的美丽非常惊讶，问八姨从何处得来。八姨说原是杨慎矜家的婢女，近日送给了史敬忠。玄宗又问：“史敬忠是何等样子的人，值得杨慎矜送这么漂亮的美人给他？”于是明珠就把杨慎矜听史敬忠的话在家里祈禳避祸的事详说了一遍。玄宗对这种荒诞行为十分不满。

后来，玄宗又把这事告诉了李林甫。李林甫正担心杨慎矜有可能升任宰相，便与王珙密议借机除掉杨慎矜。他们唆使人告发杨慎矜自以为是隋炀帝的子孙，私蓄图谶，秘行邪法，潜谋大逆，妄图恢复隋朝。

听说杨慎矜意图恢复隋朝，玄宗更为震怒，下令马上逮捕杨慎矜，并命刑部尚书肖隐之等人共同审理此案。又命京兆府士曹、著名酷吏吉温前往东都洛阳收捕杨慎矜之兄少府少监杨慎余，以及其弟洛阳令杨慎名，还叫吉温到汝州捕捉史敬忠。

史敬忠与吉温的父亲本是至交，吉温幼小时，史敬忠常常抱着他玩。吉温抓获史敬忠后，将他押往长安。快走到骊山温泉时，他命人对史敬忠说：“杨慎矜已经招认，识相一些，将谋反实情供出，你就能活；不招出谋反之事，你将死无葬身之地。如今说还来得及，到了骊山温泉在皇帝面前，你再哀求招认可就来不及了。”

史敬忠在吉温的逼迫下，只得坐在路边的桑树下写了招状，内容正合吉温之意。此时，吉温才高兴地以子侄之礼拜见眼前这位披枷戴锁的长辈，嬉皮笑脸地说：“丈人莫要见怪！”为了得到“图谶”，李林甫又派殿中侍御史卢铉、御史崔器几次抄检杨慎矜的家，但都没有搜到。最后，卢铉只得制造一个谶书，藏在袖中，再领人到杨家搜索。他们翻箱倒柜，终于在一个极秘密处“查获”了那张要命的谶书。卢铉还用极其残酷的刑罚拷问传说与杨慎矜共解图谶的太府少卿张琪，但张琪挺住了，什么也没有说。

由于李林甫、王珙、卢铉、吉温等人的罗织、刑讯，被捕诸人不得不诬服。定案以后，玄宗下诏杨氏三兄弟自尽，家中男女流放岭南，史敬忠重杖一百，流放远郡。

身怀其玉，本身是一件幸事。有时候，聪明反被聪明误，这就变成了不幸。杨慎矜的死就说明了这一点。古人曾主张要韬光养晦，藏锋露拙，因为这样才能消灾灭祸以保全身。即使现在身处顺境也要学会谨慎，因为谁也无法预知以后会发生什么事。也许正当你春光得意之时，已经有人在暗中放暗箭了。只有将自己放在一个很不显眼的地位，别人不会注意你，也就说不上嫉恨和谋害了。

⊙行不行，先尝试⊙

一个人成功的关键在于尝试。只有敢于尝试，理想才能变成现实；只有在不断的尝试中，你才能一步一步地走近成功；只有通过艰难的尝试，你才会看到事情的结果。不要总是问自己结果会怎样，到底行不行，你得尝试过后才知道。

有很多人这样说：“成功始于想法。”但是，只有好的想法，却没有进行尝试，看它是不是真的可行，结果还是不可能成功的。好的想法就像种子，不去培育它，它就只能保持最初的样貌，毫无进展；只有立即行动，它才会长成幼苗，长成参天大树，结出累累硕果。当然，在幼苗成长的过程中免不了要遭遇凄风冷雨的摧残，甚至可能在冰雹、干旱等等恶劣条件下夭折。你的尝试也不一定总能一下子成功，但你确实为之努力奋斗过，那就足够了，因为你获得了与成功同样宝贵的东西——经验。有了这种财富，你便知道如何去避免再次失败，你就已经向成功迈进了一大步，这一切的一切，都是尝试的结果，它将改变你的人生，扭转你的命运。

有多少人可以始终保持尝试的热情呢？

最伟大的发明家爱迪生为了尝试从黄金葛中提炼出橡胶，居然做了10000多次实验。我们能够知道这一点，是因为他在笔记本中记录了每一次实验的过程。在这些实验的过程中，爱迪生曾向一位记者提到，他已经进行了5000次实验。当记者大为惊讶，脱口而出：“你的意思是，你已经犯了

5000次错误了吗？”爱迪生摇摇头，平静地说：“不是这样。我们已经成功地掌握了5000种并不适合的方法。”

对于爱迪生来说，5000次的尝试，实际上是5000次的成功，因为他证明了5000种不能从黄金葛中提炼出橡胶的方法。然后他才能继续尝试下去，直到最终成功。

以这样惊人的勇气和毅力，爱迪生取得了一生中的1093项专利，包括电报、现代化的打字机、实用的电话、第一台留声机、家用白炽电灯泡、第一台发电机、电影、储备式电池、油印机等改变人类生活的伟大发明。我们可以想象得到，每一项成果的问世都经历了无数次艰难的尝试，可以肯定地说，正是因为尝试，才能创造出这一个又一个伟大的奇迹。

很多人在尝试做一件事的时候，总是希望得到一种保证，希望一次就能成功，其实这是不可能的。在条件还不成熟的情况下，失败肯定在所难免。但是如果你有一种学习的态度，每次的失败一定会让你变得更加聪明。事实上，每一次尝试、每做一件事对我们都是好的，因为从失败中可以学习到很多经验。重要的不是你尝试做什么，而是你怎么去想。你所尝试做的事情都能让你得到教育，让你能够有正确的思考方式，让你变得更聪明。当你尝试成立一个公司的时候，你可能已经知道会失败，但是当你失败的时候，你已经变得更聪明了。尝试失败可能是让我们更聪明的方法，因为我们都不是天才。

你一定要让自己振作起来，要敢于去尝试，不要想想就算了。一件事情的背后往往会遇到很多新的机遇，而这些机会不去尝试是不会遇到的。你所跨出的每一步，往往会给你下一步的人生带来很大的改变。

人生就像我们蹒跚学步的时候一样，每一次尝试，每跨出一步都是一种改变，都是一种新感觉，都会有一种意外的收获和喜悦。不去尝试就没有机会。

只要你始终保持尝试的热情，奇迹就不远了。

⊙ 想喝甜水自己挑 ⊙

世界上没有不劳而获的成就，即使天上掉馅饼，也要张开嘴巴去接啊。自助者，天助之。遇到问题时，不要抱怨，不要依赖别人，自己积极地动脑筋，想办法，一切困难都会迎刃而解的。

谁也无法带给你成功，除了你自己。当你懂得自立自助时，就开始走上了成功的旅途。抛弃依赖之日，就是发展自己潜在力量之时。外界的扶助，有时也许是一种幸福，但更多的时候，情况恰恰相反。只有依靠自己的力量，才是长久之计。有句话说得好，“想喝甜水自己挑。”

海尔集团的张瑞敏谈到当初创业时的艰辛，总是感慨万千。那时的海尔仅仅是一个生产电动葫芦的小厂，且亏损高达147万元，接手这样的烂摊子对于任何人来说都是需要极大的勇气的，但是张瑞敏没有退缩。1984年，为了签订与德国利勃海尔公司的电冰箱制造技术合同，海尔人于立民顶风冒雪用两个小时的等待叩开了项目合同的大门；1985年8月，为了能够申请到外汇，赵敦国和张瑞敏出差到山东经贸委，囊中羞涩的他们省吃俭用，住蒸笼一样的简易招待所，用借来的破旧自行车终于跑成了外汇批文；1985年春节，张瑞敏想方设法给每一个员工发了5斤鱼，但是过年不能不发奖金啊，为了能给职工发点奖金，他派人向大山大队三次“磕头”求援，用一颗赤诚的心感动了大队书记王栋贵，终于在腊月廿八将奖金发到了职工的手中……那段日子，虽然很艰苦，但是勤奋的海尔人却都玩命似的跟着张瑞敏干，“领导敢为大伙儿借钱过年，咱也要争口气，好好跟他干，挣了钱把钱还回去！”就这样，海尔在张瑞敏的带领下艰苦奋斗、自力更生，仅仅用了几个月的时间就使得濒临破产的厂子起死回生了。

正是由于这种自力更生、艰苦奋斗的精神，海尔开创了中国家电行业的新纪元。而现实中的我们，也总会遭遇各种各样的困难，在很多时候，我们却总是习惯于求助他人，却忘却了自己。其实我们身上都有很多尚未开发的潜力，并拥有把难题变成机会的能力，为什么我们不去主动地主宰自己的命运，却要祈求他人的怜悯和帮助呢?

拿破仑年轻的时候，一次到郊外打猎，突然听见有人喊救命，他快步走到河边一看，见一男子正在水中挣扎。这河水并不深，拿破仑端着猎枪，对准落水者，大声喊道：“你若不自己游上来，我就把你打死在水里！”那人见求救无用，反而增添了一层危险，便只好奋力自救，终于游上岸来。

拿破仑拿枪逼迫落水者自救，是想告诉他，自己的生命本应该由自己负责，唯有自己对自己负责的生命才是真正有救的生命。

在我们处于困境，没有人救援和帮助时，就应该靠自己寻求生存。为了活下去，战胜困难，我们就要用自己的心智和困境作斗争，在某些危急时刻，就会激发出自己的潜能，发挥出超常的力量。

坐享其成是人性的弱点，更是人的劣根性。很多人在取得一点点成就之后，不是乘胜追击，借助良好的外界条件努力开创更伟大的事业，而是骄傲自满，忘乎所以，将自身的优势消耗殆尽，最终失败了。他们都忘却了一个真理：自己才是最有威力的那个法宝。

许多从艰苦的环境中奋斗出来的人，他们并不比我们拥有更多的天赋，而他们之所以能取得成功，完全是因为他们能够战胜自己、坚强独立。即使我们最终没能到达彼岸，但只要我们努力了，用自己的力量征服痛苦，渡过难关，也能体会到一种快乐。

相信自己，你本身就有无限的潜能。只要能挖掘出潜能，发挥长处和优势，你的人生就会获得意想不到的精彩，创造出更大的价值。

⊙ 忍得一时，风光一世 ⊙

一个人能“忍”的程度也是他可“负”的程度，成大事者莫不是从危机四伏的人性丛林中杀开一条生路，其间所受之辱超乎想象。但正是如此，这般屈辱使他们百忍成金，磨砺似钢，挑起常人挑不起的重担，走上成功之路。

范雎是战国时期政治舞台上一位十分著名的政治家、外交家，而他走上政治舞台却历经了坎坷。

他原是魏国人，早年有意效力于魏王，由于出身贫贱，无缘直达魏王，便投靠在中大夫须贾的门下。

有一年，他随须贾出使齐国，齐襄王知范雎之贤，馈以重金及牛、酒等物，范雎辞谢没有接受。须贾得知此事后，以为范雎一定向齐国泄露了魏国的秘密，便将此事报告了魏国的相国魏齐。魏齐不问青红皂白，令人将范雎一阵毒打，直打得范雎肋断齿落。范雎装死，被用破席卷裹，丢弃在茅厕中。须贾目睹了这一幕，不置一词，还往范雎的身上撒尿。

范雎强忍着一时之气。他待众人走后，从破席中伸出头对看守茅厕的人说：“你若能将我救出，以后定当重谢。”守厕人便去请求魏齐，允许让他将厕中的“尸体”运出。

范雎历经千辛万苦来到了秦国都城咸阳，并改名换姓为张禄。此时的秦国正是秦昭王当政，而实际上控制大权的却是秦昭王之母宣太后以及宣太后之弟穰侯、华阳君和她的另外两个儿子泾阳君、高陵君。这些人以权谋私，秦昭王完全被蒙在鼓里，形同傀儡。

但范雎看出秦国是最具实力的国家，秦昭王也不是一个无所作为的国君。几经周折，范雎终于见到了秦昭王。他以其出色的辩才向秦昭王指出秦国政策的失误，并提出了自己内政外交等一系列主张。

秦昭王立即采取果断措施，废太后，驱逐穰侯、高陵、华阳、泾阳四人于关外，将大权收归己有，并拜范雎为相。

范雎所提出的外交政策，便是闻名于后世的“远交近攻”，而他所要进攻的第一个目标，便是他的故国魏国。

魏国大恐，派使臣须贾来向秦国求和。不过，须贾只知道秦的相国叫张禄，而不知他就是范雎。

范雎得知须贾到来，便换了一身破旧衣服，也不带随从，独自一人来到须贾的住处。须贾一见大惊，问道：“范叔别后还好吗？”范雎道：“勉强活着吧！”须贾又问：“范叔想游说于秦国吗？”范雎道：“没有。我自得罪魏国的相国以后，逃亡至此，哪里还敢游说。”须贾问：“你现在干什么呢？”范雎道：“给别人帮工。”须贾不由得起了一丝怜悯之情，便留范雎吃饭，说道：“没想到范叔贫寒至此！”同时送给他一件丝袍。

席间，须贾问：“秦的相国张禄，你认识吗？我听说如今天下之事，皆取决于这位张相国，我此行的成败也取决于他，你有什么朋友与这位相国认识吗？”范雎道：“我的主人同他很熟，我倒也见过他，我可以设法让你见到相国。”

第二天，范雎赶来一辆驷马大车，并亲自当驭手，将须贾送往相国府。进入相府时，所有的人都避开，须贾觉得十分奇怪。到了相府大堂前，范雎说：“你等一下，我先进去替你通报一声。”

须贾在门外等了好久，也不见有人出来，便向守门人问道：“这位范先生怎么这么半天也不出来？”这时才明白刚才拉他进来的“范先生”就是他要找的相国。

须贾大惊失色，于是脱衣袒背，一副罪人的打扮，请守门人带他进去请罪。范雎雄踞堂上，身旁侍从如云。须贾膝行至范雎座前，叩头道：“小人有必死之罪，请将我放逐到荒远之地，是死是活都由大人安排！”范雎问：“你有几罪？”须贾说：“小人之罪多于小人之发。”范雎道：“你有三大罪：我生于魏，长于魏，至今祖先坟茔还在魏，我心向魏国，而你却诬我心向齐国，并诬告于魏齐，这是你的第一大罪。当魏齐在厕中羞辱我时，你不加阻止，这是你的第二大罪。不止如此，你还乘醉向我身上撒尿，这是你的第三大罪。我今天之所以不处死你，是因为你昨天送了我一件丝袍，看来你还没忘旧情，我可以放你回去，不过你替我转告魏王，赶快将魏齐的脑袋送来！要不然，我就要发兵血洗魏都大梁城！”

魏齐吓得仓皇出逃，可赵、楚等国畏于秦国的兵威，谁也不敢收留他，魏齐终于被迫自杀。

忍人之不能忍，方能成别人所不能成之事。人生难免会遇到困难和挫折，只要你能忍受挫折中的屈辱和痛苦，将挫折当成成功来临前的磨砺，并以此自勉，一旦东山再起，就会爆发出巨大的力量。

第十四章

社交生活：岁寒知松柏，患难见真情

——做好自己，提高情商

⊙ 话多不如话少，话少不如话好 ⊙

女人的唠叨对丈夫来说是一场不折不扣的灾难，同样，在人际交往中，爱唠叨的人也是不受人欢迎的。

在现实生活中，很多人都是人群中的活跃者，喜欢以自我为中心，夸夸其谈，当然不会得到好人缘。还有一些人，总是将自己的生活泡在“苦水”里。无论大事还是小事，他们都像“祥林嫂”一样，不遗余力地向人倾诉，向人抱怨。然而，这样做，不仅不会换来同情，还可能惹来别人的厌弃。

俗话说：“话多不如话少，话少不如话好。”话多的人不一定有智慧，话少倒有可能更让人接受。下面这个案例就是最好的说明。

开始时，王艳向别人推销时总是赖在别人面前不走，直到把对方累垮，业绩却毫无起色，久而久之，她对自己的推销能力也产生了怀疑。后来在别人的帮助和指点下，她决定：“并不一定要向每一个我拜访的人推销保险。如果超过预订的时间，我就要转移目标。为了使别人快乐，我会很快离开，即使我知道如果再磨下去他很可能会买我的保险。”

谁知这样做竟然产生了奇妙的效果：“我每天推销保险的数目开始大增。还有，有些人本来以为我会磨下去的，但当我愉快地离开他们之后，他们反而会到另一间办公室来找我，并且说：‘你不能这样对待我。每一个推销员都会赖着不走，而你居然不再跟我说话就走了。你回来给我填一份保险单。’”

沟通不是一件容易的事情。人是复杂多样的，各有各的癖好，各有各的脾性。

在与人相处时，或许你就有这样的感触：当有人想用言辞来引起你的重视的时候，反而他说得越多，在你看来这个人就越是平淡无奇，或者越是觉得他啰啰嗦嗦惹人讨厌。

这是因为，说得越多，说出愚蠢的话的可能性也就越大。很多时候，如果能保持缄默，或者把话说得简洁一点，直观一些，或者保留一些，给对方留一点遐想，那么可能更受欢迎。

常言道："言多必失"，也是指说话太多的害处。清朝宰相刘墉就曾体验到这样的害处。

提起"刘罗锅"刘墉，人们脑海里立刻出现了一个聪明机智、正直勇敢、不失几分幽默的人物形象。他凭着自己的正直和聪明周旋于危机重重的官场，左右逢源，游刃有余。但很少有人知道，刘墉也曾遭遇重大转折，受到乾隆皇帝的申斥，本该获授的大学士一职也旁落他人。

究其原因，不过是刘墉守口不密，说话不周，酿成了祸患。一次乾隆谈到一位老臣去留的问题，说若老臣要求退休回籍，乾隆也不忍心不答应。刘墉便将这话泄露给了老臣，而老臣真的面圣请辞。乾隆大为恼火，认为这是刘墉觊觎大学士的明证，是谋官的明证，因而训斥一通，将大学士一职改授他人。

因此，足见言语谨慎对于一个人在职场生存立足具有很重要的意义。职场处世戒多言，多言必失。刘墉由于说话不慎，而将到手的大学士丢了，就是最好的明证。

当然了，与人相处，话要少说更要说得好。在我们的人生中，不但要学会适时地沉默，还要学会优美而文雅的谈吐。少说话固然是美德，但是在该说的时候，要注意所说的内容、意义、措辞、声音和姿势，要注意到什么到什么场合说什么话。无论是探讨学问、接洽生意还是交际应酬、娱乐消遣，我们要尽量使自己说出来的话要重点突出、具体而生动。

古语说：兵不在多而在精，说话也应以"精"为好。《墨子闲话》中记下这样一个故事：

子禽有一次问他的老师墨子："多言有什么好处吗？"

墨子回答说："青蛙日夜都在鸣叫，弄得口干舌燥，却不为人们所爱听。而晨鸡黎明按时啼，天下不都被叫醒了！多言有什么好处？话要说到点子上才好。"

事实正是如此。要把话说到点子上，说到对方的心坎里，这样才能给交际架起绚丽的彩桥。

⊙ 礼多人不怪，多笑惹人爱 ⊙

做事并不是有“理”就够。很多人因为有“理”在身，所以“理直气壮”地办事情，结果往往适得其反。这其实是因为他们的做事方法太直接了，往往会让人感到不舒服，所以即使有“理”也要变通行事，再多一些“礼”，这样才能顺利方便，百试不爽。

无论是“有‘礼’走遍天下”，还是“伸手不打笑脸人”，都是在强调“礼”的重要性。时时不忘以“礼”待人的人，人际关系才能良好。

一个刚刚走出大学校门的女孩，接到一家大企业的面试通知，她在兴奋之余又非常紧张。在面试那天，尽管做了充分的准备，她还是没能够表现出自己应有的水准，她实在太紧张了，说话结结巴巴、语无伦次，对面的几个考官都皱起了眉头。这时，一位中年男士走进办公室和考官耳语了几句，在他离开时，女孩听到人事主管小声说了句“经理慢走”。那位男士从女孩身边经过，给了她一个鼓励的眼神，女孩非常感激，立刻站起来，毕恭毕敬地对他说：“经理您好，您慢走！”她看到了经理眼中些许的诧异，然后他笑着点了点头。等她再坐下时，她从人事主管的眼中看到了笑意……

一个星期后，她竟然获得了这份宝贵的工作。就是因为她对经理那句礼貌的称呼，让人事部觉得她对行政客服工作能够胜任，所以才改变了对她的印象，决定给了她一个机会。

一句礼貌的称呼为女孩

赢得了一次难得的机会。这看来很简单，我们每个人都能做到，但很多人忽略了它。

正是因为“礼”在长期规范和维系着人与人的交往。礼在某种意义上就是情，礼少了，情也就淡了。所以，不管是做人还是处世，多些礼数总没有错，正如那句老话所言“礼多人不怪，多笑惹人爱”。

在商界，有很多成功的经商之道就是打“微笑牌”。

阿尔米公司是美国钢铁公司和国民制酒公司的一家子公司，是一家生产钛产品的联合企业。几年前它的经营成绩低于一般水平，生产效率和利润都很低，但最近5年来，阿尔米公司获得了引人注目的成功，究其原因是因为“大块头”吉姆·丹尼尔出任总经理的时候实施了“微笑计划”。

《华尔街日报》把这项计划形容为“一个由感人肺腑的口号、相互交流和满脸堆笑组成的大拼盘”。丹尼尔的工厂里到处贴着告示，上面写着：“倘若你看到有谁脸无笑容，那就请对他报以微笑吧。”用心微笑才能让你的工作充满活力。

阿尔米公司的标志就是一张笑脸，信笺上、厂门口、厂徽、工人的安全帽上，这张笑脸无处不在。“大块头”吉姆·丹尼尔花费大量时间用于骑车巡视工厂，他和工人们打招呼，相互微笑，倾听他们的意见，彼此称兄道弟。此外，他也很关心工会，当地的工会主席充满敬意地说：“他让我们出席各种会议，让我们了解工作的开展情况，这在别的行业真是前所未有的。”这样做的结果是，在最近3年里，阿尔米公司几乎未加任何投资，但生产率差不多提高了80%。

无独有偶，同样打“微笑牌”的，还有美国希尔顿酒店。它创立于1919年，在不到90年的时间里，从一家酒店扩展到一百多家，遍布世界五大洲的各大城市。几十年来，希尔顿酒店的生意如此之好，财富增长如此之快，其成功的重要秘诀就是要求员工用心微笑，让顾客有宾至如归的感觉。

希尔顿在创业之初对员工的要求就是：“微笑，记住了，我们要让顾客有回家的温暖，微笑是很重要的，以后我检查你们工作的重要标准就是，今天你对客人微笑了吗？”

1930年是美国经济萧条最严重的一年，全美国的酒店倒闭了80%，希尔顿的酒店也一家接着一家地亏损，一度负债达50万美元。希尔顿并不灰心，他召集每一家酒店的员工，向他们特别交代和呼吁：“目前正值酒店亏空靠借债度日时期，我决定强渡难关。一旦美国经济恐慌时期过去，我们希尔顿酒店很快就能进入云开日出的局面。因此，我请各位记住，希尔顿的礼仪万万不能忘。无论酒店本身遭遇的困难如何，希尔顿酒店服务员脸上的微笑永远是属于顾客的。”事实上，在那纷纷倒闭后只剩下的20%的酒店中，只有希尔顿酒店服务员的微笑是美好的。经济萧条刚过，希尔顿酒店就领先进入了新的繁荣期，跨入了经营的黄金时代。

不管是做事要懂礼数，还是要微笑待人，它反映的不仅是一个人的教养问题，还反映出一个人的生活态度问题。

人生在世，我们无法阻止岁月的流逝，却可以阻止活力的消失。很多人在年轻时就已经进入了夕阳般的衰老疲惫的工作状态，这都是因为他们忘记了用心微笑。奥利弗·霍尔姆斯80岁的时候，人们问他活力依旧的秘诀是什么，他回答说：“要保持愉快的态度，要对自己满意。我从来没有感到愿望得不到满足的痛苦……躁动、野心、不满、忧虑，这些都使皱纹过早地爬上了额头。皱纹不会出现在微笑的脸庞上。微笑是年轻的讯息，自我满足是年轻的源泉。”

如果一个人随时保持乐观的微笑状态，保持心灵永远年轻，那么即使他进入了老年也能够像年轻人那样充满活力。“老骥伏枥，志在千里；烈士暮年，壮心不已。”年龄不是区分衰老与否的主要标志，“笑一笑，十年少；愁一愁，十年老”，无论是处在什么年龄阶段，只要永远保持微笑，你就比别人活得更快乐、更幸福，也更有工作热情。所以，从今天开始用心微笑吧，你会发现原来周围的一切都那么可爱，工作是那么愉快的事情。

⊙ 主雅客来勤 ⊙

古人说：“人和天地阔，主雅客来勤”，说的就是做人和待客之道。“人和天地阔”表示主人家与人相处之道，意思就是为人和善，注重和谐，能与客人和平相处，宽容待人，正所谓家和万事兴就是这个道理。而“主雅客来勤”讲的就是主人气节高雅、品德高尚、文雅大方，对待客人热情周到，那么不用自己到处宣扬，自然就可以吸引各方宾客前来。

这里所说的雅，指一个人有品位，有学问或者素质高，别人与之交往往往能够感到心情愉悦，或者在谈话交往的过程中能学到一些知识或者在其他方面有所收获。对于这种人，人们也常用“与君一席话，胜读十年书”来表达对他们的赞美与喜爱。

战国时期，齐国的相国孟尝君就是一个雅士，广交天下贤士，共同商讨强国富民的政策。因其名声而前去投奔他门下的门客最多的时候有三千多人。在那个战乱纷纷的时期，正是在这些门客的出谋划策之下，孟尝君在齐国当了几十年相国，没有受到丝毫的祸患。

孔子说："有朋自远方来，不亦乐乎？"说的是有志同道合的朋友自远方而来，不是很高兴的事情吗？每当有客人前来拜访的时候，作为主人应该以诚相待，热情地接待客人，这样客人一定会心情愉悦，也愿意再来拜访。而尊重是待客时最起码的礼貌，如果没有了尊重，也不会有勤来的客人。

以前美国有一对老夫妇，穿着简单朴素的衣服去见哈佛大学的校长。因为没有事先约好而且夫妇二人穿着又比较朴素，校长秘书就武断地认为这二人不会与哈佛有什么业务上的往来，于是很不高兴地说："我们的校长是非常忙的。"女士说："没关系，我们可以等。"过了几个小时，实在没办法，校长只好很不情愿地出来见了夫妇二人。这对老夫妇告诉校长："我们的一个儿子曾经在贵校读过一年书，他非常喜欢这所学校，他在这个学校的生活非常开心。但是不幸的是他去年因为在意大利游玩时染病离开了我们，所以我们想在学校为他留一个纪念物，以纪念我们的儿子。"

哈佛大学的校长非但没有被这对老夫妇的举动和他们儿子的不幸而感动，反而是非常不屑地说道："我们可是世界名校，每年有无数的优秀学生在这里学习。我们不可能为每个学生都建立一个纪念碑的，否则我们这里不就成了墓地了吗？"这对老夫妇说："我们不是那个意思，我们只是想为学校捐一个教学楼，而以我们儿子的名字为这个教学楼命名。"

校长看了一眼穿着朴素的老夫妇，觉得这对老人是在开玩笑，然后轻蔑地说："你们这对没见过世面的人，还想捐个教学楼，知道在我们学校建一座教学楼要花多少钱吗？我们学校的建筑物价值现在可是超过了750万美元。"于是老夫妇二人默默地离开了哈佛大学。校长当时还很高兴，以为自己总算打发走了这对讨厌的夫妇。

但是这对老夫妇默默离开之后，用自己的钱在美国加州投资建立了一所私立学校，并用自己儿子的名字为他们的学校命名，这就是后来的斯坦福大学。现在斯坦福大学已经是世界著名的大学之一，每年为美国加州带来无数的财富，也为世界培养了无数的人才。

仅仅是一次对别人的不尊重，不仅使哈佛失去了一次大大提升自己实力的机会，还因为这次的不尊重从此多了一个实力强劲的竞争对手。这就是不尊重别人付出的代价。

随着科技的进步，社会分工日益细化，做任何事情都需要有别人的配合和帮助，这时就更看出朋友的重要性。如何才能广交四方好友呢？“主雅”是关键，那么关键中的关键又是什么呢？那就是要学会尊重，否则勤上门的朋友也会因为不被尊重而离你远去。

⊙ 蚊子遭扇打，只因嘴伤人 ⊙

俗话说：“蚊虫遭扇打，只为嘴伤人。”意思是说，以尖酸刻薄之言讽刺别人，只图自己嘴巴一时痛快，殊不知会引来意想不到的灾祸。人与人相处原本没有那么多的矛盾纠葛，可是常常因为有的人逞一时之快，说话不加考虑，只言片语伤害了别人的自尊，让人下不来台，引发了事端。

三国名将关羽，过五关，斩六将，温酒斩华雄，匹马斩颜良，偏师擒于禁，擂鼓三通斩蔡阳，“百万军中取上将之首，如探囊取物耳”。然而，这位叱咤风云、威震三军的一世之雄，下场却很悲惨，居然被吕蒙一个奇袭，兵败地失，被人割了脑袋。关羽兵败被斩的最根本原因是蜀吴联盟破裂，吴主兴兵奇袭荆州。吴蜀联盟的破裂，原因很复杂，但与关羽其人的骄傲有着密切的关系。

诸葛亮离开荆州之前，曾反复叮嘱关羽，要东联孙吴，北拒曹操，但关羽对这一战略方针的重要性认识不足。他瞧不起东吴，也瞧不起孙权，致使吴蜀关系紧张起来。关羽驻守荆州期间，孙权派诸葛瑾到他那里，替孙权的儿子向关羽的女儿求婚：“求结两家之好”，“并力破曹”，这本来是件好事。以婚姻关系维系补充政治联盟，历史上多有先例。如果放下高傲的架子，认真考虑一番，利用这一良机，进一步巩固蜀吴的联盟，将是很有益处的。但是，关羽竟然狂傲地说：“吾虎女安肯嫁犬子乎？”

不嫁就不嫁嘛，又何必出口伤人？试想这话传到孙权那里，孙权的面子如何吃得消？又怎能不使双方关系破裂？关羽的骄傲，使自己吃了一个大大的苦果，最终被自己的盟友结束了生命。

有句话说得好：“说出去的话就像泼出去的水，那是收不回来的。”那么，要想不为说出的话而感到后悔，那就管好自己的嘴。特别是在做人做事时，应和和气气，不做有损人面子的事情，不说有损别人面子的话，这样，才能和平共处，共赢互惠。

语言的伤害力我们不可小视，随口说的一句话可能给人以巨大的创伤，或者使人痛苦不堪。语言不是枪或刀等利器，但残忍的言语比利器还要厉害，它会抹杀人的精神，给人留下无法磨灭的心灵创伤。肉体的伤害容易愈合，但精神的创伤却难以抚平。

语言是引起风波的罪魁祸首，如果别人不能容忍你的话。短短的一句话，能使你的职场步履维艰，能使姻缘断绝，能使友情破裂。语言的威力可谓惊人，如若语言含有毒物，它可以毁灭人生，如若语言含有芳香，它可以愉悦生命。

正所谓："好言一句三冬暖，恶语伤人六月寒。"所以，不要取笑或言语伤人，说者无心，听者未必无意。和气之道、避祸之道表现为言语的和气。以和气的言语、富有爱心的言语对待他人，自己也会有美好的人生。

⊙ 人情不可透支 ⊙

在这个世界上，若想活得出色，活得风光，就必须有一些能使自己成才、成器或成事的路子，包括生存的路子，或者成就某一事业的路子。这些路子都不可能靠自己单枪匹马的力量硬闯出来，必须借助他人指导、引荐、支持或帮助才能找到方向，踏上征程。从某种意义上说，这些路子都是别人给的，或者说是别人帮助开拓的。那么，天下之大，人事之繁，别人为什么要单给你路子？为什么乐意帮你开拓路子？答曰：人情使然，有了人情也便有了路子，人情大，路子宽。

群居而活的人们，做事不可能单打独斗，很多时候都需要用到亲戚朋友，换句话说，要动用到人情存款簿。然而人情也不是取之不尽用之不竭的东西，一旦透支，就可能再也用不上了。那么要如何动用才不至于"透支"呢？这就需要在与人交往和办事时掌握好以下几个原则：

首先，要弄清楚你和对方的情分如何，再决定是不是找他帮忙。其次，如果能不找人帮忙就尽量不找人帮忙，就好像银行存款，能不动用当然最好，宁可把这人情用在刀刃上。再则，动用人情的次数要尽量少，以免提早把人情存款用光。然后，要有适度的回馈，也就是"还人情"。回馈有很多种，例如主动去帮助对方，请吃饭、送礼物都可以。总之，不要把人家帮你忙当成应该的，有"提"有"存"，再提还有。就算对方欠你情，你也不可抱着讨人情的心态去要求对方帮忙，因为这有可能引起对方的不快。最后，注意斤斤计较的人，你们交情再深，也不可轻易找他帮忙，否则这笔人情债会像在地下钱庄借钱那般，让你吃不消。

有这样一个故事说，有个人负责某份杂志，由于杂志的财源并不丰裕，不仅人手少，稿费也不高，但他又不愿意因为稿费不高而降低杂志的水准，于是他开始运用人情向一些作家邀稿，这些作家和他都有过交情，但其中一位在写了数篇之后坦白向他说："我是以朋友的立场写稿，但你们稿费太低了，错不在你，但你这样做是在透支人情。"

透支人情说到底不会有什么好结果，对人对己影响都不好。如果透支了人情，你们之间的感情必然会转淡，甚至他对你避之唯恐不及，那么有可能进一步发展的情分就此断了。更甚者，你在他眼中变成了不知人情世故的人，这对你是相当不利的。

如果你不了解这些，动辄找同学、朋友帮你的忙，那么你就会发现，你慢慢变成了不受欢迎的人。当然也有主动帮你忙的人，但切勿认为这是天上掉下来的，你若无适度的回馈，这也是一种"透支"。

对待人情必须把握分寸，把握轻重。如果处理不当，你即便给别人施情，别人也不会接受；你向别人求情，别人也不会帮助你。所以，如何对待人情是每个人都应该把握的大学问。

总之，人脉是帮助一个人立身在社会的一个很重要的因素。如何经营好你的人脉是你要掌握好的一门重要的学问。

⊙花香不在多，室雅不在大⊙

评价一个人的标准有很多，品格，绝对是其中最重要的一个。一个有良好品格的人，必定是热心的，能够急人之困，同时肯定也是正直的，能够坚持自己的操守，看到别人遭遇不公时会挺身而出，去维护正义。他们更是能起到表率的作用，不仅让自己的人生更加精彩，还能照亮别人。好品格就像是一朵鲜花，花朵不多，但香气浓郁；也像是一间屋子，面积不算大，但是却十分雅致。这就是"花香不在多，室雅不在大"。

"花香不在多，室雅不在大"这句话是郑板桥说的，指的就是一个人只要有好品格，那么，他不需要有多么高的地位，也不需要有多么多的财富，一样能够得到人们的尊重，受到别人的赞美。事实上，郑板桥不仅是这样说的也是这样做的。在他的当官生涯中，做了很多好事，为很多穷苦的人伸张正义，主持公平，他用自己的行动证明了自己的品格，让人们知道，他是一个言行合一的人。

我们要学习的就是郑板桥这样的人，做一个有品格，有道德的人。哪怕我们只是人海中普通的一员，也要有不俗的气质，坚守自己，影响他人。做一个平凡但香气浓郁的花朵，做一个不大但雅致的居室。

孔融是东汉末年的大学问家，小时候才思敏捷，聪明好学，反应很快，大家都夸他是神童。孔融4岁时，就已能背诵许多诗赋，并且懂得礼节，父母兄长都非常喜爱他。

这天，父亲的朋友来孔融家做客，带了一篮梨子，送给孔融兄弟们吃。父亲接过篮子后，就交给了孔融，叫孔融分梨。孔融挑了一个最小的梨子给自己，其余的按照长幼顺序分给了兄弟们。父亲和朋友都很惊讶，就问孔融为什么要这么分。小孔融说："我年纪小，是家里的小弟，就应该吃小的梨，把大梨让给哥哥们。"父亲听后十分高兴，又问道："可是，弟弟也比你小啊？为什么也要给他大的。"孔融回答："因为弟弟比我小，所以我才应该让着他啊！"这便是家喻户晓的孔融让梨的故事。

如今，孔融早已作古，但他的这种懂得谦让的品格，却早已印在我们的文化和传承当中，被我们一代又一代的人所铭记。之所以这样，就是因为他的品格。由此，也可以看出品格之于人的作用，它可以穿越千古，让后世铭记一个人的所为所行，通过传承让品格高尚的人得到千代万代的称颂。同时，也能让一个人的价值得到升华，让人脱离低级趣味，超越自我。

我国有五千年的文明，在这文明长河中，有很多品格高尚，为民族，为他人奉献自我的人，这些人就是文明历程中的那些花朵，虽不多，但香气浓郁。在这其中，还有一个是值得大书特书的，她就是王昭君。

王昭君，名嫱，字昭君，汉朝人，生于南郡兴山县。因聪慧丽质，貌美知礼，汉元帝时被选入宫中做"待诏"。

西汉晚期，汉王朝和匈奴议和，停息了长期的战乱，恢复了"和亲"关系。汉元帝竟宁元年，西汉王朝答应匈奴呼韩邪单于的要求，派王昭君出塞和亲。从此出现了汉匈和好、互不侵害的局面，王昭君在其中起了很大作用，也因此受到历代人民的称赞。

王昭君自愿出塞，远嫁他乡，为两族的和平作出了巨大的贡献。她还从西汉带去了很多农作物的种子，并亲自教给匈奴人耕种的方法，让他们在牲畜不够吃的时候，还能存有一定的食物，以解生计之困。同时，王昭君还在匈奴大力推广汉文化，增加匈奴人对汉人的了解，这也为两族的和平共处起到了很大的作用。

可以说，王昭君为了两族的和平贡献了自己的全部青春。但她始终无怨无悔，从未抱怨，也从未想过要逃避，而是始终兢兢业业，真正尽到了一个“使者”的责任。她之所以能做到这样，靠的就是其个人的品格。正是这种品格的支撑，才让她在没有亲人，习俗也不同的异乡度过了自己那漫长而又波澜壮阔的一生。也正是这种品格，让她成了家喻户晓的名人，为历史所铭记。

通过这些古人的言行和事迹，我们看到了品格对一个人的重要性。一个有良好品格的人，不仅能让自己的价值得到彰显，更是能够影响别人，成为别人的榜样。我们的民族正是因为有千千万万个这样的人，才会有辉煌灿烂的五千年文明，才会有悠久的历史文化传承。作为一个现代人，我们要做的就是继承古人的遗志，以他们为榜样，向他们看齐，并努力超越前人，为民族的复兴贡献自己的那一份力量，同时也让自我的价值得到最大的体现。

人人都喜欢鲜花，都喜欢雅室，但光喜欢是不够的，更重要的是，变喜欢为拥有。只有通过自己的努力，提升自己的品格，才能变成社会中的鲜花和雅室，才能得到更多人的认可，也才能让我们的人生更有意义。而想要做到这些，就要从日常的小事开始，慢慢积累，工夫到了，境界自然就到了。

当然，我们也必须要看到，在这个过程中，肯定是会有很多的困难的，我们会经受各种各样的干扰。不过不要怕，只要坚持住了，自然就能成功。到那时，你将会感受到品格给你带来的益处。那不仅是自我的愉悦，更有别人的赞扬和鼓励。所以，从现在开始，努力提高自己的品格吧，努力做鲜花雅室。虽然你可能只是一朵，只是一间，但并不影响你散发香气，散发雅致。

⊙ 远亲不如近邻，近邻不抵对门 ⊙

常言道：“远水不解近渴，远亲不如近邻。”和谐的邻里关系也是良好家风的一部分。

晚清名臣曾国藩对邻里关系就十分重视。他在给儿子纪泽的信中写道：李申夫（曾国藩幕僚）的母亲曾经说过，“（有些人家）用钱和酒款待远方的亲戚，可一旦遇到火灾、盗贼，却只能央求邻居帮忙”，这是告诫富贵人家不能只知道善待远方的亲戚而怠慢近在眼前的邻居啊。

在处理邻里关系方面，曾国藩非常注重一些细节。咸丰二年（1825年）八月，在太湖县任职的曾国藩接到母亲病故的噩耗，连忙返乡奔丧。途中，他怕弟弟和儿子因此事影响邻里关系，就写了一封信给他们，特别叮嘱他们不要催讨亲族乡邻欠他们家的款项，并强调即使送来也可退还。欠债还钱本是天经地义的事，何况在曾家遭遇考妣之丧的大事的时候呢？但曾国藩也借过钱，知道借钱的人都是极为窘迫的，万不得已才开口借钱。所以，曾国藩不催讨是体谅借钱邻里的难处。正是这种想人所想、急人所急的做法，为曾家换来了和谐的邻里关系。

善待邻居也可以说是我们中华民族的优秀传统，这方面也有很多家喻户晓的故事，清代“六尺巷”的故事就是礼让待邻、促进邻里和谐的美谈。

清朝康熙年间，当朝宰相张英的家人打算扩建府宅，与邻居叶家产生了冲突，两家互不相让。张英的家人就给远在京城的张英写信，想请他出面干涉。张英对家人倚官欺人的做法很不满意，就写了一首诗作为回信：“千里家书只为墙，让他三尺又何妨？万里长城今犹在，不见当年秦始皇。”意思是说：“你千里迢迢写来家书，原来就是为了一面墙的事情。就让别人三尺的地方又会怎样呢？你看万里长城今天还在吧，但是修建长城的君王秦始皇早就作古了。”家人看到信后受到感化，打消了锱铢必较的念头，按照张英的意思后退三尺筑墙。叶家一看深受感动，也后退了三尺。结果在张、叶两家之间便让出了一条方便乡邻的六尺小巷。于是就有市井歌谣云：“争一争，行不通，让一让，六尺巷。”“六尺巷”的故事从此就成为和谐邻里关系的最佳教材。

《南史》中记载了一则“高价买邻”故事：

有个叫吕僧珍的人，生性诚恳老实，又是饱学之士，待人忠实厚道，从不跟人家耍心眼。吕僧珍的家教极严，他对每一个晚辈都耐心教导、严格要求、注意监督，所以他家形成了优良的家风，家庭中的每一个成员都待人和气、品行端正。吕僧珍家的好名声远近闻名。

南康郡守季雅是个正直的人，他为官清正耿直，秉公执法，从来不愿屈服于达官贵人的威逼利诱，为此他得罪了很多人，一些大官僚都视他为眼中钉、肉中刺，总想除去这块心病。终于，季雅被革了职。

季雅被罢官以后，一家人都只好从壮丽的大府第搬了出来。到哪里去住呢？季雅不愿随随便便找个地方住下，他颇费了一番心思，离开住所，四处打听，看哪里的住所最符合他的心愿。

很快，他就从别人口中得知，吕僧珍家是一个君子之家，家风极好，不禁大喜。季雅来到吕家附近，发现吕家子弟个个温文尔雅，知书达理，果然名不虚传。说来也巧，吕家隔壁的人家要搬到别的地方去，打算把房子卖掉。

季雅赶快去找这家要卖房子的主人，愿意出1100万两的高价买房，那家人很是满意，二话不说就答应了。

于是季雅将家眷接来，就在这里住下了。

吕僧珍过来拜访这家新邻居。两人寒暄一番，谈了一会儿话，吕僧珍问季雅："先生买这幢宅院，花了多少钱呢？"季雅据实回答。吕僧珍很吃惊："据我所知，这处宅院已不算新了，也不很大，怎么价钱如此之高呢？"季雅笑了，回答说："我这钱里面，100万是用来买宅院的，1000万是用来买您这位道德高尚、治家严谨的好邻居的啊！"

季雅宁肯出高得惊人的价钱，也要选一个好邻居，这是因为他知道好邻居会给他的家庭带来良好的影响。

家家都有作难的时候，和谐的邻里关系此时就显得尤为重要，正如《教儿经》中所言：莫把邻居看轻了，许多好处说你听。夜来盗贼凭谁赶，必须喊叫左右邻。万一不幸遭火灾，左右邻舍求纷纷。或是走脚或报信，左右邻居亦可行。或是耕田并作地，左右邻居好请人。或是家中不和顺，左右邻居善调停。

生活中就有很多这样感人的事例：

一天，家住广西柳州的蒙先生在看摊时，发现一名小偷进入自己居住的居民楼，陆续搬下来邻居的冰箱、彩电，装在了外面等候多时的小货车上。蒙先生赶紧拨打110报警，并拦住了那辆准备离开的小货车。这时邻居们也纷纷上前，把小偷的车团团围住。几分钟之后，民警赶到现场，将企图逃跑的小偷制伏。

邻居的作用有时候是无可替代的。家住沈阳和平区的陈女士丈夫去世了，上学的儿子又住校，平时就自己一个人。一天晚上，陈女士肾结石发作，疼得昏死过去。邻居侯女士知道后，立即拦车将她送到医院，掏钱帮忙办手续，直到半夜还守在她身边。陈女士醒来后，第一个见到的就是她，"如果没有侯姨，我儿子就成了孤儿了，她的恩情我终生难忘。"陈女士感激地说。

"邻居好，无价宝。"邻居在很多时候，比亲人更能帮助我们解决燃眉之急。好邻居对我们生活的益处，相信大多数人都体验到过，从中受过益，与邻居友好相处，也是生活中必做的功课。

⊙ 济人须济急时无 ⊙

人们常说“济人须济急时无”，这句话讲的是锦上添花的事情，没必要去跟风。雪中送炭，才是急人之所急，才是真心实意地帮助别人。

在动乱的年代，有一个军人回家探亲时经过一家食品店，他在店的门口看到一个人在那哭泣。于是军人便走过去询问原因。

那个人看着军人说：“我家里穷得只剩下了这一个铜钱，我想用它给孩子们买些食物，因为他们已经几天没吃东西了，但是店里的人却告诉我这枚铜钱是假的，我该怎么办啊！”说着说着那人又哭了起来。

军人想了想，于是就从自己的衣服口袋里摸出一枚铜钱递给穷人，让他拿去买食物给孩子们吃，然后拿走他手里的假钱放回自己的衣袋。穷人看到后连声道谢，赶忙买了食物回家去了。没过多长时间，军人就回到了营地，不久军人就随部队一起上了战场。

战斗中，一颗子弹射向军人的胸膛，军人身体一震，绝望地想：“今天恐怕要丧命了！”但是他突然意识到自己好像并没有流血，于是他用手往胸前一摸顿时便愣住了，原来竟然是那枚假铜钱为他挡了子弹！

军人不过是给了穷人一枚铜钱，这个救济真的似乎算不得大，但是军人得到的回报竟是一条性命。在我们的生活中，也会有许多的人需要帮助，有的时候只要你付出一点点的爱心，说不定就会有很宝贵的收获。像故事中的那种利人又利己的事，我们真应当多做一些。要知道，当别人遇到危难和困窘时，也正是他们心灵最脆弱的时候，人们常说“雪中送炭好过锦上添花”，你若此时能够急人所急，给人所需，那么对方一定能够铭记这份恩情。虽然我们帮助别人的本意不一定是寻求报答，但是说不定在将来的某一天，滴水恩情会得到涌泉相报呢。

有这样一个故事：

很多年前一个感恩节的早上，别的家庭都在喜气洋洋准备丰富的早餐，而有一家人却极不愿醒来，因为年轻的父母不知道如何庆祝这么重要的一天，虽然他们有感恩的心，但是他们实在穷得可怜，这一天连吃顿饱饭都是一个问题，大餐更是想都别想，如果早点和当地的慈善团体联络，或许就能分得一只火鸡及烹烤的佐料，只要有点简单的食物吃就不错了。可是他们没这么做，这是为什么呢？原因是他们有骨气，不愿意这样做，所以造成了现在的局面。

所谓贫贱夫妻百事哀，一旦生存有了问题，那么矛盾就无可避免了，没多久这年轻的父母就争吵起来，为的也是关于食物领取的事情。随着双方越来越烈的火气和咆哮，孩子们都捂紧了耳朵，在最长孩子的眼里，此时也只有深深的无奈和无助。

然而，这个时候命运开始改变了。

沉重的敲门声在耳边响起，男孩前去应门，眼前出现一个满脸笑容的男人，他的手中提着一只大篮子，里面满是各种所能想到的应节东西：一只火鸡、配料、厚饼、甜薯以及各式罐头，这些全是感恩节大餐所不可少的。孩子看着口水直流，他的父母也听着声音出来了，眼前的场景让大家一时都愣住了，不知道是怎么一回事。男人随之开口道："这份礼物是一位好心人要我送来的，他希望你们知道还是有人在关怀和爱你们的。"开始的时候，这个家庭中做父亲的还极力推辞。后来，那人却这么说："不要难为我了，我也只不过是个跑腿的。"然后，他说了一句"感恩节快乐"后就离开了。

就在那一瞬间，小男孩的生命从此就不一样了。虽然这只是一个小小的关怀，却让他对人生始终存在着希望，在他内心深处有了一股对生活的感恩之情，他发誓日后也要以同样方式去帮助其他有需要的人。

男孩到了18岁的时候，他终于有能力来兑现当年自己的誓言。虽然此时他的收入还很微薄，但是在感恩节里他还是买了不少食物，他打算去送给极为需要的家庭。那一天，他穿着一条老旧的牛仔裤和一件T恤，假装是个送货员。当他到达那破落的住所时，前来开门的是位妇女，女人带着提防的眼神望着他。她的六个孩子，也都在背后。这位年轻人看后开口说道："我是来送货的，女士。"

说完他便回转身子，从车里拿出装满了食物的袋子及盒子，里面全是感恩节的必需品。见此，那个女人当场傻了眼，而孩子们也发出了高兴的欢呼声。女人的眼眶湿润了，她抓住年轻人的手，一直不停地说谢谢。

年轻人有些腼腆地说道："噢，不，不，我只是个送货的，是一位朋友要我送来这些东西的。"随之，他便交给这位妇女一张字条，上头这么写着：

我是你们的一位朋友，愿你一家都能过个快乐的感恩节，也希望你们永远幸福！今后你们若是有能力，就请同样把这样的礼物转送给其他有需要的人。

年轻人把一袋袋的食物仍不停地搬进屋子，使得兴奋、快乐和温馨之情达到最高点。当他离去时，那种人与人之间的亲密感和相助之情，让他不觉热泪盈眶。回首瞥见那个家庭的张张笑脸，他对自己有余力帮助他们，内生一股感恩之心。

就从那一次的行动开始，年轻人展开了不懈的追求，以行动回报当年他及家人所得到的帮助，提醒那些受苦的人们天无绝人之路，总是有人在关怀他们，不管所面对的是多大困难，即便是自己所知有限、能力不足，但只要肯拿出实际行动，就能从中学得宝贵的功课，寻找着自我成长的机会，以至最终获得长远的幸福。

帮助别人是一种精神的传递，只要你真心地帮助别人，那么你自己也同样能得到帮助，因为爱心是无限循环的，帮别人也是等于帮自己，生活中哪怕一个小小的恩惠，一声简单的问候，哪怕平时都是施于微不足道的小事，都是对人以爱的鼓舞。

生活中，在我们看来，给予别人的或许只是一点小小的帮助，但是在得到帮助的人眼里，这种帮助却无异于天降甘露，甜美万分。被帮助的人会将这份恩惠牢牢铭记于心，也许在未来的某一个时间，在我们需要别人帮助的时候，说不定他人会以数倍甚至数百倍的回报回馈给我们。

第十五章

工作态度：活着一分钟，战斗六十秒

——节制但不保守，进取但不冒进

⊙ 窍门满地跑，就看找不找 ⊙

在工作和生活当中，普遍存在着解决问题的小窍门。因为解决问题的方法有多种多样，如果我们能找到比较快捷灵巧的方法，那么解决问题的时候就显得简单方便多了。正应了一句老人言：“窍门满地跑，就看找不找。”

在英国美丽的乡下，有一条小溪蜿蜒地流过农场。有一天，两个小男孩想去小溪的对岸去摘果子吃，可是，小溪挡住了他们的去路。其中一个高个子的男孩，径直地走到小溪边，脱下鞋子，想试着趟过去，可是溪水有点深，他试了几次都退了回来。另一个矮小的男孩却站在岸边思索了片刻，决定绕道去，因为一公里开外的地方有一座独木桥。

半天的工夫，这个矮小的男孩绕过了小桥，去到对岸，摘到了红红的果子，开心地吃了起来。而另一个高个子男孩还在那里坚持着趟水。

其实，很多时候，成功并不是仅仅有了勇气、坚持不懈就能达成，多动些脑筋，多用些智慧，就少跑些冤枉路，成功比想象的来得容易得多。在我们日常的工作中，做事的态度很重要。同样的工作，用不同的态度去做，会干出不同的效果；而干同样工作的人，也会有不同的收获。

杰克和约翰同时在一家店铺做学徒工，一样地勤劳工作，拿着一样的酬劳。可是一段时间后，约翰被提拔做了分店铺的主管，而杰克却仍在原地踏步，做着学徒工。

杰克很不满意老板的不公正待遇，他感觉自己在工作上比约翰卖力多了。

终于有一天，他到老板那儿发泄自己的不满。老板一边耐心地听着他的抱怨，一边在心里盘算着怎样向他解释他和约翰之间的差别。

“杰克，你听着，”老板说话了，“你去集市走一趟，看看今天早上有什么新鲜的蔬菜在卖。”

不一会儿，杰克从集市上回来向老板汇报说：“今早集市上一个农民拉了一车土豆在叫卖，土豆看着很新鲜。”

“土豆有多少斤？”老板问。

杰克一愣，赶快又跑到集市上，然后回来告诉老板说一共有40袋土豆。

“价格是多少？”

杰克第三次跑到集市上问来了价格。

“好吧，”老板对他说，“现在你坐在那里，别说话，看看约翰怎么做的。”

约翰也从集市上回来了，对于老板问的同一个问题，他向老板汇报说，到目前为止只有一个农民在卖的土豆是最新鲜的，一共40袋，价格是40美分一袋；土豆的表皮光滑，色泽圆润，是上好的土豆，并且他还带回来一个让老板看看。这个农民说，下午他还会运来几篮子西红柿，价格也会非常公道。约翰还说，昨天老板铺子的西红柿销量很好，库存已经不多了。他想这么便宜的西红柿老板可能想要买几篮子，所以约翰不仅带回一个西红柿做样品，而且把那个卖土豆和西红柿的农民也带来了，他现在正在外面等着跟老板面谈呢。

此时老板转向杰克，对他说：“现在你知道为什么约翰能胜任主管的职位了吧？”

我们在平时工作中，也要多思考，少蛮干。工作遇到难以处理的问题，多与同事和前辈们沟通，多想一些合理地解决问题的方法和途径，不要一味埋头苦干，那样不仅会弄得自己身心疲惫，而且事情还会事倍功半。

在社会上，但凡有点成就的人，都懂得“找到最有效的工作方法”对成功的重要性。

在美国，一个年轻人在一家石油公司工作，他所做的工作很简单，也很乏味，就是巡视并确保石油罐盖有没有自动焊接好。石油罐从输送带上缓慢移动到旋转台上，在那里，焊接剂便自动滴下，并沿着油罐盖四周转动一圈，流程就结束。接着，下一个油罐移过来，同样重复这道工序，再下一个到来……

这项工作时间久了，年轻人感到枯燥无味，心里厌烦极了。他很想自己能做一项有意义的事业，可是自己没其他的本事，也没经济基础，于是，也就作罢，坚持做着自己的这项工作。

一天，他发现油罐旋转一次，焊接剂滴落39滴，焊接工序就算完成了。他觉得，在一系列简单的工序中，有没有可以改善的地方吗？他观察了很久，后来发现，为什么不能让焊接剂少滴落几滴，但还能达到一样的效果呢？

于是，在工作之余，这位年轻人仔细钻研，终于研制出了37滴型焊接机。但是，试用一段时间之后发现，利用这种型号焊接出来的油罐，偶尔会漏油，并不是很完美。他再接再厉，经过一番努力，研制出了38滴型焊接剂，这次发明很成功，公司对他的这种机型很关注，不久之后，就采用了这种机型用于焊接工序中。这虽然只节省了一滴焊接剂量，但“一滴”却为公司带来了5亿美元的新利润。

这位年轻人，就是后来的石油大王——约翰·D·洛克菲勒。他找到了改善焊接工序的窍门，使自己的人生发生转变。我们在生活中也应该如洛克菲勒一样，勤于思考，善于发现，才能有所创新，有所成就。

⊙世上无难事，只要肯攀登⊙

没有人能一步到达山顶。真正达到人生顶峰的人，是一步一个脚印往前迈进，不管路途有多么的崎岖。“世上无难事，只要肯攀登”，成功路上，不会都是坦途，总会遇到一些难事，但是遇到了困难的事，我们也不能就此被打消了锐气，从此畏首畏尾。要想，世上没有困难的事，路在自己脚下，不要畏惧艰难，勇往直前走下去，总会克服困难的。

1940年，对英国人来说那时一段非常艰难的日子：敦刻尔克大撤退后，希特勒已将自己的纳粹势力扩展到了西欧的大部分地区。在这种情形下，丘吉尔为了鼓舞英国人民的斗志，安慰他们恐惧和不安的心灵，发表了重要的演讲。

这些演讲甚至在我们今天阅读它们的时候，也让我们内心充满面对人生任何困难永不放弃的决心。正如这句：“世上无难事，只要肯攀登。”

“虽然欧洲的大部分土地和许多著名的古国已经或可能陷入了盖世太保以及所有可憎的纳粹统治机构的魔爪，但我们绝不气馁、绝不言败，将战斗到底。我们将在法国作战，我们将在海洋中作战，我们将以越来越大的信心和越来越强的力量在空中作战，我们将不惜一切代价保卫本土，我们将在海滩作战，我们将在敌人的登陆点作战，我们将在田野和街头作战，我们将在山区作战。我们绝不投降。”

这些演讲让每个听演讲的英国人内心充满坚定的信念，这些演讲字字真谛，进入了英国人的灵魂深处，唤起了潜伏在每个英国人内心的雄心。

爱迪生说：“我最需要的，就是做一个能尽我所能的人。尽我所能，那是我的问题；不是拿破仑或林肯的所能，是尽我所能。我能够在我生命中贡献出最好的，抑或是最坏的，能够利用我能力的10%，15%，25%，抑或90%，这对于世界，对于自己，都可以生出很多差异来。”

在我们日常生活中，很多人是登山运动的爱好者，但很少有人能挑战自我，达到顶峰。关于“人为什么要去登山”这样的问题，英国人乔治·马洛里的回答——“因为山在那里”一直被全世界奉为经典，的确，我们人生的道路上，山存在了，我们要做的就是勇攀高峰，才能继续下面的路。如果我们见到了山，退缩了，那么我们永远走不到终点，跟着远山的呼唤，迈步向山的那一边进发。

一位熨衣服的工人，周薪只有几十美元，他们一家住在拖车改造的房子里，他的妻子收入也很低，他们的生活很艰苦。

一天他们的孩子耳朵发炎，他只好把家里的电话撤掉，省下前来为孩子买抗生素治疗。

虽然日子清贫，但这位工人有个远大的梦想，就是希望自己成为一名作家。于是他利用自己工作之外的时间不停地写作，家里要是省下点钱也被他拿来打印书稿，用来付邮费，寄稿子给出版社。但是他的稿子一概都被退了回来，理由也很简单，小说结构上很死板，没有新意。

一天，他读到一部小说，这部小说风格与自己以前的写的一本小说风格很类似，兴许有希望。于是，他把自己的小说寄给了那本小说的出版社，那家出版社把他的这本小说拿给了皮尔·汤姆森。

几个星期之后，这个工人收到了汤姆森的来信，信中大意是：这份原稿瑕疵太多，但是他觉得此书作者很有作家的天分，不要气馁，要坚持写下去。

在此后的两年内，他先后又写了两部小说，但都被出版社退回。他还是坚持，他开始写自己的第四部小说，不过由于生活的窘境，他渐渐开始怀疑自己的写作之路到底对不对。

一天夜里，他偷偷把自己的小说，扔进了垃圾桶。第二天，他的妻子又把它捡回来，对他说：“你是很有天分的，不要为了别人不赏识你就中途退缩，尤其是你快要成功的时候。”

他听了妻子这话，也在犹豫，但是最终坚持下来，因为他认为只要有人相信自己能行，那就要坚持下去，不管这个路多难。

他写完自己的第四部小说，把它寄给了汤姆森，也对此没抱多大希望。

他成功了，汤姆森出版公司预付了2500美元给他。这部小说就是大名鼎鼎的史蒂芬·金的《嘉莉》。这部小说后来卖掉了500万册，并被拍摄成电影，成为1976年最卖座的电影之一。

斯蒂芬·金，在攀登了人生的第一座大山之后，一发不可收拾，先后出版了几十本恐怖小说，成了现今最为流行的恐怖小说家之一。

对于每个人，上帝给予我们一个生的机会，同时也赋予了我们同样的处事环境，但至于一个人到底有怎样的造化，这要看个人的努力。如果你的人生遇到了很多磨难，那是因为上帝想给你更辉煌的人生机遇。面对生活的困难，不要回避，勇于攀登，定会成功！

人生如同攀登高峰，在你奋力向上攀爬的时候，可能遇到狂风，也可能会有雪崩，但不要害怕，心中只要有勇敢的信念，就一定能到达顶峰，俯瞰芸芸众生。

工作中，我们也不可能总是阳光灿烂，必然会有乌云密布的恶劣天气，也会有崎岖泥泞的险路。这时候，你更需要的就是坚定的信念。你应该懂得，能够在华山论剑的，一定是有着“天不怕，地不怕”信念的勇士。我们也要养成在难题面前绝不退缩，在疲惫之时绝不懈怠，在闲暇时间绝不松弛的习惯，时刻准备着往自己的生命制高点进发，相信在不久的将来，一定会有拨开云天见明月之时。

⊙三分苦干，七分巧干⊙

人们常说：一件事情需要三分的苦干加七分的巧干才能完美。意思是行事时要注重寻找解决问题的方法，用巧妙灵活的方法解决难题，胜于一味地蛮干。也就是说，“苦”的坚韧离不开“巧”的灵活。一个人做事，若只知下苦功，则易走入死胡同，若只知用巧，则难免缺乏“根基”，三分苦干加上七分巧干才能达到自己的目标。

王勉是一家医药公司的推销员。一次他坐飞机回家，竟遇到了意想不到的劫机。通过各界的努力，问题终于得以解决。就在要走出机舱的一瞬间，他突然想到：劫机这样的事件非常重大，应该有不少记者前来采访，为什么不好好利用这次机会宣传一下自己公司的形象呢？于是，他立即从箱子里找出一张大纸，在上面写了一行大字："我是××公司的××，我和公司的××牌医药品安然无恙，非常感谢救了我们的人！"他打着这样的牌子一出机舱，立即就被电视台的镜头捕捉到了。他成了这次劫机事件的明星，很多家新闻媒体都争相对他进行采访报道。

等他回到公司的时候，受到了公司隆重的欢迎。原来，他在机场别出心裁的举动，使得公司和产品的名字家喻户晓了。公司的电话都快打爆了，客户的订单更是一个接一个。董事长当场宣读了对他的任命书：主管营销和公关的副总经理。之后，公司还奖励了他一笔丰厚的奖金。

王勉的故事说明了一个非常深刻的道理，就是做任何事情都要将"苦"与"巧"结合起来。"苦"在卖力，"巧"在灵活地寻找方法，只有这样，才最容易找到走向成功的捷径。

陈良出生在一个穷困的山村，从小家里就很困难。17岁那年，他独自一人带着8个窝窝头，骑着一辆破自行车，从小山村到离家100公里外的城里去谋生。他好不容易在建筑工地上找到了一份打杂的活儿。一天的工钱是2元钱，这对他而言只够吃饭，但他想尽法每天省下1元钱接济家人。尽管生活十分艰难，但他还是不断地鼓励自己会有出人头地的一天。为此，他付出了比别人更多的努力。2个月后，他被提升为材料员，每天的工资加了1元钱。

靠着自己的不懈努力，他逐步站稳了脚跟。他认为：要想更多地得到大家的认可，就不能只靠苦干默默地付出，更要靠巧干努力地寻找办法，以尽快地得到提升。那么，怎样才能做到这点呢？冥思苦想之后，他终于想到了一个点子：工地的生活十分枯燥，他想，能不能让大家的业余生活过得丰富一点呢？想到这点，他拿出自己省下来的一点钱，买了《三国演义》《水浒传》等名著，认真阅读后，讲给大家听。这一来，晚饭后的时间，总是大家最开心的时间。每天，工地上都洋溢着工友们欢心的笑声。

一天，老板来工地检查工作，发现他有非常好的口才，于是决定将他提升为公关业务员。

一个小点子付诸实践后就能有这样的效果，他备受鼓舞。于是，他便将主动找方法的特长，运用到工作的各个方面。

对工地上的所有问题，他都抱着一种主人公的心态去处理。夜班工友有随地小便的习惯，怎么说都没有用，他便想尽各种方法让大家文明上厕；一个工友性格暴躁，喝酒后要与承包方拼命，他想办法平息矛盾，做到使各方都满意……

别看这些都是小事，但领导都看在眼里。慢慢地，他成了领导的左膀右臂。

由于他经常主动找方法，终于等来了一个创业的良机。有一天，工地领导告诉他，公司本来承包了一个工程，由于各种原因，难度太大，决定放弃。

作为一个凡事都爱“三分苦干，七分巧干”的人，他力劝领导别放弃。领导看他充满热情，突然说了一句话：“这个项目我没有把握做好。如果你看得准，由你牵头来做，我可以为你提供帮助。”

他几乎不敢相信自己的耳朵：这不是给自己提供了一个可以自行创业的绝好机会吗？他毫不犹豫地接下了这个项目，然后信心百倍地干了起来。不久，他便成立了自己的建筑公司，并且事业做得越来越大。

世上没有什么事是只凭蛮劲就能成功的，要加入自己的聪明才智，这样才能取得自己想要的结果。职场之中也是同样的道理，要想使自己的工作得到同事的赞赏、老板的表扬，就要多用智慧。

⊙刀不磨要生锈，人不学要落后⊙

一只蜜蜂要酿造一千克的栀子花蜂蜜，需要采集 100 万朵栀子花的花蜜，假若采蜜的花丛与蜂房之间的平均距离是 1.5 公里，它就得累计飞行 45 万公里，差不多等于地球赤道总长的 11 倍。这正体现了“勤奋”。

这只蜜蜂要酿造一千克的油菜花蜂蜜，也需要采集 100 万朵油菜花的花蜜，只是油菜花丛距离蜂房更远，已经越过小河的对岸去了，这只蜜蜂仍然像往常一样飞行 1.5 公里，在小河这边的枯萎的栀子花丛中寻找油菜花。结果这只蜜蜂没有完成采蜜任务，失望地错过了整个油菜花采蜜季节。这样就不仅仅是“勤奋”二字能够解决问题了？

这只蜜蜂的错误有二：

其一，栀子花丛已经枯萎，已经不可能采到花蜜，采蜜光靠勤劳是不行的。

其二，这只蜜蜂安排的任务是采集油菜花花蜜，它没有探索新的路线，结果还是按照自己旧的思路去做，必定是要失败的。

正如一个人，虽然懂得勤奋对于一个人的成长的重要性。如果不时刻保持清醒的头脑，与时俱进，就不能掌握最新的科学技术，就会对周围环境反应迟钝，不能适应环境的新变化，最后会被社会所淘汰。因此我们不能放松自己，而要时刻保持旺盛的学习劲头。

列夫·托尔斯泰说过：“要有生活的目标，一辈子的目标，一段时期的目标，一个阶段的目标，一年的目标，一个月的目标，一个星期的目标，一天的目标，一个小时的目标，一分钟的目标。”

总之，人生就要有目标。我们在执行目标的时候，也不要一味固守先前的经验或已获得的知识，要按照时代或环境的需要，随时不断学习和实践，这样才能在完成自己目标的道路上，时刻保持与时俱进的头脑，才不事倍功半。

罗德岛围墙已经存在了一个多世纪了，这堵墙是由大理石一块一块砌成的，之所以有名，不仅在于它的坚固的外观，更多的在于它的艺术价值。一块块大理石在能工巧匠的手中，变成了精美的雕像，直到现在仍然令人惊叹。这堵墙是住在罗德岛的一个人耗费大量时间砌成的，挑选的每一块大理石都是经过他自己考虑，研究它们的特征，最后斟酌着把它们放在最佳的位置上。等到砌成后，他又对这堵墙进行不同角度观察分析，最终倾尽后半生才最终完成这项巨大的“作品”。

石墙完成之后，吸引了世界各地的人，前来一睹石墙的艺术魅力，他也很乐意为大家讲解每一块石头的来历，似乎这些石头每块都有它们特有的生命力。

他用自己的双手，为自己赚来了很多的财富。他认为，以后他的孩子继承的不应该是这些财富，而是自己这种隐含在财富之中的技巧、洞察力和创新的思维。因为财富是可以用尽的，可是这种创造财富的精神是取之不竭的。

上面这位罗德岛的人，他在雕琢这些雕像的时候，要是仅仅关注每一块雕像的特点，没有在砌成石墙之后，再整体上把握每块石头在石墙中的合适位置，那也是不能有这么完美的作品问世的。因此我们在做每件事情的时候，不能觉得一开始完美，就始终是完美的，我们要用发展的眼光看待周围的世界，要不断地学习。因为“刀不磨要生锈，人不学要落后”。

⊙工作宜赶不宜急⊙

工作是忙不完的，所以工作要“赶”，但不要“急”，应该忙中有序地赶工作，而不要紧张兮兮地抢时间。任何事积累到一定程度都会形成压力，心中背负着太多东西的人往往容易乱了分寸，无法静下心来理清思路，所以容易焦躁、抱怨，甚至愤怒。与其被忙不完的工作所驱使，不如在自己的能力范围之内，坦然面对，做得到的去做，做不到的不强求。

积极的职场人，总是能够将手头的工作理出大小内外，轻重缓急，从而按部就班，有次序地一件一件解决，这样做，既可以保证工作速度，又能保持从容不迫的心情。

有一个农夫挑着一担橘子进城去卖。天色已晚，城门马上就要关了，而他还有二里地的路程。这时迎面走来一个僧人，他焦急地赶上前去问道：“小和尚，请问前面城门关了吗？”

“还没有。”僧人看了看他担中满满的橘子，问道，“你赶路进城卖橘子吗？”

“是啊，不知道还来不来得及。”

僧人说：“你如果慢慢地走，也许还来得及。”

农夫以为僧人故意和自己开玩笑，不满地嘀咕了两声，又匆忙上路了。他心中焦急，索性小跑起来，但还没跑出两步，脚下一滑，满筐橘子滚了一地。

僧人赶过来，一边帮他捡橘子，一边说：“你看，不如脚步放稳一些吧？”

农夫急于求成，一味求快，结果却恰恰相反。工作亦是如此，积极与速度并非同义词，速度与效率也往往不成正比，与其在手忙脚乱中浪费时间，不如张弛有度，井然有序地设计好每一步要踏出的距离。一味求快，往往会造成恶果。

“涓流积至沧溟水，拳石垒成泰华岑。”这一出自宋代陆九渊《鹅湖和教授兄韵》的诗句劝喻人们：涓涓细流汇聚起来，就能形成苍茫大海；拳头大的石头垒砌起来，就能形成泰山和华山那样的巍巍高山。只要我们一步步勤勉努力地往前赶，就能够到达梦想的彼岸。

有一个小和尚，在树林中坐禅时看到草丛中有一只蛹，蛹已经出现了一条裂痕，似乎就能看见正在其中挣扎的蝴蝶了。

小和尚静静地观察了很久，只见蝴蝶在蛹中拼命挣扎，却怎么也没有办法从里面挣脱出来，几个小时过去，小和尚依然坐在那里静静地看着。

这时候，护林人家的孩子跑了过来，看到地上挣扎的蛹，不由分说地捡起来将蛹上的裂痕撕得更大了，小和尚甚至来不及阻止。

小孩子数落着和尚："师父，你是出家人，怎么连点慈悲心也没有呢？"

小和尚无奈地叹了口气，说道："你为何这般性急呢？蝴蝶还没有着急，你为什么这么鲁莽地改变它的生命呢？"

果然，当蝴蝶出来之后，因为翅膀不够有力，变得很臃肿，飞不起来，只能在地上爬。

孩子本想帮蝴蝶的忙，结果反而害了蝴蝶，正是"欲速则不达"。由此不难看出，急于求成只会导致最终的失败。所以，我们不论是在工作，还是在生活中，都不妨放远眼光，注重积累，厚积薄发，自然会水到渠成，实现自己的目标。

很多人在工作中都会像那个孩子一样，急于求成，急于看到结果，恨不得揠苗助长，最后导致工作做得一塌糊涂。

现代职场人，并非高速运转的现代机器，莫不如以一种骑士精神尽展潇洒，纵横驰骋于纷乱的生活，却保持一种美丽的心情，采一炷大漠的孤烟映照黄昏的落日，捉一轮浑圆的清月放飞自由的心灵！对于"一万年太久，只争朝夕"的人来说，最容易犯的毛病就是"欲速则不达"。放眼整个社会，大多数人都知道这个道理，而最终背道而行的人仍是大多数。

⊙ 不怕百事不利，就怕灰心丧气 ⊙

人的一生会经历很多的挫折，每个人都会遇到这样或者那样的困难。当我们遇到挫折时，我们不应该感到灰心丧气，知难而退；而是应该积极面对挫折，努力去战胜挫折，从而让成功降临。

每个人的一生或多或少、或大或小的都会遇到磨难和坎坷，而每一个人面对这些磨难和坎坷时都会有不同的态度，有的人百折不挠，一往无前，有人则犹豫不前甚至退避三舍。这不同的人生态度则会导致不同的人生道路，甚至于会塑造完全不同的个人命运。

"我的人生中只有两条路，要么赶紧死，要么精彩地活着。"这是无臂钢琴师刘伟的励志名言。刘伟10岁的时候，他因一场事故而被截去双臂。在他12岁的那年，他在康复医院的水疗池里学会了游泳，2年后，刘伟在全国残疾人游泳锦标赛上夺得了两枚金牌；16岁他学会了打字；19岁学习了钢琴，一年后就达到了相当于用手弹钢琴的专业七级水平；22岁他勇敢地挑战了吉尼斯世界纪录，一分钟打出了233个字母，成为世界上用脚打字最快的人；23岁时他就登上了维也纳金色大厅的舞台，让全世界都见证了中国男孩的奇迹。当袖管两空的刘伟走上舞台时，所有人都知道他要表演什么，但是没人能想象他究竟要怎样用双脚弹奏钢琴。当他坐到特制的琴凳上之后，优美的旋律就从他的脚下流了出来，他的十个脚趾在琴键上灵活地跳跃着，顿时，全场陷入了一片安静，每个人都在用心聆听这用毅力演奏的天籁之音。当刘伟表演结束之后，所有观众都起身为他鼓掌。刘伟的身后，站立着他的伟大的母亲。一个普普通通的家庭妇女，识字不多，但是懂得一个最基本的道理：这个世界没有什么可以依赖，除了他自己。刘伟没有让母亲失望。

令人欣慰的是，刘伟的自述《活着已值得庆祝》已经出版。而根据他的真实故事创作、由他和倪萍等主演的电影《最长的拥抱》已经杀青，倪萍说："我要买十本送给那些有胳膊的人看。"

感动中国推选委员易中天这样评价刘伟："无臂钢琴师刘伟告诉我们：音乐首先是用心灵来演奏的。有美丽的心灵，就有美丽的世界。"

推选委员陆小华是这样说刘伟的："脚下风景无限，心中音乐如梦。刘伟，用事实告诉人们，努力就有可能。今天的中国，还有什么励志故事能赶上刘伟的钢琴声。"

而感动中国组委会授予刘伟的颁奖辞是这样说的："当命运的绳索无情地缚住双臂，当别人的目光叹息生命的悲哀，他依然固执地为梦想插上翅膀，用双脚在琴键上写下：相信自己。那变幻的旋律，正是他努力飞翔的轨迹。"

刘伟面对生命给他的挫折，面对人生对他的严酷考验，面对没有双臂的巨大缺陷，他没有选择低头，没有惧怕挫折，他没有退缩。相反地，他勇敢地面对上天带给他的不公，他勇敢地回击了命运对他的折磨考验。面对人生的痛苦，他没有灰心丧气，他用自己的坚毅诠释了生命的重量。

一个人不怕起点低，不怕遭遇失败，就怕消极，就怕灰心丧气。一个人千万不能被困难和挫折吓倒，相反地要鼓励自己去奋斗，要用实际行动来改变别人的看法。万事不利，不应该成为甘心平庸的托词，相反，应以此激励自己加倍的努力、要奋发向上，活出一个人样来。能改变自己人生的只有自己，而不是别人。无论处于何种生活境地，假如自己乐观开朗，积极上进，努力学习和工作，那么人生会变得五彩缤纷、绚丽多彩；假如自己悲观消极，失望落后，无所事事，不肯好好去学习和工作，那么人生会变得漆黑一片，苦不堪言。每个人都不要让自己生活在黑暗当中，而应该生活在阳光之下。

发明大王爱迪生出生于一个普普通通的劳动人民家庭，虽然他只读了3个月的书，但是他却非常喜欢发明。有一次，爱迪生在火车上做实验。因为他的不小心，很多的化学物品都倒在了地上，化学物品在遇到了空气后导致了火车起火。因此，火车司机给了他一个重重的耳光，把他的耳朵打聋了，并且把他的化学物品全部扔了。但他并没有因为这样而放弃发明，经过许许多多的失败，经历多次的困难，终于成为一名发明大王。其中爱迪生光发明电灯就经历了多达1600次的失败后才最终成功。

他从白炽灯开始着手试验。他把一小截耐热的东西装在玻璃泡里，当电流把它烧到白热化的程度时，便由热而发光。他首先想到碳，于是就把一小截碳丝装进玻璃泡里，可刚一通电马上就断裂了。

经过思考，爱迪生又想到用白金进行试验。紧接着，爱迪生和他的助手们用白金试了好几次，可这种熔点较高的白金，虽然使电灯发光时间延长了好多，但不时要自动熄掉再自动发光，仍然很不理想。

爱迪生并不气馁，继续着自己的试验工作。他先后试用了钡、钛、锢等稀有金属，效果都不是很理想。

接下来，他与助手们将这1600种耐热材料分门别类地开始试验，还是采用白金最为合适。由于改进了抽气方法，使玻璃泡内真空。灯的寿命已延长到2个小时。但这种由白金为材料做成的灯，价格太昂贵了，谁愿意花这么多钱去买只能用2个小时的电灯呢？

爱迪生看到用棉纱织成的围脖，爱迪生脑海突然萌发了一个念头：棉纱的纤维比木材的好，能不能用这种材料？

他急忙从围巾上扯下一根棉纱，小心地把这根棉纱装进玻璃泡里，效果果然很好。爱迪生非常高兴，制造了很多棉纱做成的灯丝，进行多次试验。灯泡的寿命延长到13个小时，后来又达到45小时。

但是爱迪生仍旧没有满足，他的目标是希望亮1000个小时，最好是能够亮16000个小时，于是爱迪生不停地试验，终于让电灯亮的时间更长了。

就像爱迪生一样，做事一定要勇往直前，不怕艰苦，不怕困难，不管经历了多少次失败，都不放弃，最后你才能获得成功，并从中获得经验。在遇到同样的事情中，才能完成得更好，更出色。

“不怕百事不利，就怕灰心丧气”，各种挫折不可怕，可怕的是一颗屈服的心。面对各种困难时不要丧气，勇敢地去面对，你会发现只要有毅力不灰心丧气，困难最终会被踩在脚下。

⊙不怕千着巧，只怕一着错⊙

下棋时我们总喜欢说“一招不慎，满盘皆输”。就是告诉人们“纵然千着巧，只怕一着错”，那一着通常不是出在明显处，而往往就隐藏在细节中，忽视细节，一时疏忽，很可能让能人也无力回天。细节决定成败，需要重视的细节一定要做好。

可是很多人往往就在所谓的忙碌中“抓大放小”，忽视了很多看似不太起眼的细节，结果“千里之堤，毁于蚁穴”。

细节不是小事，一些无关紧要的小事当然无须花费时间去重视，但有些需要重视的细节就一定不能忽视。在工作中，对细节的粗心往往容易把前期的所有工作变成白忙活，甚至给自己的职业生涯带来不可估量的影响。

徐子轩大学毕业后到了广东一家报社做广告业务工作，由于业绩突出，报社准备提拔他为副社长。

当时有一家企业在开发区投资，并计划在当地媒体上投放价值总计150万元的广告。徐子轩通过多方努力，终于揽到了这笔业务。开发区举行奠基仪式的那天，他带上了报社里最优秀的记者，并让广告部全体出动，计划用大幅版面进行宣传。

奠基仪式结束后，他高兴地和朋友们去唱卡拉OK，一直玩到了凌晨一点多钟才回家。但在这个时间段内，一个最不应该出现的错误却在悄悄地酝酿中。

徐子轩自以为派出的是报社最优秀的记者，因此非常放心。记者的稿子确实写得非常好，但是由于当时电脑还不普及，记者手写的稿件字迹潦草，“基”和“墓”看起来非常相似。

因为当时还是铅字排版，稿子到了排版人员那里，“基”字被排成了“墓”字。

稿子到了副总编那里，刚好赶上副总编家里有急事，他只匆匆看了一眼就签发了。

于是，到了第二天早上，原本应该是“某某开发区昨日奠基”的头版头条新闻，却变成了“某某开发区昨日奠墓”。

在特别重视“彩头”喜欢吉利的广东企业眼里，这无疑是犯了企业的大忌，更何况这还是在开发区项目正式启动的第一天。

报纸出来后，客户愤怒地取消了150万元的广告订单，报社的声誉也受到了很大的影响，一些潜在客户也由此取消了自己的投放计划。

徐子轩当副社长的梦就此破灭了。他非常后悔，“既然我知道这件事非同小可，为什么要在关键的时候去唱卡拉OK，而不是留在报社自己将稿子校对一遍呢？”

我们常说“一字值千金”，此处可是一个字就值150万元！而且还断送了徐子轩的美好升迁之路，让他之前的所有忙碌和准备全部泡了汤。

很多时候，我们往往就是因为某些细节没有把好关，而使所有的忙碌前功尽弃。“不怕千着巧，只怕一着错”，该重视的细节一定要把它做好，克服马马虎虎麻痹大意的坏毛病，做到完美无缺。

第十六章

行思之道：休将我语同他语，未必他心似我心

——思而不行则无用，行而不思则无功

⊙ 老马通路数，老人通世故 ⊙

有一只蝌蚪从卵泡里出来的时候，遇到的第一个动物就是一只小乌龟，它看到小乌龟背着重重的壳，挥动着四肢，很悠闲的样子。小蝌蚪就想我也应该像它一样吧，于是也找了一个空壳背在身上，为此小蝌蚪受了很多苦。直到有一天，它遇到了一只青蛙，青蛙告诉它，不需要背着沉重的壳，我们只需要两腿一蹬，生活就很快乐。

原来摆脱沉重的负担很简单，只要向有智慧的人请教，可能就会绝路变通途。我们在职场之中，也可能遇到类似的问题。一份工作，我们可能接触过这方面的知识，或有了这方面的经验，会做得游刃有余。但是，我们不可能什么工作都能有十足的把握，那么遇到不会处理的问题，我们就需要向有经验的人请教。要知道“老马通路数，老人通世故”，向有经验的人请教会省下很多宝贵的时间，做其他一些有意义的事。千万不要骄傲自满，看不到别人的长处，这是职场中最不可取的，因为这样阻碍了自己前进的脚步。

在任何一家公司都会有优秀的人和散漫的人，而在我们的周围，肯定也会呈现出有的同事很优秀，有的同事很懒散，整体环境我们是没有办法改变的，但是我们可以改变我们跟谁接触，俗话说“物以类聚”，“近朱者赤”，优秀的人身边总是聚集一帮优秀的人，而当我们跟着优秀的人的时候，我们会受到这些人的熏陶和影响，在对事对人的态度上会变得更加积极。

对于工作年限较短的职场人而言，很容易受到别人的影响。其他人的一言一行不管是好的还是不好的，很易侵入新人的脑子里。

有一位刚从学校出来的新人，开始在做事做人还是蛮积极的，也有上进心，但在进一家公司没多久就被一位同事拉去打老虎机，结果天天沉迷在老虎机的赌博中，过了半年他说要戒了，结果还是没戒成，打了近两年的老虎机，工资也耗掉了，精力也耗完了，啥事都没干成。后来一位在职场打拼了多年的领导，看这个人起初来公司时的表现还不错，便决定改造他。好在这位年轻人愿意学习，喜欢向这位老领导虚心求教，最终成了该公司的精英。

这个故事告诉我们，我们在人生道路上遇到难题或者人生道路发生了偏差的时候，要想到应该向有经验的人学习，而不是肆意放纵，我行我素。遇到瓶颈、遇到困难，要及时学习，及时改变，以正确的方法向正确的方向迈进，一切问题自然能够迎刃而解。

在一个研究所里有这么一位年轻人：他从小天资聪慧，学业上一路走来，也没遇到什么挫折，一路就升到了现在的博士学位。但是他还是觉得不满意，想申请国外名牌大学的博士后，于是就努力学习自己的专业知识，学习一段时间之后，他发现好多数学公式，自己没法推导出结果，心里很是郁闷，几个通宵埋头钻研，也是不行，于是就打算放弃。

一次，在研究室里，无意中跟一个硕士的师弟谈话，了解到他原来一直就在研究这个领域。于是就虚心向师弟请教，结果很快师弟就一一给了他满意的解答。

其实，事情就是这样，不要以为自己学的比别人多，地位比别人高，就一定认为本领比别人强。事情也不尽然，只要是能给你人生做出正确指导的人，都是值得我们学习的人，都是我们的良师益友。

在我们的工作中，也常常遇到这样的人。自认为才华横溢，学问满腹，觉得自己比人高一等。在工作中遇到难题，就主观妄断地认为："我这么厉害，这么有经验都不能解决的问题，他们怎么可能解决？"我们一定要放下这种不良的心态，孔子说："三人行，必有我师焉！"连圣人都以为自己的学问不够，有些问题还是需要向他人学习，何况我们这些平庸的凡人呢？放下自己的架子，多多与别人沟通，多多向别人请教，这才是职场的成功之道。

在我们的工作中，也会遇到这样的领导：整天吆五喝六，胡乱指挥。工作中出了问题，不去检讨自己的方法是否有问题，却先想到的是把责任推卸到别人身上。面对这样的情况，我们也不能仅仅为了自保，事事顺从，甚至连公司的利益也不顾。我们最应该做到的，就是要静下心来，先把自己手头的工作做好。要是发现领导在大方向上出了错误，我们也要勇于提出自己正确的见解，让领导渐渐地明白一个道理：地位不能决定一切，经验和智慧才是最重要的。

你要是自己明白了“老马通路数，老人通世故”这个道理，同时还能影响你周围人的工作态度，使他们摆正自己的心态，那么你已经具备了一个成功人士的潜质，成功离你已经不远了。

⊙姜老辣味大，人老经验多⊙

不要嗟叹岁月的无情，带走了我们的青春，却留下苍老的皮囊。你曾想过，在我们的脑中，记录下了多少人生的历程，这就是财富，而且是岁月赐予老年人的。

年轻的一代，虽然拥有了青春，但是也缺少了丰富的人生阅历。老话说：“姜老辣味大，人老经验多”。作为年轻人，何不行动起来，多多向年老有智慧的人学习，这是一种智慧：这样我们既能拥有青春的美好，也能享受岁月留下的恩赐。

有这样一个故事，可能我们也听过，但是老生常谈一下，更有助于我们处事。

有一个人，博士毕业分到一家研究所，没想到却成了这个所里学历最高的一个人。

有一天，他一时兴致，就到研究所里的一个小池塘边去钓鱼，其实他不怎么擅长钓鱼。到了那里，正好看见所里的两位老同事也在那里钓鱼。这个博士心里很自傲，想：“只是两个老年的本科生，接受知识的层次不一样，估计没什么共同的话题。”于是他只是微微点了点头，算是打了招呼，就坐了下来。

不一会儿，其中一位老同志放下手中的钓竿，伸了伸懒腰，蹭蹭蹭几下，就从水面上如飞般地走到对面去了。博士见到这种情形，嘴巴大张得下巴都快掉下来了。他会“水上漂”？

这可是一个池塘啊，不会的话，是不可能那样穿过去的。那位老同志上完厕所回来的时候，同样也是从水上奔了回来。怎么回事呢？博士生又不好去问，自己是博士哪！怎么可以那么丢人现眼的，这点事情都不知道。

过了一阵，另一位老先生也站起来，紧走几步，噌噌噌地飘过池塘水面上厕所去了。这下子博士更是诧异了："不会吧，到了一个江湖高手集中的地方？真是人不可貌相啊！"但是，博士还是碍于情面，没好意思问两位老先生。

又过了一会，博士生也内急了。但是，这个池塘的两边有围墙，要去对面的厕所，必须绕十分钟的远路，而回所里如厕，又太远，怎么办？博士生也不愿意去问两位老先生，憋了半天后，实在憋不住了，就起身往水里迈："我就不信本科生能过的水面，我博士生却过不去。"

只听扑通一声，博士生栽到了水里。两位老先生赶紧将他拉了出来，问他其中缘由，他问："为什么你们可以走过去呢？难道真的会水上漂？"

两位老先生听完，相视一笑："这池塘里有一条水泥做的小路，由于这两天下雨，水涨了，小路就被稍微漫过了。我们都知道这小路的位置，所以可以踩着快步跑过去。你怎么不问我们呢？"

博士听完，感觉很羞愧，从此也改变了想法，但凡遇事都虚心向别的老同志请教。

学历只代表过去，只有不断学习才能代表自己的将来。尊重有经验的人，才能少走弯路，多干实事。一个好的企业，也应该是有学习型的团队，才能取得成功。一个人，也应该时刻学习，多请教，才能赶上时代的步伐。

古时，一位书生和一位老樵夫做了邻居，但是这位书生一向瞧不起这位老樵夫：一辈子只知道砍柴，还能会什么呢？

一天，书生家里没有柴烧了，又没有钱买柴，于是决定自己上山砍柴。家里的人都劝说，你请教一下隔壁的老樵夫吧，让他指点一下，砍柴需要带些什么工具。书生觉得没必要问他，自己读了这么多书，难道还不如一个老樵夫知道得多。

到了山下，书生就开始攀爬山道，但是脚下的草鞋已经腐朽，一使劲就扯破了。书生很是沮丧，于是只好蹲下来，开始用一些新的麻绳织补草鞋。

等草鞋弄好之后，好不容易爬到山上，找到了可以做柴草的矮树枝，这时，发现斧子太钝了，根本砍不动。于是匆匆忙忙赶回家，重新磨了斧子和锯子。等他返回山上的时候，天已经黑了，他夜间害怕豺狼，就沮丧地回到了家里。他付出的代价是：有米下锅，无柴烧火，饿了一夜的肚皮，又遭到家人的埋怨。

这个书生得了这个教训，在以后每遇到疑难的问题，都虚心地向邻里请教。不久之后，他科举成功，做了一个县的县令，在任上也是不忘向县里有经验的长者请教。

愚者做事，只知道苦干、蛮干，不知道向别人请教的重要性。因此愚者做事时就做不到心中有数，只能眉毛胡子一把抓地乱干一气，虽然做了很多事情，但效果不佳，反而非常忙碌，感觉到压力太大；事情即使干成时，也因为精疲力竭，没有很大的成就感。再以后，他对做事情就感到力不从心，因而就渐渐地害怕做事情，这样长此以往，就失去了做事情的能力。成功对于愚者来说，是难上加难的事了。

所以，我们在职场中，要像智者那样，有了自己的目标以后，多向前人、有经验的人取经，做到心中有数，这样达到目标的概率就会提高一半，成功对于智者来说，何难？

在此还要说一点，值得注意的是：我们在向别人请教的时候，并不是要求一味听从别人。而是要在保留自己本色的基础上，吸取别人的经验，并加以甄别。毕竟，时代在变，环境也在变，老一辈的某些经验可能在当时的社会条件下，是正确的，拿到现代，可能就不是很合适。所以我们干什么事，都要用一个发展的眼光来对待，相信不久以后，你的经验也会为他人所用。

⊙ 木秀于林，风必摧之 ⊙

古人云：“木秀于林，风必摧之。”每个人都有不安全感。当你在世人面前展现自己、显露才华时，很自然会激起各式各样的怨怼及嫉妒。这是可以预料的，但你不可能一辈子都在担忧别人琐碎的感受。然而，对于那些位居你上位的人，你必须采取不同的对应方式。如果想要获得权力，抢过上司的风头或许是最严重的错误。

法国国王路易十四的财政大臣富凯是一位生性爱挥霍的人，他的生活充满着奢华的宴会、漂亮的女人及笙歌宴舞。富凯精明干练，是国王不可或缺的左右手，因此在首相马萨林去世时，他满心以为自己会被任命为继位者，没想到国王竟决定废掉首相的职位。富凯怀疑自己已失宠，因此他决定策划一场前所未有、最壮观的宴会来讨国王欢心。

当时欧洲最显赫的贵族以及最伟大的学者都参加了这场盛大的宴会，莫里哀甚至为了这次盛会写了一出剧本，并亲自表演。宴会上的佳肴珍馐令客人们大开眼界，富凯为了向国王致敬而聘人制作的音乐流泻其间。宴会一直延续到深夜，宾主尽欢，除了国王，所有人都认为这是最令人赞叹的盛事。

遗憾的是，富凯的地位并没有因这场奢华的宴会而获得提高。第二天一早国王就下令逮捕了富凯。不久富凯被控窃占国家财富，他被送进一所与世隔绝的监牢，在单人囚房里度过了人生最后的时光。

为什么会有这样的结局？很简单，因为国王傲慢自负，他希望自己永远是众人瞩目的焦点，永远高高凌驾于臣民之上，他无法容许任何人在任何方面超越自己，掩盖了他的王者光芒。然而天真的富凯却抢尽了主子的风头，用这种方式向主子示好，无异于自取灭亡。

如果你的内在如明珠般熠熠生辉，那么你就必须学会回避爱慕虚荣的人，否则就得找到方法，在做好本职工作的同时，尽力隐藏自己身上那些最为闪光的特质。通过众多历史的教训，你会发现掩饰长处并非弱点，只要最终可以帮助你握有权力，便不失为明智之举。也许开头会让其他人抢尽风头，但总好过成为他人不安全感下的牺牲品。到当你决定脱颖而出时，你早就已占尽了有利条件。

⊙一个篱笆三个桩，一个好汉三个帮⊙

俗话说："一个篱笆三个桩，一个好汉三个帮。"还有句古话说得好："三个臭皮匠，胜过一个诸葛亮。"个体不同，就各有各的优势和长处，所以一定要善于发现别人的优势和长处，取之所长，补己之短。

一个人不能单凭自己的力量完成所有的任务，战胜所有的困难，解决所有的问题。须知借人之力也可成事，善于借助他人的力量，既是一种技巧，也是一种智慧。

《圣经》中有这样一则故事：

当摩西率领人们前往上帝那里要求赠予他们领地时，他的岳父杰罗塞发现，摩西的工作实在超过他所能负荷的。如果他一直这样的话，不仅仅是他自己，大家都会有苦头吃。于是杰罗塞就想办法帮助摩西解决问题。他告诉摩西，将这群人分成几组，每组1000人，然后再将每组分成10个小组，每组100人，再将100人分成两组，每组50人。最后，再将50人分成五组，每组10个人。然后杰罗塞告诫摩西，要他让每一组选出一位首领，而且这个首领必须负责解决本组成员所遇到的任何问题。摩西接受了建议，并吩咐负责1000人的首领，只有他才能将那些无法解决的问题告诉自己。自从摩西

听从了杰罗赛的建议后，他就有足够的时间来处理那些真正重要的问题，而这些问题大多数只有他自己才能够解决。简单一点说，杰罗塞交给摩西的处理问题的帮手，其实就是要善于利用别人的智慧，善于调动集体的智慧，用别人的力量帮助自己克服难题。

很多事情就是这样的，当我们无力去完成一件事时，不妨向身边可以信任的人求助，也许对我们来说费力不讨好的事情，对他们来说却可能不费吹灰之力就能轻松搞定。与其自己苦苦追寻而不得，不如将视线一转，呼唤那些有能力解决问题的人。

所谓孤掌难鸣，独木不成桥，在这个世界上没有完美的人，你不完美，他不完美，但如果你们可以完美地结合在一起，就能取得意想不到的成功。

我们时常看到有些没有血缘关系的人，结成亲兄弟般的友谊，互相帮助、互相提携，也可称之为"利用"的一种关系。

利用不是一个丑恶的东西，而是各取所需。一个人，无论在工作、事业、爱情和休闲哪方面，都离不开这种人与人之间的相互利用。因为各人的能力有限，人际关系有所不同，而必须相互利用。借他人之力，正是一个人高明的地方。

就社会和自然状况来看，孤单的，斗不赢拉帮结派的。一个人在社会中，如果没有他人的帮助，他的境况会十分糟糕。普通人如此，一个成就大事业的人更是如此。如果失去了他人的帮助，从而不能利用他人之力，任何事业都无从谈起。

借人之力，利用他人为自己服务，以让自己能够高居人上，这是一个人很难能可贵的地方。尤其对自己所欠缺的东西，更需要多方巧借。

善于借助别人的力量，善于利用别人的智慧，广泛地接受多家的意见，多和不同的人聊聊自己的构想，多倾听别人的想法，多用点脑子来观察周遭的事物，多静下心来思考周遭发生的一些现象，将让你受益匪浅。

⊙ 忍一时风平浪静 ⊙

中国传统理念所强调的“忍”，是针对人的品性修养而言的。因为人活在世上，难免会遇到各种问题。如果我们能很好地控制自己，那么就会少一些麻烦，多一些包容。“猝然临之而不惊，无故加之而不怒”，这就是问题出现时，人应该具备的个人修养。

欧玛尔是英国历史上著名的剑手。在他的30年职业生涯中，他有一个与他势均力敌的强劲对手，两个人决斗了这么多年也不分胜负。

在一次决斗中，对手从马上摔了下来，欧玛尔持剑跳到他的身上，按照剑术规则，一秒钟就可以刺死他。

但是正在欧玛尔犹豫的时候，对手却往他脸上吐了一口唾沫，按照常理，一般人都不会再犹豫，直接结果了他。欧玛尔此时，却做了一个惊人的举动，停住了，说：“你今天处在劣势，我们明天再打。”

欧玛尔自己也说：“30年来，我一直在克制自己，修身养性，让自己不带着一点怒气作战，所以，我才能常胜不败。刚才被吐口水的瞬间，我动了怒气，但我多年培养出来的修养，使我克制住了。如果在那时杀了他，我就失去了一个好的对手，成功对我还有什么乐趣？”

对手很感动，从此甘拜下风，做了欧玛尔的学生。

苏洵在《心术》中说：“一忍可以支百勇，一静可以制百动。”由此可见，能够自我克制的人才能真正把握好自己的生活。志之难也，不在胜人，在自胜。战胜自己是人的意志所不容易做到的事，而一旦做到了，就意味着掌控了自己的人生航行。如果达到这个境界，世上什么难事我们不能解决。

黎元洪清末在湖北任职时，一直屈就于张彪之下。张彪是张之洞的心腹，张彪心胸狭小，嫉贤妒能，对黎元洪十分反感。于是他常在张之洞的面前进谗言，诋毁黎元洪。

然而，黎元洪也非池中之物，也不甘于为人之下。他明知张彪背后进谗言诋毁自己，但是也不迎其锋芒，而是“平敛锋芒，海涵自负，绝不自显头角，以防异己者攻己之隙”。

1907年9月，张之洞任命军机大臣，东三省将军赵尔巽补授湖广总督。赵尔巽看不起张彪，要用黎元洪代替张彪，黎元洪没有接受。之后不久，黎元洪把这件事告诉了张彪，并建议他致电张之洞，让张之洞处理此事。很快，张之洞来函，才保住了张彪的位置。为此张彪很是感激黎元洪，张之洞也认为黎元洪颇有诚心。

张之洞很看重黎元洪的“笃厚”，说：“黎元洪恭慎，可任大事。”

黎元洪通过“忍”以及极力帮助张彪，使张彪改变了对自己的态度，这样等于在湖北扶植了一个自己的力量，在关键时刻，可堪大用。

能做大事者，一般不拘小节。有可能此人欺负到自己的头上，还要笑脸相迎，黎元洪就是做到这一点。忍者无敌，那些在历史上有所作为的人，绝不会做因小失大、得不偿失的事。

韩信是汉朝初期的一员大将，很小的时候就失去了父母，主要靠钓鱼换钱维持生计，因此也经常受到周围人的歧视和冷遇。有一次，一群街头恶霸当众羞辱韩信，其中有个屠夫说：“你虽然长得又高又大，也喜欢佩剑到处招摇，但其实你胆子很小。有本事的话，你敢用你的佩剑来刺我吗？如果不敢，就从我的裤裆底下钻过去。”韩信自知势单力孤，硬拼很可能会吃亏。于是，当着众人的面，从屠夫的裤裆下钻了过去，这事一直被许多人所耻笑。不过后来韩信跟了刘邦成了一番大事业，史书上将这段故事称为“胯下之辱”。

有人分析说：韩信若想保住自己的人格尊严不受胯下之辱，只有三条出路可供选择：一是拔剑拼杀，可能因此惹上官司；二是装作若无其事，可能被毒打一顿；三是夺路而逃，但对方不会善罢甘休。这样看来，只有忍辱负重，才是生存之道。

常言道：“忍一时风平浪静，退一步海阔天空。”韩信只是不与胸无大志的人一般见识罢了。心怀大志的人，都是善于冷静地处理问题，能够权衡轻重，以最小的代价换取最大的利益的人。

在职场中，我们也会遇到嫉贤妒能的人，也会遇到言语刻薄的人，甚至会遇到对我们使用武力的人，那么我们应该做的并不是以牙还牙，以眼还眼，而是要克制自己，凡事先“忍”之后，再仔细谋略，而后行动。这样我们做事才能想得更全面周到，从而把一些事情的不好影响降到最低。

试想，我们工作不就是为了能有一个更好的生活。美好生活的前提就是有一份自己喜欢的工作或事业，能实现自己的人生价值。这些达到了就够了，至于那些烦恼事情的出现，都是其中的一些小插曲，我们完全没必要计较太多。

⊙ 无声胜有声 ⊙

如果想成为一个讨人喜欢的人和一个成功的人，应该学会在说话之前先倾听别人的意见。

有一位美国管理学专家说过，高效经理人的秘诀之一，就是先倾听别人的意见。这一方面体现了对别人的尊重。作为下属，如果他的老板能够专心倾听他说话，他会感到幸福。作为合作伙伴，如果对方给他首先说话的机会，他会对其马上产生好感。另一方面，只有听了别人的意见，才能够知道他心里想的是什么，也就能相应地做出反应，有利于决策的优化。而如果不愿意倾听别人的话，则会让人非常不快，弄不好还会闹出冲突来。

在商场上应该遵循先倾听别人说话的原则，在日常生活中也是一样。人们都喜欢别人认真倾听自己的话，然后根据听到的来表达自己的意见。是否在说话之前先倾听，在处理人际关系上差别是非常大的。

格林先生从商店买了一套衣服，很快他就失望了，因为衣服会掉色，把他的衬衣领子染成了黄色。他拿着这件衣服来到商店，找到卖这件衣服的售货员，想说说事情的经过，可他在失望之上又加了一层愤怒。售货员根本不听他的陈述，只顾自己发表意见。

“我们卖了几千套这样的衣服，”售货员生气地说，“从来没有出过问题，您是第一位，您想要干什么？”她的语调似乎表明：你是在撒谎，你想诬赖我们。

他们吵得正凶的时候，另一个售货员走了过来，说：“所有深色礼服开始穿的时候都多多少少有掉色的问题，这一点办法都没有。特别是这种价钱的衣服。”

“我气得差点跳起来，”格林先生后来回忆这件事的时候说，“第一个售货员怀疑我是否诚实，第二个售货员说我买的是便宜货，这能不让人生气吗？最气人的还是她们根本不愿意听我说，动不动就打断我的话。我不是去无理取闹的，只是想了解一下怎么回事，她们却以为是上门找碴的。我准备对他们说：你们把这件衣服收下，随便扔到什么地方，见鬼去吧。”这时，商店的负责人沃特女士过来了。

首先，沃特女士一句话没有讲，听格林先生把话讲完，了解了衣服的问题和他的态度。这样，她就对格林先生的诉求做到了心中有数。结果，她对格林先生道了歉，说这样的衣服有些特性没有及时告诉顾客，请求他把这件衣服再穿一个星期，如果还掉色，她负责退货。当然，对被染色过的衬衣，她送给了格林先生一件新的。

艾萨克·马科森大概是世界上采访著名人物最多的人之一。他说，许多人没有能给别人留下好印象，是由于他们不了解别人的意见，只是自顾自地发表意见。"他们如此津津有味地讲着，完全不听别人对他讲些什么。许多知名人士对我讲，他们重视首先听别人意见的人，而不重视只管说的人。然而，看来人们听的能力弱于说的能力。"

小姜和几个同学代表系里参加学校组织的辩论赛，在辩论过程中他们慷慨发言，说理举例都非常独到，把对方同学压得根本插不上话，获得现场的阵阵掌声。但是结果他们却输给了对方。主持辩论赛的老师在解释原因的时候说："政治系的同学确实很有水平，口才也非常好，这是值得称赞的。但是他们好像太善于表达自己的意思，而不善于倾听别人的意见了。结果，两个系的同学各说各的，反而不像在辩论了。同学们应该记住，在表达自己意见之前，先要搞清楚别人的想法。要达到这个目的，就要注意倾听，不会听的人很难成为一个成功的表达者。"

每个人都有很强烈的表达欲，但是要想让别人对自己更有好感，同时让自己的表达更有针对性更能被别人接受，一定要暂时压抑这种表现欲，听听别人是怎么想的。

⊙三思而后行⊙

人生就像一盘棋，一着不慎，满盘皆输。棋局可以重新来下，人生却没有再来一次的机会。请重视你自己的每一个决定，要用心地再三思考，不要因为草率行事而滑入命运的深渊。

一个人无论做什么事都需要"三思而后行"，否则就会出现不堪设想的后果。与其为了日后的不如意而痛悔，何不在行事前谨慎、再谨慎一些？

赵兵大学毕业后不久便顺利地找到了一份比较理想的工作。公司负责人口头承诺为他报销出租车发票，赵兵抓住这个"难得的"机会，能"打的"就"打的"，半年下来，居然累积了数额达几千元的出租车发票。他将发票拿到财务科报销，却被告知公司有报销额度限制，而且新员工不享受这项待遇。

赵兵勃然大怒，认为公司领导言而无信，他连招呼也不打，就愤怒地离开了公司。

令赵兵万万没有想到的是，这一时的“潇洒”会让他付出惨痛的代价。他满以为能很快再找到一份新工作，事情却没有他想象得这么顺利。相对应届大学毕业生，许多工作单位更青睐具有3年以上工作经验的“老手”，而赵兵那段不太光彩的辞职经历也成了他的“致命伤”，每当一些单位问起他为什么这么快就辞职的原因，他都不知道如何回答。在经历多次求职失败后，他自嘲已成为职场上的“弃儿”，至今也没有找到合适的工作。为什么当初不先考虑周全再做决定呢？他常常这么问自己。

赵兵之所以会有这样的遭遇，是因为他还缺乏容纳社会、完善自我的心态，盲目贪图“便宜”，出了问题就一走了之，根本不去思考这样会给自己带来什么样的后果。这是一种缺乏经验和历练的典型表现，是一种不成熟的处世作风。

如果赵兵能够在做每一件事之前，留些思考的时间和余地，问问自己什么能做，什么不能做，就不会走到这么困窘的地步。

“三思而后行”的古训出于《论语》，这句话的意思非常明确，就是说我们要养成做事前多思考的好习惯。

“三思而后行”并不是胆小怕事、瞻前顾后，而是成熟、负责的表现。做事比较冲动的人，往往凭第一感觉，凭一时的冲动，结果有很多时候考虑问题不是很周全。比如有的事，是自己找当事人去说，还是让领导出面去说，效果就有很大的不同。

因此决定做一件事的时候，特别是面临重大问题时，必须要进行全方位的考虑，拿不准的时候多听听旁人的意见，也很有好处。

在行动之前，必须用心去观察和思考，选准自己的方向。否则，盲目行事，见到利益就上，只会因小失大。

“三思而后行”对问题的解决有很大的帮助。但是在这个快速多变的社会中，稍一犹豫，机会便会瞬间错失。有的时候考虑得太多也不好。正如鲍威尔曾经讲过的：在做决策的时候需要在掌握40%至70%信息的时候做出你的决策。信息过少，风险太大，不好决策；信息充分了，你的对手已经行动了，你就出局了。

但你必须清楚一点，“三思而后行”与快速地把握时机并不矛盾，做事情要学会把握时机，同时在决策的时候还要多去思考。这样的人才有希望到达成功的彼岸，才能立于不败之地。

第十七章

放下得失：智者千虑必有一失，愚者千虑必有一得

——锁住目标，有的放矢

⊙ 疑人莫用，用人莫疑 ⊙

中国有句颇为人称道的关于用人的老话，叫作："疑人不用，用人不疑。"这句话里面的"疑"字的意思就是对所要使用之人不确定，不相信或者是有疑心。大概意思就是：感觉靠不住、没把握、不放心或者认为有问题而信不过的人不能任用；而对人才一旦使用，对被启用的人，则需要给予充分的信任，大胆使用，令其能放开手脚，不必怀疑他会干坏事、错事。这句话，作为传统的用人观被长期推广。在今天看来，在企业管理中或者在项目合作中仍然有其积极意义。

美国通用电气公司前 CEO 杰克·韦尔奇对公司管理的最高原则就是："管理得少"就是"管理得好"。这是管理的辩证法，也是管理的一种最理想境界，就是对自己的员工充分放权，给予他们最大的信任和支持，做到最大限度的"用人不疑"。中国有句古话说："士为知己者死"，只有对士人充分的信任，士人才会为报知遇之恩而流尽最后一滴血。

用人不疑是作为管理者用人的一个非常重要的标准。领导者若是想在自己的事业上大展宏图，若想不断壮大发展自己的事业，就必须要学会用人。因为事业越来越大，不可能每件事情都事必躬亲，所以必须用人不疑。领导者不可能样样事情都要过问，这时候，他需要委托自己信得过的人来协助他去办理事情，而"用人不疑，疑人不用"就显得十分必要。

这也是“红顶商人”胡雪岩用人的一个重要原则。

胡庆余堂新招的伙计里有一个姓李的伙计表现特别出色。此人反应迅速，动作麻利。他被安排去做药材采购工作。此人善于交际，工作十分出色，连采购总管都认为这是个可以栽培的好苗子。

但是过了段时间，店铺里开始流传这样一条讯息。原来前几年这个姓李的伙计因为盗窃在大牢里待过一段时间。这个消息一传出，姓李的伙计的身价一下子大跌。总管也好像不那么器重他了，一些重要的药材根本不让他插手。伙计们也都开始用另外一种眼光看他，这个伙计非常苦恼。

随后，胡庆余堂急需一笔重要的药材，需要派人将货款亲自送到商家手里，并且当场一手交钱、一手交货。恰巧这个时候，采购总管身体不适，根本无法支撑这样远的路程。店铺掌柜就开始发愁了，不知道派谁去好。派去的人首先要懂得如何辨别药材，还要善于和商家讨价还价。所以此番任务十分艰巨。

胡雪岩知道了此事，问及哪个伙计的表现突出，掌柜算来算去，也就算姓李的伙计表现比较突出，他的业务水平是可以肯定的。但是考虑到其有过前科，所以掌柜就将他排除了。

胡雪岩听完之后，说：“将那人带过来我见见。”

胡雪岩见到姓李的伙计之后，问他：“如果让你去验收这笔药材，你可有信心？”

姓李的伙计听了大为震惊，他知道因为自己有过盗窃前科，谁都不愿意相信他，但是胡雪岩却委以重任，他感动得不知道该说什么好。他坚定地说：“大人您放心，我一定完成任务。”

掌柜很是疑惑，他担心这其中万一会出什么纰漏，但是胡雪岩说：“用人不疑，疑人不用，既然他都进了胡庆余堂，那就没什么好担心的。该用就要大胆地用。此人也是一个人才。”

果然，姓李的伙计不但顺利地完成任务，还以比之前低很多的药价将药材顺利运回来。这一来，再没有人怀疑姓李的伙计的能力和人品，他很快成为采购方面的优秀人员。

胡雪岩信任伙计的故事和三国时期刘备托孤的故事如出一辙。

三国时期，永安宫里，刘备临终前躺在病榻上安排着自己的后事。他对诸葛亮说：“你的才能是曹操的十倍，我相信你一定可以平定蜀国，最终成就一番大事业。如果我的儿子刘禅有当皇帝的能力，可以治理国家，你可以辅佐他。如果刘禅没有这方面的才能，你就自己取了这个皇位，治理这个国家。”人们都说“人之将死，其言也善”，刘备这一段托孤的话包含了一份怎样的信任？举国托孤于诸葛亮，在那样一个乱世中，又有几人可以做到如此的“用人不疑”呢？面对这份“用人不疑”，诸葛亮也不曾辜负刘备，以“鞠躬尽瘁、死而后已”来报答刘备对自己的信任。试想如若不是刘备托孤于诸葛亮，刘禅在那个尔虞我诈、战火纷飞的乱世中恐怕早就“乐不思蜀”了。

同样是三国中，曹操则生性多疑、奸诈，故人们称他为“奸雄”。比如误杀他父亲的老友吕伯奢全家老少八口，比如“梦杀”侍从。但生性多疑的曹操称得上是一个非常会用人的好老板，他十分清楚“争天下必先争人”，他也懂得“疑人不用，用人不疑”的道理。官渡之战当许攸反水投靠曹操时，曹操军粮已不足了，早已心生退意。许攸献计火烧乌巢，曹操相信了这个刚从敌营投靠过来的谋士，而许攸回报他的信任的便是这场战役的胜利。这也成了以少胜多的战役典范。

曹操对待降将和投降的文人策士的态度更加表现出了他的“疑人不用，用人不疑”的态度。曹操最初起家靠的是父老乡亲，比如夏侯惇、夏侯渊、曹仁、曹洪，当然还有早期的乐进、李典。但是后期曹氏集团中的中坚力量绝大部分都是投降过来的降将。比如张辽，原来是吕布的人马；徐晃，原来是杨奉的人马；臧霸本是陶谦的旧将，后降吕布，投降曹操后，官渡之战时曹操居然把青、徐二州交给他，如此大任交给一个名不见经传的降将，体现了曹操用人之大胆；张绣，是杀害曹操长子曹昂、爱将典韦的敌人，投降过来后一样得到重用，而出此计杀人的贾诩最后居然做到了尚书令。曹操手下两大最为杰出的天才谋士荀彧、郭嘉，原来是侍奉袁绍的。到了曹操这里后，曹操每每对他们的智慧赞叹不已，从来不怀疑他们还念旧主之情出坏主意害自已，要知道荀彧可是受到袁绍的非凡礼遇和重用的。郭嘉也是看到袁绍昏庸而弃袁投曹的，甚至事后还作出了著名的“十胜十败论”来比较袁和曹，郭嘉对袁和曹二人的比较可谓入木三分。郭嘉每出奇计，曹操都能依计而行。

让我们再来看一个近代的例子。

荣宗敬、荣德生兄弟俩所创办的荣氏集团，曾是我国历史上规模最大的民族资本企业。他们的企业之所以成功是因为他们在管理的过程中，奉行了“疑人不用，用人不疑”的原则，不会因某件事而对下属抱有成见，让下属死心塌地地为自己的企业“卖命”。

荣氏的福新面粉公司，在当时的中国面粉行业居龙头地位，该公司总经理杨德仁深受公司领导的器重。杨德仁曾是广顺钱庄的一位师爷，他精明能干，工作干得井井有条，深得上司的器重，入钱庄后三年就升为副经理。在他任副经理时，却发生了一件轰动金融界的事故。当时，一家大公司向广顺钱庄争取贷款。该公司表面上财力雄厚，状况良好，但实际上却是负债经营。杨德仁在未做详细调查的情况下，批准了贷款要求，结果，一年后贷款不仅收不回来，该公司的老板还携款远赴南洋，广顺钱庄损失惨重。荣氏企业的领导并未因此而对他有所偏见，因为他们看中的是杨德仁的理财经验和人际交往能力。而且，他们相信杨德仁会从重大失误中吸取教训。

杨德仁果然不负众望，在他任福新公司的总经理之后，大刀阔斧地进行了一系列改革，收效显著。杨德仁也就成了荣氏旗下的“四大护法”之一。在杨德仁的管理下，荣氏集团讲究信誉，企业一直保持强劲的发展势头。杨德仁为荣氏公司的发展立下了汗马功劳。

从上述例子中可以看出，只有摘掉有色眼镜，心平气和地任用人才，疑人不用，用人不疑，才能出现人尽其才、才尽其用的局面，事业也就能不断地展现新局面。在现实的环境中，只有这样才是对人才价值利用的最大化，是人尽其用的人才观。

⊙ 呼蛇容易遣蛇难 ⊙

俗话说得好：“呼蛇容易遣蛇难。”蛇引过来容易，但要把它赶走就困难了。用以比喻招小人来容易，而要把他打发走就困难了。这就要求我们在平时交友的时候一定要慎重。

一个狐朋狗友很容易地就可以亲近你，讨好你。这种朋友当你有一些小事时会大包大揽，一口答应。而当你最需要他们的时候，或者你落魄的时候，他们便会推辞拖延，甚至反目成仇。这种人平时刻意奉承你、亲近你，给你一种最好的哥们的感觉，其实这种朋友是最不可交的。然而，当你亲近了这种人时，他帮助了你一点时，你再想远离他，躲避他就是十分困难的了。

这种人就是墙头草随风倒，心中只有自己的利益，他可以满嘴的仁义道德，一肚子的男盗女娼。表面对你和和气气，内心里却是暗打小算盘。有一个这样的朋友，你想甩都甩不掉。

有一个农夫，他在寒冷的冬天里看见一条蛇冻僵了，觉得它很可怜，就把它拾了起来，然后小心翼翼地揣进怀里，用暖热的身体温暖着它。那蛇受了暖气后就渐渐地复苏了，不一会就又恢复了生机。可是等到它彻底苏醒过来，便立即恢复了残忍的本性，它用尖利的毒牙狠狠地咬了救命恩人一口，使农夫受到了致命的创伤。农夫临死的时候非常痛悔地说："我可怜这种恶人，不辨明好坏，结果伤害了自己，从而遭到这样的恶报。"

农夫出于好心救下了冻僵的蛇，却被蛇反咬一口，可见小人是多么的可恶，恩将仇报。正所谓呼蛇容易遣蛇难啊！

人脉对于一个人来说是非常重要的，一个人想要成功就一定要有广阔的人脉。然而，这并不就意味着就得去盲目地去交朋友，一个好的朋友就像是沙漠里的甘露，而一个不好的朋友就会是沙漠里的狂风。遇到一个小人，你就会被其缠住进步的双脚，你就会很难摆脱他。

晋国大夫赵简子非常喜爱打猎。有一次他又率领众随从到中山去打猎，在途中遇见了一只狼，这只狼狂叫着挡住了去路。赵简子立即拉弓搭箭，只听得弦响狼嚎，飞箭射穿了狼的前腿。那狼中箭后没有死去，立刻落荒而逃。赵简子非常恼怒，他便穷追不舍。

这时候，东郭先生恰好经过，那狼见到东郭先生便哀怜地对他说："现在我遇难了，求求你赶快把我藏进你的那条口袋吧！如果我能够活命，今后我一定会报答您的救命之恩。"

东郭先生看着赵简子的人马卷起的尘烟越来越近，出于慈悲便对狼说："好吧，那么你就往我口袋里躲一躲吧！"说着他便拿出书简，腾出了口袋，然后往袋中装狼。狼蜷曲起身躯，把头低弯到尾巴上飞快地躲进了东郭先生的口袋里。

东郭先生把装狼的袋子扛到驴背上以后就退缩到路旁去了。不一会儿，赵简子就策马来到东郭先生面前，他向东郭先生打听狼的去向，东郭先生只推脱说没看到。赵简子听了这话，就调转车头走了。当赵简子走远后，东郭先生便把狼从口袋中放了出来。可是狼一出袋子就张牙舞爪地向东郭先生扑去。东郭先生慌忙躲闪，围着毛驴兜圈子与狼周旋起来。

就在这时，远方走来了一位拄着藜杖的老人，东郭先生急忙请老人主持公道。老人听了事情的经过，叹息地用藜杖敲着狼说："你不是知道虎狼也讲父子之情吗？为什么还背叛对你有恩德的人呢？"狼狡辩地说："他用绳子捆绑我的手脚，用诗书压住我的身体，分明是想把我闷死在那不透气的口袋里，我为什么不吃掉这种人呢？"老人说："你们说得都非常有道理，我一时也难以裁决。俗话说得好'眼见为实'。如果你能让东郭先生再把你往口袋里装一次，我就可以依据他谋害你的事实为你作证，这样你岂不有了吃他的充分理由？"狼于是很高兴地听从了老人的劝说，然而，当狼被再次绑进袋子的时候，老人再也没有把它放出来。

东郭先生救了这只狼一条性命，这只狼表面心存感激，其实心中非常邪恶，不但不知恩图报，反而要吃掉东郭先生。像这只狼一样的人，最好不要去亲近，要避而远之，否则一旦有所瓜葛，甩掉就是非常难的事了。

人是不能脱离了社会而自己生活的，这就决定了每个人都应该去融入社会，而想要在社会立足，就需要朋友的支持，好的朋友会让你更加进步、自信，而不好的朋友会让你变得颓废、不思进取。在与人交往的时候一定要慎重，多长几个心眼儿，千万别招惹上那些小人，因为那些小人一旦招惹上，你想要甩掉就十分困难了。

“呼蛇容易遣蛇难”，交朋友时一定要慎重，不要去结交那些小人，因为一旦结交了这种人，当你想摆脱他的时候，你会发现真的是一件非常难的事情。

⊙ 选对行业，成就一生 ⊙

三百六十行，行行出状元。但其“状元之才”之所以能够浮出水面，为世人称颂，就是因为他选择了适合自己的位置。

有些人做事，从一开始就注定了要失败，不是因为他们能力不够、机会不多，而是因为他们上错了船、进错了门，始终在做着自己并不擅长的工作。

在生活中，这些人出于惰性，或者出于这样那样的担心，明知目前的工作根本不适合自己，明知在目前的环境中绝无发展机会，仍然恋恋不舍。对着一份毫无兴趣的工作，做一天和尚撞一天钟，只求应付了事，其结果，不但荒废了岁月，还彻底消磨了斗志。

一份工作的好坏，以能否发挥特长、能否提升自己为判断依据。每个人的兴趣、才能以及追求目标都不一样，一些人如鱼得水的职业，却能将另一些人“淹死”。所以，最重要的不是适应行业——这只是不得已而为之的做法，最明智的做法是选择适合自己的行业。

鞋子合不合脚，只有脚知道；这个行业是否适合自己，只有自己心里最清楚。对一个有志者来说，不能指望别人给自己一个最适合自己发展的机会，应该根据自身需要和喜好，去寻找适合自己的发展空间。

刘铭从小就渴望成为一名创作型歌手。在学校时，他就很努力地自己作词、编曲，他带着自己组建的乐队在各大高校巡回演出，令他沮丧的是，演出没能引起轰动。毕业前夕，他想卖掉手边的一些CD，于是选出了几位对这方面有兴趣的朋友，分别写信问他们，看谁愿意买。其中一位朋友看了信之后非常愿意购买，于是立刻回信，在这封回函里，这位朋友不断地夸赞他文笔流畅，颇具说服力。因此便建议他，既然能写出这么有魅力的推销信函，为什么不投入广告界从事撰写广告的工作呢？

朋友的这封信，就像一块小石头丢入水中，激起了他心中的阵阵涟漪，“投入广告界立志做个出色的广告人”这个想法点燃了他的激情，一个崭新的天地展现在他眼前……5年过去，他成为当地首屈一指的业界精英，他的广告作品在全省乃至全国都有不小的影响力，不少广告语甚至成为人们的口头流行语……他终于找到了最适合自己的那个位置。

选对行业能够成就一生，这的确是一条颠扑不破的真理，只有在最适合你，你也最有兴趣的地方，才能够发挥出你的全部能量。不管你从前是怎样评估自己的身价的，只要你能稍稍改变一下内心的想法，就能够彻底改变自己的人生。

对你而言，现阶段最重要的不是在你既有的能力上再加入一些新奇的力量，而是如何将你现在所拥有的能力百分之百地运用发挥。

也就是说，人生的第一要务并不是要立刻学得新的本领，而是应先将我们现有的才能发挥到极限。

每个人都有自己特殊的才能，如果你因为技不如人而心生愧疚，那仅仅是因为这个行业更适合他人而不是你。你要做的不是怨天尤人，而是开始发掘身上的闪光点，找到最合适你的那个位置。

不能成为一流科学家的阿西莫夫成了举世闻名的科幻作家，研究工程科学的伦琴最终成为物理学家……他们的成功始于一个人生的抉择——找到最适合自己的位置。那么，你的位置又在哪里呢？

成功者之所以成功，就在于选好了最适合自己的行业，选好了属于自己的位置；失败者为什么失败，只因为他可能一生都在从事自己不擅长的事务，以致天赋全被埋没。

人生总有一个最适合你的位置，它能让你的才能发挥得淋漓尽致。让你置身其中，即使忙忙碌碌也不知疲倦，即使面对千难万险也不会想到退缩。你会为它痴狂，为它心醉，为它倾其一生、死而后已。

人的兴趣、才能、素质是不同的。如果你不了解这一点，没能把自己的所长利用起来，你所从事的行业需要的素质和才能正是你所缺乏的，那么，你将会自我埋没。反之，如果你有自知之明，善于设计自己，选择从事你最擅长的工作，你就会获得成功。

⊙ 做事要分轻重缓急 ⊙

你应该找到那件最重要、最关键的事情，去做好它，而不是被纷繁芜杂的假象所蒙蔽，因小失大，酿成祸患。

有一对馋嘴的夫妻一起分3个饼，你一个，我一个，最后还剩下一个，两人互不相让，于是决定从现在起都不说话，谁坚持的时间长，就能得到最后的饼。

两人面对面坐下，果然都不开口。到了晚上，一个盗贼溜进屋里，看见夫妻俩，先是有点害怕，看他们毫无反应，就放心大胆地搜罗起财物来。盗贼将家中稍微值钱点的东西一件一件地搬出门去，妻子心里虽然着急，看丈夫一动不动，便只好继续忍耐。盗贼有恃无恐，干脆连最后一个米缸也搬走了。妻子再也坐不住了，高声叫喊起来，并恼怒地对丈夫说："你怎么这样傻啊！为了一个饼，眼看着有贼也不理会。"丈夫立刻高兴地跳了起来，拍着手笑道："啊，蠢货！你最先开口讲的话，这个饼属于我了。"

在这个笑话中，这一对愚蠢的夫妇就是没有分清事情的轻重缓急，没有找到当前最重要的问题，结果因小失大，闹出了笑话。当两人打赌争饼时，遵守赌约、闭口无言是双方的主要问题，应着力解决。可是，当盗贼进屋盗

窃财物时，如何联手赶走盗贼，保护家中财产，则成为新的主要问题，赌饼约定已经不再重要。此时此刻，夫妇二人就应该抓住最主要的问题，齐心协力，抓住盗贼，保护财产。然而，夫妇二人因为牢记赌约，对盗贼不予理睬，让盗贼有了可乘之机，将财物盗走，从而丧失了抓贼的大好时机，为了一只饼失去了全部财产。

古人常说："射人先射马，擒贼先擒王。"想问题、办事情，就是应该牢牢抓住最主要的问题，不能主次不分，因小失大。在实际工作中，我们也必须弄清当时当地客观存在的最重要的问题是什么，从而采取正确的解决方法，以收到事半功倍的效果。

英国前首相撒切尔夫人对抓住重点有深刻而简洁的见解。有人问她："在日理万机的情况下还能照顾好家庭，你的秘诀是什么？"她回答说："把要做的事情按轻重缓急一条一条列下来，积极行动，做好之后，再一条一条删下去就成了！"

真理是朴素的，也是容易被忽视的。加强计划，抓住重点，积极突破，这就是各个领域普遍、适用的重要方法，也是常被忽视的重要方法。

一个人每天都有很多事情要做，有大事、有小事，有令人愉快的事，有令人心烦意乱的事。但是哪些事才是你最重要的呢？不弄明白这个问题，你就会浪费许多精力，空耗许多时间，结果给你带来痛苦，使你身心疲惫。

当然，所谓"重要"，必须是出自你自己的想法、感觉，你认为什么对你才是重要的。在某种意义上，人生就是选择对自己最重要的事情，然后去努力完成它、实现它。

如果你不希望被纷繁芜杂的大小问题弄得手忙脚乱，你就必须学会合理有序地安排事务处理的次序。根据事情的"轻重缓急"，你可以将自己的行动分成四个层次：

1. 重且急

这些是最优先处理的，应当高度重视并且立即行动。

2. 重但缓

可以稍后再做，但也要进入优先处理的行列，一定不要无休止地拖延下去。

3. 急但轻

这些表面上看起来非常紧急的事务，往往会被错误地列入优先行列中去，使真正重要的工作被拖延。

4. 轻且缓

其实大量的工作是既不紧急也不重要的，我们却常常由于各种原因，本末倒置，耗费了不必要的时间和精力。

当你依照这个程序执行一段时间之后，你就会获得有形的成果及回馈，最终，你将拥有所有你想要的东西，甚至更多。

⊙ 眼望高山，脚踏实地 ⊙

麦当劳创始人克罗克在考虑人才时，并不在乎学位。他甚至有些歧视有学位的人，他说，因为“大部分学位高的人都不肯努力工作，他们只想坐在银行的桌子后面，以为这样便是进入商界了。我喜欢愿意努力工作、不怕艰难、脚踏实地的人”。

许多早期的麦当劳员工不但没有大学学位，而且可能根本进不了其他公司，但他们在麦当劳取得了成功，这是因为他们从实际出发，脚踏实地努力工作的结果。

一位哲人说过：“好高骛远会导致盲目行事，脚踏实地则更容易成就未来。”年轻人往往充满梦想，这是件好事情。但年轻人还要懂得，梦想只有在脚踏实地的工作中才能得以实现。

有一位老教授说：“在我多年来的教学实践中，发现有许多在校时资质平凡的学生，他们的成绩大多在中等或中等偏下，没有特殊的天分，有的只是安分守己的诚实性格。这些孩子走上社会参加工作，不爱出风头，默默地奉献。他们平凡无奇，毕业后，老师、同学都不太记得他们的名字和长相。但毕业后几年、十几年后，他们却带着成功的事业回来看老师，而那些原本看来会有美好前程的孩子，却一事无成。这是怎么回事？

“我常与同事一起琢磨，认为成功与在校成绩并没有什么必然的联系，但与踏实的性格密切相关。平凡的人比较务实，比较能自律，所以许多机会落在这种人身上。平凡的人如果加上勤能补拙的特质，成功之门必定会向他大方地敞开。”

一个人如果做事脚踏实地，具有不断学习的主动性，并积极为一技之长下工夫，那么他便容易获得成功。一个肯不断加强自己能力的人，总有一颗热忱的心，他们肯干肯学，多方向人求教，他们在不同职位上增长了见识，学到了许多不同的知识。

脚踏实地的人，能够控制自己心中的激情，认认真真地走好每一步，踏踏实实地用好每一分钟。他们甘愿从基础工作做起，在平凡中孕育和成就梦想。无知与好高骛远是年轻人最容易犯的两个错误，也是导致他们失败的原因。许多人内心充满梦想与激情，却不能脚踏实地去干。

很多年轻人在谋职时，总是盯着高职、高薪，总希望英雄能有用武之地，可一旦当他们对工作厌烦时，就会抱怨工作的枯燥与单调，当他们遭受挫折与失败时，就会怀疑工作的意义，渐渐地，他们轻视自己的工作，并厌倦生活。

那些有所成就的人士，都具备务实的心态，都是踏踏实实地从简单的工作开始，通过一些微不足道的小事找到自我发展的平衡点和支撑点。

所以，只有踏实肯干，一个萝卜一个坑，最终才能有所成就。

⊙再精巧的算盘也有算错的时候⊙

古今中外，耍小聪明误事的，甚至丢掉性命的人比比皆是。

和珅由一名当差的升为户部郎兼军机大臣，官至文华殿大学士，封一等公。和珅为官，弄权耍奸，朝野骂声不绝。故而当他的靠山乾隆帝死后不久，就被嘉庆皇帝宣布20条罪状，令其自裁，抄没家产约值8亿两，等于朝廷一年收入。这“8亿两”乃种种祸国殃民、巧言令色的诸般“前事”的积累和“物化”。“百年原是梦，卅载枉劳神”，总结得何等正确。恋生惧死，人之常情，和珅“伤感”于“前事”，他身陷囹圄之际，最终才明白是他的那种以权谋私的作为，“误了自身，罪有应得，没啥冤枉”。

《红楼梦》中的王熙凤才智过人，手腕灵活，权术机变，口才出众，大权独揽，营私舞弊，并且纵欲、自恃与狠毒，结果是聪明反被聪明误，送上了卿卿性命。

观古可以鉴今。到头来感伤嗟叹，恨“才”“误”身，那份欲说还休的复杂心绪，是何等地悲哀与无奈。

聪明之人拥有令人羡慕的资本，但聪明也应审慎用之，聪明用于邪则误入歧途，机关算尽也会必有一失，有才是好事，但也别“身死因才误”。

做人必须要吃透很多学问，例如“聪明反被聪明误”，即为其一。“聪明”是一个带有限定性的词，处理不好，即会被聪明误，因为物极必反，任何事情都有一个限度。对深藏不露的意图可利用，却不可滥用，尤其不可泄露。一切智术都须加以掩盖，因为它们招人猜忌；对耍聪明的意图更应如此，因为它们最容易招人嫉妒。

常言道：聪明一世，糊涂一时。不可否认，胡雪岩是个聪明人，可是在替清政府跟洋人借钱的时候，他这个聪明人却干了一件糊涂事。

一个人发展越顺的时候，越应该更加小心。人一旦太顺了，嫉妒的人就多了，想要找茬的人也就多了，稍微不小心，就有可能落下把柄在别人的手里。正因为发展太顺了，人们常常会掉以轻心，觉得世间就只有自己聪明，只有自己的如意算盘能够打得响。所以，越是聪明的人，越容易栽大跟头，越是艺高的人，就越容易酿成大祸。

这正如胡雪岩所说："再精巧的算盘，也有打错的时候。"所以，在现实中，一定不能以为自己聪明，就对什么事情都掉以轻心。

灾难常常是在我们最不经意的时候来临的，所以做事情一定要小心谨慎，不能机关算尽，到头来承担恶果的是自己。

⊙ 当断不断，反受其乱 ⊙

人们常常说："当断不断，反受其乱。"在办事过程中，如果机会来了不好好抓住，轻易错过，反过来就可能使自己受到损失。成大事者应该有一个良好的决断能力，如果遇事畏畏缩缩，犹豫不决，那么就会失去成功的好时机。

就像打仗一样，在双方费尽周折后，双方都在根据对方的行动不停地调整，不停地改变策略。双方都在神经紧绷着，等待着对方的失策，等待着战局优势倒向己方，而一旦获胜的机会来到，就应该毫不犹豫地把握，而不能放之离开。战局瞬息万变，一旦抓住机会就会对战局产生十分关键的影响。而如果机会到来，却犹豫不决，当断不断，最终会错过大好时机，从而导致失败，胜利最终会与之失之交臂。

战国时期，"战国四公子"之一的春申君黄歇，礼贤下士，非常有威望。黄歇身为世家子弟，足智多谋，能文善武，因而深受楚国国君的器重，他曾经担任楚国令尹一职，掌握着楚国的军政大权。

在黄歇掌权期间，他手下有个叫作朱英的门客，劝他及早把另外一个实力派人物李园除掉。朱英认为，李园为人心狠手辣，如果春申君不及早动手的话，就很有可能反被他杀害。然而，春申君认为李园并没有十分明显的劣迹，并且他是楚国王妃的亲戚，因此犹豫不决，迟迟没有接受这个建议。后来，春申君果然被李园派来的刺客杀死。

就是因为春申君没有听从门客的意见，犹豫不决，当断不断，最终得到了一个被刺杀的下场。因此我们做事情时一定要果断，如果遇事犹豫不决，贻误了时机，到头来只会让自己承受恶果。

机遇是捉摸不定的，人们总期望机遇垂青自己。然而机遇是需要我们自己去寻找的。只有自己努力去寻找机遇，机遇才会更加垂青我们。而且当我们遇见机遇时，就一定要积极的采取行动，去努力把握。机会就摆在那儿，我们却前怕狼后怕虎，犹豫不决，以致机会从眼前飞走，这样的事例经常发生在我们身上或身边，这正是由于我们不敢相信自己也能借机遇而一下成功，对自己缺乏足够的信心，所以在机会唾手可得时，也不敢利用机会，让自己成功。

成功者都是善于抓住机遇的人，虽然他们有时难免也会犯错误，但是他们比起那些做事犹豫的人要强很多，而他们取得成功的几率也比优柔寡断的人要大得多。

俗话说："机不可失，失不再来。"面对良机，就应该当机立断，迅速出击，否则不仅机会一旦错过就来不及了，还会受到不必要的损失，所谓"当断不断，反受其乱"，遇见机会的时候就一定要果断抓住，而不可犹豫不决，畏畏缩缩。

在做一件事之前思考一下是应该的，但是如果过于犹豫不决就显得非常不好了。做事时犹豫不决、瞻前顾后，缺乏应有的勇气，当断不断，那么事情就不会很好地被完成了，甚至事情会朝着相反的方向发展。

因而，我们做事时一定要果断，该下决断的时候一定要果断，千万不可拖拖拉拉，瞻前顾后，这样会失去大好的机会，当断不断，最终会反受其乱。

第十八章

机遇把握：君子藏器于身，待时而动

——善于捕捉时机，敢于果敢出手

⊙ 逢强智取，遇弱活擒 ⊙

在战争中讲究的是："逢强智取，遇弱活擒。"在为人处世中也是如此，面对不好惹的人，就得多动动脑筋，用最有效的方法将他"制服"；遇到问题时，一定要仔细地分析问题，从而找到最好的解决办法。

只要肯想，办法总是有的。但是办法一定要对路，要能够见招拆招。只有开动脑筋，逢强智取，遇弱活擒，在不同的情况下想出不同的可以解决问题的好方法，只有这样才能够真正地解决问题，最终助你达到成功。

暑假来了，张平想要出去打工，一来可以锻炼自己，二来还可以缓解家里的经济危机，张平买了一份找工作的报纸，他在广告栏上仔细寻找，终于选定了一个很适合他专长的工作，广告上说工作的人可以拿着简历在第二天早上8点钟到达他们的公司设定的面试地点。张平很想试一试，于是就在第二天的7点45分钟到了那儿。可是他看到居然已经有20个男孩排在那里，而他则排在队伍的最后面。

看到这种形势，他感到非常郁闷。他心里想："这样下去的话，我面试上的几率非常的小，我得想个办法，怎样才能引起特别注意而竞争成功呢？"张平就是有一股不服输的劲头，他始终相信只要认真思考，办法总是会有的。终于，他想出了一个办法。

张平拿出了一张纸，然后在上面写了一些东西，折得整整齐齐，走向面试官，然后恭敬地说："先生我希望您可以看一下。"

面试官看到了纸条后突然大笑了起来，因为纸条上写着：“先生，我排在队伍中的第15位，在你没看到我之前，请不要早早地作决定。”

最终，张平得到了这份工作。

张平开动了自己的脑筋，他想到自己排队面试成功的几率非常小的情况，没有同别人一样去好好地排队，而是想出了一个非常高明的办法，从而使自己如愿以偿地获得了工作。

李小龙是我国著名的功夫大师，功夫电影明星。他曾经自创了截拳道，为我国武术的发展作出了杰出的贡献。他是一个非常善于思考、精于谋划的人，因此他在处事时，总是能够分清局势，成功地绕开危机，并能最终获得成功。

有一次，李小龙去宣传自己的截拳道，在表演前他首先作了一番讲演，仔细阐明了截拳道的优势，同时也分析了其他武术门派的弊病。李小龙的言论立刻激起了一名在场的日本武师山本的强烈不满，这名武师属日本空手道黑带三段，在另一所大学就读。听了李小龙的演讲，他立即不服气地走到场边，然后以污言秽语羞辱李小龙，他戳着李小龙叫道：“你的截拳道既然如此厉害，那么你敢不敢接我的空手道呢？”

李小龙原本想将他的截拳道招数表演完毕再和他理论，见此情景不得不中止，终于他忍无可忍地接受了对方的挑战。李小龙对山本说道：“空手道是从中国武术演变而来的，我哪有怕空手道的道理呢？”

于是，双方摆下了架势，李小龙立刻闪电般地贴近山本跟前，他的攻势迅猛凌厉，在短短的11秒内就结束了这场比武。再看山本，则被李小龙打得满脸鲜血，倒地不起。

后来李小龙知道这名日本武师的功夫属于上乘，名气也非常大。然而李小龙还是轻而易举地将他击败，从此李小龙声名鹊起，名声大噪，这次比武为他自己做了一次非常成功的广告。此后，慕名投奔李小龙门下的学生也越来越多，他的武馆从此大见起色。

李小龙是聪明的，他认真分析了局势，考虑到对方是练习空手道的武师，而空手道是从中国武术演变而来的，且自己的截拳道也吸收了空手道的经验，于是很自信地认为自己可以打败他，这样也可以为宣传自己的截拳道起到非常好的效果。于是他立刻凭借自己的能力打败了那名武师。

在做事情时一定要多思考，多分析。逢山开路，遇水搭桥；兵来将挡，水来土掩；只有这样才能够使问题更好地更有效地解决。

东汉末年，魏、蜀、吴三分天下。蜀国丞相诸葛亮受到刘备托孤的遗诏，立志北伐，以重兴汉室。然而，蜀国南方的孟获又率兵来犯，诸葛亮当即点兵南征。双方首战诸葛亮就大获全胜。他亲率主力大军进入益州。这时雍闿已被高定的部下杀死，孟获代替雍闿为主，召集雍闿余部抵抗诸葛亮。

孟获虽然有勇无谋，但是却在当地少数民族中威望很高，所以诸葛亮根据自己的既定方针，决定生擒孟获，使他心服归降。

于是他下了一道命令，只许活捉孟获，不能伤害他。于是诸葛亮七次抓到孟获，又七次把他放掉，最终让孟获降服。

诸葛亮七擒孟获平定南中，不仅解除了蜀汉的后顾之忧，稳定了后方，而且从南方调拨了非常多的人力物力，从而充实了蜀汉的财政力量，让其可以专心于北伐。

诸葛亮平定南中后，命令孟获和各部落的首领照旧管理他们原来的地区。有人对诸葛亮说："我们好不容易征服了南中，为什么不派官吏来，反倒仍旧让这些头领管理呢？"

诸葛亮说："我们派官吏来，没有好处，只有不方便。因为派官吏，就得留兵。我们如果要留下大批兵士，那么我们的粮食就会接济不上。再说，刚刚打过仗，难免死伤了一些人，如果我们留下官吏统治，一定会发生祸患。现在我们不派官吏，既不要留军队，又不需要运军粮。让各部落自己管理，汉人和各部落相安无事，岂不是更好？"

诸葛亮想到了战后的统治问题，因此不能杀死孟获，而应该让其归顺，然后令其臣服蜀国，一举两得。

因此，做事情千万不能盲目地去做，而是应该结合具体的情况，想出一个可以对症下药的方法来，只有这样事情才会被很好地解决。

⊙ 将计就计，其计方易 ⊙

每个人的一生都会遇到敌手的，为了胜过别人你就一定要多动脑，多努力。虽然"消灭自己敌人的最好办法就是把他变成你的朋友"这句话说得很好，但是我们并不能把每一个对手都变成好朋友，这就要求我们学会去面对他们，去战胜他们。

并不是每个对手都会和你光明正大、堂堂正正地竞争。有的对手往往会暗地里向你使用见不得人的招数，所谓"明枪易躲，暗箭难防"，面对对手的小伎俩，我们应该学会将计就计，借力打力，才能够很好地回击。“将计就计”如果能够圆满完成，不仅能让自己摆脱困境，更能让对手的计划落空，甚至于让对手返过头来落入自己的圈套里面，从而使他陷入困境。

当你和他人斗智斗勇时，难免会棋逢对手，双方会呈现非常胶着的状态，谁也不能占到对方半点便宜。如果这样相持下去的话，就会使得双方都会元气大伤。就算是一直耗下去最终获得了成功，也只能留下一个难以让人接受的烂摊子。这样的胜果，代价实在是太大了。而如果我们懂得将计就计，利用别人的计谋然后有针对性地制订计划，就会很快地粉碎别人的计谋，从而让自己更轻松地获得胜利。

1941 年秋，侵华日军华北总司令冈村宁次调集了数万日伪军，集中力量对晋察冀边区进行了大规模的扫荡行动。面对这种情况，晋察冀军区的司令员聂荣臻立即决定，由军区直属机关留在中心地区以牵制敌人，同敌人周旋。主力部队则跳到外线去有效地打击敌人，从而一举粉碎敌人的大扫荡。

按照这个部署，聂荣臻率军区直属机关开始向安全地带进行转移。在转移的途中却遭到了敌人飞机的狂轰滥炸，接着很多敌军在飞机的引导下尾随而来。军区机关换了很多的地方，但就是摆脱不了敌军。大家都觉得非常奇怪，为什么军区机关转移到哪里，敌人的飞机就出现在哪里呢？聂荣臻经过反复的分析，认为敌人之所以能对军区机关迅速转移做出快速的反应，是因为敌人掌握了军区机关电台的信号。于是，他决定将计就计，命令一个小分队携带着一部电台赶往距军区机关驻地几里外的一个电台点，然后用军区的呼号不断地发报。果然，敌机就开始猛烈地对那个电台点狂轰滥炸，各路敌军也不断扑向那个电台点。从而为机关和军队的转移赢得了宝贵的时间。

聂荣臻及时洞悉敌人尾随军区机关的原因，然后将计就计，调虎离山，最终粉碎了敌人对军区机关的重点进攻。

将计就计就是要利用对方的计策然后向对方实施一个计策。要想将计就计，首先就得先识破对方的计谋，知道他的意图所在，然后才能“就计”而行，从而战胜对手。

《三国演义》里，贾诩也曾搞了一次将计就计，当时曹操发兵攻打张绣，张绣在南阳死守。曹操攻打了很久也没有打下来，于是曹操便骑马围着南阳城转了 3 天。不久，他发现南阳城的东南城墙非常不坚固，于是便公开传令让兵将们在城西北堆积柴薪，接着会集诸将，摆出了从西北处攻城的架势，而暗地里却命令军中秘密准备攻城的器具，企图从东南角攻入城内。

谁料，城中张绣的谋士贾谊识破了曹操“声东击西”之计，他经过分析，决定将计就计，他让饱食轻装的精壮士兵全部藏在城东南的房屋之内，让老百姓假扮成军士，登上城西北角，不断地摇旗呐喊。曹操以为张绣中计，于是就白天在城西北进行佯攻，到了晚上则悄悄带着精兵从东南角爬入城内，结果却反中了贾谊的计谋，最后被杀得丢盔弃甲，损失了几万兵力。

贾谊正是在识破了曹操的计谋后，根据曹操的计划制订一个可以击败他的计划，从而把曹操打得一败涂地，进而解决了曹操围城的困境。

将计就计的关键就在于能否看透第一个“计”，如果看透了，你就可以认真地想出一个得当的方法来对付它，而如果你看不懂对方的意图，那么你就无法将计就计了，而是只能中计了。

韩襄毅名雍，谥号襄毅，一次，有个郡守准备了丰盛的酒宴进献给他，这酒宴用一个大盒子装上，并且有一个美女也装在了盒子里，然后直接进献到韩襄毅所住的营帐中。

这必定是当地的郡守想借此来窥探韩公的。韩襄毅知道这里面一定有不可见人的东西，但是他又不好违背郡守请他饮酒的好意，更不能若无其事地处理他派来的窥探者。思来想去，他决定将计就计。于是他就请郡守进入军帐，然后打开盒子，让在盒子里的美女献完酒之后，就依旧放回了盒子里，最后又把盒子还给了郡守，让美女随着郡守一起出去。

韩襄毅识破了郡守的意思，但又碍于情面无法拒绝，于是他就将计就计地让美女敬了酒，然后又把美女完好地送回，不但接受了郡守的好意，也表明了自己的态度，实在是高啊。

因此在与对手斗法时，不能仅仅借助于自己的蛮力，更要开动自己的脑筋，努力去了解对手的计划，然后根据他的计划，布置一个自己的计划，让他在实施自己计划的过程中就不知不觉地落入自己的计划之中，从而实现打败他的目标。

⊙机会从来不等人⊙

“机会从来不等人”。当你做了充分准备，机会来临时就是你的；如果你没有做好准备，任何机会都不会是你的。

机会不会向每个人冲奔而来，有的时候机会来到我们身边仅仅是短暂的瞬间。谁错过了这一瞬间，它绝不会再恩赐第二遍。

机会从来不等人。在通往失败的路上，处处是错失了机会、坐待幸运到来的人。

抓住机会，见机而动，这个道理并不难理解。但许多人却令人遗憾地失去了机会。失机的原因恐怕体现在两个环节上，一个是识机，一个是择机。

时机来到，有的人能及时发现，有的人却视而不见，有的人虽然有所发现，但认识不清，把握不准。

致使良机丢失的另一个原因，是多谋少决，不敢决断，不能当即择机。这固然受到对时机认识不明的制约和影响，但与决策者的心理素质也有很大关系。有的人天生意志软弱，缺乏决断力，面对几种互相矛盾的选择方案，不知取舍，无所适从。

可见，机遇并不是赐给每个人的。无论在社会生活还是社会斗争中，机遇只偏爱那些有准备头脑的人，只垂青那些深谙如何追求它的人，只赐给那些自信必能成功的人。机遇稍纵即逝，犹如白驹过隙，常言道，机不可失，时不再来。在进退之间，不能把握时机者，必将一事无成，蹉跎终身。

机会总是来去匆匆，它从不为任何人稍作停留，但这并不是说，机会可遇而不可求。机会可遇亦可求。所谓可求，就是说每个人都可以为自己制造机会。机会常常会出现在你面前，你完全可以把握住机会，将它变为有利条件。而你需要做的事情只有一件：行动起来。

软弱和犹豫不决的人，总是找借口说没机会，他们总是喊：机会！请给

我机会！

弱者等待机会，强者创造机会。即使做不成强者，至少也要抓住机会。

事实上，你缺乏的不是机会。而是辨别机会的慧眼和抓住机会的双手。

世界上最小的门是机会之门，只要你关闭，拒绝接受，就是连一根针也插不进去；世界上最大的也是机会之门，只要你打开，它可以创造无数奇迹。其实，一个人生活中的每时每刻都充满了机会。学校里的每一堂课是一次机会，每一次考试是一次机会，每一个工作任务是一次机会，每一次都是展示你的优雅与礼貌、果断与勇气的机会，更是表现你诚实品质的机会。

在这个世界上生存，本身就意味着你拥有奋发进取的特权，你要利用这个机会，充分展示自己的才华，去追求成功，那么这个机会所能给予你的东西，要远远大于它本身。

⊙ 不打无准备之仗 ⊙

俗话说得好："好的开始是成功的一半。"做每一件事的时候，如果准备充分的话，往往会有事半功倍的效果。"不打无准备之仗"，在做事情的时候一定要规划好，准备好，这样才会使成功更加顺利地到来。

著名的作家梁晓声曾接到过一位大学生写来的信。在信中他倾诉自己对文学的虔诚与热爱，以及想成为作家的愿望，只是由于自己是学工科的，因此不能将大量的精力花在自己热爱的文学上，所以他感觉自己是世界上最不幸的人。

梁晓声在回信中坦诚地说道："与同龄的青年相比，能够考入一所名牌的大学，你已经是最幸运的人了。目前对你来说，努力学习是最合适的事情，学习应当成为你生活的全部，即使你要成为作家，大学的学习对你也是非常有益的积累。我劝你还是先按下当作家的迫切愿望，等到将来大学毕业了，再从业余作家做起，然后当半专业作家，直到进入专业作家的行列。"

令人遗憾的是，这位大学生根本听不进梁晓声的劝告，他把所有的心思都用到了写作上。结果，他没有一篇"作品"发表，相反地学习成绩却一天天地下滑，甚至于连续几次补考都没有及格，最后不得不离开了大学校园，回家去了。

再后来，梁晓声听说他精神失常了，便非常痛惜地说道："这实在是太可惜了。"

这名大学生没有听从梁晓声的正确意见，一心只想着写作，但是他没有写作的天分，又不去为当一名作家而做准备，积累经验，而是急于求成最终落了个令人痛惜的下场。

我们再来看另外一个例子：

著名的女作家铁凝曾经接触过一位文学爱好者。她是一位四川乡村的女青年，她为了文学，竟然不远万里地找到铁凝。她希望在铁凝的指导下早日成为一名作家。

但是铁凝心里非常清楚，一个人仅仅靠一个作家的培养而成为作家的几率是非常小的。福楼拜是莫泊桑母亲的老友，他曾经对莫泊桑进行过极其严格的写作训练。但是莫泊桑在以《羊脂球》而留名文坛之前，他一直在一个默默无闻的小职员的位置上奋斗了十余年。

铁凝了解了女青年的大致情况后，善意地向她提出建议："你最重要的是工作问题，因为有了工作才能有工资，有了工资才能活着。只有活着才能去写作，去追求梦想。"

那位女青年听从了铁凝的劝告，回到家乡。在一个小县城里找到了一份最普通的工作。以后她常把她的习作邮寄给铁凝指导。终于，她的文章开始在地区的小报刊上连续发表了。渐渐地，她开始引起人们的注意，并最终实现了她的梦想。

同样热衷于文学，两个青年却有着截然不同的结局，出现这种情况的原因是因为前者对写作这件事没有准备充分，急于求成。而第二个青年则听从了铁凝的建议为自己的梦想积极地做准备，最终实现了自己的梦想。

一个年轻的猎人带着充足的弹药和擦得锃亮的猎枪去打猎。

老猎手们都劝他在出门之前把弹药装好再去寻找猎物，但他还是带着空枪走了。他对老猎手们说道："我到达打猎的地方需要一个钟头，到了那再装子弹也有的是时间。"

他走到了开垦地，就发现了一大群野鸭密密麻麻地浮在水面上。以往在这种情景下，猎人们一枪就能打中六七只，这足够他们吃上一个礼拜的了。可这个猎人却需要忙着装子弹，此时野鸭发出一声鸣叫，一齐飞了起来，很快就飞得无影无踪了。

他徒然穿过曲折狭窄的小径，在树林里不停奔跑搜索，这片树林是个荒凉的地方，他连一只麻雀也没有见到。更不幸的是，这时天空霹雳一声，然后下起了倾盆大雨。

猎人浑身上下都是雨水，袋子里空空如也，最后猎人只好拖着疲乏的脚步回家去了。

在看到猎物的时候才去装弹药，连作为一名猎手最起码的准备工作都没有做好，当然就不可能有什么收获了。如果他在出发前做好充分的准备，那肯定会满载而归。

北宋大画家文同，字与可。他画的竹子远近闻名，每天总有很多人登门求画。那么文同画竹的妙诀在哪里呢？

原来，文同在自己家的房前屋后种上各种各样的竹子，无论春夏秋冬，阴晴风雨，他经常去竹林观察竹子的生长变化情况，琢磨竹枝的长短粗细，叶子的形态、颜色，每当有新的感受就回到书房，铺纸研墨，把心中的印象画在纸上。日积月累，竹子在不同季节、不同天气、不同时辰的形象都深深地印在他的心中，只要凝神提笔，在画纸前一站，平日观察到的各种形态的竹子立刻浮现在眼前，所以每次画竹，他都显得非常从容自信，画出的竹子，无不逼真传神。

当人们夸奖他的画时，他总是谦虚地说："我只是把心中琢磨成熟的竹子画下来罢了。"

文同竹子画得传神，是因为他在画竹子之前，对竹子做了大量的观察，使得他对竹子的特性了如指掌，因此就可以画出惟妙惟肖的竹子了。

总而言之，做任何事情之前，一定要做好充分的准备，只有充分的准备后才会更加自信地去做事情，从而更加顺利地去实现目标。

⊙ 善用现有资源 ⊙

一家建设公司董事长长期专心经营"没有资金赚大钱"的生意，他想了许多办法，"预约销售"是其中最有效的方法之一。譬如有人要卖某处山坡的地上物时，他就前去找买主，一找到，他就跟买主接洽。他说："那座山上的木料价值有 100 万元以上，主人现在有意以 80 万脱手，请你把它买下来，两个月内保证赚一成。超出一成利润时，超出部分由我所得，如果赚不到一成时，我可以赔你一成的利润。"他又让有钱的朋友给他做连带担保，如果买方把它买下来，他就代买主销售，如此他往往以买价两倍左右的价格脱手。对买主来说，两个月就有一成的利润，而一成利润比一年的银行利息要多得多，而且有保证，安全可靠，因此找买主并不困难。

善用现有资源并不是现代才出现的，中国古代就有不少这样的高手，战国时期的张仪就是其中之一。

张仪，和别人一同跑到楚国去求富贵。但楚王丝毫不重视他们，张仪等人穷困潦倒。

那时候，楚王正宠爱着两个美人，一个是南后，一个是郑袖。

张仪就去面见楚王。见到了楚王，张仪就说："我到这里很久了，大王还不给我事做。如果大王真的不想用我的话，请允许我离开这里，到晋国去碰一碰运气！"

"好吧，你只管去吧！"楚王满口答应。

"当然，不管那边有没有机会，我还是要回来一次的。"张仪说，"但请问大王，需要从晋国带些什么吗？譬如那边的土特产，您如果喜欢，我可以顺便带一些回来。"

楚王扫了他一眼，淡淡地说："晋国的东西有什么稀罕的？"

"大王就不喜欢那边的美女吗？"张仪问道，"那真是妙呀！漂亮极了！晋国的女子哪一个不似仙女一样？粉红的脸颊，雪白的肌肤，头发黑得发亮，走起路来如风吹杨柳，说话娇滴滴的，简直比银铃还清脆……"

这席话引得楚王连声道："你不说我倒忘了，那你就给我去办，多带些名贵的'土特产'回来吧！"

"不过，大王，没银两办事可就难了。"张仪说。

"那还用说，银两是少不了的。"楚王立即给了张仪很多银子，让他尽快去办。张仪领到银子后，又故意把这消息传开，一直传到南后和郑袖的耳朵里。两个人一听，大为恐慌，急忙去贿赂张仪，让他不要给楚王带什么美女，免得动摇自己的地位。

这样，张仪又捞了一笔。

张仪要去晋国了，他在向楚王辞行时说："我这一次到晋国去，路途遥远，交通不便，不知哪一天可以回来，请大王赐我几杯酒，给我壮壮胆吧！"

楚王同意了，还特意把最宠爱的南后和郑袖请了出来，轮流给张仪敬酒。

张仪一见，"扑通"一声跪在楚王面前，说："请大王把我杀了吧，我欺骗大王了。"

"为什么？"楚王惊讶不已。

张仪说："我走遍天下，从未见过有人长得比大王的这两位贵妃更漂亮。过去我对大王说过要去找'土特产'，那是没有见过贵妃之故，现在见了，觉得把大王给欺骗了，罪该万死！”

楚王松了口气，对张仪说：“我以为是什么呢！那你不必起程了，也不必介意。我明白，天下根本就没有谁比得上我的爱妃，是不是？”这样，张仪讨好了南后和郑袖，引起了楚王的注意，还从中捞了不少银子。

谁说要想得到鸡蛋，就必须有一只肥母鸡呢？在对有限财富的争夺战中，善用现有资源的成功案例比比皆是。不用花一分本钱，就能让你赚得盆满钵满，这就是善用现有资源的好处。相较于用力气赚钱、用钱赚钱，用脑子赚钱，可以说是最上乘的赚钱之法了。不仅是赚钱，做别的事情也应该是这样，善于利用资源，在纵横捭阖中谋取利益，这是最高的智慧。

⊙ 磨刀不误砍柴工 ⊙

做一件事的准备活动是非常重要的，一个良好的准备过程可以让事情做起来更加得心应手，甚至会达到事半功倍的效果。“磨刀不误砍柴工”，不要去吝啬那短短的磨刀时间，殊不知就是这短短的磨刀时间却能够给你带来更多的惊喜。

“磨刀不误砍柴工”表面的意思是在刀很钝的情况下，就会严重影响砍柴的速度与效率，在砍柴前虽然会浪费一些时间来磨刀，而致使不能立即去砍柴，但当刀磨锋利，砍柴的速度与效率会大大提高，砍同样的柴反而用时比钝刀少。

从前有一个年轻人，他与一个砍柴很久的师傅搭档，每天都一起进山砍柴。在每天上山砍柴之前，老师傅都会把斧子磨一磨，并还教育他砍柴之前最好要把斧子好好地磨一下。但是这个年轻人总是太心急，他认为磨斧子是一件很浪费时间的事，他认为如果把磨斧子的时间用在砍柴上就能够砍更多的柴。于是他就抱着这个想法金每天都和老师傅一同上山砍柴。

刚开始，他的确是比老师傅砍得快，还砍得多。他心里沾沾自喜，觉得自己比老师傅还厉害，他觉得自己认证了磨斧子是没有用的想法。

第二天，他还是不磨斧子，早早地就进山了，并且劝老师傅也不要再浪费时间磨斧子，快点一起进山。老师傅却不为所动，依然认真地磨着自己的斧子。

结果，这一天年轻人和老师傅砍的柴是一样多。回到家以后，年轻人很不服气，他认为自己之所以砍得少是因为自己今天没有力气的缘故，并暗下决心明天一定要比老师傅砍得多。第三天，年轻人起得很早，在老师傅刚刚起来，还没有磨斧子的时候就进山了，并加倍地努力砍柴，他想要砍得比老师傅多，于是砍得比前两天还要卖力。但遗憾的是，他累了一整天，却比前一天还少。

回到家里以后，他觉得非常沮丧，甚至连饭也吃不下去了。老师傅看到了他的困惑，就过来开导他。对他说："年轻人，你想知道为什么你砍的柴越来越少吗？你想知道你砍柴为什么越来越吃力吗？"

年轻人非常想知道其中的原因，于是很认真地听着。老师傅语重心长地对他说："年轻人，干事情不能那么急躁，砍柴之前一定要磨好斧子，不要害怕浪费磨斧子的那点时间，当你把斧子磨好之后你就会更快地砍柴了，这就叫作'磨刀不误砍柴工'。"

年轻人听完以后将信将疑，于是他就决定听一次老师傅的话，并在明天验证一下。

于是，第四天早上，他没有早早地出发，而是和老师傅一起磨斧子，一直把斧子磨得又快又光之后才去砍柴。

结果令他欣喜的是，他又恢复第一天的水平。

在现实生活中，每个人都应该充分重视准备活动的重要性。所谓"工欲善其事，必先利其器"就是这个道理。如果平时不勤奋地"磨刀"而只是迫不及待地去做事情，等机会来临时就会发觉自己的能力远远不够，基础非常不扎实，这样的话再怎么临时抱佛脚，恐怕也已经晚了。

因此，我们应该注重自己平时的积累，注重做事情前的准备活动，为接下来做事情打下一个良好的基础。

一对隐居山野的夫妇，长年以来，他们都过着远离都市，自由自在的生活。

一天中午，妻子突然想要吃鱼，于是吩咐丈夫利用下午的闲暇时间去河边钓鱼，这么一来，晚餐时就可以吃到新鲜、美味的炖鱼了。

妻子在家里盘算着晚上的鱼的做法，一面做准备，一面催促着丈夫赶紧去钓鱼。

丈夫就拿着渔竿出去了，傍晚时，丈夫却才垂头丧气，两手空空地回到了家里。妻子看到丈夫一副狼狈的模样，就焦急地问："你怎么一条鱼也没带回来呢？"

丈夫一边擦汗一边说："别提了，现在的鱼实在是太狡猾了，我在河边等了一个下午，不但没有钓到半条鱼，鱼饵还被吃光了，简直把我给气死了。"

妻子听了半信半疑，这条河的鱼非常多，怎么突然间连一条鱼也钓不上来呢？

于是，她拿起了渔竿，仔细地看了看后说："难怪呢，鱼钩都已经直了，怎么可能钓到鱼呢？你怎么连这都没发现呢？怪不得蹲了一下午一条鱼也没钓到，这个鱼钩根本就没有作用了，你还是赶紧换上一个新鱼钩吧，这样就会钓到鱼了。"

丈夫没有找出问题的症结，因此忙碌了半天，只是徒劳无功。纵使付出了再多的力量，他也不会钓到鱼的。

要办成一件事，不一定要立即着手，而是先要进行一些筹划、进行可行性论证和步骤安排，做好充分准备，创造有利条件，这样会大大提高办事效率，做事情前一定要事先做好充分的准备，只有做好充分的准备才能使工作效率更高，做事速度更快。正所谓"兵马未动，粮草先行"，有了可靠的保障后，做事情就会胸有成竹了。

⊙把握机遇，抓住未知的财富⊙

未知的财富是人所无法预料估计的，包括它的存在，以及价值的大小，这就需要一种长远的眼光以及在当时对机遇的正确把握了。

美国在本土以外隔着加拿大还有一块领土——阿拉斯加。阿拉斯加远离美国本土，面积约 172 万平方千米。该地区天寒地冻，是爱斯基摩人的居住地。阿拉斯加成为美国的领土，这其中还有一段经历。

1741 年，俄军渡过白令海峡首先发现了阿拉斯加，沙皇随即派兵占领，于是阿拉斯加成了俄国的殖民地。

1856 年，俄国在俄土战争中战败，国库亏空。俄国到处搜集财源，于是就想到了阿拉斯加。沙皇认为该地油水不大，甚至到时可能还要贴本钱，不如卖掉。1861 年，俄国着手与美国谈判出售阿拉斯加事宜，可是美国当时正值南北战争爆发，无力置产。但沙皇亚历山大二世仍不放弃向美国推销阿拉斯加的任何一次机会。

1867 年 3 月 29 日，俄国驻美大使斯捷克尔竟不顾礼节，深夜求见美国国务卿威廉·西沃德。西沃德正在客厅打牌，当他听到斯捷克尔男爵竟把价码降到 700 万美元时，立即把手中的纸牌一丢，眉飞色舞地喊道："为什么要等到明天呢？我们今晚就签约吧！"双方当场拟定了协议文件，连夜请来美国参议院外交委员会主席作证。经过激烈的讨价还价，直到凌晨 4 点，双方终于以 700 万美元外加 20 万美元的手续费成交。720 万美元买下了约 172 万平方千米的土地，每平方千米土地只值 4.2 美元。阿拉斯加成了世界上最廉价的土地。

但美国政府购买廉价土地的举动却遭到国内的强烈反对，当时舆论大哗。原因是美国内战初期，财政困难。在野的共和党人把这一交易称之为“西沃德的愚蠢”，把阿拉斯加比喻为美国总统“约翰逊的北极熊花园”。但经过激烈的争论，参议院终于在 4 月 9 日批准了这笔交易。

然而，谁也没有想到这个冰天雪地的地方竟然是个“聚宝盆”。1880 年，人们在这块不毛之地上发现了金矿，引起了美国“淘金热”。仅 1903 年一年，阿拉斯加就向美国政府上缴税金 954615 美元。后来，人们又在阿拉斯加发现了美洲最大的油田，年产石油 6000 多万吨。这里的煤、铁、天然气的贮藏量也极为丰富。据最保守的估算，美国人得到阿拉斯加后的前 50 年从这块土地上得到的纯收入就超过 7.5 亿美元，这包括出售从阿拉斯加开采的贵重金属的收益。

现在，该地和沿海地带的自然资源估计价值 5000 亿美元。特别是阿拉斯加与俄国相望隔海，又是美俄之间距离最短的地方。这个占美国国土面积 1/6 的第一大州，成了美国重要的军事基地，其战略价值用金钱是无法衡量的。

未知总是伴随着机遇，从未知中发现机遇，在未知中挖掘价值，这才是智者的眼光。所以，我们不应该鼠目寸光，被眼前的一点利益所蒙蔽，而应该放眼未来，看到事物在未来的价值。

⊙ 求人不如求己 ⊙

每个人都会遇到这样或者那样的事情，每个人都会有求于别人，但是我们不能总是靠着别人的力量来完成一件事，而且别人也不会帮助我们完成每一件事。这就要求我们做事情时仍要靠着自己的力量去努力完成，而不是一遇到问题就寻求别人的帮助。所谓“求人不如求己”，别人不可能总会为你做好每一件事，事情终究是你的，最终仍要凭借着你自己的能力去完成。

别人的帮助有的时候可以为我们开辟一条新的道路，让我们更加顺利地渡过难关，解决问题，但我们绝对不能过分依赖着别人的帮助，别人的帮助只能起到辅助的作用，而真正起到主导作用的还应该是我们自己。一个人如果把别人的帮助看得太过重要，久而久之，他的做事能力就会严重下降，而每当出现问题时，他首先想到的不会是靠着自己的智慧和力量去解决问题，而是去寻求别人的帮助。慢慢地，他就会严重依赖别人的帮助了，这样他就对自己更没有信心了。

佛印禅师和苏东坡是至交，他们两个人经常在一起参禅论道、游山玩水。

有一天，他们出去游玩，在路过杭州的中天竺寺时，两人便进去参礼。

当他们礼拜完毕后，苏东坡看着千手观音菩萨手中持着的念珠，就问佛印道："禅师，观音既是菩萨，为什么还要数手里的那串念珠呢？"

禅师答道："她也像凡夫们一样在祷告啊。"

苏东坡很是不解地问道："她向谁祷告呢？"

禅师笑着答道："呵呵，她当然在向观音菩萨祷告呀！"

东坡又追问道："她自己不就是观音菩萨嘛，为什么还要向自己祷告呢？"

佛印接着笑了笑，说道："求人不如求己嘛！"

另一则关于观音菩萨的故事是这样说的：

有一个人在路上行走着，突然天空下起了大雨。这个人于是就在屋檐下躲雨，这时他看见观音打着雨伞在雨中走着。于是他对打着雨伞的观音说："观音度我一度。"观音说："你在屋檐下，我在雨中，谁能够度谁呢！"这个人听观音这样一说，就从屋檐下走入雨中。然后他对观音说："现在我也在雨中了，请观音度我一度吧"。观音说道："你在雨中，我也在雨中，只不过我手中有伞，你手中没伞。你应该要伞度你，而不是叫我度你。"

这个人听了观音的话后非常郁闷，很无奈地回家去了。

连一向普度众生、救苦救难的观音菩萨都在向着自己祷告，劝诫别人要靠自己的力量做事情，可见人最终还是要靠自己啊。

求人不如求己，做事情的时候，我们应该先问一问自己是否可以做，然后我们再努力地靠自己去完成，而不是一有问题就去寻求别人的帮助，请求别人伸出援助之手。如果一个人，从来都不相信自己，可以磨炼自己、发展自己，让自己做自己的救世主，那他还能做什么呢？对自己都没有信心的人，还能指望别人能帮得了多少呢？一味地否认自我，寄希望于他人，这个人就永远无法在竞争中占据主动，而只能受制于人。

海伦·凯勒来到时间才16个月，猩红热就夺去了她的视觉、听觉和语言能力。失去了思维依托的海伦智力十分低下，她既看不到五光十色的世界，也听不到山鸣谷应，更无从表达她内心的忧郁，但她硬是凭借着惊人的毅力，踏踏实实、一点点地学习，终于有所成绩。她不仅练就了正常人的思维能力，还创造了常人难以达到的辉煌。她掌握英、法、德、希腊和拉丁语，还发表了大量的文学作品，使得她成了全美国最受尊敬的文学家、教育家。

当有人问她："是什么让你这样坚持地走下去？"她只是淡淡地说道："因为我一直告诉自己，不管遇到多大的困难，只有自己才能拯救自己。"

海伦·凯勒从来都没有向命运低头，她没有乞求别人的帮助，而是靠着自己的力量一点点的让自己走向成功，从而使自己的人生绽放出了夺目的光芒。

从美国哈佛大学毕业的女学生布露柯·艾莉森成为哈佛大学的第一位四肢瘫痪的学生。

21 岁的艾莉森在 7 年级开学的第一天就发生了严重的车祸，在那次车祸里她几乎丧失了自己的性命，但是她在医院里昏迷了 36 小时后竟然奇迹般地苏醒过来，然而她的四肢却全部瘫痪。她醒后首先想到不是关心自己怎么样了，而是急切地询问什么时候可以去上学，她甚至还在担心功课是否会被落下。尽管她已经瘫痪了，但是不服输的精神点燃了她希望的火焰。此后，她以优异的成绩从哈佛大学毕业，并取得心理学和生物学两个学士学位。面对四肢瘫痪这种常人难以想象的痛苦，她仍无比坚毅地说："这就是我的生活，我一直感到，不管我所面对的情况如何困难，我都应该坚持下去，只有自己才可以拯救自己。"

因此，我们应该去借助自己的力量与智慧不断提高自己，脚踏实地地做好每一件事，为自己去奋斗，努力挖掘出自己最大的潜力，只有通过这样的不断地努力与磨炼，才能够让自己在面对问题时信心百倍，并可以自信地达到成功。求人不如求己，一定要树立信心，坚定信念，变被动为主动、寄希望于自我才是最可靠、最有利的成功法则。

给自己一点点信心吧，要坚定自己的信念。遇到困难时咬紧牙关对自己说："我能做到，我可以的，我不能依赖别人的帮助，我自己帮助自己……"只有这样，才能在困难面前面不改色，自信十足。人的潜力是巨大的，相信自己，把自己潜藏的力量激发出来吧，你会发现，没有别人，每一件事情依然可以凭借自己的力量很好地完成。

⊙ 进攻才是最好的防守 ⊙

商场如同战场，快一步则生，慢一步则死。面对困境，不能消沉沮丧，要像洛克菲勒一样积极主动寻求出路，将对方置于被动的地步，成功当然由你掌握了。

人生也是如此。处于困境时，不能坐以待毙，静等着对手将自己打败，要主动寻找走出困境的办法，快速进攻，不给对手任何逃脱的机会。

洛克菲勒使用大量资金扩大炼油生产量的同时，为了挤垮对手，他安排人去把一切可以装运石油的油罐列车以及油桶全部包租下来。但宾夕法尼亚公司垄断了油田和东部港口间的铁路货运，迫使洛克菲勒按其要求支付将煤油和其他产品运到东部市场的费用。洛克菲勒决定主动出击，解决这个问题。

1867年下半年，洛克菲勒派人会晤了中央铁路公司的新任副董事长，告诉他洛克菲勒公司不再通过运河运输石油，而保证通过他的铁路每天装运不少于60节车皮的石油，不过条件是在运费上打折扣。而中央铁路公司当时正面临美国运输业大幅震荡，恰好需要一个“承包”者。

于是，中央铁路公司答应了洛克菲勒的要求：从石油区装运原油到克利夫兰每桶35美分，从克利夫兰装运精炼油到东部海滨每桶13美元。

仅此一举，洛克菲勒不仅打破了宾夕法尼亚公司的垄断，而且在运费上也得到了极大优惠。

面对阻力，大胆进攻，最后取得胜利，是洛克菲勒的一贯做法。

1870年，美国铁路货车总装运量不断下降，那些受到经济不景气影响的铁路老板，为了解决困难，着手寻求为自由市场所能提供的更为有利的解决方法。他们设想：既然他们能够同最大的炼油商们合伙经营，分享利润，又何必忍受这种正在消耗着金钱的竞争局面呢？摸透了铁路老板们心理的洛克菲勒，立即与铁路老板们酝酿出一个方案。

根据该方案，各大铁路公司将与各主要炼油商们联合起来，共同安排石油的流通问题。运费将提高，但参加这个方案的成员则可以享受运费回扣，可以得到超过运费的补偿。

洛克菲勒立即将此方案付诸实施，着手组建了南方改良公司。该公司的运费以每桶24美分的优惠价格支付，而非成员的运费则要提高价格。

由于在南方改良公司的2000股中，洛克菲勒及其兄弟威廉占了1180股，这使得美孚石油公司在这个公司中享有的权利比其他任何一个股东都要多。洛克菲勒把这个方案视为一种手段，借以消灭美孚石油公司的竞争对手。

洛克菲勒的主动出击使对手们只有两个选择：要么把自己的企业解散并入美孚公司，要么最后在运费折扣制的压力下破产倒闭。

结果，洛克菲勒有效地垄断了整个美国的石油业。1880年，整个美国生产出来的石油，竟有95%出自洛克菲勒之手。

遇到阻力和困难时，选择退让只会让自己的“地盘”越来越小。在激烈的商战中，大胆进攻，扩大自己的市场份额，这样才会成功。

⊙车到山前必有路，船到桥头自然直⊙

挫折几乎贯穿于我们每个人的一生，从小时候的努力练习走路到老后做任何事都非常困难，困难如影随形。面对困难时，有的人就灰心丧气，自暴自弃，不思进取。而有的人却加倍努力，相信“车到山前必有路，船到桥头自然直”，保持着乐观自信的精神面貌。

困难其实是我们的朋友，所以面对困难时我们大可不必惊慌失措，失败是成功之母，只有经过了无数的困难，我们才能够看见胜利的曙光。面对困难我们一定要保持乐观的心态，要相信天无绝人之路，只有保持积极向上的态度，才会最终成功。

有一位作家名字叫刘侠，笔名叫杏林子，她12岁时就得了风湿性关节炎，40年来，她几乎每天都在与病魔搏斗。后来甚至发展到连讲一句话都要喘息不止。然而面对这样的困境，她竟然能够很乐观地去面对，而且还跟主治医师幽默对话，谈笑风生，让主治医师非常佩服。

最令人感动的是，她在这样的情况下，竟然还用了3年的时间，录制完名为《生命之歌》的录音带。她就是想把自己所经历的困境、奋斗的过程及她对生命的感受，留传给后代的人，让他们也能够积极地去面对类似的困境。由此可见，她是一个乐观向上、有使命感的人。

面对困境要有积极乐观的心态，要不屈不挠，勇敢地去面对，而不是要避而远之。在自己的内心深处一直提醒自己：天无绝人之路，车到山前必有路，船到桥头自然直。只有具备了这样的心态，才能真正地坚持到最后，并最终成功。

一位商人一生向佛，天天都在行善。后来有一次做生意被同伙欺骗了。于是有一天，他怀着无比绝望的心情来到当地一座寺庙，找到了一位高僧并对他说道：“师父，我除了自杀应该没有什么路可以走了。我没有别的要求，只求您看在我一生信佛的份上，在我死后收养我那8岁的女儿。”

高僧不动声色地问道：“施主活得好好的，为什么张嘴是死，闭嘴也是死呢？”

商人痛哭流涕地说：“师父啊！我在经商的时候诚心诚意地对待别人，可是别人却对我落井下石，以至于我现在负债累累，现如今被债主们逼得无路可走，只有一死了之！”

高僧道：“难道你就没有别的财产了吗？”

商人痛苦地说道：“没有，我除了有一个年幼的女儿以外，已经是一无所有了！”高僧这时眼中一亮，高兴地对商人说道：“你的女儿就是你最大的财富！”

商人迷茫地问道：“师父，我很不明白您的意思！”

高僧接着说道：“这样吧，如果你把女儿嫁给我，我就帮你还债，怎么样？”

商人一听，大惊失色道：“师父，您不是在和我开玩笑吧？”

高僧却笑着说道：“相信我吧，我能帮助你把问题解决。”

这位商人平日里非常敬重高僧的为人，也十分虔信高僧的智慧，于是他回家后立刻宣布：这个月的十五，高僧要到家里来做他的女婿。

消息不胫而走，全城人都为之轰动了。大家都在翘首以待，等待这个如此特殊日子的到来。到了迎亲的那一天，看热闹的人把大门口挤得水泄不通，高僧到达后，吩咐在门前摆上一张桌子，上置文房四宝，高僧则开始挥毫泼墨，高僧的文字写得龙飞凤舞让大家拍手称赞。围观的人们争相欣赏、购买，没用多长的时间，买书画的钱就装满了箩筐。

高僧问商人说：“这些钱够你还债了吗？”

商人急忙拉过女儿跪在地上，长跪不起说道：“谢谢您救了我们的命。”

高僧淡淡一笑说：“阿弥陀佛，债帮你还完了，我也就不做你的女婿了！”说完就走了。

“车到山前必有路，船到桥头自然直”这句话说得很有道理。人生的路很长，但也很多。我们总会被环境所迫，为条件所困，为生活所累。有些事情是我们无法改变的，然而我们却可以换一种思考方式。生活中，我们有时在一条路上不断地行走，走久了，走累了，走厌了的时候，有可能就会觉得脚下的路越走越走不通，甚至到了山穷水尽的地步，于是就再也没有勇气继续往前迈动步子了。实际上，不是路太狭窄了，而是我们的眼光太狭窄了。其实，许多时候堵死我们的不是路，而是我们自己狭隘的心态，没有坚强的心更没有乐观的心态。我们只是止步在即将迈进成功的前一刻，最终使得成功与我们擦肩而过。

一位经营农场的农场主，他与家人的生活只能达到温饱。他的身体非常强健，工作也认真勤勉，但他却从来不敢妄想财富。突然有一天，他瘫痪在床了，他躺在床上动弹不得。亲友们全都认为他这辈子完了，然而事实却没有朝着人们想象的那样发展。

他的身体虽然瘫痪，但是他的意志却丝毫不受影响，他依然可以进行思考和计划。于是他决定要让自己活得更加充满希望、乐观、开朗，让自己做一个有用的人，继续养家糊口，而不要成为家人沉重的负担。

他对他的家人说道："我的双手已经不能工作了，我要开始用大脑工作，而由你们代替我的双手。我们的农场要全部改种玉米，然后用收成的玉米养猪，趁着乳猪肉质鲜嫩的时候然后灌成香肠出售，这样一定会很畅销的。"

他的家人决定全力支持他，于是就按照他的构想实行起来。没过多久，乳猪香肠果然一炮而红，成为家喻户晓的美食。

每个人的一生都会遇到这样或者那样的困难，这就要求我们应该要时时刻刻激励自己。每个人都应该牢记一句话："车到山前必有路，船到桥头自然直。"

有一位哲人曾经这样说道："一个人如果不能追赶太阳，就应该选择月亮。"这句话是非常的有道理的，当我们在原来的道路上不能进退的时候，我们应该学会正视现实，做一些必要的改变，往旁边挪动几步，就会出现无数条的路，这些路会指引我们用另一种思路去思考问题并且最终会引领我们走向新的希望。只要自己的眼光不过于窄小，眼皮不过于厚重看不清远方，每个人都可以在走不下去的时候发现新的路。只要自己的认识不那么肤浅，懂得人生有顺境逆境，有成功失败，有祸福得失，我们就可以一定可以冲破迷雾看到阳光的。

请相信"车到山前必有路，船到桥头自然直"这句话吧，当你就遇到困境的时候，拿出来激励自己，你会发现再大的困难也会被解决掉的。

第十九章

成功创业：人凭志气虎凭威

——经营自己，创造无愧无悔的事业

⊙ 不怕无能，就怕无恒 ⊙

人的一生会遇到各种各样的困难，同时人与人的能力也是有差别的，这就决定了每个人做事情的方法和思路是不同的。智商较高的人能够轻而易举做成的事情，也许对稍微笨一些的人来说就是非常棘手的问题。有的人常常会抱怨自己比别人笨，别人能够做好的事情自己却怎么也做不好。其实大可不必这样想。古人曾说，“勤能补拙”，如果你比别人笨的话，那么你就要付出比别人更多的努力，坚持不懈，奋战到底。“不怕无能，就怕无恒”。

有恒心的人往往能够获得别人不能获得的成就，他们也许并不聪明，甚至于比别人差很多，但是他们相信只要努力就会有回报，只有努力才能够让自己成功。

传说太阳神炎帝有一个小女儿，名叫女娃，是他最钟爱的女儿。炎帝不仅管太阳，还管五谷和药材。他事情很多，每天一大早就要去东海，指挥太阳升起，直到太阳西沉才回家。炎帝不在家时，女娃便独自玩耍，她非常想让父亲带她出去，到东海太阳升起的地方去看一看。可是父亲总是忙于公事，没有时间带她出去。女娃挨不住寂寞，终于有一天，女娃便一个人驾着一只小船向东海太阳升起的地方划去。不幸的是，海上起了风暴，像山一样的海浪把小船打翻了，女娃被无情的大海吞没了，永远回不来了。炎帝十分痛惜自己的女儿，但却不能用医药来使她死而复生，也只有独自神伤嗟叹了。

女娃死了，她的精魂化作了一只小鸟，发出“精卫、精卫”的悲鸣，所以，人们又叫此鸟为“精卫”。精卫痛恨无情的大海夺去了自己年轻的生命，她要报仇雪恨。因此，她一刻不停地从她住的发鸠山上衔了一粒小石子，或是一段小树枝，展翅高飞，一直飞到东海。她在波涛汹涌的海面上飞翔，悲鸣，把石子树枝投下去，想把大海填平。精卫飞翔着、鸣叫着，离开大海，又飞回发鸠山去衔石子和树枝。她衔呀，扔呀，成年累月，往复飞翔，从不停息。

姑且不谈精卫有没有可能把大海填平，光是她的这份决心就足以让人对她肃然起敬。只要有恒心，世界上就不会有什么可以阻挡一颗勇敢的心。

不要在抱怨自己没有别人聪明了，更不要把自己不如别人当作自己做不好事情的借口，再聪明的人也需要去努力奋斗，去不断提高自己。

如果你比别人笨的话，那么你就更应该去努力，只有用你的勤奋去弥补你的不足，你才能跟上别人的步伐。如果你只是每天抱怨着各种事情，那么你就会被别人越拉越远了。不要怕自己无能，只怕自己缺少恒心。虽然聪明但是却没有毅力，最后仍会一事无成。而如果你有坚持不懈的精神，即使再笨，你也会凭着自己的努力实现你的目标的。

⊙ 时间就是金钱，效率就是生命 ⊙

在所有的资源中，时间不同于其他资源，它没有弹性，找不到替代品，而且永远是短缺的。时间既不能停止，也不能保存。如何合理利用时间将成为每个人一生的必修课。

有人认为自己是时间的奴隶，有人埋怨时间过得太快，在每天都差不多结束时，才发现应该做的事情还没有做完……

张路和刘波是同一家企业的两个部门主管。他们每天都要工作八九个小时。张路离开办公室时总要带着一公文包文件，他要利用自己的业余时间继续完善自己未完成的报告。他总是觉得很累，基本没有什么时间可以用来放松和休息。

与张路相反，刘波坚守一个原则：绝不把任何工作问题带回家。在上班的8小时，他就尽可能认真地做好当天的工作。当然，时间总是有限的，他会首先完成最重要的工作，其余琐碎的小事要么不做，要么就授权下属去做。

一段时间以后，两人的业绩差别变得非常明显。张路越来越力不从心，最悲哀的是，他做了很多无用功，真正重要的事情却没有做好。刘波还是那幅轻松自得的样子，周末还有时间和家人一起出去游玩，他所分管的业务增长很迅速，获得了上司的嘉奖。

张路和刘波在能力上并没有特别大的差异，然而，能否对时间合理利用让两人立刻有了高下之分。

简单的往往是有效的，让我们忙得晕头转向的往往并不是那些所谓的巨大的劳动量，而是我们不知道自己有多少工作，该先做什么。这就是因为我们还没有掌握安排时间、利用时间的艺术。

时间是一种资源，善于利用时间就能节约成本、提高效率，带来巨大的业绩。掌握了时间安排的艺术，时间便会生机无限。

有一位著名的科学家，他把自己的每个工作日都分成“三天”。“第一天”是从早晨到下午 2 点，他认为这是最宝贵的时间，用来安排做最重要的工作。“第二天”是下午 2 点到晚上 6 点，这时身体已经比较疲倦，这段时间用来安排做些比较轻松的工作。“第三天”是从晚上 6 点到午夜，这段时间是身体的低效期，可以用来参加会议、看书，等等。

我们虽然不一定要把一天当作三天去用，但至少也要学会有效地利用时间，全力去生活。

你可以为自己制定一套时间计划。经常检查某一短期目标是否如期完成，用工作日记将完成每件事花费的时间记录下来。只要拥有成熟的计划、行程表，原本凌乱不堪的工作，就会显得条理井然起来。在你每天早上走进办公室的时候，就开始计划一天的工作，把所有事项按重要性程度进行排列，然后尽可能一有时间就去干最重要的工作。

当你开始学着合理利用时间的时候，你会发现，你的时间宝藏还有很大的潜能等着你去发掘。

效率就是生命。集中你的时间做最核心的、最有生产力的事情，把重要的事情摆在第一位是时间管理的要诀所在。而所谓重要的事情，是指真正有助于达到我们目标的事情，是让我们的工作与生活更有意义、更有成就的事情。

成功者总是从容不迫地在做着最重要的事情，很多人却急急忙忙做着紧急而不重要的事情。你必须学会如何把重要的事情变得很紧急，这时你就会立刻开始做最重要、最有生产力的事情了。

⊙ 大胆天下去得，小心寸步难行 ⊙

做事情就应该大胆地去做，而不能畏首畏尾，缩手缩脚的。事情的变化往往会超过计划的预期，当面对预料之外的情况时，你是选择犹豫不前呢，还是选择抓住时机、当机立断呢？请记住这句话："大胆天下去得，小心寸步难行。"

武则天是中国古代的唯一一位女皇帝。她自幼聪慧伶俐，善于表达，胆识超人。父亲深感她是可造之才，于是就教她读书识字，使她通晓事理。

贞观十一年（637），14岁的武则天因为长相俊美而被选入宫中，受封为"才人"。入宫之后，武则天行事干练，非常善解人意，再加上她姿色娇艳，于是颇得唐太宗的欢心，于是赐号"媚娘"。不久后，太宗又发现武则天学识非常好，并且懂礼仪，便把她从侍穿衣着的行列，调入御书房侍候文墨。这一变化使武则天开始接触皇家公文，了解了一些宫廷大事并能让她读到许多不易得见的书籍典章，她的眼界越发的开阔了，她也日渐通晓官场政治和权术了。

贞观二十三年（649）太宗驾崩，按照当时宫廷的规矩，武则天被送进感业寺（供奉太宗灵位之处）出家，不许再度婚配。李治为太子时，曾与武媚娘私情甚笃，太宗忌日的时候，李治到感业寺上香和武媚娘不期而遇，于是旧情萌发。适逢宫内王皇后正与萧淑妃争宠，武则天意外受益，成了王皇后对付萧淑妃的一张牌而得以进宫，并得到李治宠爱。高宗即位两年后，把武则天从尼姑庵接出，封为昭仪。

没过多久，高宗害了一场病，成天感觉头昏眼花，他看武则天非常能干，又懂文墨，索性就把朝政大事全交给她管了。

由于武后处理政务有章有法，不像高宗那样犹豫不决，因此让群臣非常佩服。

公元683年，唐高宗李治病故，武则天先后把两个儿子立为皇帝——中宗李显和睿宗李旦，但是两人都不让她满意。于是她就废了中宗，软禁睿宗，自己则以太后名义临朝执政。

太后执政立刻遭到一些大臣和宗室的反对，但是都被武则天一一镇压平息，全国恢复了安宁，从此也没有人再敢反对她了。武则天巩固了统治之后，又不满足太后执政的地位。于是她决心称帝。

公元690年，武则天自称圣神皇帝，改国号为周。至此，她就成了中国历史上唯一的女皇帝。这年她67岁。

武则天前后执政近半个世纪，上承“贞观之治”，下启“开元盛世”，历史功绩昭然于世，但是过失错误也不可饶恕，总的来说她的成绩是值得肯定的。

武则天改唐为周长达15年。神龙元年（705），武则天被迫让位给庐陵王李显，由于特殊原因，又恢复了唐王朝统治，自己想当一个王朝创始人的志愿就此落空。

这个中国历史上唯一的女皇帝，给自己的身后立了一块“无字碑”，她不愧是杰出政治家，她明白历史功过自有历史去作出评判。

中国的皇帝全部都是男性，这也是中国古代男尊女卑思想的重要体现，但是偏偏出现了武则天这样一个大胆的女人，她敢于做大事，她敢于打破常规，她敢于用自己的力量去治理一个广阔的国家。就是因为她敢于做事，才使得唐朝出现了盛世的局面。如果她害怕别人的质疑而不去称帝，那么中国历史就缺少了她的壮丽。

在一次拍卖会上，有大批的脚踏车等待出售。当第一辆脚踏车开始竞拍时，站在最前面的一个不到12岁的小男孩抢先出价：“5元钱”，可惜，最后这辆车被出价更高的人买走了。

紧接着，另一辆脚踏车也开始拍卖，这位小男孩又出价5元钱，但是脚踏车还是被别人买走。接下来，他每次都出这个价，而且不再加价。但是，5元钱毕竟太少了，那些脚踏车都卖到35或40元，有的甚至卖到了100元以上。因此他几乎没有机会得到一辆脚踏车。

暂停休息的时候，拍卖员问小男孩为什么不出高价竞争，小男孩无奈地说：“因为我只有5元钱。”

不久后，拍卖继续，小男孩还是给每辆脚踏车出价5元，他的这一举动引起了所有人的注意，人们交头接耳地议论着他，经过漫长的一个半小时后，拍卖会快要结束了，只剩下最后一辆脚踏车，是非常棒的一辆，车身光亮如新，令小男孩怦然心动。拍卖员问道："有谁要出价吗？"这时，几乎失去希望的小男孩犹豫不决，他知道这辆车是最好的一辆，5元钱肯定买不了的。但是他还是抱有一点点希望。可是面对众人的议论，他实在是没有信心喊出来，他犹豫不决，始终不能大胆喊出来。

他的心里仿佛过了一个世纪那么长，他真的喜欢那辆脚踏车，于是他咬咬牙鼓起勇气大声地说："5元钱。"

拍卖员停止了叫价，静静地站在那里，观众也默不做声，没有人举手喊价。静待片刻后，拍卖员说："成交！5元钱卖给那位穿短裤、白色球鞋的小伙子。"这时候观众纷纷鼓掌。

小男孩脸上洋溢着幸福的光辉，拿出握在汗湿的手心揉皱了的5元钱，买下了那辆无疑是世界上最漂亮的脚踏车。

正是小男孩最后时刻大胆的喊出了自己的价格，才使得观众们感动了，最终把脚踏车让给了他。假如他最后一刻犹豫不决，这辆脚踏车最终就不会属于他了。

所以大胆地下定决心吧，大胆地去做事吧。犹豫不决的话，你会丧失掉转瞬即逝的机会；畏畏缩缩的话，你就抓不住成功的那一刻。只有大胆做事的人才可以走遍天下，那些做事情小心翼翼，畏畏缩缩的人到头来会寸步难行。

⊙ 善于沟通，事半功倍 ⊙

在日常生活，与人相处以及我们内在的自我成长过程中，沟通扮演着极为重要的角色，良好的沟通可以化解彼此之间的矛盾，懂得别人的真实的想法，有效地沟通甚至是你打开成功之门的金钥匙。

东汉末年，朝政失纲，天下大乱，群雄并起。董卓则乘机结党营私，不断扩充自己的实力，独霸朝纲。他先是趁势废除了少帝，并立陈留王为汉献帝，进而又夺取了前将军、相国等要职，他随意杀害大臣，弄得人人自危，都想杀掉他。可是董卓身边的勇将吕布非常的厉害，无人能敌。吕布武艺超群，勇猛过人。在董卓的利诱和收买下，他先杀死了丁原，吞并了他的军队，然后投归了董卓，被董卓收为了义子，朝夕不离左右。因此，想要除掉董卓，就必须先除掉吕布，吕布成为铲除董卓的关键所在。

司徒王允，为人忠正，又才智过人。他非常恨董卓，但是他苦于自己手无兵权，只好每天在董卓身边曲意周旋，换取信任，以等待时机杀害他。不久，他发现董、吕二人有个共同弱点，就是非常好色，于是便有了主意。

王允家中有一侍女名字叫貂蝉，长得十分俊美。王允向她倾吐了心中的想法，并晓之以大义，最终让貂蝉答应了他的离间董卓和吕布的请求。计议已定，王允便撒谎说貂蝉是自己的女儿，然后背着董卓，把貂蝉许配给了吕布。接着，王允又借故邀请董卓到家里，然后借着献舞的机会，让貂蝉假扮舞女，以艳姿美色来引诱董卓，然后又将貂蝉献给了董卓。

王允巧使连环美人计，而董、吕二人都被蒙在鼓里。貂蝉送吕布于秋波，报董卓于妩媚，使吕布、董卓的矛盾日益加剧。

有一天，貂蝉故意引诱吕布到凤仪亭私会，期间向吕布大哭，极力说董卓的坏处，使得使董、吕二人当场反目。

不久，汉献帝病愈上朝，在未央殿召集群臣。王允和吕布暗中设计，然后乘董卓上朝之机杀死了他。

一个恶主就这样毙命了。假如董卓和吕布多一份交流，面对面进行沟通，就会发现其中的玄机，那样二人就不至于反目成仇了。三国时期的历史恐怕就要更改了。

沟通可以化解不必要的矛盾，让彼此之间能够更好地了解对方的想法，这样两人就不会再因为彼此所想的不一样而出现不同的意思。

沟通会让自己更好地明白他人的真实意思是什么，能够消除自己和他人有分歧的地方，这样就使得自己和他人可以更好地沟通，更好地理解彼此之间的真实意思。

墨子有个得意门生名字叫耕柱，墨子非常器重他。但是刚开始的时候，耕柱总是被墨子批评，时间久了就耕柱就产生了不满的情绪，但是他并没有为此消极的抵触学习，而是在放学后主动找墨子去沟通。墨子很坦诚地告诉他道：“正因为你是一块可塑之材，所以我才会一再地教导与匡正你，你的错误我不能隐瞒你，而应该努力帮助你改正，只有这样你才会真正的进步。”耕柱听后，心里非常的感激，从此放下了心中的不满，认真求学，终于学有所成。

总之，学会沟通是做好事情的重要因素，如果你不了解别人的真实意思，而仅仅凭借自己心中所猜测的意思去做事情，到了最后往往会与他人的预期相左，进而出现分歧，甚至反目成仇。因此，在交往的过程中，在做事情的时候，一定要多去沟通，只有充分地沟通后，做事情才会事半功倍。

⊙宁走十步远，不走一步险⊙

俗话说："宁走十步远，不走一步险。"这是非常有道理的。人们在做事情的时候需要稳中求胜，要稳扎稳打，而不是为了急于求成而铤而走险。

不要为了尽快成功而去冒险，成功不是靠冒险而得来的，相反地成功是通过一点点地做事，经过不断努力才最终实现的。做事一定要稳扎稳打，知己知彼才能百战不殆；做到成竹在胸，掌控了大局后，循着自己所想的思路去一点点的实现，只有这样才可以更好的成功。虽然说有的时候需要冒险精神，但是这并不意味着要靠着运气去做事情。为了做成某事而去冒险，结果往往是一着不慎，满盘皆输。

姚明是中国的篮球符号。他凭借着不懈的努力和自己出色的篮球技术在NBA打出了一片天空，姚明所在的休斯敦火箭队甚至成了中国球迷的主队，无数的人因为姚明而爱上了篮球。

火箭队的实力不是很强，尤其是替补球员表现总不令人满意。早期的火箭队主帅是范甘迪，他为了球队的战绩总是不敢重用替补球员，这使得主力球员的身体被过度使用，而过度疲劳使得伤病的几率增加。

《休斯敦纪事报》的火箭队专家弗兰·布林巴里曾经狠狠地批评了范甘迪，他对范甘迪说："你不是一个傻瓜，比赛还需要五个人之外更多的人力量！"这是在指责范甘迪在比赛中不安排替补球员上场的行为。常常还能够听到这样的批评："范甘迪是在让姚明一个人去对抗对手5个人！"很显然范甘迪不能把姚明当超人看，但是他的做法确是在把姚明当作超人来使用。为了赢球范甘迪不能不冒险，尽管冒险就一定会付出冒险的代价。好在姚明是全明星级别的表现，以及火箭在比赛中好运连连，也掩盖了范甘迪用人缺陷。

也不能说范甘迪是在切断自己的后路，因为火箭替补们的表现的确难让人满意。作为主教练范甘迪对此也非常窝火，但是他把一些队员禁锢在板凳上，而让姚明在球场上劳累奔波的行为确实值得商榷。姚明甚至出现了连续数场的出场时间都超过了40分钟。可以相信范甘迪绝对不想拖垮姚明的身体，但是他实际上是在冒险、是在拖垮姚明的双腿。

冒险终究会带来厄运的。在常规赛休斯敦火箭与洛杉矶快船的一场比赛中，姚明跳起想封盖快船球员的投篮，落地时，右膝下方连续遭到队友海耶斯以及对方球员蒂姆·托马斯的撞击，姚明的膝盖甚至还被托马斯的身体压了一下，倒地后，姚明马上捂着自己的膝盖，表情极为痛苦。

姚明立即被送往休斯敦的赫尔曼纪念医院，接受核磁共振检查。据球队训练师琼斯透露，姚明右腿的胫骨出现骨折，火箭方面原本估计姚明只是骨头被撞伤，出现淤血，但实际情况要更严重一些，琼斯也表示，现在只能寄望无需动手术来治愈这次伤病。右脚膝盖下方出现骨折，姚明至少需要休战六周。没有了姚明的火箭，在这场比赛中，最终以 93 ：98 负于快船。失败的原因来自哪里？几乎不言而喻。就是因为主教练冒险的使用姚明，使得姚明身体被累垮，那么受伤就在所难免了。假如主教练可以合理使用每一个球员，让球队稳扎稳打，而不是急于提升自己的战绩就不会出现这种情况了。

伯纳德·劳·蒙哥马利是第二次世界大战中英国的卓越将领。

1887 年蒙哥马利出生在伦敦肯宁顿的一个牧师家中。1907 年，他进入了桑德赫斯特皇家军事学院。他参加过第一次世界大战，并因作战勇敢而被授予优异服务勋章。第二次世界大战初期，蒙哥马利作为第 3 师师长成功地组织了敦刻尔克撤退。1942 年，他出任英国驻北非第 8 集团军司令，在阿拉曼战役中打败德国著名将领“沙漠之狐”隆美尔，从而扭转了北非的战局。北非战役结束后，他率部与美军一起转战西西里和意大利，并于 1944 年 1 月升任第 21 集团军群司令，负责计划、组织和实施诺曼底登陆战役。1944 年 9 月 1 日，蒙哥马利被授予元帅军衔，同年 5 月代表英国接受德国北方军的投降。1958 年秋，蒙哥马利光荣退役，曾荣获各种高级勋章和外国勋章。

蒙哥马利戎马一生，征战时间长达 50 年，他服役的时间超过了英国的著名将领威灵顿，其卓越的指挥才能、无比的敬业精神、对战士细致入微的关心，使他在英国军界和广大人民中享有崇高的威望。人们都承认他是 20 世纪战争舞台上的一位卓越将领，是第二次世界大战中颇有建树的英国名将。至今，蒙哥马利指挥北非战役的铜像仍然是英国国防部广场上唯一的雕像。

蒙哥马利之所以百战百胜，是因为他从不打无准备的仗，他不会为了急于求成而冒险，他从不险中求胜，从来都不会靠运气打仗，他总是在稳中求胜，用自己有把握的方式作战。他把一切都计划好，然后稳扎稳打，让战局完全掌握在自己手上，正因为此，他才屡战屡胜，终成世界名将。

做好一件事是不能只靠运气的，就像下棋一样，下棋总会有输有赢。铤而走险，想要险中求胜往往会输得一败涂地。如果按照计划好的路子走下去，完全掌握大局，稳扎稳打，那么胜利虽然来得慢，但终究会到来的。因此，“宁走十步远，不走一步险”。宁肯一点点地有保证地向成功靠近，也不要破釜沉舟似的赌运气。

⊙ 守信者先守时 ⊙

诚实守信是中华民族良好传统，无论古代还是现代，守信一直是评价一个人好坏的重要因素。一个诚实守信的人总是会得到别人的称赞，获得别人的认可。而一个不诚实守信的人往往会被别人唾弃，诚信守信是立人之本，一个人如果连诚实守信都做不到，那么这个人就连起码的做人条件都不具备。这样的人会被别人孤立的。诚实守信对于每个人来说都是非常重要的，做到诚实守信先要做到守时。

时间对每个人都是十分珍贵的，它不会因为你的需要而增加，它只会遵循它的消失规律一分一秒地失去。时间的流逝就代表着生命的流逝。有的人能够很好地利用时间，而有的人却总是在浪费。浪费时间是非常不明智的，而浪费别人的时间就更是不好的。鲁迅先生曾经说过："浪费别人的时间就无异于谋财害命。"可见守时对于人们来说是多么的重要。

春秋时期，鲁国曲阜有个年轻人名字叫尾生。尾生为人非常正直，他乐于助人，和朋友交往总是很守信用，因此受到了四乡八邻的普遍赞誉。

有一次，他的一位亲戚家里的醋用完了，便来向尾生借，恰好尾生家也没有醋，但是他并没有因此而回绝，而是说："你稍等一下，我里屋还有，我这就进去给你拿来。"然后尾生悄悄地从后门溜了出去，向邻居家借了一坛醋，回来对亲戚说这是自己的，并送给了那位亲戚。

孔子知道这件事后，批评尾生为人不诚实，弄虚作假。尾生却不以为然，他认为帮助别人是应该的，虽然说了谎，但出发点是对的，只要帮助了人就是好的。

后来，尾生迁居到了梁地。他在那里认识了一位年轻漂亮的姑娘。两人一见钟情，并很快私订了终身。但是姑娘的父母嫌弃尾生家境贫寒，坚决反对这门亲事。为了追求爱情和幸福，姑娘便决定背着父母和尾生私奔，跟着尾生回到曲阜老家去。

那一天，两人约定在韩城外的一座木桥边会面，然后双双远走高飞。黄昏的时候，尾生提前来到桥上等候。不料，六月的天气说变就变，突然天空乌云密布，狂风怒吼，雷鸣电闪，滂沱大雨不一会就倾盆而下。接着山洪暴发了，滚滚的江水淹没了桥面，没过了尾生的膝盖。

"城外桥面，不见不散"，尾生想起了与姑娘的誓言。他环顾四周，仍然不见姑娘的踪影。但他仍然寸步不离，死死地抱着桥柱，最后终于被活活淹死。

而姑娘因为私奔的念头被泄露，就被父母禁锢家中，不得脱身。直到半夜她才找到机会逃出了家门，她冒雨来到城外桥边时，此时洪水已渐渐退去。这时姑娘看到了紧抱桥柱而死的尾生，伤心欲绝。她抱着尾生的尸体号啕大哭，哭罢，便相拥纵身投入江中。

尾生为了遵守自己的誓言，死死地守在桥下，甚至不惜性命等待着自己的心上人的到来，最终被淹死在桥下，他的守信守时的精神实在是令人感动不已。

守时对于每个人来说都很重要，不论是对待熟悉的人还是陌生的人。守时是对别人最起码的尊重，也是你诚意的表现。虽然守时非常重要，但是在生活中，往往会有很多人做不到守时。而不能守时往往会让等待的人感觉很恼火，也往往会因此耽误很多的事情。

有一个赴德的考察团要去参观奔驰公司。他们在出国前就已经联系好了所有的事务。他们的原计划是下午两点出发，而德方的接待人员在一点半来接考察团成员。

但是，到了参观的那天，德方的接待人员在约定时间前就已经到达了酒店，而当大家在约定的时间里碰头的时候，发现仍然还有三个人没有下楼。打电话去催，两个人表示马上下来，而有一个人却说要方便一下，值得一提的是，这个人正是考察团的最高领导。

在焦急的等待了5分钟之后，德方的接待人员表示不能再等了，如果考察团仍然要参观的话就得马上走了。但是考察团成员表示，等到团长一来就立刻走，而且不会花费太久的时间。但是德方代表坚决不同意，他们非常抱歉地表示："对不起，这次的参观只能取消了。"然后转身就走了。

在他们的眼中，方便的问题是属于个人问题，既然是个人问题就应该在属于自己的时间内解决，而不是在约定好的时间里让大家都等待，浪费别人的时间，这是不守信不守时的表现，是不能被容忍的。

守时是一种美德，也是对别人的礼貌和尊重。守时，应该成为一种习惯和责任。只有做到守时的人才能赢得别人的尊重，也才会有成功的机会。守时，不仅可以节约自己的时间，也能够为自己赢得一个又一个的朋友，赢得一个又一个的机会，它的重要性是无可比拟的。因此人一定要守时守信，一个连守时守信都做不到的人，还能要求别人信任他吗？一个连守时守信都做不到的人，还可以指望他多少呢？

每个人的时间都是无比珍贵的，所以一定要珍惜自己的时间，更要在乎别人的时间，所以一定要在约定的时间做好约定的事情，只有这样才会得到别人的认可，获得别人的信赖。

守时是一种美德，更是对别人的尊重和自己真诚的表现。因此，学会做到守时吧，因为只有守时的人才能得到别人的信任。

⊙ 保持谦逊才能邂逅成功 ⊙

世界上没有十全十美的人，我们每个人都应该正确地认识自己，不但要认识自己的优势和长处，更要了解自己的劣势和短处。俗话说："谦虚使人进步，骄傲使人落后。"保持谦虚的人常常能够邂逅成功，而骄傲的人总是会因为自己的自负而酿成苦果。

谦虚是成功者的秘诀，更是成功者的美好品质。即使你的学习成绩很好，工作业绩很优秀，你也应该保持谦逊低调的姿态。每个人都有其自身的弱点，就是再聪明的人也不例外。别人再愚笨，也会有我们需要学习的地方。因此每个人都应该存有一颗低调谦虚的心，只有谦虚的人才会不断地进步，才会不断去努力并以此来提高自己。

梅兰芳是我国著名的京剧大师，他不仅在京剧艺术上有很深的造诣，而且还是画画的高手。他曾经拜名画家齐白石为师，向他虚心求教，每次都是礼数有加，并经常为齐白石磨墨铺纸，完全不因为自己是个著名演员而自傲。

有一次齐白石和梅兰芳一同到一个朋友家做客，齐白石先到了，他穿的是布衣布鞋，而其他宾朋则是西装革履或长袍马褂，因此齐白石显得有些寒酸，不引人注意。过了一会，梅兰芳也到了，主人非常高兴出门相迎，其余宾客也都蜂拥而上，一一同他握手。可梅兰芳知道齐白石也来赴宴，便四下环顾，寻找他的老师。忽然，他看到了被大家冷落在一旁的齐白石，于是他就让开别人伸过来的手，挤出人群向齐白石恭恭敬敬地叫了一声"老师"，向他致意问安。在座的人见到这种情况感到很惊讶，齐白石也深受感动。几天后就特向梅兰芳馈赠了《雪中送炭图》并题诗道："记得前朝享太平，布衣尊贵动公卿。如今沦落长安市，幸有梅郎识姓名。"

梅兰芳不仅拜齐白石为师，他也曾拜普通人为师。有一次，他在演出京剧《杀惜》时，在众多喝彩叫好声中，他听到有个老年观众说"不好"。戏唱完后，梅兰芳来不及卸妆更衣就用专车把这位老人接到家中，然后恭恭敬敬地对老人说："说我不好的人，是我的老师。先生说我不好，必有高见，定请赐教，学生决心亡羊补牢。”老人于是便说道：“阎婆惜上楼和下楼的台步，按梨园规定，应是上七下八，而你却为何八上八下？”梅兰芳听了恍然大悟，连声称谢。从此以后，梅兰芳经常请这位老先生观看他演戏，请他指正，称他“老师”。

俗话说“满招损，谦受益”，自满的人会招来损害，谦虚的人会得到益处。

孔子是我国历史上著名的教育家，思想家。他一生留下了无数的精神财富，后世尊称他为圣人，但是他却一直保持谦虚的态度。

有一次，孔子带着学生到鲁桓公的祠庙里参观，这时候他看到了一个可以用来装水的器皿，这个器皿是倾斜地放在祠庙里。

孔子便向守庙的人问道：“请你告诉我，这是什么器皿呢？”守庙的人告诉他：“这是欹器，是放在座位右边，用来警戒自己，如‘座右铭’一般用来伴坐的器皿。”孔子说：“我听说这种用来装水的伴坐的器皿，在没有装水或装水少时就会歪倒，而如果水装得不多不少的时候就会是端正的，里面的水若要装得过多或装满了，它也会翻倒的。”说完，孔子立即回过头来对他的学生们说：“你们往里面倒水试试看吧！”学生们听后就都舀来了水，一个个慢慢地向这个可用来装水的器皿里灌水。果然如孔子所说的那样，当水装得适中的时候，这个器皿就端端正正地在那里。不一会，水灌满了，它就翻倒了，里面的水也不停地流了出来。再过了一会儿，器皿里的水流尽了，就又倾斜了，还是像原来一样歪斜在那里。

这时候，孔子便长长地叹了一口气说道：“世上哪里会有太满而不倾覆翻倒的事物啊！”

欹器装满水就会倾覆翻倒，这就告诉我们一定要保持谦虚，不要骄傲自满。凡是骄傲自满的人，没有不失败的。

懂得低调处世的人，才能获得一片广阔的天地，成就一份完美的事业，更能赢得一个蕴涵厚重、丰富充沛的人生。经常看到自身的不足，就能够使自己谦虚起来；总是看不到自身的不足，而认为自己比别人聪明，就会使自己骄傲起来，而到了最后往往会为骄傲付出代价。

1929 年 3 月 14 日是爱因斯坦的 50 岁生日。世界各地的报纸都发表了关于爱因斯坦的文章。在柏林的爱因斯坦住所中，装满了好几篮子从全世界寄来的祝寿的信件。

然而，此时的爱因斯坦却不在自己的住所里，他在几天前就来到了郊外的一个农舍里躲了起来。

爱因斯坦9岁的儿子问他："爸爸，您为什么那样有名呢？"爱因斯坦听了哈哈大笑的对他的儿子说："你看，瞎甲虫在球面上爬行的时候，它并不知道它走的路是弯曲的。而我则正相反，有幸觉察到了这一点。"爱因斯坦就是这样一个谦虚的人，名声越大，他就越谦虚。

成就越大，就越要保持谦虚，只有这样才会向着更高的目标迈进，相反地，如果获得了一点点成绩后就骄傲自满，妄自尊大，最终就会停滞不前，不会再有更高的追求，从而最终被别人超越。

所以保持一颗谦虚的心吧，只有这样你才会不停地奋斗，不停地向着人生的一个又一个的高峰攀登。

⊙ 朋友可广交，但不可滥交 ⊙

人是群居性的动物，因此每个人都不能离开人群而单独的生存。人的群居性表现在每个人都需要别人的关怀和帮助，一个没有朋友的人是可悲的。一个人如果没有朋友，他就很难在社会上生存下去。没有朋友的人，他终究会被这个无情的、竞争激烈的社会淘汰。可见，朋友对于人来说是多么的重要。

每个人都需要朋友，心情好时，需要有朋友来一起分享自己的喜悦；心情糟糕时，更需要朋友的安慰和关心；有麻烦时，需要朋友的挺身而出；有目标时同样也需要朋友一道为之努力。总之，朋友是每个人的生活中必不可少的。朋友多了路才好走。

然而，朋友固然是重要的，但绝对不能说朋友越多越好。朋友可广交，但是一定不能滥交。交朋友一定要交好朋友，要交那些信得过的人，而不能交那些平时称兄道弟，一有事情就装作不认识的狐朋狗友。

廉颇蔺相如二人冰释前嫌，握手成友，共同保卫着国家的安危；马克思恩格斯二人亦师亦友，肩并肩的为无产阶级革命不断地贡献力量；许许多多的感人友情让我们赞叹。海内存知己，天涯若比邻。一个知己可以温暖一颗冰冷的心，一个好朋友可以让你重拾斗志。

在个人获取成功的道路上，自我奋斗固然必不可少，但是离开了朋友的帮助和支持，我们就会成为孤家寡人，各种麻烦、忧虑和烦闷就会接踵而来。所以，我们一定要存着广交朋友的心态，然后努力结识新朋友，不忘自己老朋友，这样路才更好走。

曾经有这样一个寓言故事：

有一头很老的驴子，有一天它在树下吃草时遇见了一只老蜘蛛，于是它便向这只蜘蛛大吐苦水说："唉！命运真是太不公平了，我从很小的时候就开始辛勤劳作，每天都起早贪黑，没有一天懈怠过，但是即使这样，我仍然是生活困难勉强能够糊口。现在我年岁已老，正在一点点的丧失我的劳动力，唉，我命中注定是要被主人遗弃的。再瞧瞧你，我从来没见你劳作过，你却衣食丰足。就是现在老了，你仍不愁吃喝，总会有落网者送来美味佳肴。不是说天道酬勤吗？不是说一分耕耘一分收获吗？可是现在为什么是这个样子呢？这世道为什么这么不公平！"

老蜘蛛听了驴子的话回答道："你说我没有劳作，这是不对的。我年轻的时候，每天饿着肚子，日复一日地织着我的这张网。织好后，我才能够靠着这张网生活，这张网不会因为我年老了就失去作用，因此我虽然年事已高，但是生活不愁。如果我也像你一样靠着我这几条纤细的腿来生活，我就会过得比你还惨。"

驴子固然艰辛，它任劳任怨的工作，从来都不懈怠。但是到老了也会落下一个不好的结果。虽然蜘蛛现在享受着安逸的生活，但那是因为他年轻时积累了资本，靠着这个资本他完全可以过一个幸福的晚年。

在人类社会，蜘蛛织的那张网就代表了朋友圈。在人群中有很多像驴子一样不怕吃苦的人，他们每天辛勤工作，不怨天不怨地，很少去交际、去沟通，然而他们的生活往往过得不是很好。然而还有很多像蜘蛛一样的人，他们懂得朋友的重要性，他们总是为自己织着对自己有益的网，为自己扩大人脉，然后朋友之间互帮互助，从而使得自己有了很好的生活资本，使得自己的生活更加轻松。

在现代社会中，人与人之间的交往变得越来越频繁。在社会这个大舞台上，一个人如果想要生存和发展下去就必须善于与他人建立良好的关系，必须以交朋友的心态为人处世。否则，缺少朋友、脱离社会，就会让你寸步难行。

但是，交朋友一定要慎重。好的朋友当然是一个人的财富，然而一个坏的朋友就会是你的心灵腐化剂了。知心朋友有一个就足矣。高山流水遇知音，俞伯牙钟子期二人互相倾慕，珍惜彼此的情谊，为世人颂扬。每个人的思想、生活方式都是不同的，这就决定了很难有非常投机的朋友，而得到知音就更不容易了。所以，不要认为朋友是越多越好的，拥有一两个知心的朋友，你就很幸福了。

交朋友一定要看清对方的底细，思索对方是不是值得交朋友的人，而不是秉承多多益善的原则而滥交朋友。俗话说“近朱者赤，近墨者黑”。朋友之间总是相互影响的，物以类聚，人以群分。如果你和品质高尚、富有修养的人交朋友，你自然就会受到其熏陶，从而促使你往更好的方向发展；相反地，如果你和品质低劣、不三不四的人保持频繁的往来，不久你就也会慢慢地染上像他们一样的恶习，甚至变得比他们还糟糕。因此，交朋友时，不光要看他与你的共同点有多少，还要看他为人的准则。总之一句话，交朋友万万不可疏忽大意。

朋友可广交，因为朋友越多，你能够得到的帮助和支持就越多。朋友不可滥交，交朋友一定要讲求原则，要明白什么人值得交朋友，什么人最好离他远一些。交朋友就一定要交那些有志向的、讲义气的人，只有这样的人才会促进你自身的进步。那些每天拉着你沉醉在酒桌上，总是拍胸脯、打包票，总是对你发出豪言壮语而当你需要帮助就消失不见的假朋友，就一定不能结交，因为他们只会阻碍你前行的路。因此一定要记住，朋友不在多，知己一个就好，朋友可以广交，但绝对不能滥交。

⊙ 头脑要比手脚更勤快 ⊙

人们在做任何事情的时候都应该付出自己辛勤的努力。但是，想要做成一件事并不能仅仅靠着手脚的勤快，而更应该活动自己的头脑。头脑一定要比手脚更勤快，因为如果只是一味盲目地努力，而没有动脑筋的话，事情就不会很轻易地完成。

思路可以决定出路，做事的时候多动动脑筋，往往就能够开出一片新的天地。做任何事情之前都要养成先思考的习惯，思考目标、做事的步骤以及可能出现的问题，然后想出周全的解决方法，这样在每一个阶段出现的任何情况，你都可以很从容地面对，而不会出现遇到问题就手足无措的情况了。

鲁班是我国建筑业的鼻祖，他的一生发明过非常多的方便实用的工具，锯子是他的伟大发明之一，而锯子的发明就源于他的善于思考。

鲁班是一个工匠，因此他经常到山上去寻找木材。在路上的时候，他看到工人们一斧头一斧头十分费力地砍着树，觉得他们实在太辛苦了。于是他就想：“我能不能发明一个新的工具来代替斧头，让砍树更省劲呢？”这个念头就一直在他的脑子里不断盘旋着。

有一天，鲁班又上山去了。当他在爬一段非常陡峭的山路时，突然滑了一下。情急之下，他伸手抓住了路旁的一丛茅草，这时他感觉到自己的手指被什么东西划破了，他打开手掌一看，鲜血都渗出来了。于是他俯身凑到茅草跟前仔细观察，只见茅草的边上有一排细细的利齿，而正是这些玩意儿把他的手指划破了。突然间，鲁班脑中灵光一闪，他一下子想到了制作新工具的灵感。这些天来他一直在思考用什么东西可以代替斧头砍伐树木。他想，这么细小的茅草都能将皮肉划破，那么应该也有东西可以将树木轻易砍倒。鲁班兴致一来，便忘了自己手掌的疼痛，他扯起一把茅草仔细的观察，他用草边在手背上轻轻一割，手背居然很轻易地被割开了一道口子。鲁班若有所见地站了起来，他想："何不让铁匠打制一些边上有锯齿的铁条，然后让人们把它放在树上来回拉动？这样不就可以把树割断了。"

根据这一想法，鲁班很快制成了第一批锯条。经过试用，锯条果然比斧头好用多了。

就这样锯子就被发明了出来，至今仍然被广泛地使用。正是因为鲁班勤于思考，不断地开动脑筋，才会有如此伟大的发明出现。

艾森豪威尔说过："只知道往前冲的不是一名好军人，最起码不是一名好军官。"这句话深刻地说明了思考的重要性。只靠蛮力而没有智力的人是无法胜出的。思考可以决定一个人的命运，而成功的人肯定是那些善于思考的人。

高斯是德国伟大的数学家，他从小时候就是一个非常爱动脑筋的聪明孩子。

当他上小学的时候，有一次一位老师想教训一下班上的淘气学生，于是他就出了一道数学题，让学生从 1 ＋ 2 ＋ 3……一直加到 100 为止。这个老师心想："这道题足够这帮学生算半天的，我也可以得到半天悠闲的时间了。"出乎他意料的是，刚刚过了一会儿，小高斯就举起手来，说他已经算完了。这个老师觉得算这么快肯定是不对的，于是头也不抬地说道："算的不对，回去重新算。"但是小高斯很自信地说道："老师，你看一下，我认为我算的是对的。"这位老师抬起头，然后去看高斯的答案，5050，完全正确。老师顿时惊诧不已，要知道这位老师曾经自己算过，他可是算了很长的时间才算出来的。于是他急忙问小高斯是怎么算出来的。

高斯说道："老师，我不是从开始一直加到末尾的，而是先把 1 和 100 相加，得到 101，再把 2 和 99 相加，也得 101，最后 50 和 51 相加，也得 101，这样一共有 50 个 101，结果当然就是 5050 了。"高斯说完，这位老师不断地表扬聪明的高斯。

遇事要开动脑筋，这说起来是件非常容易的事，可是做起来却是非常难的事。高斯的聪明之处就在于他能打破常规，跳出旧的思路，通过自己仔细观察，细心分析，从而找出一条新的思路，进而打破旧的思维模式带来的禁锢，从而就会在非常普遍的事物中发掘出新意来。

人的每一个进步，都与自己的思维能力息息相关。如果离开了思维，人就什么事情也办不成了。既然我们被自然赋予了“思维”这样神奇的力量，我们就应该积极开发我们的大脑。大脑就像是汽车的零件，是越用越灵的，我们每一次的思维都是在给脑子加油，而经过润滑的大脑更能适应自然的变化，人因此也就会有更强的能力了。

关羽手下有一个叫作周仓的人，这个人高大威猛，勇猛无比。他可以很轻易地杀死一头牛。但是周仓空有一身蛮力，却没有脑子。

有一天关羽和周仓路过一棵树，树下爬了很多的蚂蚁，关羽就对周仓说道：“你平时总是自负，认为自己很厉害，你能把这些蚂蚁打死吗？”周仓听了很不屑地说道：“区区一只小蚂蚁，打死又有何难，难道比一头牤牛还厉害吗？”说完就走到蚂蚁旁，抬起右脚在蚂蚁多的地方使劲跺了一下。他原本以为这一脚下去所有的蚂蚁都会死去，可是当他抬起脚却发现，被踩的蚂蚁依然快速地爬着。

周仓很是气愤，于是接连踩了好几下，但是就是踩不死这些蚂蚁，最后他筋疲力尽了也没有成功。

关羽看着他，然后语重心长地说道：“光靠强壮的身体是不能战无不胜的，真正的常胜将军是靠脑子来打仗的，只有会动脑筋的人才是最厉害的。”

说完，关羽下了马，走到蚂蚁前，伸出自己的手指按在一只蚂蚁上，然后用指尖轻轻碾了一下，那只蚂蚁就死了。

周仓看到这一切，顿时羞愧难当，从此再也不自高自大了。

真正厉害的人不是那些身体强壮、力大无穷的人，而是那些会开动脑筋的人。因此，开动你的脑筋吧，让自己的头脑动的比手脚快些，因为只有这样你才能够更好地去做每一件事。

⊙一寸不牢，万丈无用⊙

世间事，都是相互联系的，通常，一件事情当中的各个环节都存在一定的关系，彼此互为依靠，相辅相成，共同组成了一个整体。也正是因为这彼此的联系，才让这些事，这些物品，能够更加的紧凑，牢固，显得更和谐。因此，我们在做事的时候，就不能漏掉任何一个环节，哪怕那环节是微不足道的。不过，话虽如此，想要真正做到就有些难了。特别是面对那些小事的时候，往往都由于不够心细而忽略了，结果导致整个事情都没有做成，甚至是造成让人扼腕的后果。这不是危言耸听，而是每天都在时时发生的事情。关于这点，我们的祖先早就注意到了，人们常说的老话“一寸不牢，万丈无用”，说的就是这个道理。事实也确实如此，一样东西是否牢固，往往不在于其大多部分，哪怕一万丈中，有九千九百九十丈九分都是非常牢固的，只有剩下的那一分不够牢固，也很可能出问题。而这一分正是我们最容易忽视的那一部分。

在现代管理理论中，有一个著名的理论叫木桶理论，又称木桶原理或短板理论。它是由美国管理学家彼得提出，其核心内容为：一只木桶盛水的多少，并不取决于桶壁上最高的那块木块，而恰恰取决于桶壁上最短的那块。根据这一核心内容，“木桶理论”还有两个推论：其一，只有桶壁上的所有木板都足够高，那木桶才能盛满水。其二，只要这个木桶里有一块不够高度，木桶里的水就不可能是满的。这和我们所说的老话不言而喻。

那么，一个企业如果想成为一个结实耐用的木桶，首先要想方设法提高所有板子的长度。只有让所有的板子都维持“足够高”的高度，才能充分体现团队精神，完全发挥团队的作用。在这个充满竞争的年代，越来越多的管理者意识到，只要组织里有一个员工的能力很弱，就足以影响整个组织达成预期的目标。

在实际工作中，管理者往往更注重对“明星员工”的利用，而忽视对一般员工的利用和开发。如果企业将过多的精力关注于“明星员工”，而忽略了占公司多数的一般员工，会打击团队士气，从而使“明星员工”的才能与团队合作两者间失去平衡。而事例证明，对“非明星员工”激励得好，效果可以大大胜过对“明星员工”的激励。因为，虽然“明星员工”的光芒很容易看见，但占公司人数绝大多数的是非明星员工。

有一个普通华讯员工，由于与部门主管的关系不太好，工作时的一些想法不能被肯定，从而忧心忡忡、兴致不高。正巧，摩托罗拉公司需要从华讯借调一名技术人员去协助他们做市场服务。于是，华讯的总经理在经过深思熟虑后，决定派这位员工去。这位员工很高兴，觉得这是一个施展自己拳脚的机会。去之前，总经理只对那位员工简单交待了几句：“出去工作，既代表公司，也代表我们个人。怎样做，不用我教。如果觉得顶不住了，打个电话回来。”

一个月后，摩托罗拉公司打来电话：“你派出的兵还真棒！”“我还有更好的呢！”华讯的总经理在不忘推销公司的同时，也着实松了一口气。这位员工回来后，部门主管也对他另眼相看，他自己也增添了自信。后来，这位员工对华讯的发展做出了不小的贡献。

通过华讯的这个例子，我们知道了对“短木板”的激励，可以使“短木板”慢慢变长，从而提高企业的总体实力。人力资源管理不能局限于个体的能力和水平，更应把所有的人融合在团队里，科学配置，好钢才能够用在刀刃上。木板的高低与否有时候不是个人问题，是组织的问题。

想必大家都听说过“千里之堤溃于蚁穴”这个成语。就是说酿成大祸的，可能就是一个小小的问题。“挑战者号”航天飞机事件就是个典型的例子。

“挑战者号”是美国正式使用的第二架航天飞机。开发初期，人们就对其投注了很多心血，不但有最尖端的科技，最专业的科学家，也投入了很大的财力和物力，同时，舆论对它也给予了非常的关注，大家都把这当作是一件大事，是人类航天史上的一项壮举。“挑战者号”原本是被作为高仿真结构测试体的，但在完成初期测试任务后，科学家们把它改装成正式的轨道载体，并定于1983年4月4日正式投入使用，进行任务首航。1986年1月28日，“挑战者号”在进行第10次太空任务时，突然爆炸，一时引起轰动。人们都为它感到惋惜，同时，也对那些在事件中丧失的人表示了极大的哀悼。

可是，任谁也没有想到，集各种高科技于一身，耗费了巨大的资源的“挑战者号”，之所以爆炸是因为右侧固态火箭推进器上面的一个O形环失效，从而导致了一连串的连锁反应……

相信，很多人面对这一事实的时候，心里都是无法接受的。是啊！那可是航天飞机啊！是人类最尖端的科技，也是我们最大的智慧结晶，但是，它竟然毁于一个小小的O型环。航天飞机上的零件不止千万个，其中比这个小小的O形环重要的也是无法计数的，但是，正因为它的一点小小的问题，让整个机体都遭受了损害，最终爆炸，当时航天飞机上的7名工作人员也都去了另一个世界，这不能不说这是一个彻底的悲剧。但愿以后这样的悲剧不再发生。

通过这些事例，我们应该明白。很多时候，那些看似不起眼的问题，或者某些我们觉得无所谓的东西，其实都是有着很重要的作用的。他们本身可能很微小，不足以让我们重视，但其很可能会引起巨大的反应。就像有科学家说的那样，一个小小的蝴蝶煽动一下翅膀，就可能引起很远处的一场风暴。

我们一定要记住这句老话“一寸不牢，万丈无用”，把它融入自己的意识当中，时时刻刻提醒自己。不但在做事的时候如此，做人也一样。我们要做就做各个方面都很优秀的人，不要让自己有各种小毛病，很多时候，这些小毛病可能就会成为那个溃堤的蚁穴，或者是引起爆炸的O形环。

总之，要以一种严格的标准来要求自己。不但做人要完美，做事也一样，对任何一件小事，都不要忽视其可能起到的作用。做到了，你就必将会走向成功。

⊙卒子过河能吃车马炮⊙

很多人都会下象棋，自然也懂得其中的规矩。一般来说，人们是不太在意象棋中的卒子的，认为它们没有大的用处，不但行动缓慢，杀伤力也极其有限，但是，经常下象棋的人都知道，看似没用的小卒子一旦过了河，就有了大的用处。它们就可以横冲直撞，可以吃掉车马炮，甚至可以吃掉对方的老将。

由此，我们能明白一个道理，不要小看那些不起眼的人，他们很可能是真正的人才。现在不如意，没有大的作用，不过是没有得到施展的机会罢了。一旦给他们机会，定会有一番作为。同样，如果我们正处在卒子的位置，也不要灰心丧气，要相信自己，要相信机会总有一天会降临到自己头上的，到那时，你就可以成就一番事业了。

不要小看那些平常的人，他们很可能是胸怀大志的英雄，也很可能是怀才不遇的勇士，今天的落魄，不过是一时的不得志罢了。一旦时机成熟，他们定会翻身，成就自我，展现出自己的价值。所以，我们应该知道，不管是什么人，都是值得尊重的，以现在的处境来评价一个人是非常愚蠢的行为。因为你看到的只是他此时的表象罢了，至于其后来会发展成什么样，是谁也不敢确定的。

李君是一个很普通的人，她来自农村，有着农村人那最质朴的情感。她不怕苦不怕累，每天天快黑时，她和丈夫就从家里出来，开始张罗搭篷布，摆桌椅。然后老公掌勺，老婆招呼客人，卖那些最普通的小菜。他们的主要客人就是那些夜猫子和过路司机。两口子每天都是辛苦一晚上，天快亮时才收摊，赚的钱虽然不多，但也足以解决温饱。就这样，两口子勤勉而辛苦地工作着，既发不了家，也饿不了肚子。在李君两口子的眼里，自己就是一个最最普通的老百姓，要过的也是最最普通日子。可是，这样的情况持续了一年之久。两人开始打鼓了，因为他们看不到未来。城市里的高楼正一天天拔地而起，各色新的东西也都在每天涌现，但两个人还是跟以前一样，没有半点改变，也看不到改变的可能。

他们也曾经想过去创业，但是保守的思维决定了，两个人很难迈出那第一步。就这样，日子一天天过着，平淡而又宁静。但是，人注定是有追求的，李君他们也一样。

突然的一个机会，改变了他们的生活，两个人打听到，在离他们住地不远的地方，有一家饭店不干了，正在以低价出租房子，那个地理位置很好，是开饭店的不二之选，而且，价钱也不贵。

两个人商量了很久，也没有做出这个决定，因为房租虽然相比别的地方不算贵，但对两人来说，依然是一笔不小的开支，差不多已经是他们全部的积蓄了。如果一旦生意失败，两个人连平淡的生活都过不了了。更重要的是，他们不认为自己有能够经营好饭店的本事，在他们眼里，自己就是个最最普通的老百姓……

最后，希望战胜了恐惧，两个人拿出了全部积蓄，租下了房子，很快，他们的饭店就开张了，两个人也忙碌了起来……

如今，李君已经是那座城市里的餐饮界名人了，他们家有很多的分店，也有很多的顾客。

事情往往就是如此，面对一个普通人的时候，我们不看好那人，觉得他不算什么，但很可能他几年后就会变成“韩信”。面对自己的时候也是，自然的以为自己就是一个小卒子，成不了大气候，但是如果你足够努力，就会发现，自己原来也是可以吃掉“车马炮”的，就像李君，如果不迈出那一步，她永远是个普通的小贩。

所以，我们要意识到，没有永远的失败，只有暂时的不成功。如今是小卒子的人不一定永远是小卒子，就算永远是小卒子，有一天过河之后，依然可以吃掉车马炮。对别人如此，对自己亦然。当我们看到平凡的他人时，不要去嘲笑，而是去尊重，当我们自己面对平淡或是困苦的生活时，不要丧失信心，而是应该努力去寻找那过河的机会。如果你做到了这些，那么，你就会认识更多能吃掉“车马炮”的卒子，你，也很有可能会变成一个能吃掉“车马炮”的卒子。到那时，你就已经成功了。

第二十章

喜怒哀乐：人逢喜事精神爽，闷上心来瞌睡多

——追求宁静，享受快乐

⊙ 养生先养德，德高人自寿 ⊙

养生的方法虽然很多，但唯有修心养德才是养生的总法。因此，才有“养生先养德，德高人自寿”的说法。事实证明，那些德高望重、宽以待人、乐于助人的人，不仅品德高尚，而且身心健康、快乐长寿。

如今，人们都在大力提倡养生，但却往往忽略了养生的前提——修德，要知道“养身必须养德”“大德必得其寿”。因此，从养生的角度看，行善积德乃是养生的根本。对此，孔子曾经提出“德润身”“大德必得其寿”“仁者寿”“修身以道，修道以仁”等观点；还有明代的《寿世保元》也说：“积善有功，常存阴德，可以延年”等，明确地告诉我们行善、快乐与养生之间的关系。因此，优良的品德修养，有益于人的健康长寿。

为什么善良者能长寿呢？曾有一项研究课题叫“社会关系如何影响人的死亡率”。通过这一课题，研究者发现，那些心怀恶意、损人利己、与他人相处不融洽的人，其死亡率比正常人高出 1.5~2 倍；而那些乐善好施、与他人相处融洽的人，其预期寿命要显著延长。这是因为常常行善、心怀感恩的人，有益于自身免疫系统，而乐于助人可以激发他人的友爱感激之情，这样助人者就可以从中获得内心的温暖，从而大大缓解了日常生活中常有的焦虑。

而那些对他人怀有敌意、视别人处处为敌的人，遇到事情往往一触即发、暴跳如雷，这样就很容易使血压升高，甚至酿成任何药物都难以治愈的高血

压，而且其心脏冠状动脉阻塞的程度也就越大。这是由于那些缺乏道德修养、唯利是图、整天害人者，既要提防别人对自己的报复，又要处处寻思打击别人。这样一来就会令自己终日陷入紧张、愤怒和沮丧的情绪之中，如此大脑就得不到很好的休息，而身体系统功能活动也会相对失调、免疫力下降，以致患病折寿。

正直善良、乐于助人、宁静处世、淡泊名利等良好的行为与心态，能使人的心境保持平静乐观、精神愉快，这样人的机体就会在正常而均衡的状态下运行。而这种良好的心理和精神，便能促进机体分泌更多的有益激素，从而把血液的流量、神经细胞的兴奋调节到最佳状态，增强机体的抗病能力，促进人的健康与长寿。

医学界多年来对长寿老人的研究发现，大凡长寿者，90%左右的老人都是德高望重者。因此，养生一定要在日常生活中修炼好自己的情操：

一、善良的品行

做人要正直，遇事出于公心，平常应淡泊名利，不为世俗势力所动，更不能用敌意、仇恨与他人相处。经常行善积德，无忧无惧、心境平和，使身心常处于一种最佳的状态，如此虽粗茶淡饭亦寿比南山。

二、大公无私

老子主张做人要“少私念，去贪心”，认为“祸莫大于不知足，咎莫大于

欲得”。是的，一个人如果在物质享受上怀有很大的贪心，必然会得陇望蜀、损人利己。贪得无厌，就会损公肥私，这样一来就会令自己也终日魂不守舍，然而，一旦心理负担过重就会损害健康。

三、建立良好的人际关系

建立良好的人际关系，是一个人生活的根本所在。生活在社会之中，一定要遵守社会道德规范，尊重他人，有责任感，互谅互助，宽厚待人，如此，才能够妥善地处理人际交往中的各种矛盾与冲突。而和谐的人际关系，是一种天然的镇静剂，有助于消除精神紧张，促进人体各组织器官功能的健全，使人的神经调节达到最佳状态，从而益寿延年。

四、心胸坦荡

一个挖空心思、不择手段的人，必然会做贼心虚，令自己产生紧张、恐惧、焦虑、内疚等心态，这种无形的负担和心理压力，会引起人体器官功能紊乱等一系列生理变化。长此以往，就很容易诱发某些疾病。因此，心胸坦荡，对人对事都能胸襟开阔、光明磊落、无患无求，使自己的身心处于淡泊宁静的良好状态，才能精神泰然、身体健康。

自古以来，为了长寿，人们几乎采取了各种方法，但往往忽视了精神方面的因素和道德的修养，才导致养生达不到应有的效果。因此，努力实现精神与道德境界的最好体现，是养生者必先修好的课程，一定要切记。

⊙日图三餐，夜图一宿⊙

随着生活水平的提高，竞争越来越激烈，人们的心态发生了很大的改变。社会上很多的人都显得非常的浮躁，攀比之风也日渐激烈，许多人为自己不如别人而心生妒忌之心，甚至还酿成不好的后果。

其实人应该学会知足，只有知足才会常乐。人怎样过都是一辈子，为何不快快乐乐地过一生呢？日图三餐，夜图一眠。保持一颗知足的心会让自己更加快乐。

心理学原理告诉我们：快乐是一种心理活动，是一种精神状态。快乐的心情与心理的满足感是紧密联系在一起的。因为人们的成长经历和家庭背景不同，使得不同的人对同一件事的认知也就不同，有时甚至是完全相反的。也许出于人类原始本能的贪婪欲望，对生活怀有过高期望的非常的多。在他们眼里，人生不如意之事十之八九，无论大事小情，好事坏事，总之他们都没有满意的时候，以至于他们经常与郁闷、烦恼为伍，每天都在郁闷中哀叹。

从前，城里面住着一位大财主，他拥有很多的房产，在乡下还有几百亩田地，他饲养了数百头牛羊。总而言之，这财主家大业大，腰缠万贯。

财主的生意都有其他人帮助打理，自己根本就不用操心。财主平时穿的是最好的衣服，吃的是山珍海味，住的是大屋阔院，睡的是最昂贵的高级床，盖的是罗帐锦被。然而即使如此，财主却从来都没感到快乐，他整天还在为家族的产业发展不理想、赚钱太少而烦恼。他总是独自一人唉声叹气，坐立难安，甚至经常失眠，久而久之，他的精神变得非常不好。

在他家隔壁住着一个理发师，名字叫阿贵。他三十多岁了仍没有妻儿，每天只能赚到“几个银钱”的理发钱，仅仅够日常的生活费用和小小开支，阿贵生活虽然过得清淡一点，但天天无忧无虑的，过得十分潇洒。每天晚饭后，阿贵便在小木屋里躺着然后放声地唱歌曲，直到午夜唱累了便喝一杯泡好的茶，接着一觉睡到第二天的9点钟后再起床，又开始给别人理发。

财主也许是因为过分忧虑自己的生意，或者因为阿贵晚上唱歌的声音太大了，让他更加难以入睡。有一天早上，财主便把掌柜叫过来问道：“隔壁的阿贵每天都吃不饱、住不好，又没有妻儿，为什么他却能够这样开心，每天晚上都在唱歌呢？而我这么多钱为什么却快乐不起来呢？”掌柜听了财主的话便微笑地对财主说：“因为他懂得知足常乐！”财主听了点了点头，然后对掌柜说：“那么怎样才能够让他不会唱歌呢？”掌柜微笑地说：“这非常容易，只要你能借给他十两银子就可以了。”“这样就可以吗？”财主将信将疑地问。“绝对没问题”掌柜非常有信心地对财主说。“那好，你明天就借十两银子给他，我倒要看看你说的对不对”财主还是很怀疑地说。

第二天，掌柜就来到了阿贵的理发店刮胡子，他问阿贵：“阿贵，你都剃了二十多年的头了，却仍然没存下几个钱，现在你已经三十出头了，却连个老婆都没有，你还不如改行去做一些小生意呢。”阿贵笑着对掌柜说：“我每天只能赚几个理发钱，那有本钱去做生意呢。”“那你想不想做生意呢？我可以帮你。”掌柜很认真地问阿贵。阿贵无奈地说：“当然想啊，可是我的确是没有本钱！”掌柜听了非常兴奋地说：“如果你想做生意，我可以帮你向我老板借十两银子给你做本钱，利息还可以比别人借钱的稍低一点。”听了掌柜的话阿贵喜出望外，然后惊讶地问掌柜：“是真的吗？”“绝不会假的。”掌柜笑呵呵地说。阿贵又着急地追问：“那么什么时候可以借钱给我啊？”“明天上午就可以。”掌柜非常有把握地说。“好吧，如果这件事成了的话，今天帮你刮胡子的钱就不收了，以后还要请你喝酒呢！”“好啊！”掌柜开心地说。不一会，掌柜刮完了胡子，阿贵便十分高兴地送掌柜出门口并对他说："那我明早上去找你。""好的。"掌柜对阿贵笑了笑。

这天晚上阿贵非常激动，他整晚都在想："有了这十两银子后，我就可以去做生意了，以后我就会赚很多的钱，有了钱可以盖房子，然后我就可以取一个妻子，以后有人做家务了，还可以让她生儿育女，传宗接代……"

第二天天还没亮，阿贵就早早到了财主家门口。直到8点多，财主的店铺开了门，他就马上进去找到了掌柜，掌柜非常爽快地借了十两银子给他。拿着这十两银子，阿贵似乎看到了自己以后的生活。

从这天起，阿贵就不理发了。他开始琢磨做什么买卖好。也就是从这个晚上开始，阿贵的屋内再也没有了欢乐的歌声。而财主这晚也非常好奇地找掌柜一起到阿贵房前，来听一听阿贵是否还会唱歌。很久后，他们都没有听到阿贵唱歌的声音，然后就大笑着回去睡觉。

几天后的一个晚上，掌柜到阿贵家里找他聊天。掌柜说："阿贵，为什么这段时间没听到你唱歌呢？"阿贵非常苦恼地低声说道："别提了，自从你借给我十两银子之后，我真的不知道用来做什么生意才好？并且钱又不多，我又不懂做生意，到期后又要归还本息，以后我真是不知该怎么办了？现在烦还来不及，那还有心情唱歌呢？"掌柜听了哈哈大笑，然后十分得意地走出阿贵的屋子。

这故事说明了"知足者常乐"的道理。这个财主本来应该是快乐的，就是因为他不知足，所以他快乐不起来。而阿贵本来生活艰苦，但他能知足常乐，所以他过得非常满足，然而当他得到了十两银子后，每天忧心忡忡的，最终使得自己变得苦不堪言。

人都需要进取心不假，但这并不是要你去事事必争，永不满足。人与人毕竟是不同的，如果你总是把别人的成就放大，把自己优点缩小，你就会永远生活在处处不如人的阴影里，最终会影响到你的生活，让你的生活更加地烦恼、困惑。"日图三餐，夜图一眠"，放松心态，你会发现生活会变得非常简单、轻松。

⊙ 欢娱嫌夜短，寂寞恨更长 ⊙

俗话说得好："欢娱嫌夜短，寂寞恨更长。"一个人如果感到快乐就会觉得时间飞快，快乐的时光是如此的短暂。相反地，如果一个人心里烦闷，孤单寂寞，就会觉得时间是如此的漫长，是如此的难挨。人生不如意之事常八九，我们不能每件事都去抱怨、去悲伤、去烦恼。如果那样，人的一生就会被苦恼所占据，也就没了快乐可言。

人的一生很短暂，短暂到转瞬即逝。人的一生又非常漫长，漫长到让人感到人生无聊之极。其实，人生的长短是一样的，之所以不同人出现不同的感觉是因为他们的心态。

波尔赫特是世界著名的话剧演员，她在世界戏剧舞台上活跃了长达50年的时间。然而当她71岁在巴黎时，却突然发现自己破产了。更糟糕的是，当她在乘船横渡大西洋时，不小心摔了一跤，腿部受了很严重的伤，而且引发了静脉炎，人生对她似乎非常地不公平。

不得已波尔赫特四处寻求医生。经过诊断，她的主治医师认为必须把腿截去才能使她转危为安。可是，医生却迟迟不敢把这个可怕的消息告诉给波尔赫特，生怕她听到这个噩耗后做出什么疯狂的举动。

但事实却出乎医生的意料。当他最后不得不把这个消息告诉波尔赫特时，波尔赫特竟然非常平静。波尔赫特注视着他，然后平静地对他说："既然没有别的更好的办法，那就按照你说的方法办吧。"

于是医生开始准备为她截肢。手术那天，波尔赫特高声朗诵着戏里的一段台词，显出一副乐观积极的样子，有人问她是否在安慰自己，她的回答是："不，我是在安慰医生和护士，因为他们太辛苦了。"

手术后，波尔赫特恢复得很快。不久后就又开始了话剧表演，她顽强地在世界各地演出着，在舞台上一演就又是7年。

波尔赫特的遭遇可以用"糟糕"来形容，面对同样的情况，相信很多人都会自暴自弃，为自己的下辈子感到迷茫，然而波尔赫特以平常心待之，手术后依然在自己喜爱的话剧舞台上奉献着自己，她的乐观态度真的是值得我们学习啊！

生活得快乐与否全在于自己的态度，如果你能保持一颗快乐乐观的心，你就会发觉世界处处是快乐；反过来，如果你拥有一颗处处抱怨的心，你就会越来越觉得这个世界是如此的不公平，如此的不完美。"欢娱嫌夜短，寂寞恨更长"，夜的长短全在于自己的心态，快快乐乐的，你才会取得生活的美满。

一个乐观者和一个悲观者聚在一起。

悲观者问道："假如你连一个朋友也没有，你还会这么高兴吗？"

“当然。我会高兴地想，幸亏我没有的是朋友，而不是我的生命。”乐观者快乐地答道。悲观者听了继续问道：“假如你正在行走，突然掉进一个泥坑，出来后成了一个脏兮兮的泥人，你还会高兴吗？”

“当然了，我会高兴地想，幸亏我掉进的是一个泥坑，而不是一个无底洞，否则我就会摔死了。”乐观者答道。

悲观者接着问：“假如你被人莫名其妙地打了一顿，你还会这样快乐吗？”

乐观者说道：“当然了，我会非常高兴地想，幸亏我只是被打了一顿，而没有被他们杀害。”

悲观者问：“假如你在拔牙时，医生错拔了你的好牙而留下了病牙，你还高兴吗？”

“当然，我会非常高兴地想，幸亏他错拔的只是一颗牙，而不是我的内脏，我还健康地活着。”

悲观者接着问：“假如你的妻子背叛了你，你还会高兴吗？”

“当然，我会高兴地想，幸亏她背叛的只是我，而不是我们的国家。”乐观者快乐地说。

悲观者又问：“假如你马上就要失去生命了，你还会感到高兴吗？”

“当然了，我会高兴地想，我终于可以高高兴兴地走完我的人生之路了。我可以随着死神，高高兴兴地去参加一个盛大的宴会。”

乐观者和悲观者的对话生动地说明了，一个人的人生是否快乐取决于他自己是否觉得快乐。快乐地看待一些事情，就会有快乐的感觉，而悲观地看待事情，则会产生悲观的感觉。

人的一生会遇到许许多多的困难和不平，你大可不必因此就感到悲观、泄气。如果遇见问题就失落的话，那么人生就会是一个永远没有快乐的过程。

从前在杞国，有一个人，他的胆子非常的小，他总是会想到一些特别奇怪的问题，让人觉得莫名其妙。

有一天，他吃过晚饭以后，拿了一把大扇子，然后坐在门前瞅着天空发呆，接着自言自语地说：“假如有一天，天塌了下来，那该怎么办呢？我们岂不是无路可逃，而将活活地被压死，这不就太惨了吗？”想到这个问题，他顿时非常地恐慌。

从此以后，他每天都会为这个问题发愁，他不停地烦恼着，终日茶不思饭不想。朋友见他终日精神恍惚，脸色憔悴，都很替他担心，于是都上前关切地询问。然而，当大家知道了他为什么哀叹的原因后，都跑来劝他说：“老兄啊！你何必为这件事自寻烦恼呢？天空怎么会塌下来呢？再说即使真的塌下来，那也不是你一个人忧虑发愁就可以解决的啊。想开点吧，日子还是要过的，整天这样愁眉苦脸的也没有用啊。”

可是，无论人家怎么说，他就是不相信，仍然时常为这个不必要的问题担忧。久而久之，人也瘦了，变得委靡不振，整天浑浑噩噩的，胡言乱语。他的朋友也渐渐地与他疏远了。

这个杞国人每天都为天塌下来这件不可能的事情而担惊受怕，使得自己的生活变得凌乱不堪，其实想想他大可不必这样，就算是天要塌下来了，整天的唉声叹气也是没用的，更何况天是不会塌下来的。假如他有一颗积极乐观的心，那么他就不会为此事烦恼了。

总之，要想让你的生活快快乐乐的，就保持良好的心态吧，态度决定一切，快快乐乐的也是一辈子，心事重重的也是一辈子，那么我们为什么不选择快快乐乐的，积极乐观的生活呢？

⊙人非草木，孰能无情⊙

“人非草木，孰能无情”。人之所以能够区别于其他的动物，原因是人能够思考，人是有情的动物。人的感情非常复杂，每个人都有自己的思想，每个人都有情，无论是亲情、友情还是爱情都是一个人心底最真实感情的表达。

人是有感情的，人更是需要情的，一个没有感情的人是悲哀的，一个没有感情的世界更是黑暗的，没有温暖的。人与人之间需要感情，社会需要感情。如果没有感情的话，四川汶川大地震后就不会有全国人民团结一致的抗击灾害的感人一面；如果没有感情的话，社会就不会出现互帮互助的现象；如果没有感情的话，就不会有那么多的慈善机构；如果没有感情的话，夫妻不会和睦，儿女不会孝顺，朋友就会互相欺骗……人没有感情的话，世界将是一片混乱。

阿明的好友住在另一座城市，虽然相隔将近三十里远，但是他每年必定会全家一起到朋友那里访问一次，甚至连小狗都带去。

然而好景不长，有一次，阿明和朋友因为一点小事吵了起来，最后两人不欢而散。从此后，他们彼此伤了和气，再也没有了来往。

可是那只狗不会懂得人的世界，因此它仍然保持着访问的习惯。到了那天，那只狗照例跑到了主人的朋友家中，到达的时候已经是傍晚了。

“他们的狗来了，他们一定是要和我们和好，估计马上就要到了！”阿明的朋友顿时喜出望外，并吩咐妻子赶快去准备饭菜。饭菜做好了，夫妻二人等待着阿明及他的家人到来，然而，他们一直等到了第二天，也没等到阿明一家人的身影。

朋友见阿明一家人没有来，非常不放心。于是就跑到了他家询问，才知道原来是狗自己跑去的。

阿明和朋友顿时显得非常尴尬，狗尚且不忘旧情，何况人呢？他们对自己的吵架举动感到自责，于是二人和好如初。

有一对情侣，男的非常懦弱，做事情之前都让女友先去尝试，然后自己跟在女友的后面。为此，女友感到十分不满，她总是埋怨男友不够坚强，一点都不像男子汉。

有一次两人结伴出海，在返航时，海浪将他们的船摧毁了，多亏女友抓住了一块木板才保住了两人的性命。

面对这样的情况，女友大声地问男友：“你怕吗？”男友急忙从怀中拿出了一把水果刀很自信地说：“如果有鲨鱼来袭击我们，我就会用这个对付它。”听了男友的话，她只是苦笑着摇头，认为自己已经指望不上男友了。

过了一会，一艘货轮发现了他们，正当他们为即将获救而欣喜若狂时，一条大鲨鱼正向他们快速地靠近。女友立刻大叫：“我们赶快一起用力游，只要靠近货轮我们就会没事的。”男友大声说道：“已经来不及了。”接着他突然用力将女友推进了海里，然后他一个人抓着木板朝货轮游过去了，他一边游一边对水里的女友大声喊道：“这次我先尝试。”女友望着男友的背影，感到非常绝望，她没想到他是如此贪生怕死，为了自己的性命竟然牺牲了自己。

此时鲨鱼却一点点地向男子接近，很快，鲨鱼凶猛地撕咬着男子。他发疯似地冲女友喊道：“我爱你。”男友死了，女友获救了。

甲板上的人见到这一幕残忍的画面全都在默哀，然后船长坐到女子身边说：“小姐，你的男朋友是我见过的最勇敢的人。我们会为他祈祷的。”

“不，他是个胆小鬼，他见了鲨鱼来了就只顾自己逃生了，而竟然把我推到了水里，想不到最终鲨鱼还是吃了他。”女子冷冷地说。

“你怎么这样说你的男朋友呢？刚才我一直用望远镜观察着你们，我非常清楚地看到他把你推开后就立刻用刀子割破了自己的手腕。鲨鱼对血腥味非常敏感，如果他不这样做来争取时间，恐怕你永远不会出现在这艘船上了，是你的男朋友为了挽救你，牺牲了他自己，你男朋友真的很爱你，他真的是这个世界上最勇敢的人。”

听了船长的话，女子的泪水顿时浸湿了脸颊，她为男朋友的死去感到难过，更为自己错怪了他而悲痛欲绝。

是啊，人非草木，孰能无情。面对鲨鱼的攻击，男子毅然选择牺牲自己去挽救女友的性命，因为他的心里充满了对女朋友的真挚感情。

如果没有感情，人类社会就不会发展下去，人类社会之所以在不断地进步，就是因为人们相互帮助，互相扶持的结果。感情对于人的重要性就好比润滑油对齿轮的重要性一样，没有了润滑油的润滑作用，齿轮就不会流畅地运转，齿轮不能正常地运转的话，机器就不会很好的工作。同样的道理，如果人类社会没有了感情，彼此之间就不会互帮互助，而一个人只靠自己的力量是无法生存下去的，这样的话人类社会就不会一直挺立在地球上了。

有这样一个真实的故事。

这个故事发生在西部一个极度缺水的沙漠地区。在这里，每人每天的用水量被严格地限定在了三斤。人们日常生活中的饮用、洗漱、洗菜、洗衣，包括喂牲口，全都依赖这三斤珍贵的水，然而就是这么一点点的水还得靠驻军从很远的地方辛苦地运来。人缺水是活不下去的，牲畜也是一样。终于有一天，一头憨厚的老牛挣脱了缰绳，闯到沙漠里运水车必经的公路旁，无论村民们怎么打骂就是不肯离去。

这时运水的车来了，只见老牛非常迅速地冲上了公路，司机见一头老牛突然挡住了去路，立即紧急刹车，接着军车缓缓地停了下来。

老牛沉默着立在车前，任凭司机怎样呵斥驱赶，它就是不肯挪动半步。五分钟过去了，十分钟过去了，双方仍然这样僵持着。运水的战士以前也碰到过牲口拦路索水的情形，但是却没有遇到过如此倔强的老牛，因此也无计可施。人和牛就这样对峙着，时间一点一点地流逝，老牛就是不肯离开，运水车怎么也不能前进。性急的司机试图点火驱赶，可老牛仍然一动不动。后来，牛的主人来了，见自家的老牛惹了这么大的麻烦，顿时恼羞成怒。他扬起长鞭，狠狠地抽打着这头瘦骨嶙峋的老牛。牛被打得直叫，但就是不肯让开。它凄厉的叫声，在空旷的沙漠中回荡着，显得分外悲壮。一旁的运水战士看到这种场面终于忍不住哭了，接着司机也哭了。最后，运水的战士大声说道："就让我违反一次规定吧，我愿意接受处分。"于是他从水车上取出半盆水，放在了这头老牛面前。出人意料的是，老牛并没有喝水，而是对着远方"哞哞"地叫，似乎在呼唤什么。不一会，远处跑来一头小牛，见了水立即冲了过来。老牛慈爱地看着小牛贪婪地喝完水，尾巴温柔地摇晃着，并伸出舌头舔舔小牛的眼睛，小牛也舔舔老牛的眼睛。小牛喝完水后，没等主人吆喝，老牛就领着小牛慢慢往回走去。

老牛为了让小牛喝上一点水，不惜挡住运水车，任凭怎么鞭打，仍旧不肯离去。因为它爱自己的孩子，所以它宁肯挨打也要给孩子弄一点点水。动物尚且可以做到如此有情有爱，何况我们人呢？

人虽然不能被感情羁绊，但更不能没有感情。因为只有有情有爱，社会才是美好的，生命才会是有意义的、有价值的！

⊙ 攒钱好比针挑土，败家犹如水推沙 ⊙

“攒钱好比针挑土，败家犹如水推沙”，大致意思是积攒钱财好比用针一点点地挑土，散尽家业就如流水冲走沙子；比喻攒钱很不容易，花钱却很容易。这句老人言告诫人们要珍惜自己得来不易的劳动成果，勤俭节约，千万不要奢侈浪费。

上至国家，下至一个团体或家庭，靠的是一代又一代的艰苦朴素和勤俭节约的精神，才能建立起坚实的基础；而不是靠投机取巧，一夜暴富实现的。历史上有卧薪尝胆的勾践，经过“十年生聚，十年教训”的积累，顽强渡过难关，从而使越国一步一步走向强大，最终打败了吴国，洗去了灭国的奇耻大辱，从而留下一世英名。然而勾践忍辱负重20年积累起来的家业，最终在继承者的手里走向了灭亡。唐代大诗人李白曾赋诗感叹越国的结局：“越王勾践破吴归，战士还家尽锦衣。宫女如花满春殿，只今惟有鹧鸪飞。”前一个忍辱负重，犹如浴火重生的凤凰。勾践用了近20年的时间，使一个亡国的君主能够打败强大的吴国，从而取而代之，这个过程可谓壮烈，这种精神可谓令人敬佩。可惜，好不容易建立起来的家国，竟然毁于一旦，令人惋惜。从这点看，“败家犹如水推沙”是多么的可怕，我们一定要引以为戒。

朱元璋的故乡凤阳，还流传着这样的一段歌谣：“皇帝请客，四菜一汤，萝卜韭菜，着实甜香；小葱豆腐，意义深长，一清二白，贪官心慌。”朱元璋给马皇后庆祝寿诞，只用红萝卜、韭菜，青菜两碗，小葱豆腐汤，宴请众大臣。并且还约法三章：今后不论谁家摆宴席，只许这个标准，谁要是违反这个规定，一定要严惩不贷。这可能也仅仅算了一个谚语，但大明江山几百年，这可能多多少少与朱元璋的勤俭节约的作风有关。

季文子出身于将相世家，是春秋时期鲁国的贵族。他为官数十载，清正廉明。他一生俭朴，从不奢华，并且要求家人也过跟他一样简朴的生活。他穿衣不讲求华丽，只求朴素整洁，除了朝服之外，平时没有几件像样的衣服，每次外出，所乘坐的马车也极其简单，没有什么装饰。

他是如此的节俭，于是有人就劝他说："你官拜上卿，德高望重，但我听说您的家里人也穿粗衣草履，也不用粮食喂马，只用草料。你自己平时也不注重自己的仪表，这样是不是显得太寒酸了？要是让别国的使节看到你的这身打扮会有损于我们国家的体面，人家会说鲁国的上卿就是这样一个朴素的人啊，那鲁国国力不强盛啊。您为什么不改变一下自己的衣着呢？这于对自己或国家都有好处，何乐而不为呢？"

季文子听后这番言论，淡然一笑，对那人严肃地说："我也想把家里布置得富丽堂皇，妻妾穿绫罗绸缎。但是你看看我们国家的百姓，他们还生活在困境中，有很多人还人吃糠咽菜，穿着破旧不堪的衣服，还有人正在挨饿受冻；想到这些，我们怎能去忍心过奢华的生活，如果平民百姓生活困苦不堪，而我的妻妾却锦衣玉食，马匹用粮食饲养，这哪里还有为官的良心啊？况且，我还听说，评判一个国家是否强盛，只能通过臣民的高洁品行表现出来，并不是以他们拥有多少美艳的妻妾和肥壮的骏马来评定的。"

此后，季文子艰苦朴素的生活，成为大家竞相效仿的榜样。

自古都是"攒钱好比针挑土，败家犹如水推沙"。来之不易，失之有余。做人勤俭，是一个人的高风亮节的品性，是人格魅力的体现，是内涵和修养的外露。铺张浪费只是贪图一时之快，一时的享受，这种不计后果的行为，都是虚幻的，暂时的，其实是一种内心的空虚的表现，在一些事上得不到满足，就利用奢侈的行为填补空虚。古人常告诫我们"由俭入奢易，由奢入俭难"。只有勤俭节约，修身养性，不为物质利益所利诱，"不以物喜，不以己悲"，"达则兼济天下，穷则独善其身"，保持一颗纯洁的心，不虚荣，不浮夸，才能淡泊以明志，宁静而致远。

⊙蚕丝作茧，自缚其身⊙

俗话说："蚕丝作茧，自缚其身。"比喻做了某件事，结果使自己受困；也比喻自己给自己找麻烦。人行不善则作茧自缚，自食恶果。生命的意义并不在于生活强加于你的形式，而在于无论经历什么样的生活，你都能保持一颗无悔的善良之心。无论现实怎样捉弄人，都不应该丢失善良的本性。

从前有一只自作聪明的狐狸，它从来都不学习如何捕捉猎物，只管吃，喝，玩，乐。这只狐狸长大后，父母都去世了，可它由于没学习捕捉动物，所以整天只有空着肚子。

为此，森林里的动物全都嘲笑它，觉得狐狸非常没用，狐狸自己也觉得非常没面子。

有一天，它又在四处闲逛。刚好，一只老虎从它门前走过，它心想：“如果我消灭了凶猛的老虎，其他的动物会不会高看我一眼呢？”

想到这里狐狸便对老虎说：“老虎大哥，我知道有个小岛，岛上有很多的兔子，我们何不去美餐一顿。”

老虎也正在寻找食物，听了狐狸的话，非常高兴，于是满口答应了。

到了岛的入口处，有一座小桥，狐狸让老虎等它过去后再过去，狐狸一到对岸，看见老虎上了桥，立马把支撑桥的绳子切断，老虎掉下海里摔死了。可是，过了一会儿，狐狸突然猛拍自己脑瓜子，大叫：“惨了！”原来这个小岛四面都是海洋，只有靠绳索桥来连接陆地，可现在绳索桥断了，狐狸被困在那个漂流的小岛上了，不久就被饿死了。

狐狸一心想要害死老虎，不料最终自己也困死在岛上，最终死在了自己的手上，可见作茧自缚终究是没有好下场的。

人不能够丢失自己的善良本性，丢失了一颗善意的心，人就会变得如同走肉一般，时常保持一颗宽容的心，善良的灵魂，人才会变得宁静，无欲无求。

有一天，狼发现在山脚下有个山洞，许许多多的动物都会从此处经过。狼非常地高兴，它把这个洞的其他出口都堵上，然后隐藏在洞的另一端，等待动物们来送死。不一会，一只老虎来到了洞口，狼顿时被吓坏了，拔腿就跑，老虎见到了狼便穷追不舍。可是所有的出口全部都被狼堵死了，狼活生生被堵在了洞里，没有任何出路，最终无法逃脱，被老虎吃掉了。

狼存着杀害其他动物的心，终招致自己的灭亡。可见保持一颗平和善意的心灵是多么重要，常存恶念只会作茧自缚。

蚕丝作茧，自缚其身，懂得了这个道理后，何不心平气和的追求宁静，享受快乐呢？

⊙ 人生最大的满足是付出 ⊙

我们共同生活在一个星球上，我们需要彼此相亲相爱，需要彼此的温暖，需要别人的付出。只有一个互帮互助的世界才是充满人情味的世界，只有一个能够付出的世界才会是丰富多彩的世界。

这个世界是需要付出的世界，善良是人类社会必不可少的。人生的意义就在于付出，只要你真诚地对待别人，别人也会真诚地对待你。只要你抱着友善的态度去和他人相处，心里为他人着想，你周围的人也就都愿意为你做很多事，为你付出他们的力量。

有一个小男孩跟着父亲排队买票去看一场马戏。在父子俩的前面是一大家子人，这家人有6个小孩。他们衣着十分朴素，但个个都干净利落。

排队的时候，他们乖乖地跟在父母的身后。他们兴奋地讨论着即将要看到的马戏，他们的父母站在前面，母亲的手挽着父亲的胳膊，一家人显得非常的恩爱。

轮到他们买票了，售票员问那个父亲要买几张票，他扬着头非常快乐地大声说："我们全家人一起来看马戏，我要买6张儿童票2张成人票。""100元。"售票员对那个父亲说道。

"麻烦您再说一遍，要多少钱呢？"那个父亲又问了一遍。于是售票员再次重复了价格。那个父亲愣在了那里，很显然，他带的钱不够，他把手放在口袋里久久不肯拿出来。旁边的妻子也低下了头，一声不吭，场面一时非常尴尬。

小男孩的父亲看到了这一切，他悄悄把口袋里摸得发热的10元钱给拽了出来，然后把它扔到了地上，接着从容地弯腰捡起了那张钞票，拍拍前面那位父亲的肩膀，说道："对不起，先生，我想这是您掉的钱吧？"那位父亲立刻明白了小男孩父亲的意思。他本来是无法开口向任何人乞求帮助的。那位父亲直视着小男孩的父亲，双手颤抖地握了过来，眼睛里充满了感激之情。他悄悄抬手拭去了眼角的泪水，说道："谢谢您先生，这

钞票对我和我的家庭来说实在是太重要了，谢谢你帮助了我们一家人。”

自然的，小男孩和父亲因为没钱看马戏，只能无奈地回家去了。小男孩没有看到期盼已久的马戏，但是他没有感到伤心，因为他的父亲给他上了一堂非常好的课，让他懂得了付出是多么的让人快乐。

付出的结果往往是双赢，即为别人和美好的社会作出了一份贡献，也给自己留下了一份金钱难以买到的心灵慰藉。相反地，如果只想索取而不愿意付出的话，不但别人会慢慢地疏远你，久而久之，就连你自己都会变得冷峻，变得性格孤僻，甚至与这个世界都格格不入。

“只要人人都献出一点爱，世界将变成美好的人间。”让我们像歌里唱的那样，伸出自己奉献的手，去帮助别人，付出自己的热情，换来别人的感激。让我们的心灵得到满足，让我们的灵魂得到升华。人生最大的满足是付出，付出了你才会觉得生命的多彩，付出了你才会懂得生命的意义。所以，把自己的爱心奉献出来吧，付出自己的力量，你会换来别人的感激，这才是生命的真谛。

⊙ 知足者常乐 ⊙

知足是灵魂的滋养，知足是幸福的前提。做一个知足的人需要勇气，需要耐性，更需要智慧。每一个懂得知足的人，都可以把平淡生活过得丰富多彩，都可以找到隐藏在细节中的美好与快乐。

也许人类最大的缺点，便是贪心。生活中总有那么一些人喜欢羡慕别人的生活，总爱抱怨对生活的不满。他们忽略了自己所拥有的一切：健康的身体、和睦的家庭、安定的工作、知心的朋友，等等，而这些也许正是别人梦寐以求的东西。

也许人类最可悲的便是看不见自己生命中的美，让多少欢乐悄然逝去，留下无尽的遗憾。

人，不应该去强求不属于自己的东西。得不到未尝不是一种缺憾美，它会使你永远拥有希望和信心，从而不懈地去追求；而终日停留在哀叹中，只能是浪费生命，虚度光阴，毫无意义。

生活，带给我们很多欢笑与快乐，我们应该感谢生活。我们应该知足，身体是健康的，我们就已经拥有了人生中的第一笔财富；我们同样应该知足，家庭是幸福美满的，这也是上天赐予我们最大的恩惠；我们应该知足，无论在世界哪一个角落，总有二三知己为伴。

所以，我们不必感叹别人的富裕，嫉妒别人的权势，因为我们的生命中也有很多让别人羡慕的精彩。抛开那些无休止的欲望吧，它只会令人徒增烦恼。只有当你知道自己幸福的时候，你才真正是幸福的人。

曾经有人说过这样一段话：

如果早上醒来，你发现自己还能自由呼吸，你就比在这一周离开人世的100万人更有福气。

如果你从未经历过战争的危险、被囚禁的孤寂、受折磨的痛苦和忍饥挨饿的难受……你已经好过世界上5亿人。

如果你的冰箱里有食物，身上有足够的衣服，有屋栖身，你已经比世界上70%的人更富足。

如果你银行户头有存款，钱包里有现金，你已经身居世界上最富有的8%的人之列。

如果你的双亲仍然在世，并且没有分居或离婚，你已属于稀少的一群。

如果你能抬起头，带着笑容，内心充满感恩的心情，你是真的幸福——因为世界上大部分的人都可以这样做，但是，他们没有。

如果你能握着一个人的手，拥抱他，或者只在他的肩膀上拍一下……你的确有福气——因为你所做的，已经等同于上帝才能做到的。

当你读完这段话时，内心是否也感到一阵巨大的震动呢？你或许是平凡的，但你不一定就不是幸福的。你的财富往往就是这些看似平凡的东西，只要你拥有一颗知足的心，就不会被虚荣蒙上眼睛，你才能够发现这一切，它们都不应当被你忽略。“知足者常乐”，五个字而已，幸福也就是这么简单。

知足就是积极向上地对待人生的得失、心平气和地对待不幸和快乐、做到宠辱不惊。

知足是一种了不起的、不为世俗和名利所动的境界。我们可以积极地进取和探求，但是内心深处，一定要为自己保留一份超脱，做到知足者常乐。

只有知足，才能笑对得失祸福，才能冷静客观地对待现实，正确地认识自己、审视自己，寻找自己生活、事业的最佳“度”。否则，不切实际，一味地沉浸在欲望的漩涡中只会将自己淹没。

如果懂得知足的幸福，你就会在达成自己的一个梦想后停下来。先好好体会这过程中的苦与累、惊与喜，看清楚这过程中曾给过自己关怀的人们，然后以感激的心来报答他们对自己的这一份恩情。在这过程中，你会明白什么才是你真正所需要的，什么是知足的幸福，而不是一些空洞而盲目的追求。

⊙ 世事本无完美，人生当有不足 ⊙

完美，也许只是“虚幻”的代名词。世界万物皆不完美，假若你非要背着完美上路，你将最终死于绝望。

完美，从古至今都是人类追求的目标，也是人类最大的悲哀。完美主义者往往既是自我嫌弃的高手，也是挑剔别人的专家。当自己不能达到理想中的完美高度时，我们很容易自暴自弃，作茧自缚；当别人没有理想中那样完美时，他们便心怀不满，怨恨不已。完美主义就这样成为他们一生的桎梏。

命运对谁都是公平的，它赐给了一个人才华，就不再赐给他容貌，可是其貌不扬又如何呢？重要的是你能发现自己的价值，绽放出自己的光芒。也许你并不富有，但健康的体魄支持着你去奋力拼搏，开创一番事业。

“世界并不完美，人生当有不足。”没有遗憾的过去无法链接人生。对于每个人来讲，不完美是客观存在的，无需怨天尤人。

有一位画家想画出一幅人人都喜欢的画。经过几个月的辛苦工作，他把画好的作品拿到市场上去，在画旁放了一支笔，并附上说明：亲爱的朋友，如果你认为这幅画哪里有欠佳之笔，请在画中标上记号。

晚上，画家取回画时，发现整个画面都涂满了记号——没有一笔一画不被指责。画家心中十分不快，对自己的画技深感失望。他决定换一种方法再去试试，于是他又带着一张同样的画到市场上展出。可这一次，他要求每位观赏者将其最为欣赏的妙笔都标上记号。结果是，一切被指责过的地方，如今全又换上了赞美的标记。

最后，画家不无感慨地说：“我现在终于明白了，无论自己做什么，只要使一部分人满意就足够了。因为，在有些人看来是丑的东西，在另一些人的眼里恰恰是美好的。”

完美是不可能达到的。在你的一生中，你绝对不可能让所有人都满意，绝对不可能达到至善至美的境界。完美往往只会成为人生的负担，阻碍你走向进步。

许多人终身都在寻找一位最完美的伴侣，寻找一份完美的工作，寻找一种完美的生活，然后日子就在这种寻找中如白驹过隙般流走了。完美是一座心中的宝塔，你可以在内心中向往它、塑造它、赞美它，但你切切不可把它当作一种现实存在，这样只会使你陷入无法自拔的矛盾之中。

不要用完美主义来禁锢自己。缺陷和不足是人人都有的，但是作为独立的个体，你要相信，你有许多与众不同的甚至优于别人的地方，你要用自己特有的形象装点这个丰富多彩的世界。

没有一个人是完美无瑕的，其实，只要你把“缺陷、不足”这块堵在心口上的石头放下来，别过分地去关注它，它也就不会成为你的障碍。假如能善于利用你那已无法改变的缺陷、不足，那么，你仍然是一个有价值的人。

不要用完美主义来强求自己。那些追求完美的人，往往都在还没有衡量清楚自己的能力、兴趣之前，便一头栽在一个过于高远的目标里，每天受着辛苦和疲惫的折磨。他们希望获得他人的掌声和赞美，博得别人的羡慕，为此，便将自己推向完美的边界，做什么事都要尽善尽美。久而久之，生活便成了负担，工作当然也毫无意义可言。

其实，只要你知道这世界上没有什么会达到“完美”的境地，你就不必设定荒谬的完美标准来为难自己。你只要尽自己最大的努力去干好每件事，就已经是很大的成功了。

第二十一章

人伦之道：知子莫若父，百善孝为先

——孝是人道第一步，敬人在心不在貌

⊙ 家有一老，黄金活宝 ⊙

俗话说："家有一老，黄金活宝。"随着现代社会的不断进步，人们生活节奏的加快，使得人们陪伴老人的时间越来越少。现代社会文化更新的速度越来越快，很多事物在不断地出现，这也使得人们学习的能力一定要跟得上更新的速度。很多青年人都认为老人的思想是落后于社会发展的。其实不然，老人经过了一生的风风雨雨，遇到了无数的事情，他们有着非常丰富的经验教训，或许他们的知识不能为儿女提供什么有价值的意见和建议，但是他们的经验教训是儿女们所没有的。这些宝贵的经验教训可以给我们非常大的帮助，甚至可以决定我们的一生。

家中有一老，犹如有一宝。如果说家庭是社会细胞的话，那么老人就是一个家庭的根，心理上的魂，是一个家庭诸多成员感情纽带的运转中心，是疏导家庭各种关系、使和谐产生的枢纽。老人的一生，阅历丰富，无论是处事原则还是做人方法，都可以让年轻人得到非常大的启发。

"老马识途"、"姜还是老的辣"，很多的成语俗语都在夸赞老人的巨大作用，家有一老，如有一宝，儿女们应该多向老人取取经，多向老人询问问题，会让你有很大的收获的。

老人经历了一辈子的事情，大风大浪有过，鸡毛蒜皮的小事也经历过，他们会对经历过的事有一个很好的分析和看法，这对儿女们来说是十分有益的。老人经历了那么多后，会心如止水，做事沉稳，看问题不偏激。而这些都是年轻人所欠缺的。

所以青年人一定要多听听老人的建议和意见，家里有老人的家庭，不妨让老人做主，或者在遇到问题时与老人商量一下，征求他们的意见。这样会使问题得到更好的解决的。俗话说：不听老人言，吃亏在眼前，多听听老人的话，会让你少走很多的弯路，会让你做事情更加顺利的。“家有一老，黄金活宝”，因此重视你的家里的老人吧，因为那是你的财富。

⊙ 兄弟合力山成玉，父子同心土变金 ⊙

俗话说：“兄弟合力山成玉，父子同心土变金。”说的是团结的力量，只有团结才会拧成一股绳，才会有力朝一个地方使。打虎亲兄弟，上阵父子兵，只有一家人相互团结起来，才会是一个强大的家庭。

蚂蚁力量虽然小，但是它们齐心协力的为了生存而奋斗，集体齐心可以非常轻易地抬起一只大昆虫。狼无法与虎豹争抢食物，因为它们不是虎豹的对手，然而他们懂得团结的力量是强大的，于是它们集体行动，集体捕猎，使得虎豹也避而远之。大自然的动物尚且如此，何况人类呢？更别说一家人了。

爱护自己的父母吧，只有你的父母才会疼惜你、支持你。只有家庭成员之间和睦相处，这个家才是强大的。

⊙ 吃尽味道盐好，走遍天下娘好 ⊙

“吃尽味道盐好，走遍天下娘好”，这句话说得非常有道理，别人再怎么好也不会比自己的母亲好，别人对自己的恩德再大，也大不过母亲的恩德。

从十月怀胎到一朝分娩，母亲为了生下我们遭受了无数的折磨。当我们呱呱坠地后，母亲用甜美的乳汁哺育着我们成长，我们躺在妈妈的怀中，享受着温暖，是妈妈让我们远离了风霜雪雨，是妈妈让我们健康成长。妈妈在我们成长的道路上付出了她的青春，她的精力，付出了她的一切。

每个人都应该感谢自己的母亲，因为她从生我们到养我们付出了巨大的艰辛。每一次吃饭的时候，她总会把最好吃的菜留给我们。她总会对我们说鱼肚子间的肉比较好吃，而又会骗我们说她只爱吃鱼头和鱼尾。她的衣服总是那一件，而我们的衣服却越来越好。我们欠母亲的太多太多了，我们只有用自己的努力去换来她的不再操心，可是这似乎是不可能的，因为母亲无时无刻不在为自己的孩子祈祷、为自己的孩子操劳，因为她只想让自己的孩子好。

是母亲教育我们做人，让我们懂事，是她告诉我们跌倒了再爬起来，是她告诉我们困难不可怕，可怕的是一颗没有自信心的心。她教会了我们要勇往直前，她教会我们要勤劳善良。

一个好母亲能够让儿女们心生豪情壮志，会让误入迷途的儿女们悬崖勒马，会让儿女们懂得如何去做人、做事。

战国时期，燕国上将军乐毅曾带领着赵、楚、韩、燕、魏五诸侯国联合进攻齐国，使得齐王大败。

在战乱中，跟随齐王的大夫王孙贾，与齐王失去了联系。王孙贾的母亲就对他说："你每天早出晚归，我总是靠在门口等候你回来；你晚出不归，我也总是靠在窗口等你回来。你现在侍奉君王，却不知君王的下落，你还怎么好意思回家来啊？"

王孙贾听了母亲的话羞愧难当，于是立即来到街市上号召人们保家卫国，他高声喊道："愿意跟我干的人脱掉左边的衣袖！"一时有三百人响应，于是他就随同这群人一起作战。他们奋勇杀敌，最终杀死了楚国的战将淖齿，后来又找到齐王的儿子，尊奉他为王，最终恢复了齐国。

王孙贾的母亲教会了他要有担当，要尽职尽责，王孙贾在母亲的教化下十分自责，最终努力找回了齐王的儿子，恢复了齐国。

晋代大将军陶侃的母亲湛氏，是豫章新淦人。在她的谆谆教诲下，陶侃才最终成才，出人头地。

开始的时候，陶侃的父亲陶丹娶她为妾，生下了陶侃。陶家十分贫穷，湛氏总是用纺麻线换来的钱资助陶侃，并让他去和有声望的人交往。

陶侃年轻时当过浔阳县吏，他在当监管捕鱼的鱼梁吏时，他给了母亲一瓦罐腌鱼。湛氏见了，就把腌鱼退还给陶侃，并写信责备他说："你身为官吏，竟然拿官家的东西送我，这不但没有好处，反而还会增加我的精神负担了。以后不要再送了。"

还有一次，范逵到陶侃家投宿。当时正是冰天雪地的冬日，天气非常严寒，然而陶侃家徒四壁，空空如也，而范逵的随从仆人和马匹却非常多。陶侃看到这种情况非常犹豫是否留范逵在家里过夜。

湛氏明白陶侃的心理，于是就对陶侃说："你只管到前面留客吧，我自有办法。"接着湛氏舍弃了自己的头发，剪下来做成假发，卖了钱后买了几斛米。然后她又把屋里的柱子劈下一半当柴烧，铡碎了睡觉用的草席给马匹当草料。

经过她的努力，终于备办出了稍微像样的酒饭待客，随从的仆人也都得到了热情的招待。后来范逵听说这件事后，感叹道：“没有这样的母亲就不会有陶侃这样出色的儿子了！”范逵到了洛阳后，广泛传播了陶侃母子的声名，陶侃也因此名扬四海，最终做了大官，为后人所敬仰。

陶侃的母亲为了让自己的儿子有出息可谓是煞费苦心啊，正是因为有了这样的母亲，才使得陶侃如此宅心仁厚，可以说是湛氏造就了陶侃。

岳飞是我国历史上著名的英雄，他的一生所作所为都为后人所钦佩。他的母亲姚太夫人是一位良母，同样也被后人敬仰。

岳飞十五六岁时，北方的金人南侵，宋朝当权者腐败无能，节节败退，国家处在生死存亡的关头。为了国家岳飞毅然投军抗辽。不久，岳飞的父亲去世，于是他就退伍还乡守孝。

1126年，金兵大举入侵中原，岳飞再次投军。临行前，姚太夫人把岳飞叫到跟前，对他说：“现在国难当头，你有什么打算？”

“到前线杀敌，精忠报国！”岳飞毫不犹豫地说。

姚太夫人听了儿子的回答，非常满意，而“精忠报国”正是母亲对儿子的希望。于是她决定把这四个字刺在儿子的背上，让他永远铭记在心。

岳飞解开上衣，露出瘦瘦的脊背，请母亲下针。

姚太夫人问：“孩子，针刺是非常痛的，你害怕吗？”

岳飞说：“母亲，小小钢针算不了什么，如果连针都怕，我又怎么去前线打仗呢！”

听了岳飞的话，姚太夫人就在岳飞背上写了字，然后用绣花针刺了起来。刺完之后，岳母又涂上醋墨。从此，“精忠报国”四个字就永不褪色地留在了岳飞的后背上。

母亲的鼓舞一直激励着岳飞，岳飞投军后，很快就因作战勇敢而被升为秉义郎。这时宋都开封被金军围困，岳飞便随副元帅宗泽前去救援，在岳飞的带领下，宋军多次打败金军，因此岳飞受到了宗泽的赏识，并称赞他“智勇才艺，古良将不能过”，后来成为著名的抗金英雄，为历代人民所敬仰。

岳飞的母亲姚太夫人，教子精忠报国。她作为母教典范和妇女楷模，在国家危亡之际，励子从戎，精忠报国，被传为佳话，世尊贤母。

可见母亲对于儿女的影响是多么的大啊，因此我们一定要对母亲心存感恩，用我们的努力换取她的笑颜。只有这样，我们才能够报答母亲的养育之恩。

⊙儿不嫌母丑，犬不嫌主贫⊙

俗话说："儿不嫌母丑，犬不嫌主贫。"做儿女的绝对不能嫌弃自己的父母，这是一个做人的最起码准则。父母为了儿女操尽了心，受尽了苦。为了儿女们，光滑的双手变得粗糙不堪，脸上没有了昔日的光泽，取而代之的是一道道的沧桑；为了让儿女们，父母殚精竭虑，给儿女们创造最好的环境；为了儿女们，父母舍不得吃，舍不得穿，却把最好的都留给了儿女，可以说父母为我们做了一切。

父母恩似海深，对于父母们所做的一切，我们应该去懂得感恩，我们应该去努力报答，而不应该因为相貌和地位的不好就嫌弃父母。狗从来都不嫌弃主人家贫穷，它只会忠诚的为主人看家护院。狗尚且能不嫌弃主人家的穷苦，我们人还有什么理由嫌弃我们的父母呢？

包拯是我国历史上非常有名的清官，他的一生清正廉洁，为世人所歌颂。然而，包拯不光是一个廉洁的父母官，他还是一个大孝子。

包拯，字希仁，是庐州合肥（今安徽合肥）人，包拯少年时便以孝而闻名，他性直敦厚。在宋仁宗天圣五年，包拯考中了进士，当时他28岁。他先被任命为大理寺评事，后来又出任建昌（今江西永修）知县，因为父母年老不愿随他到他乡去，包拯便马上辞去了官职，回家照顾父母。他的孝心受到了官吏们的交口称颂。

在封建社会，封建纲常非常的严格，如果父母只有一个儿子，那么这个儿子就不能扔下父母不管，这是违背封建法律规定的。一般情况下，父母为了儿子的前程，都会跟随去的。父母不愿意随儿子去做官的地方养老，这在封建时代是很少见的，因为这意味着儿子要遵守封建礼教的约束，因此包拯就毅然辞去了官职照料自己的父母。几年后，父母相继辞世，包拯这才重新踏入了仕途。

包拯为了孝敬自己的父母，不惜放弃了高官厚禄，而一心在父母身边照料着，直到父母离世，他才再一次地拾起了自己为国为民的理想，踏上了仕途。他的孝心是如此的令人称赞啊！我们应该像包拯一样，孝敬父母，对其不离不弃，只有这样我们才能够报答父母的养育之恩。

一个人降生在人间，在他的婴儿、童年、少年时代，是父母用辛勤的双手一直保护在他身边。当他进入青年、壮年时期，他开始学习、工作，仍然是父母在他的背后默默地支持着。父母付出了这么多，你怎么忍心不孝顺，怎么忍心去嫌弃呢？

建兴六年（228年）春，蜀国丞相诸葛亮第一次兵出祁山，正值天水太守马遵带领着姜维和功曹梁绪、主簿尹赏、主记梁虔等人随雍州刺史郭淮在各地视察。

马遵闻蜀军至祁山后，立刻做好了迎敌的准备，郭淮闻后，马上决定东行，回上邽进行守备。然而马遵怀疑姜维等人有异心，于是，也乘夜随郭淮至上邽。姜维发现马遵已走，但对其又无可奈何。于是姜维回到了翼县，翼县百姓见到姜维前来非常高兴，于是就推举姜维去见诸葛亮。当时马谡已经丧失了街亭，诸葛亮的整个作战计划都遭到了破坏。诸葛亮只好派兵攻克了西县，然后率领千余户和姜维等人班师。

不久，姜维接到母亲的书信，让他回家。姜维说："良田百顷，不在一亩；但有远志，不在当归。"于是就想回魏国，高官厚禄全不在乎。诸葛亮见姜维一心想要回家，但又十分不舍，于是就命令下属去把他的母亲接来了，姜维见到了自己的母亲非常的高兴，于是就一心归顺了诸葛亮。

诸葛亮非常赞赏姜维的胆智，于是命其为仓曹掾，奉义将军，封当阳亭侯。姜维当时年仅27岁。

姜维为了自己的老母亲，毅然要放弃自己的大好前程，回到家中与老母亲相聚，这份孝心是非常值得我们学习的。即使飞黄腾达了，仍要挂记着自己的父母，不忘父母的恩情，这才是一个有良知的人应该做的事情。

我们血管里流的是父母的血液，嘴里讲的是父母教会的话语，写的是父母教会的字，我们无论如何也找不到任何一个嫌弃父母的理由。所以请善待自己的父母，不要因为父母使你的面子挂不住就心生嫌弃，父母养育儿女长大是多么的不容易，一个有感恩心的人一定会在心里感激着自己的父母。我们的出生日，就是母亲的受难日，父母的受苦受难换来了我们的出生、成长，我们还怎么能去嫌弃父母呢？

⊙ 儿孙自有儿孙福，莫为儿孙作牛马 ⊙

父母从孩子一生下来就开始不停地为其操劳，从哺育孩子成长到教孩子说话，走路。孩子进步的每一个阶段都包含着父母辛勤的汗水。可以说父母为了孩子操劳了一生。

当孩子长大了，各种的问题也随之而来，当父母的却从没停止对孩子的操劳，上学、工作、恋爱、买房、买车、结婚……每件事都得过问，每件事都不放心。其实大可不必这样，生活在石块庇护下的小草是不会长成大树的，因为它已经习惯了石块的保护，养成了依赖。同样父母也大可不必为已经长大成人的孩子操心费力，他们有他们的思想，他们需要自己的努力去追求梦想，他们需要去磨炼，因为只有这样，他们才会更好的面对人生。

山崖边住着一只老鹰和它的刚出生没多久的两只小鹰，一只小黑鹰，一只小灰鹰，两只小鹰在鹰妈妈的精心照顾下一天天的长大了，身体也变得越来越强壮。

有一天，鹰妈妈对两只小鹰说："孩子们，现在你们已经长大了，以后妈妈也不可能会一直陪在你们身边，因此，作为我们老鹰家族的后代，你们一定要学会在高空飞翔，只有学会了飞翔，你们才能更好地独立生活。"说完，鹰妈妈带着两只小雄鹰飞到了的树枝上。

鹰妈妈一边向小鹰们讲解飞翔的要领，一边不停地比划着自己的翅膀，小鹰则在一旁看得非常仔细。"好了，现在你们看明白了吗？"鹰妈妈做完一套动作后向小鹰们问道。"嗯，看明白了。"小鹰兄弟异口同声回答道。"那好，现在我带你们去练习一下吧。"鹰妈妈带着两只小鹰来了一个的山崖边上。"你们两个谁想先来试飞一下呀？"鹰妈妈问到。两只小鹰往下望了望，看到下面如此深，心里顿时有些发慌，不自觉地就往后退了两步。"妈妈，这样子跳下去真的能飞起来吗？"这时小灰鹰似乎有点心虚了。"傻孩子，只要你们按照妈妈刚才说的去做，你们肯定可以飞起来的，记住你们是我们老鹰家族的后代，你们要相信自己一定可以飞起来的。"鹰妈妈耐心地说。这时小黑鹰勇敢地走到山崖边上，跟鹰妈妈说道："妈妈，那让我先来吧。""好啊！"鹰妈妈赞赏地说。

于是小黑鹰学着刚刚鹰妈妈所讲的方式，努力地拍打着翅膀，然后从山崖边跳了下去。小黑鹰越飞越低，眼看就要撞到地上，这时他想起了妈妈所讲的话，"孩子，你是老鹰家族的后代，你一定可以飞起来的"，想到这里，小黑鹰再次用力拍了拍翅膀，在离地不到一米的地方，飞了起来，并越飞越高，越飞越稳，站在山崖边上一直看着的鹰妈妈看到它学会了飞翔也很高兴。等小黑鹰飞回来后，鹰妈妈就对一旁的小灰鹰说："小灰，你看小黑按照妈妈说的去做，就慢慢飞起来了，现在该轮到你飞了。""好吧。"小灰鹰虽然口上答应了，可是心里还是有点怕，但看到鹰妈妈期待的眼神，还是走到山崖边上，学着妈妈的样子拍打着翅膀跳了下去。小灰鹰越飞越吃力，身体不由自主地往下掉，还好山崖并不高，摔在地上时只是擦破了一点皮。之后，鹰妈妈把两只小雄鹰带回家了，在回家的路上，小灰鹰偷偷地跟妈妈说："妈妈，我们以后能不能不要飞得那么高了，刚刚摔得我好痛。"鹰妈妈听了它的话后语重心长地说："孩子，有一天妈妈也要离开你们的，你们要学会独立生活，如果你不学会飞翔，以后就没有办法得到更多食物，那样你就不会生存下去。"小灰鹰听了妈妈的话后，低下了头。

小黑鹰学飞时因为比较用心，肯吃苦，学会了鹰妈妈所说的高空飞翔。后来，他每次出去捕猎总能获得很多食物。而小灰鹰在学飞时每次因为怕痛，没飞几下就不飞了，所以它很久都没能学会高空飞翔，它的信心也一点点的丧失掉了。

由于不会高空飞翔，小灰鹰很难找到食物，但是鹰妈妈每次和小黑鹰出去找食物都可以找到很多，可是它们偏偏不给小灰鹰吃，鹰妈妈严厉地对小灰鹰说："如果你想要更多的食物，那么你就去自己捉，不要靠别人的施舍，那样会被瞧不起的。"

小灰鹰很难过，但是为了得到食物，它只得再一次来到了山崖边，因为它知道，只有学会了高空飞翔才会抓到更多的猎物。

它望着山崖，心里非常害怕，可一想到妈妈的样子就立时狠下心来飞身跳了下去，它使劲地扑打着翅膀，不停地扑打，渐渐的，它停止了坠落，开始慢慢飞起来，它非常兴奋，接着一用力，冲上了天空。

鹰妈妈非常懂得高空飞翔对于鹰来说意味着什么，因此，它不惜逼迫自己的孩子去拼死学习，因为它知道想要吃到可口的猎物，就要自己去捉，没有人会一直帮助你的，能够一直帮助你的只有你自己。因此，人间天堂，只在你的一念之间，在你自己的造化了。

虽说"可怜天下父母心"，但是父母将子女们抚养成人以后，就应该把这份"可怜心"收起来了，大可不必再为他们的一切事情操心不已了，毕竟管得了一时管不了一世。

父母应清醒地认识这一点：小鸡躲在母鸡的翅膀底下，永远也不会长大；孩子在父母的怀里，永远也不会坚强。因此父母不要害怕孩子经受任何挫折，因为每一个挫折都是对孩子承受能力的绝好锻炼，父母如果疼爱自己的孩子，就应该要让儿女们养成自立、自强的精神，因为明天是他们自己的，他们应该有自己的生活，他们的幸福应该由他们自己来把握。

⊙ 百善孝为先 ⊙

中国自古以来都注重孝道，孝顺父母是一个人最起码的道德，如果一个人连孝道都不施行的话，那么这个人也就不会有道德可言，更别说他的为人了。

俗话说："养儿防老，积谷防饥。"父母为了养育孩子，付出了他们的所有。而他们却从不求回报，只求自己老时可以儿孙满堂，热热闹闹的。岁月催人老，转眼间便是几十年的光阴匆匆而过，岁月在父母的身上留下不可磨灭的痕迹。满头斑白的头发，一脸深深的皱纹，还有那低沉的声音，老花的眼睛。岁月这把无情刀不光在割着父母的容颜，更是在割着儿女的心。辛苦一辈子的父母为我们默默付出，而我们只是不停地索取，很少回报。父母不在乎我们是否富贵，是否荣华，他们在乎的是全家的平平安安、团团圆圆，可以说，父母给子女的是他们全部的爱。

北宋末年，梁山好汉黑旋风李逵是一个非常孝顺的人，他上了梁山，过上了好日子，但是他一刻也没有忘记自己的老娘，于是他毅然千里迢迢回到老家沂水接老娘上梁山享福。

当他们路过东镇沂山时，老娘感觉又累又渴，李逵便将母亲安置在崖顶古松下休息，自己则下崖去取水。当他用石香炉端水回来，却不见了老母，顿时大吃一惊，四处呼叫寻找，但找来找去也不见踪影，他急得捶胸顿足，这时他低头看见地上有血迹，因此她怀疑老娘被虎狼伤害，于是连忙寻着血迹直追到崖下，深入虎洞，一看果然如此，自己的老娘被几只老虎给吃了。他顿时怒气填胸，火冒千丈，不顾个人生死，上前与虎搏斗，他手起刀落，立时把所有的老虎给杀死了。

母仇虽然报了，但老娘不在了，李逵心中悲伤万分，回到崖上，抱头痛哭一场，只得怅然返回梁山。

李逵虽然没有救回自己的老娘，但是他千里迢迢接老娘享受晚年的孝心确是让人赞叹不已。

满文军的《懂你》这首歌把母爱诠释得非常到位。MV里的那个母亲，独自养育着好几个孩子，每天起早贪黑的干活，白天去砍柴，她弱小的身体被木柴拖动的摇摇晃晃，但是她仍旧努力地将其拉回家。她晚上等孩子睡着后，还依然在做着针线活。她总是把最好的饭菜留给孩子，而自己在一旁偷偷地舔着未刷的碗。看到孩子离家求学，她送到火车站望着远去的火车，带走了自己的思念，捎去了自己的不舍……看到这里，相信每个人会留下眼泪，父母给予我们的我们几辈子都还不完。

有这样一个故事：

很久很久以前，在一个偏僻的村子里有一位壮族老妈妈，她的丈夫很早就去世了，她为了抚养三个儿子而没有再嫁人，于是她就和她的三个儿子住在一间破茅草屋里。

这位老妈妈每天都在忙着织壮锦，然后拿到街上去卖一点钱以贴补家用。因为她织的壮锦非常美丽，所以许多人都喜欢买她的壮锦，这样一来日子倒也过得去。

有一次，老妈妈很用心地织了一幅壮锦，上面的图案非常美丽，高大漂亮的房子坐落在小溪边，有一个美丽的花园，花园外是金色的麦田和一个大大的池塘，成群的鸭子在池塘里游泳，羊群在绿茵茵的草地上吃草。整个壮锦的画面非常传神，令人称奇，这幅画里的景象就是老妈妈所盼望的生活。

忽然天空刮来了一阵大风，把老妈妈刚刚织好的壮锦卷上了天，原来是住在天上的仙女们看到了这幅漂亮的壮锦并爱上了它，于是便拿去做样子。

失去了壮锦，老妈妈感到十分伤心，于是便叫老大去把它找回来。老大为了让妈妈高兴起来，立刻就动身去找寻。

在半路上，老大遇到了一个白胡子老头，老头给了他一袋金子。老大就把找壮锦的事儿抛到了一边，到城市里享乐去了。老妈妈见老大很久了都没回来，便又叫老二去找，老二也碰到了这位老头，老头也给了他一袋金子，老二从来没有见过这么多的金子，立刻心花怒放地跑到了城里去吃喝玩乐。

老妈妈见老大、老二都迟迟未归，顿时有些心灰意冷，就想放下找寻壮锦的事情。然而，孝顺的小儿子不愿看到自己的妈妈整日愁眉不展，于是便偷偷上路去找壮锦了。

半路上，他也遇到了这位白胡子老头，但他没有拿金子，而是继续向远方走去。

天渐渐黑下来了，老三便来到一座破庙前，他实在太累了，于是便靠在庙门前的石马上睡着了。

他做了一个梦，梦中有位穿红衣服的美丽姑娘对他说："你若想要回壮锦，必须用石头敲掉两颗门牙，然后把门牙安在石马嘴里。只有这样你才能够要回壮锦。"

后来老三醒来，当想到梦里发生的事情时，将信将疑的拾起了一块石头，敲掉了自己的两颗门牙，并安在了石马嘴里。令人惊奇的是，这只石马有了牙齿，竟然变成了真马，吃了几口草，就驮上老三向天空飞驰而去。

石马带着老三跨过了大海和高山，最后来到了仙境，他找到了仙女们。仙女们正照着老妈妈的壮锦飞针走线。当仙女们看见老三来要壮锦，便一起去给他准备饭菜。这时有个仙女走出来，悄悄对他说："她们不想让你拿走壮锦，因此她们在饭菜里放了一种能使人睡上十年的药。待会你一定不能吃下去，而是要假装吃，等我们都去睡觉时，你再带着壮锦骑上石马离开。"老三看到仙女诚心帮助自己，心里十分的感激。于是老三就按照那名仙女说的那样做了。

老三很快就回到了家，他开心地把这幅壮锦慢慢伸展开来，这时奇迹发生了，壮锦变成了一个真正的家园，并且帮助自己的仙女也从壮锦中款款地走了出来。

原来这名仙女喜欢老三的勇敢和孝顺，于是就偷偷地在上面织下了自己，因此她也被带回来了，而她则把壮锦上的画面变成了现实。

从此，老三和这位美丽的姑娘结为夫妻，同妈妈一起过着幸福美满的生活。

善待你的父母吧，只有做一个孝顺父母的人，才会是一个真正有良知的人，才会被别人欣赏，从而获得机遇。父母对儿女的要求不高，只是在他们感到孤独寂寞的时候多陪陪他们而已。乌鸦反哺，羊羔跪乳。动物尚且如此，何况我们有思想有良知的人呢？

⊙ 在家敬父母，何用远烧香 ⊙

孝敬父母是中华民族的传统美德，一个人是否孝顺决定了这个人的责任心的强弱，进而决定了这个人的好坏，试问一个连自己父母都不孝敬的人还会对别人尊敬吗？

有的人总是烧香拜佛以此来祈求神灵保佑自己的父母，但不去做孝敬父母的实事。父母操劳了一辈子，他们心里最大的愿望不是让儿女们照顾自己，而是希望儿女们能够活得好好地，看到儿女们过上好日子，当爹妈的心才会踏实下来。父母对儿女的要求并不高，反而非常的低，他们不求荣华富贵，他们不在乎高品质的生活，他们在乎的是儿女们抽出一点点时间来陪陪自己，哪怕是一点点时间，父母也会觉得很开心。所以既然想要孝敬自己的父母，就不必总是烧香拜佛的一味的祈求神灵的保佑，要知道父母心中儿子的挂念和孝敬是比神灵的保佑还重要的，因此，多在家陪陪自己的父母才是最正确的。

杨補是安徽省太和县人，他非常信佛，当他听说四川省高僧无际大师的道行非常高时，就辞别双亲，去四川向其求道。

他刚到四川省境内，就遇见了一位年逾古稀，面貌慈善的老和尚，老和尚见到他就问他："施主你从哪里来？到哪里去？"他连忙施礼答道："我从安徽省来，想到四川参访高僧无际大师，修学佛法的大道。"老和尚说："你要见无际大师，那还不如去见佛。"杨補急忙问："我更想见佛，但我却不知道佛在哪里？我请求老师傅指点。"老和尚说："那好，你现在赶快回家去，看到肩上披着大被子，脚上倒穿鞋子的，那就是佛了。"

杨補听了老和尚的话，深信不疑，于是立刻返回了家中。在路上他又跋涉了将近一个多月的时间。当他回家的时候，已经是傍晚时分了，他敲着家中的大门，呼唤妈妈开门，他妈妈听到儿子回来了，欢喜得从床上跳了起来，来不及穿好身上的衣服，只是胡乱的把棉被披在了肩上，鞋子也顾不得穿好，倒拖着就蹬在了脚上，然后匆匆忙忙的出来开门，急地想要见到自己的儿子。

杨補看到披衾倒屐的妈妈，这才恍然大悟，原来老和尚说的父母才是佛。老和尚是让我孝敬我的父母啊。从此以后，杨補竭力孝顺双亲。

父母是自己心中的佛，我们一定要虔诚的孝敬父母，只有这样，我们才能够报答他们辛辛苦苦把我们拉扯大并抚养我们长大成人的所做的一切。

一个人必须要孝敬自己的父母。有句话说："修身、齐家、治国、平天下。"一个人想要做大事，就应该先从严格要求自己做起，然后要顾好自己的

家，孝敬自己的父母。俗话说："百善孝为先"，如果一个人不孝敬父母，那么无论他作出多大的成绩，获得多么美好的名声，都是只在远处烧香，其人格都是有缺陷的，这个人做人也是不合格的。因为孝敬是其他美德的根基，根基都打不好，建立在根基上的一切也就不会好。一个人是否有良知，就看其是否能够孝敬自己的父母。羊有跪乳之恩，鸦有反哺之情，更何况人呢！把自己的父母放置一边，不管不问，视同路一般人，这种人对他人的态度就可想而知了。因此，孝敬父母是做人的起码要求，而在家敬父母远比千里去烧香要真诚，一个连自己父母都不真正去孝敬的人，神灵会去保佑他吗？

舜，传说中的远古帝王，相传他的父亲瞽叟及继母、异母弟象，多次想要置他于死地，想尽办法去杀害他。有一次让舜修补谷仓的仓顶时，他们从谷仓下纵火，然而舜命不该绝，他手持两个斗笠跳下而得以逃脱。

又有一次，让舜掘井时，瞽叟与象却下土填井，谁知舜掘地道逃脱。然而事后舜竟然一点都不心生嫉恨，仍然对自己的父亲尊敬孝顺，对弟弟也疼爱有加。终于，他的孝行感动了天帝。舜在历山耕种，天帝派大象替他耕地，鸟代他锄草。帝尧听说舜非常孝顺，并且有处理政事的才干，于是就把两个女儿娥皇和女英嫁给他，经过多年的观察和考验，最终选定舜做了他的继承人。

舜当上部落首领后，仍然恭敬地去看望父亲，对其孝顺有加，舜还封象为诸侯，从此象对舜更加尊敬。

父母对舜如此的残忍，可是他却毫不记恨，仍然恭恭敬敬地侍奉着，这份孝心真的是值得我们学习啊！

孝顺父母的人才是一个合格的人，无论你取得多大的成就，为别人做出了多少的贡献，如果对自己的父母不孝顺的话，都会被别人唾骂。相反地，一个人虽然没有成绩，然而他对自己的父母勤勤恳恳、毫无怨言地侍奉着，这个人也会被别人交口称赞的。

陈毅元帅是中华人民共和国的缔造者之一，为了新中国的胜利，他付出了自己的一生，因此受到了百姓们的爱戴。一个战功如此卓著的元帅，他却总是把父母放在自己的心头，他心里总是很愧疚没有时间陪陪自己的老母亲。

1962年，陈毅元帅出国访问回来，他正好路过家乡，于是便抽空去探望身患重病的老母亲。陈毅的母亲瘫痪在床，大小便不能自理。陈毅刚一进家门时，母亲非常高兴，她刚要向儿子打招呼，忽然想起了换下来的尿裤还在床边，于是就小声地就示意身边的人把它藏到床下。陈毅见到了许久不见的母亲，心里非常激动，立即上前握住母亲的手，关切地问这问那。过了一会儿，他对母亲说："娘，我进来的时候，你们把什么东西藏到床底下了？"母亲见他什么都看到了知道瞒不了自己的儿子，只好说出实情。

陈毅听了，伤心地说："娘，您久病卧床，我不能在您身边伺候，心里已经非常难过了，这裤子本就应当由我去洗，你又为何藏起来呢？"

母亲听了很为难，旁边的人见状连忙把尿裤拿出，争着抢着去洗。陈毅急忙挡住并动情地说："娘，我小时候，您不知为我洗过多少次尿裤，今天我就是洗上10条尿裤，也报答不了您的养育之恩！"说完，陈毅把尿裤和其他脏衣服全部都拿去洗得干干净净，母亲见儿子如此的孝顺，非常欣慰地笑了。

陈毅元帅是军队的统帅，国家的重要领导人，公务繁忙，但他不忘自己家中的老母亲。在百忙中抽空回家探望瘫痪在床的母亲，为母亲洗尿裤，以关切的话语温暖抚慰病中的母亲。虽然陈毅元帅为母亲所做的只是一些平常得不能再平常的小事，但从这些平常的小事，我们可以看出他对母亲的一片孝心。他不忘母亲曾为自己付出的一切，他更是理解母亲的艰辛和不易，他知道自己为父母做多少事情都报答不了母亲的养育之恩。他的一片孝心，值得天下所有儿女学习效仿。孝敬父母是中华民族的传统美德，是先辈传承下来的宝贵精神财富，是每个儿女应尽的义务，也是义不容辞的责任。父母对我们恩重如山，我们又怎么能忘本呢？如果真的尽孝道，就不要总是祈求神灵的保佑，而要自己去主动为父母做一些小事。其实父母亲想要的真的不多，他们需要的只是我们的孝心和关爱，希望我们在需要时伸出关怀之手。为了报答父母的养育之恩，回家多陪陪他们吧。

⊙ 大不正，小不敬 ⊙

家庭是社会的基层细胞，是孩子生长的摇篮，父母是孩子接触的第一任老师，也是孩子一生中接触最频繁的人，因此父母的举止行为，生活中的点点滴滴，都会对孩子产生非常大的影响。同样的父母的一些陋习，孩子也会耳濡目染。俗话说："上梁不正下梁歪。"父母对孩子的一生有的时候甚至起决定性的作用。

许许多多的问题家庭的孩子，他们的性格大多都比较孤僻，显得非常的不合群，那是因为家庭环境的影响，可见家庭对于一个孩子成长是多么的重要。

宋朝的寇准自幼丧父，家境非常贫寒，全靠母亲织布度日，寇母为了多赚一些钱经常在深夜纺纱，她总是一边纺纱一边教寇准读书，督促指导他苦学成才。寇母临终时，将亲手画好的一幅画交给亲戚刘妈并对她说："日后寇准如果犯错，你就把这幅画给他看。"

后来寇准当了宰相，同僚都为他庆贺生日，寇准大摆宴席，准备好好宴请一下同僚。刘妈认为大摆筵席是不对的，于是便把画交给了寇准。

这是一幅教子图，并且画上有诗说："孤灯课读苦含辛，望你修身为万民。勤俭家风慈母训，他年富贵莫忘贫。"寇准见了这幅画又想起了自己的母亲，顿时泪如泉涌。当即撤宴退礼。

从此以后，寇准廉政为民，终于成为一代贤相。

爱子之心，人皆有之，父母究竟应给后代留下什么才能更好地让儿女们学会做人做事呢？寇母非常睿智并用心良苦的留结了儿子一幅教子做人的画，最终培育出了一代贤相，令人颂扬。

现在社会是一个浮躁的社会，金钱利益充斥着大多数人的思想里，有的人为了面子、利益、金钱嫌弃自己的父母，甚至对其不管不顾。对于子女的不孝、不才，不能怨天怨地，而应多总结和反思一下家庭和社会的教育，尤其是父母，他们是子女的第一任老师，只有教子有方，子女才能成才。"大不正，小不敬"，只有父母做好每一件事，才会给子女树立一个好的榜样，子女们才会受到好的熏陶。

曹操之所以在军中能够享有较高的威望，大小将士都乐于为他卖命，对他唯命是从，很大程度上是因为他能够从自己做起，对自己严格要求，不姑息自己，以此使将士们心服口服。

有一次，曹操班师回朝时，路经一带麦子地，于是曹操传令大小将领，不得践踏麦苗，违者处斩。可是正在这时，曹操的坐骑受惊乱跑，踩坏了大片的麦田，直到很久才制止住。事情发生后，曹操不愿违反自己制订的法纪，于是便找来了行军主簿，要他依法处罚自己，主簿深感曹操深明大义，就劝说曹操不要过于在意。曹操说道："吾自制法，吾若不从之，何以服众？"于是抽剑就要自刎。

众人见状，全都再三劝说，郭嘉劝说道："古者春秋之义，法不加统帅。丞相自统大军，岂可自刎？"曹操听到这话，觉得很有道理，但是犯错又不得不罚，于是采取了一个折中的办法，拿刀割掉了自己的一绺头发而代替了头颅，三军见此，全都对曹操感到敬佩。

虽说曹操有收买人心之嫌，但是遇到错误，他敢于承担，不逃避，为自己的下属兵士们树立一个好的榜样，从而使得军队纪律更加严格。

父母同样也应该注意自己的一言一行，因为这对孩子的影响非常大，上行下效，父母是孩子最信任的人，父母的一举一动，孩子都会看在眼里，记在心上，并认为这是父母做的，所以这就是对的，以后就会像父母做的一样去做。父母做得好的话，孩子就会学到了好的，而如果父母做的是坏的，那么孩子也就会学坏了。

对待孩子绝对不能姑息、纵容，而应严格要求，正确引导。父母的纵容往往是孩子走向错误的信号，因此，父母一定要严格要求孩子，更要严格要求自己。

为了孩子的将来，父母一定要注意自己的一言一行，因为这可以影响孩子的一生。

⊙ 久病床前无孝子 ⊙

俗话说：“久病床前无孝子。”父母生病或者长期需要照顾的时候，大多数的儿女开始时会非常细致入微地照料，但是时间久了就会心生嫌恶。人都是有心理底线的，一旦触碰到那个底线，人就会情绪失控。但是父母是你的一生中最疼你最爱你的人，你又怎么忍心对你的父母发火或嫌弃呢？

孝敬父母，尊敬长辈，这是做人的本分，更是各种品德形成的前提，因此只有那些孝敬父母的人才会受到人们的认可和称赞，那些连孝道都不尽的人，在其他方面你还能指望他做什么呢？在人的一生中，父母的关心和爱护是最真挚最无私的，父母的养育之恩是永远也诉说不完的，我们在是婴儿的时候，是靠吮着母亲的乳汁才离开襁褓的；我们是揪着父母的心才迈开人生的第一步的；幼儿时期我们又是在父母甜甜的儿歌声中入睡；我们在父母无微不至的关怀中成长，我们每一次生病就是父母的不眠之夜；上学、读书、升学我们更是会花去父母无数的心血；而当我们成家立业时，父母会拿出一生的心血，给我们铺垫一个美好的未来。可以说，父母为养育自己的儿女付出了他们毕生的心血。这种恩情比天高，比地厚，可以说是人世间最伟大的力量。我们一定要爱自己的父母，只有先做到孝敬父母我们才会去真正的爱他人，爱集体，爱社会，爱祖国。

“久病床前无孝子”反映的是社会的悲痛，更是对人性的哀叹。一个连自己的父母都不愿照顾的人，他还会去真心照顾别人吗？一个连对自己的父母都不忠心的人，他还会去对别人忠心诚实吗？一个连最基本的责任都推卸的人，试问他还会对别人有责任感吗？

孝敬父母，不但要很好地承担对父母应尽的赡养义务，而且要尽心尽力满足父母在精神生活，感情方面的需求。要始终保持对父母的耐心，绝对不能因为父母的犟脾气和不讲理就生怨气，更不能因为长期伺候生病和生活无法自理的父母就发牢骚，甚至不管不理。“久病床前无孝子”是对那些没有良心的人说的，而有良知的人绝对不会嫌弃自己的父母的，因为懂得这是报答父母养育之恩应该做的。

⊙再甜的甘蔗不如糖，再亲的婶子不如娘⊙

俗话说：“再甜的甘蔗不如糖，再亲的婶子不如娘。”意思是说甘蔗再甜也不会比糖甜，婶子再好再疼你爱你也不会比母爱伟大。这说明母爱才是世界上最伟大的感情，母亲才是最应该值得尊敬的人。

母爱的伟大是无法用语言来表达的，母爱是近乎于牺牲的爱，因为母亲为了儿女可谓是操劳一生，放弃了很多。从怀胎十月到牙牙学语，再到长大成人，成家立业，母亲可以说是没有一天安生的日子，总会在心里留着儿女，担心这，担心那。每天都有操不完的心，受不完的累。而你的叔叔婶子对你再好，再疼爱你，也不会比母爱来得热烈，来得浓郁。母爱是世上最伟大的爱。

有一天晚上，张强医生正在医院值夜班，突然一个大约十五六岁的男孩被母亲送进了急诊室，男孩的母亲非常着急，男孩却一直在对母亲咆哮。原来，男孩在刚刚举办的毕业晚会上，把眼睛弄伤了。而出现事故的原因是母亲给他买的新鞋的防滑效果不好，使得男孩在表演的过程中不慎从台上重重地摔了下去，眼眶恰巧碰到了桌角上。

此时，男孩的母亲显得非常无助，她一言不发地站在角落里，泪流满面地任凭男孩不停地责骂着。

张强医生见状，就好言安抚着情绪激动的男孩，好让他有一个良好的心态去进行治疗。手术非常顺利，可尽管如此，男孩还是不肯原谅他的母亲。

手术后，张强医生给男孩的眼睛缠上了纱布，并且建议他不要在强光下逗留太久。当晚，男孩所有的同学都来病房看望他，每个人手里都捧着一支蜡烛。漆黑的病房里，霎时间红光闪烁。

同学们有说有笑的，他们开始回忆起那些温暖的往事，并畅想起自己的未来。时间过得很快，所有人都不得不起身相继回家。临走前他们相约，在各自的蜡烛上用笔划出自己的名字，然后当谁走了，就吹灭一支蜡烛，然后把蜡烛送给男孩。

男孩还是能够透过纱布看到微微的烛光，不一会一支蜡烛灭了，紧接着，大半的蜡烛开始相继熄灭，顷刻间，整个病房暗了下来。男孩的心里也越来越难过。

最后，只剩一支蜡烛在黑暗中散发着光亮。男孩开始激动地猜测起这捧蜡烛的人，整个人非常兴奋。他认为这支蜡烛一定是王宁留下的，因为王宁是自己最好的朋友。

那一夜，男孩对王宁倾诉了一夜。直到清晨，男孩才疲倦地睡去。可没过多久他就醒了过来，并大声吵着要医生帮他解开纱布，然后急急地搜寻着满地长短不一的蜡烛。忽然，他顿住了，因为王宁的蜡烛是最长的，这说明他是第一个走掉的。那么，最后一支蜡烛是谁的呢？

突然，男孩看到隔壁的病床上，母亲正在熟睡着，然而手中却握着一支没有名字的蜡烛。在母亲的手背上，有几道鲜红的印记，那是蜡油滴下来凝固而成的。男孩顿时恍然大悟。昨夜，是母亲手握一支粗壮的蜡烛，默默陪了自己一夜。

看着熟睡的母亲，男孩的眼泪大滴大滴地滚落下来。

母亲为了不让儿子伤心，竟然守护着一根没有熄灭的蜡烛直到天亮，母爱是多么伟大啊！

母亲为儿女们操劳一生，却从未有过一句抱怨，她只是单纯地想让自己的孩子过得好一点，将来会有出息，而永远都不会去要求什么，因为母亲的快乐就是看着儿女们好好的。这份感情是多么的伟大啊，因此我们一定要学会感恩，学会孝敬父母。只有这样才能报答父母的养育之恩。

珍惜世上最伟大的爱吧，珍惜母亲陪在自己身边的时光吧，别人对你再好也会是有所保留的，而母亲却会把自己的爱完完全全地奉献出来。“再甜的甘蔗不如糖，再亲的婶子不如娘”，只有母爱才是毫无保留的爱，因此，我们要去感恩，去孝敬自己的父母，只有这样才能报答父母的恩情。

第二十二章

夫妻伉俪：夫妻无隔宿之仇

——最浪漫的事就是一起慢慢变老

⊙ 丑是家中宝，可喜惹烦恼 ⊙

爱美之心人皆有之，每个男人都喜欢有一个漂亮又贤惠的老婆陪伴着自己。但是这个美好的愿望有的时候是不会被实现的。缘分这东西是非常奇怪的，有的时候你看到一个人你就会有似曾相识的感觉，虽然对方可能并不好看。因此，很多人的老婆也不好看，但是不要去太过纠结于外貌的好坏，每个人都有每个人的优点，人丑并不代表这个人就是不好的。俗话说："丑是家中宝，可喜惹烦恼"。

美丑并不是评价一个人的主要标准，上帝在关上一扇门的时候，往往会打开一扇窗。漂亮的老婆也许会让你感到赏心悦目，会让你在朋友面前长面子，但是漂亮的只是外表，美丽的老婆如果心肠歹毒的话她也是个丑陋的人。

商纣王宠幸苏妲己，对她疼爱有加，苏妲己长得貌美如花，让人神魂颠倒。商纣王当然也被她迷得意乱情迷，不顾国家。为了苏妲己，他造酒池肉林，让宫女侍卫们在里边裸体嬉戏；为了苏妲己，他无情残杀忠诚的大臣。结果，他终因迷恋酒色而葬送了自己的江山。

正是因为商纣王贪恋妲己的美色，并且终日与她寻欢作乐，使得他葬送了自己的江山和性命，苏妲己再美也终究成了浮云一场。

可见老婆再美而心肠不好的话，终究不会有好的结果。

再来看看诸葛亮的例子：

诸葛亮是三国时期著名的政治家、军事家。在他的帮助下，刘备建立了蜀汉的霸业。诸葛亮对蜀汉尽心尽力，死而后已。在他的决策下，刘备和孙权联手大败曹操，形成了三国鼎立之势。以诸葛亮的条件，必然是名门世家选择乘龙快婿的理想对象。谁也没有料到二十五岁的诸葛亮却找了个丑女结婚。

诸葛亮的妻子名字叫黄硕，她身体壮硕，人亦如其名，黄头发，黑皮肤，皮肤上还起一些疙瘩。黄硕是河南名士黄承彦的女儿。

诸葛亮把黄硕娶回家门，他的邻居们就以貌取人，不明就里地讥讽诸葛亮说："莫学孔明择妇，止得阿承丑女。"然而他们哪里知道诸葛亮正为娶了黄硕而兴奋不已呢，他非常庆幸自己娶到了一位贤德的妻子。

果然，黄硕到诸葛亮家后，亲操杵臼，兼顾农桑，里里外外的粗活儿与琐事，都按部就班地处理得妥妥当当的，诸葛亮对她也是疼爱有加。

除此之外，这个丑媳妇不但无微不至的照顾与侍候着诸葛亮，就连他的朋友博陵崔州平，汝南孟公威，颍川石广元及徐元直等人，也时常在诸葛亮家里受到这位丑嫂嫂亲切的照顾，每个人都非常尊敬这位丑嫂嫂。久而久之，邻居们对诸葛亮的丑媳妇态度逐渐改变，他们从一开始的打心眼里瞧不起诸葛亮的丑媳妇到对其佩服有加，赞叹不止。

诸葛亮的丑媳妇，不但是一个粗细活都能料理得干净利落的小妇人，她甚至还可以出言不俗地与丈夫娓娓交谈。外人只是觉得诸葛亮的丑媳妇貌丑德美，但是他们却从来不知她还是一个具有另一种"内在美"的女人呢。

诸葛亮六出祁山，威震中原，在伐魏的时候，他发明了一种新的运输工具，叫"木牛流马"，这极大地解决了几十万大军的粮草运输问题，此外，诸葛亮又发明了"连弩"，这种武器使得蜀军在作战的时候出奇制胜，魏国的大将张颌就死在这种武器之下。但是几乎没人知道这些发明实际上都是诸葛亮的媳妇教的。此外，诸葛亮五月渡泸，深入南中，七擒孟获，为避瘴气而发明的"诸葛行军散"，"卧龙丹"也是他的丑媳妇教给他的。

所以说，丑媳妇并不一定就是不好的媳妇，诸葛亮的老婆奇丑无比，但是她心灵手巧，懂得的事情很多，不但持家顾夫，还能够为诸葛亮分忧解难，真的是非常的贤惠。反观商纣王，苏妲已可以说是倾国倾城，有闭月羞花之容，有沉鱼落雁之美。但是她却成了葬送丈夫江山的罪魁祸首，试问，这样的妻子哪个男人敢要呢？

因此，正在找自己另一半的人千万不要只以美貌为选择标准，更要了解她的内在。觉得自己的妻子不好看而总是抱怨的人不必再抱怨了，因为丑妻是家中的宝，妻丑往往会有其他的能力，而这能力往往会让你的人生更加光辉，丑妻总是会旺夫的。

⊙家有贤妻，夫不遭横祸飞灾⊙

妻子对丈夫来说是非常重要的，俗话说“近朱者赤，近墨者黑”。丈夫每天伴着一个好的妻子的话，那么他也会让自己更加的出色，而如果每天伴着一个坏心眼的妻子的话，他也会把心眼变坏。所以男人在选择自己的伴侣的时候，一定要考虑对方的内在是否美。

正如黄宏在小品里说的那样：“坏媳妇就是男人身边的炸药，而好媳妇才是男人身边的碉堡。”可见一个好的妻子对男人是多么的重要啊。

有一个姓冯的秀才，他知识渊博，学富五车，乡里乡亲的都非常尊敬他，可是他家的日子却过得非常困难，里里外外全都靠着妻子杜氏打理。然而，即使家境贫寒，两口子倒也过得安然无事。

有一年入腊月，家家都准备着请神办年货，而冯秀才手无分文，除了会念“之乎者也”以外，什么也干不成。杜氏看着丈夫每天愁得整天唉声叹气，就温柔地对丈夫说：“靠山吃山，靠水吃水，你难道不可以凭着自己的学问挣一些钱吗？快过年了，家家都需要贴对联，你可以到街上写几副对联卖了呀，这样我们还能够凑合着过个好年。”

冯秀才听了妻子的话，茅塞顿开。于是他就高高兴兴地出了门，多日的烦恼也一下子也被抛上了九霄云外。到了街上，他赊了十张大红纸，然后磨得墨浓，蘸得笔饱，一气写了十几副对联。由于冯秀才不会作生意，对联要价低廉，再加上对联也确实写得不错，不大一会，就被人们抢购一空，冯秀才也赚了几个钱。

第二天，冯秀才又到街上去卖对联，他的妻子则在家里杀鸡，以准备晚上祭灶的物品。这时候，几个身材魁梧的大汉闯了进来，然后抓起退了毛的鸡，杜氏还没弄清是怎么一回事，就被这伙人强行打骂：“你好大的胆子啊，竟敢到员外家里偷鸡，找死是吧。”大骂了一会，那些人才愤愤地离开了秀才的家。

晚上，冯秀才祭灶却找不见鸡，于是便问妻子杜氏：“为什么鸡没有端上来呢？”杜氏怕丈夫听了生气，又恐因此引起祸端，便低声说道：“因为鸡笼没有关好，鸡被黄鼠狼给吃了。”冯秀才听罢，也只好认倒霉。

然而这天晚上，员外家的鸡又飞回来了，员外立刻知道自己错怪了冯秀才，心里不免有点过意不去，他担心秀才会来他家中闹事，于是祭完灶神，就召集家眷商议对策。这天晚上员外家的人都捏着一把汗，可是折腾了一夜，等到了天亮，也没有看见冯秀才上门闹事。一连几天都是如此。

员外担心地说："看来是这个穷秀才年前还想挣几个钱过年，因此顾不上来闹事，我料想他大年初一非来不可。于是他再让家眷们做好防备。可结果冯秀才初一仍然没来。

员外又想到："肯定是他觉得初二人太多，刻意来大闹一场。"

想到这，员外非常害怕，然后战战兢兢地度过了初二，谁知仍旧没见秀才的踪影。员外心里更加不安，他实在是弄不清秀才到底心里打的什么主意，时间一长，员外竟然因此生起病来。

管家非常明白员外的心事，于是便对员外说："老爷得体欠安，冯秀才的事小人设法解决就是了。"

员外苦笑了一下，想要说些什么竟然没有说得出来。

为了解决员外的心病，管家特意去拜访冯秀才。他见冯秀才对他十分热情，料定他不敢开口谈论关于鸡的事情，因此在临别时他对冯秀才说："适逢佳节，先生何不府上一聚呢？舍下有友人送的上好名酒，还有点小事要请教先生。"冯秀方听了马上拱拱手说："在下一定择日亲临府上拜见先生。"

过了几天，冯秀才备礼拜访管家，管家急忙将冯秀才让进客厅，并非常热情地款待他。在闲谈的时候，管家见冯秀才知书达理，谈吐不俗，不禁心中暗暗惊奇，便对他说道："先生饱读诗书，何不进京应试，以求金榜题名呢？"

秀才听了皱着眉说道："在下也有此意，无奈在下家境贫寒，每日为饱暖而四处奔波，哪还敢妄想应试呢。"

管家连忙说道："你若有心应试，我愿意全力帮助你，你觉得怎么样？"

冯秀才见说，激动地抓住管家的手："先生如果真能帮助我的话，就是我的再生父母，我永远都不会忘记的。"管家听了便对冯秀才说："我有白银一百五十两，还有一些衣物，现在一起送给你，希望你可以立即起程赶考。"

于是冯秀才便拿着钱和衣服回到了家中。回家立刻对杜氏说了一遍，杜氏也很高兴。于是就给丈夫准备行装，第二天就进京应试。

结果冯秀才果然金榜题名，最后又被封为县令。

有一日在后堂，冯秀才对杜氏说："我能有今天，多亏了员外的管家。"杜氏听了只应不答，冯秀才见妻子笑得奇怪，便追问原因，杜氏便说了那只鸡的前后经过。冯秀才这时才恍然大悟。从此后对妻子更加敬重，大小事都要和妻子商量。

“家有贤妻，夫不遭横祸飞灾”，因此对于男人来说，选择另一半一定要看清她的好坏，而不能仅仅以相貌来评价一个人的好坏。对于女人来说，做一个贤内助不但可以让自己更加快乐，还可以让自己的丈夫旺起来，而做一个坏老婆只会让丈夫更加失败，最终又会影响到自己。因此，只有拥有一个贤妻，家才会更加的美好。

⊙ 捆绑不成夫妻 ⊙

“有缘千里来相会，无缘对面不相逢”，人与人相遇就是一种缘分，而要成为夫妻，那就是缘分中的缘分。只有彼此有缘的人，互相有心的人才会成为夫妻，夫妻是几辈子修来的福分，所以每一对夫妻都应该珍惜。然而有的夫妻并不是相亲相爱的，而是由于各种原因而不得不走到一起的，这样的夫妻往往会有一些悲剧性的结局发生。捆绑不成夫妻，想要和喜欢的人在一起还要讲求缘分，是你的就是你的，别人想抢也抢不走，而不是你的终究不是你的，你再怎么强求也不会有什么好的结果。

中国古代讲究父母之命，媒妁之言。父母几乎包办了儿女的婚姻，这也使得古代出现凄惨爱情故事的几率非常大。现在虽然讲究自由恋爱，不干涉婚姻，但是儿女的婚姻大事总是会征求父母的意见的，而当父母不同意的时候，一桩婚事就总会是难以达成。这种情况随着社会的进步在一点点地减少，但是各种因素的影响，总会出现那种没有感情的婚姻，或者婚后没有了感觉丧失了爱。这使得现在的离婚率高居不下。

捆绑不成夫妻，两个人如果在一起，就一定要互相存有感情。没有爱情的婚姻只能算是交情。强扭的瓜不甜，霸王硬上弓的做法是不明智的。

传说西晋时，汝南郡南三十里梁庄有一青年叫梁山伯，他遵从父母之命到红罗山书院求学，当他路过一个叫曹桥的地方的时候，就在路边的亭子里休息。离梁庄东十八里有个祝庄，庄上祝员外家有一女儿叫祝英台。祝英台十分聪明，一心求学，但是学堂不招女孩，情急之下，祝英台说服了父母，然后女扮男装，化名九弟，也前往红罗山书院求学。

梁山伯与祝英台就恰巧相遇在了曹桥亭，两人互问了家乡、年庚后，就结拜为了弟兄，然后一同赴红罗山书院求学。

两人在书院非常亲密，形影不离，总会在一起玩耍、嬉戏。红罗山书院四面环水，景色十分宜人。有一次，梁山伯、祝英台和同学们一块玩耍，用石头砸水中嬉戏的鸳鸯。祝英台在扔石头的时候腰闪了一下，同学都大叫道："九弟像女人一样。"听了这话祝英台顿时满脸飞红。

后来师娘发现了祝英台的女儿身，于是就在梁山伯与祝英台的床中间立了块界牌。梁山伯生性憨厚，不懂这其中的意思，总是觉得很别扭。

当祝英台回家看望母亲时，梁山伯竟然恋恋不舍地送了十八里。一路上祝英台作了许多暗示，但是梁山伯仍是不解其意。最后，祝英台说家中九妹尚未婚嫁，想说与山伯，山伯想了想就答应了。

后来，梁山伯来到了祝家，祝英台让梁山伯在客厅等候，说让九妹出来献茶。接着祝英台就换上了女人的服装并端着茶走了出来。梁山伯非常诧异地说："你不就是九弟吗？"祝英台说："九弟即九妹，九妹即九弟"，梁山伯听罢，立刻对祝英台心生爱慕，于是二人私订了终身。

北马庄有一秀才叫马文才，他的姥娘家就是祝庄的，祝员外有心为女儿找一个门当户对的人家成亲，就托马文才的姥娘说媒，于是马文才的姥娘就把马文才说与了祝员外，祝员外对马文才非常赞赏，于是就决定把女儿许给了马家，祝英台非常无奈，但是这是父亲的决定，也只得同意了。

然而，梁山伯如约前来商议婚事，却听到了祝英台已许配给马文才的消息，梁山伯立刻气得当场吐血，回到家后一病身亡。家人遵照梁山伯生前的意愿，将其埋在了马乡官路的西沿，然后刻上了梁山伯与祝英台的名字。

马文才依日迎娶祝英台，花轿至马乡村后，突起旋风挡路，祝英台看到了路旁的墓碑，立刻下轿哭祭梁山伯，这时候墓碑忽然裂开，祝英台看到这种情况立刻扑入了墓中，墓随即合上。接着从墓中飞出了一只金黄、一只雪白的蝴蝶，在天空中翩翩起舞。

梁山伯与祝英台的故事深刻的说明了捆绑不成夫妻的道理，两个人的相爱是不能够被别人左右的，而别人的思想往往动摇不了两个坠入爱河的人，如果其他人不顾对方的感受而采用用强的办法去逼迫别人，这段姻缘即使成功，也不会是好的。

张爱玲曾说："于千万人中遇见你所要遇见的人，于千万年之中，时间的无涯的荒野里，没有早一步，也没有晚一步，刚巧赶上了，那时也没有别的话，唯有轻轻地问一声：'喂，你也在这里吗？'"缘分似乎早已注定，红线被月老牵过，两个人会在不经意间相遇和碰撞，而故事才就此开始演绎。因此说缘分是不能勉强的。

⊙宁拆三座庙，不破一家婚⊙

俗话说："宁拆三座庙，不破一家婚。"意思是说宁肯拆除三座寺庙，也不可以去拆散一桩婚事，可见拆散一桩婚事是多么大的过错啊。

两个人相遇就是非常大的缘分，而只有经过了无数的困难和磨炼两个人才会走到一起。既然相爱这么不容易，还怎么狠心去破坏一桩婚事呢？

许仙和白素贞唯美的爱情故事家喻户晓。许仙是一个普普通通的人，有一次他上山采药，途中看见一人在打一条白蛇，许仙心地善良，看了非常不忍心于是立刻制止了那人，然后把这条小白蛇给放了。

后来这条白蛇修炼成人形，她依然记得救自己的许仙恩人，她一心想要报答许仙的救命之恩，终于在观音菩萨的指引下，找到了自己的恩人。

二人在西湖边相见，互生情愫，最终一把纸伞定终生。二人成亲之后，恩恩爱爱，如胶似漆，一刻也不能离开彼此，每天都过得又幸福又自在的，许仙在娘子白素贞的帮助下行医救人，过得有滋有味。

然而金山寺的法海禅师，向来降妖除魔，对妖怪绝不姑息。有一天，他来到镇上化缘，恰巧碰到了许仙，他发现许仙眉宇间藏有妖气，立刻心下生疑，为了保险起见他给了许仙一个可以辟邪的法器。

许仙回到家里后，白素贞看到许仙身上带的东西，立刻害怕之极。许仙看到娘子如此害怕，不但没有起疑心，反而责怪法海骗自己。

后来法海弄清了事情的眉目，他知道了白素贞是一条千年蛇妖，连同白素贞身边的丫鬟也是一条青蛇精。为了除掉妖怪，法海开始不断地找白素贞的麻烦，但是白素贞法力非常高，并且许仙也常常在身旁，使得法海始终无法得手。

终于有一天，法海无计可施只得把许仙藏在了金山寺，不让他见自己的娘子。白素贞寻夫不着，只得来到金山寺要人，法海不依，白素贞最终忍无可忍，水漫金山寺，大水淹没了金山寺，淹没了城镇，淹死了无数的人。

后来，许仙终于知道了自己的娘子是一条千年蛇精，但是他感念娘子的心地善良并没有因为她是妖怪而放弃她。可是，白素贞最终被法海关在了雷峰塔下。

几乎所有人都在抱怨着法海的多管闲事，而没有人反对许仙和白蛇的爱情。可是，法海是出家人，他不懂尘缘的爱恨离别，因此无情的拆散了一对恩爱的夫妻，使得一个美好的家庭支离破碎，一段美好的姻缘就这样被无情地破坏了。虽然法海尽职尽责，却被世人所骂。

一段姻缘真的是来之不易，如果想要拆除它，就真的是太过无情了，并且这种无情的举动往往会带来一个非常不好的结果。

在古代，有个女孩叫刘兰芝，她性格贞烈，重情重义，并且非常懂事理。十七岁的那年，刘兰芝嫁给了庐江郡的一个小吏焦仲卿为妻。焦家人口简单，丈夫之外只有守寡多年的老母和一位小姑子，丈夫对兰芝可以说是疼爱有加，然而她的婆婆却不喜欢她，总是挑她的理，认为媳妇没有礼节，凡事爱自作主张，总会让人心里不快活，最终把刘兰芝赶出了家门。

当天夜里，夫妻两人相拥而泣到了天明，焦仲卿一再解释他的尴尬处境，并保证假以时日，情况必然会获得改善，并劝慰刘兰芝务必要暂时忍耐，过些日子定来相迎。

刘兰芝回家后，县令立即遣媒为他刚满十八岁的小儿子求亲，刘兰芝的母亲非常理解女儿的心情，于是就在女儿的恳求下代为谢绝了。

不久，太守遣县丞为他的五少爷求婚。当母亲再次准备为女儿谢绝时，她的兄长出面干涉，无奈之下，刘兰芝只得违心答应了这门婚事，并纳采行聘，选定了良辰吉日，准备迎亲过门。

焦仲卿听到刘兰芝再嫁的消息，快马加鞭赶到了刘家，见到刘兰芝，焦仲卿便气急败坏地说："我如磐石，千年不转移，而你蒲苇的韧性呢？何以在一天一夜之间一切就变了样子呢？我们的海誓山盟呢！我只有祝贺你攀上高枝，一天比一天过得好。"说完转身就走了。

刘兰芝知道自己对不起自己的丈夫，心里非常的难过，于是深夜里趁人不备，跃身投入村外的池塘之中，用她的生命来诠释情爱的坚贞。

回到家焦仲卿生不如死，悲痛万分，终于不顾母亲的劝解，一心向死，于是解下腰带，绑在树上自缢而死。

天亮以后，焦仲卿与刘兰芝双双殉情的消息，已经轰动了附近村里，焦母呼天抢地，为独子的死悲恸不已，而刘家兄长更是愧悔交加，因为自己的贪利趋势，而害得妹妹走投无路最终投水保贞，村民更是由同情转而愤慨，聚集在两家门前，大骂两家人，并要求将两人合葬在华盖山麓。从此两人长久的在一起。

刘兰芝和焦仲卿本来是一对互相恩爱的伴侣却最终落了如此的下场，真的是让人感叹啊。

面对一段爱情，我们一定要去尊重，而不要去破坏，因为两个人从相遇到相知再到相爱真的是非常的不容易。既然两个人你有情我有意，我们为什么不能祝福和赞许这段缘分呢？相信每一个相爱的人都不愿意有人去拆散他们的美好爱情，既然连自己都不愿意的事情，那么我们又怎么能在别人身上去做呢？己所不欲，勿施于人。所以一定要记住这句话："宁拆三座庙，不破一家婚。"因为只有你尊重别人的爱情，别人才会反过来尊重你的爱情。

⊙ 妻是枕边人，十事商量 ⊙

妻子是男人最亲密的人，因此男人的优缺点，妻子是最了解不过的了。男人在做事情的时候，或是遇到问题的时候，不妨问一下妻子，与她商量一番，或许会得到意想不到的办法，从而顺利完成手上的事情、解决面对的问题。

不要总是想妻子是一个女流之辈不能想出好办法的，其实不然，每个人看问题的思路和方式是不同的，况且女人本就比男人心思细密，她们的建议往往是经过深思熟虑后才说出来的，因此，常与妻子商量一下，只会有好处，不会有坏处的。

晏婴是战国时齐景公的宰相，他身材虽然非常矮小，其貌不扬，但他却很有才干，名闻诸侯。有一天晏婴出门，坐着马车，他的马车夫娴熟地驾着车。那位马车夫的妻子很贤淑，当马车夫驾着车子经过自己家的门口时，他的妻子在门缝里偷看，看见她丈夫挥着马鞭，表现出洋洋得意的样子。

当天晚上她丈夫回家时，她就责备丈夫道："晏婴身长不满六尺，却当了齐国的宰相，而且名闻天下，各国诸侯都知道他，敬仰他。但是我看他的态度，还是很谦虚，一点也没有自满的意思。而你身长八尺，外表比他雄伟得多，却只做了他的驾车人，还洋洋得意，显得非常骄傲的样子，所以你不会发达，只能做这些低贱的职务，我实在替你觉得难为情啊！"

马车夫听了妻子的话顿时羞愧难当。从此他听从了妻子的话后，态度逐渐转变了，处处显得谦虚和蔼。晏婴看见马车夫突然谦和起来，觉得很奇怪，于是问他原因。马车夫就把妻子所说的一番话老老实实地告诉晏婴。晏婴看他听到谏劝，就能够马上改过，是一个值得提拔的人，于是推荐他当了官。

马车夫的妻子看到自己的丈夫做着低贱的工作还洋洋得意，最终把他骂醒，使得他当了大官。可见一个好的明事理的妻子对男人来说是多么的重要啊，而如果马车夫平时跟妻子多商议一下工作的情况，得到妻子的建议，那么想必他飞黄腾达的时间会更早吧。

妻子的建议不妨多听一听。俗话说，“三人行必有我师”，妻子是最了解你的人，那么她的建议往往是最切中要害的，多听一听不但可以了解自己的优缺点，还可以解决相关的问题，何乐而不为呢？

唐太宗李世民是中国古代的明君，在他的治理下，唐朝出现了盛世的局面，使得中国成为了当时世界上最强大的国家。但是李世民的伟大功绩却需要记一笔功劳在她的贤内助长孙皇后身上。正是因为长孙皇后的陪伴，不停地鞭策着唐太宗，在他遇到问题时为他出谋划策，才使得唐太宗一生爱民如子，治国有方。

李世民征战南北期间，是长孙王妃紧紧追随着自己的丈夫四处奔波，任劳任怨，为他照料生活起居，使李世民在繁忙的战事之余能得到来自她的温柔的抚慰，从而使他在作战中更加精神抖擞，所向无敌。

唐太宗即位后，长孙皇后一如既往地保持着贤良恭俭的美德。对于年老赋闲的太上皇李渊，她十分恭敬而细致地侍奉；而对后宫的妃嫔，她也是非常宽容和顺，并且常规劝李世民要公平地对待每一位妃嫔。

长孙皇后非常明事理，她不愿以自己特殊的身份干预国家大事。有时唐太宗坚持要听她的看法，她就只是提出一些实用的原则，而不愿用细枝末节的建议来束缚自己的丈夫。唐太宗的手下有一个大臣魏征，他总是上书纳谏，甚至为唐太宗挑毛病，为此太宗有时在气头上就听不进魏征的建议，这时候就是长孙皇后给太宗做思想工作，使他改变主意接受魏征的进谏，从而使得唐太宗一直保持着关心国家大事、积极听取劝告的好秉性。

长孙皇后在弥留之际还嘱咐唐太宗一定要善待贤臣，不要让外戚位居显要；并请求死后薄葬，一切从简。就是这样一个伟大中透着平凡的女人，一直支撑着唐太宗，使得唐太宗励精图治、爱惜百姓，终成一代明君。

一个好妻子的作用不言而喻，好妻子的意见就像一盏明灯一样指引着自己的丈夫找到归家的方向，好妻子的意见也像迷雾中的强光，让自己的丈夫走上正确的道路。所以多听一听妻子的心中所想，遇到事情多与妻子商议一下，会让你得到更好的方法，进而更快地奔向成功的大道。

孙中山和宋庆龄是一对革命夫妻，在他俩的努力下，中国的革命事业才得以不断地进步。

1913年孙中山发动讨袁二次革命失败后，不得不逃亡到了日本。他的英文秘书宋霭龄由于要回国结婚，因此宋嘉树提出由宋庆龄把这个工作接过来。而宋庆龄在与孙中山接触中，进一步了解了孙中山的高尚品德和革命精神，因此对他十分敬仰和爱戴。同时孙中山也从宋庆龄的身上感受到了振作和鼓舞，于是两人在配合默契的革命斗争中开始相爱了，1915年孙中山与分居多年的妻子卢慕贞正式办理了离婚手续，准备和宋庆龄结为夫妻。

由于二人年龄相差27岁，宋庆龄的父亲又是孙中山的好友，于是孙中山便让宋庆龄回国先征求父母的意见。宋庆龄回到上海向父母亲一说，便遭到了全家人强烈的反对。宋庆龄在这种情况下毅然离家出走，果断地乘船到达日本东京，回到了孙中山的身边。

1915年10月25日，孙中山与宋庆龄正式办理了结婚手续，并举行了简朴的茶点宴会，当时孙中山49岁，宋庆龄22岁。

宋庆龄和孙中山结为夫妇后，宋庆龄开始全力支持孙中山，不但照料孙中山的生活起居，自己也正式投身于革命事业，不断为孙中山出谋划策，成为了孙中山最亲密的战友、助手和伴侣。他们夫妻二人风雨同舟，为中国革命作出巨大贡献。

总而言之，妻子是你身边最重要的人，也是最了解你的人，她的话语对你是非常有用的，因此遇到问题时，不妨与她多商量商量，这样你就会更好地去做事情了。

⊙ 情人眼里出西施 ⊙

俗话说："萝卜白菜，各有所爱。"这句话一点都不假，在日常生活中，有的人就喜欢吃白菜，而有的人就喜欢吃萝卜。这没有什么道理可言，仅仅是单纯的喜欢。对于人们来说，找寻自己另一半的时候，往往会根据自己的看法来打量对方。也许对方是一个漂亮的美女，可有的人会觉得一点都不漂亮。同样的长得不漂亮的人往往在有的人眼里好似天仙一般婀娜多姿。

因为受到不同的时代、不同的文化背景以及不同的价值观的影响，人们的审美观会表现得非常不同。同样一个人，在有的人看来，几乎是完美无缺，而在另外一些人眼里，则就可能只是个普普通通的人而已。情人眼里出西施，人们观察事物的时候往往会出现偏差，就像诗里说的那样"横看成岭侧成峰，远近高低各不同"，人们在观察别人的方法，角度都是不一样的，这就决定了不同人对不同的人和事会出现不一致的看法。

有个成语叫作"爱屋及乌"，意思是说如果我们喜欢某个人，就会连同栖息在他屋上的乌鸦一同喜欢。这是因为我们对房子的主人非常喜欢了，就连屋顶的乌鸦也喜欢了。这其实是一种认识的偏差，这种偏差在心理学上叫“晕轮定律”。所谓晕轮，是指太阳周围的一圈光晕，有扩大化的意思。晕轮定律就是说，人们在判断其他事物时，容易犯以点代面、以偏概全的错误，即由一个优点推及得出所有优点，由一个缺点推及到所有缺点。也正因为此，才有了情人眼里出西施的情况。

小王去参加同学聚会，同学见面席间推杯把盏，有说有笑。期间小王和同学们谈起了“班花”的近况，班长很兴奋地说，“班花”最近走了桃花运，她的心情非常的好，因为她说她找到了比电影明星还要帅上好几倍的男朋友，而且还是个才貌双全的钻石王老五。小王一听，立刻来了兴趣，于是兴致勃勃地拨通了“班花”的电话。

电话打通后，小王开门见山地对“班花”说：“班花，听说你搞定了一个又有钱又非常帅的王老五啊，恭喜你呀，你可是真让我们羡慕啊。我们可都期待着一睹他的风采呢，你什么时候带他过来让我们见上一面呀？”

手机里顿时传来了“班花”得意的声音：“嘻嘻，很快你们就能见到他了。前几天他刚刚向我求婚了，到时候你们来参加我的婚礼就能看到他了。”众人立即高兴地恭喜了她一番。

这时候，有人问道：“听说你的男朋友比电影明星还要帅几倍，是真的吗？”

“班花”抑制不住内心的喜悦，非常不客气地说：“当然啦，怎么可能骗你们呢？他真的很帅的，假不了的。你们不知道他可比电影明星更要有成熟的魅力呢，更重要的是他非常温柔体贴。”

“班花”毫不掩饰地夸赞了他的男朋友一番，使得所有人都想立刻见到这位高大帅气又非常善解人意的人物。一转眼就到了“班花”大婚的喜庆日子。在温馨的乐曲声中，“班花”挽着新郎的手臂款款步入了酒店大厅。大家怀着万分期待的心情，等待着“班花”嘴里的大帅哥出现，脑海里闪过的是刘德华，周润发的样子。可是当新郎走出来时，出乎所有人意料的是，新郎竟然是个挺着啤酒肚的中年男人。

小王非常失望地对大伙说：“似乎新郎官没有我想象中那么好。”

还有人不以为然地说：“还没有我长得帅呢，他走起路来像只鸭子，和电影明星有得比吗？真不知道‘班花’怎么想的。”

然而新郎全然不知道他们的议论，走过来笑眯眯地招呼大家喝酒，立时露出了两排参差不齐的牙齿。

大家相视一笑，异口同声地说：“真是情人眼里出西施啊。”

在“班花”眼中，她的丈夫是个又高又帅的男人，有钱还不霸道，还很温柔体贴，可以说这个男人在“班花”眼中是个完美的男人。可是对小王和他的同学们来说，这个男人不过是一个普普通通的中年人，有着啤酒肚，大腹便便，个子不是那么高，甚至还有一嘴的难看之极的牙齿，总之是与“班花”所形容的相差甚远，最终不得不发出“情人眼里出西施”的感慨。

不是“班花”在说谎话，也不是“班花”在故意炫耀，而是她真真切切地觉得自己的丈夫是一个又高又帅、温柔体贴的完美男人。或许是她的审美观点与别人的不同，或许是她看到了别人不曾看到的一面，又或许是她就是喜欢这一类的男人，总之，她觉得这个男人是非常好的。这就是情人眼里出西施的结果。

情人眼里出西施并不是什么不好的事，感情是需要看缘分的，一个人看中了对方，就说明他们之间是有缘分的，而相貌的好坏并不会影响他们的缘分的，因此，我们还是要相信缘分，相信情人眼里出西施吧！

⊙ 少年夫妻老来伴，一天不见问三遍 ⊙

少年夫妻老来伴，从年轻的时候一直到老，总有一个人在你身边陪伴你，那就是你的另一半，你可能给不了他荣华富贵，可能不能带他去游遍世界，但是他不会为此而抛弃你，他只会默默地陪伴着你，关心着你，体贴着你，从开始到最后，不离不弃。也许你们会因为某件小事而吵吵闹闹，但最终彼此都会原谅彼此，并且彼此的感情会更加地浓。珍惜身边的他吧，因为只有他会陪你一直走下去。

少年夫妻老来伴。其实很多人的婚姻生活都是这样的，也许当初的浪漫和激情早就归隐于平淡，而女人一旦有了孩子，更是转移了更多的爱，使得她们往往忽略了身边的男人，男人在家里越来越找不到当初的感觉。温柔少了很多，过去的嘘寒问暖已成奢望，更谈不上给男人赏心悦目的长久吸引了，于是激情少了，争吵多了，但是吵来吵去，最终还会重归于好。

少年夫妻老来伴，就是老了彼此为伴儿，年少时曾有过卿卿我我，更有过磕磕碰碰，有过坎坎坷坷，也有过吵吵闹闹，有过曲曲折折，这一切的经历使得夫妻到老才明白原来夫妻的最终意义就是彼此相伴，然后会想到年轻时候何苦要彼此苛求、彼此折磨、彼此较量。

少年夫妻老来伴，说的是年少的时候是夫妻，等到了老年才是人生真正的伴侣，年少的夫妻有可能因为某种原因离异，可是真正的到了老年，才是人生相互支撑的开始，那种是几十年如一日的磨合，是一种习惯，是一种浓浓的亲情，是一种融入生命的东西。

百年修得同船渡，千年修得共枕眠。婚姻就好像开车一样，只有经历了磨合期，才能慢慢地顺畅，进而渐入佳境。少年时的夫妻也许个性太强，也许会因为生活琐事，工作压力出现矛盾和摩擦。有时，因为年轻、因为独立，彼此之间会认为这个世界少了谁都不怕，哪怕对方是自己的配偶，也不肯退让半步。出现矛盾时，为了面子或强调自我，彼此多了坚持少了妥协，这往往也是婚姻生活过得磕磕撞撞的原因。而到了老年，彼此争斗的心渐渐平和了，也看淡了世间的一切，回头发现，以前的磕磕碰碰换来了今天的风雨相伴。身边的那个人一直陪着自己，并会一直陪着自己走完人生。

珍惜彼此吧，因为经历了大风大浪、鸡毛蒜皮后你会发现，身旁坚定站着的依然是你的另一半。

⊙ 易求无价宝，难得有心郎 ⊙

男怕入错行，女怕嫁错郎，对于女人来说，找到一个称心如意的丈夫是非常重要的，因为这个男人将要成为自己的依赖，今后的路将要和其一起走下去。选择一个如意郎君可以让自己以后更幸福更开心，而选择一个不如意的丈夫就会使自己以后的路更加的坎坷。

女人相对男人来说比较脆弱，无论是身体还是心理上，女性总是表现出脆弱的一面，同时中国古代讲究三纲五常，使得中国是一个父系社会，男人是社会最活跃的因子，女子通常是在家相夫教子，不轻易出门。而一旦自己的丈夫死去或者离开了自己，那么这个女人就会孤独无依，非常可怜。现代社会遵循男女平等的原则，女性的社会地位得到显著提高，但是这并不能改变男人仍然是处于社会核心的这一现状，这就决定了女性还是对男性有一定的依赖性，选择一个好的丈夫，就显得十分重要了。

王学勤是一个45岁的中年人，他是芜湖县陶辛镇南埂村村民。多年来他用自己的实际行动向大家展示了当代新好男人的形象。

王学勤是一个非常勤快的人，他手勤、腿勤、口勤、脑勤，几乎是整天都闲不住，他诚诚恳恳做事，实实在在做人，从不计较个人得失。尤其是对他的妻子更是好得不得了。他对妻子非常爱护、理解和包容，妻子在一家工厂里上班，每当看到妻子每天拖着疲惫的身体回家的时候，他总是感到不忍心，于是他就每天接送孩子并做好饭等着妻子，尽量不让妻子再回家做家务，好让妻子每天回到家可以好好地休息。

夫妻生活这么久，难免会有磕磕碰碰。但是王学勤总是会包容自己的妻子，与妻子发生争执时，他既不会大吼大叫，更不会拔拳相向，而只会缄口无语，退避三舍，在忍让中化解矛盾，在宽容中再造和谐。家庭以和为贵，王学勤就是把这句话放在心上，对妻子宽容之至，使得他的家里从来没有出现过大吵大闹的时候，即使是小打小闹，也会很快地恢复如初。

他的妻子经常对别人说："遇到我工作生活稍有不顺心，他总能化解我的困惑，让我知足常乐。尽管他没当过老师，但我却感到他博学多才，幽默睿智，精明能干，他说话非常富有哲理，给人以启迪，是我的良师益友。他一心念家，真心对老婆和儿子，有什么好吃的东西先让我和儿子吃，穿戴也先顾着我们，只要看到我们高兴，他脸上便会满足地浮起一家之主的笑容。"

对于王学勤的妻子来说，她无疑是幸福的，是幸运的。她有一个好丈夫，有一个好家庭，这让她觉得即使再苦、再累，也是快乐的。她不会为了生活而发愁，因为她的丈夫是她的最信赖的靠山，有了这个靠山，她会觉得心安。

好丈夫会成为一座大山，让女人感到踏实；好丈夫会成为浩瀚的大海，让女人体会到爱的宽广；好丈夫拥有一双温暖的大手，在女人最需要关怀的时候，紧紧握住她脆弱的心；好丈夫拥有一副宽广的臂膀，在女人最需要安慰的时候，让她有一个信赖的地方哭泣。好丈夫是女人的天，只有在这片天空下，才可以无忧无虑，肆无忌惮的飞翔。所以女人一定要选择一个好男人做自己的丈夫，做自己的守护神。而男人一定要努力做到最好，让自己成为妻子的保护伞，不但为她遮阳避雨，更可以让她安心。

女人在选择自己的终身伴侣的时候一定要慎重，因为这是一辈子的事情，一步错，就步步错。选择丈夫时千万不能只看外表，因为外表不是一个人的全部。更不能贪恋权贵，迷恋钱财，古今中外多少富豪高官过着骄奢淫逸的生活，选择这样一个丈夫只会让你感到更加地无助，而不会有幸福感。同样的，男人一定要努力把自己变成一个好丈夫，这样你才会让妻子感到幸福、放心。

第二十三章

是非善恶：不是佛教徒，却有慈悲心

——小处不妨糊涂，大处必须清醒

⊙ 赌近盗，淫近杀 ⊙

佛经云：求名者，因好色欲而名必败；求利者，因好色欲而利必丧；居家者，因好色欲而家业必荒；为官者，因好色欲而官业必堕。许多孽障皆因色起，也就是佛家说的淫邪，其危害可见一斑。

邪淫，又作欲邪行，为十恶之一。即在家的人不可做的恶行之一，以男性而言，指与妻子以外之女性行淫，又虽与妻子，但行于不适当之时间、场所、方法等，亦为邪淫。此外还包括，男女双方非支、非时、非处、非量、非理而行淫。

除了邪淫，赌博这个恶习也慢慢开始侵蚀着我们的生活，多少原本幸福的家庭被毁灭，由此带来的一系列社会问题也显而易见，多少人最终因为参与赌博而堕入毁灭的深渊……

赌博这个社会毒瘤难以彻底剔除，归根结蒂在于部分人妄想不劳而获的侥幸致富心理。殊不知，参与赌博不啻慢性自杀，金钱的快速运动麻痹了神经，道德开始黯然无色，人性之光也悄然泯灭。

赌博的种类有无数，赌注却无一例外都是幸福。有些人嗜赌成性的原因可以归结一下几点：

首先，赌博可以盈利，迎合了广大参赌者的投机心理。其参赌者获胜的机会越大参赌的动机越强；其赌注得失的差额越大，对赌徒的吸引力也就越大。赌徒如果在赌场赢了，会促使他继续赌，想赢得更多；输了，想把损失挽回，也会促使他继续赌下去。这对赌徒形成一种间歇性的强化机制，使他们在希望与绝望之间越陷越深，不能自拔。

其次，有些人为了娱乐而赌博。很多人在游戏中加入了赌博的成分，由于赌的数额很小，赢了能享受到成功的喜悦，输了损失也不大。但由于金钱对人的巨大诱惑，这种以娱乐为主的动机，很容易发展为盈利的动机。

再次，赌博可以满足参赌者的好胜心理。技术性赌博活动的竞争性很强，有些人有强烈的好胜心理，希望通过参赌战胜对手，以满足好胜心理。

此外，有人想通过参赌寻求刺激。其参赌项目越富刺激性和冒险性，对以赌博寻求刺激的人吸引力就越大。

最后，想以参赌逃避社会现实。这些人开始的动机多是在于逃避家庭或者社会对自己的压力或责任，达到麻醉自己的作用。

赌徒在现实生活中常常是大悲大喜的人物。赢钱时兴高采烈、欣喜若狂；输钱时垂头丧气、懊悔不已，甚至铤而走险。然而，无论是赢钱还是输钱，他们都离不开赌场。对此，一般的解释是，赢了钱赌徒还想赢，但输了钱赌徒想要拼命捞回来。所以赌徒才有一种强迫性行为。他们对赌博的渴求与成瘾可以像吸毒者一样达到歇斯底里的强烈程度。可见，赌博是一件伤财又伤身的事情。

从家庭角度看，参赌者赌博要占用大量的时间，缺少与家人团聚的时间，并会造成一定的经济损失，严重时会耗尽家庭财产，背上满身债务。很多参赌者还常会虐待配偶和孩子，导致家庭不睦、对子女教育不良，甚至与配偶分居或离异等家庭悲剧。

从社会角度看，赌博是导致社会不安定的重要因素，很多参赌者因为赌博而背负了巨额的债务，从此走上了犯罪的道路，破坏了社会秩序，影响了社会治安。

从医学角度看，赌博更是健康的大敌，赌博成瘾对个人的身心健康影响极大。经常参赌之人，喜怒哀乐变化无常，总是提心吊胆，心绪不宁。或因债台高筑，导致家庭失和，因而吵闹或打闹不休，故烦恼、愤怒；或因一夜之间突发横财，又兴奋激动、狂喜等，各种情绪变化往往交织在一起。长期处在紧张激动的情绪状态之中，会导致心理、生理上的许多疾病。

生活中的诸多事例说明，戒除赌博是一件艰难的事件。赌博是一种习惯性的行为，如果想应付或克服赌博癖好，那就必须拥有坚定的意志。首先要认识到赌博的危害性，认识到十赌九输的特点，不要抱有侥幸心理，要避免出席任何赌博场合，可以培养其他可取代赌博的嗜好，比如钓鱼、看书、打球等。控制精神压力，做定时运动（如慢跑）及学习松弛的技巧（如冥想或瑜伽），或进行休闲活动（如听音乐、与朋友逛街），借此驱走闷气，舒缓紧张的情绪。

此外，嗜赌者可以对自己的赌博行为及时进行记录，这样可帮助自己了解自己的赌博行为，找出赌博的倾向和模式。患者可能会发现，每当自己感到苦闷或失落，手上持有现金，或需要用钱时，便会赌博。这些记录便可助患者找出抑制赌博的有效方法。患者可以通过各种方法，恰当地满足不同的需要。必要时可以给自己定一个限额，无论正在赢钱或输钱，只要赌款达到所定的限额，便立即停止赌博。

无论邪淫或者赌博，其危害性和可能造成恶果都非常严重。所以，面对赌博和邪淫的诱惑时，需要人人自持，自觉远离，切莫一失足成千古恨。

⊙ 只有大意吃亏，没有小心上当 ⊙

在任何时候，对那些看似容易，充满诱惑的事情都应小心，因为你的任何一个不注意都可能会让你掉进陷阱里。

所谓人心隔肚皮，知人知面不知心。别人的想法你不可能尽知，何况手有五指参差，人也良莠不齐，有些人就专捡别人的弱点进攻以获取不义之财，这种人比窃贼更心狠手黑，更难于提防。一旦被他们抓住机会，你就会面临灭顶之灾。所以与他人交往，定要谨慎小心，知晓对方底细之前，切不可推心置腹，将自己的底细抖落个一干二净。

时常保持警醒的头脑，心有城府，常常能让你在生活中免受吃亏。

如果不小心做事，不但做人做事会吃亏，还有可能危及到人身安全。

林风是一名煤矿工人，每逢阴雨天，他的右胳膊都会隐隐作痛，这是18年前的一次违章留下的后遗症。他常想，如果当时能按安全操作规程去敲帮问顶，可能事故就不会发生了。

18年前，他在山西的一家煤矿工作。一天夜班，林风与工友们和往常一样进入工作面，进行了“四位一体”的安全检查，班长安排工作时让他们一定要敲帮问顶，看看单体支柱有没有打结实，小心炸帮煤等。检查时，林风发现在距离工作面2.8米高的地方，在单体支柱的空隙处有一块顶板突出，他用工具敲了敲，还算结实，就没有找撬棍把它撬下来。当时林风只想着早点开机，多割几刀煤，多挣点工分。

在林风操作割煤机割到第二刀时，有几块大煤块卡在了转载运输机上，他上去把皮带溜子停了，拿起大锤走了过去，还没抡起锤来，就听见顶板响了一声。林风下意识地想，不好！赶快躲！但已经来不及了，垮落的一小块矸石正好砸到了他的右胳膊上，很快，鲜血顺着袖筒流了出来。这时，还有更多的矸石不停地往下掉，他想，要是再垮一次顶，自己就没命了。

后来，林风被送到医院，医生诊断右胳膊两处骨折。林风在病床上整整躺了半年。班长到医院看望时对他说："安全生产不能心存侥幸，那么多的安全操作规程都是用血的经验总结出来的，在井下工作一定要养成按安全操作规程办事的习惯。"

这起事故和班长语重心长的话语让林风牢记至今。十几年过去了，林风现在不管干什么工作，都牢牢记住班长那句话：一定要养成按安全操作规程办事的习惯。

"只有大意吃亏，没有小心上当"是一句金玉良言。无害人之心，但不可无防人之心，不马虎不大意，泰然处之小心防备才是处世的根本。

⊙施恩不图报，无求而自得⊙

纯善的人，就像自然界中的水一样，造福万物，滋润大地，却不争高下，不求回报，才成就了博大的江海，这种谦虚的行为，才算得上是真正的善行。

俗话常说："滴水之恩，当涌泉相报。"这是站在受施者的立场来说，要求人们对他人给予自己的帮助感恩。而从布施者的立场来看，则需要牢记另一句俗话："施恩莫图报。"

在我们的生活中，有很多慈善家做善事，有时连受恩对象都不知道是谁，他们是不需要别人感恩的。也有一些人，给了他人一点恩惠，就天天惦记着他人什么时候感自己的恩。要是他人不感自己的恩，就恨死对方。比如生活中许多人拜佛，就不是真正的拜佛，只是希望菩萨保佑自己发财，保佑自己平安，如果自己遭了灾祸，则会在心里抱怨："我白烧了那么多的香。"其实，这种人的心里并无虔诚的拜佛心，只是为了获得福报而拜佛。只能说，这种施恩本身的目的就不纯，算不得真正的布施，甚至亵渎了布施。

渔夫和金鱼的故事就是这样一个典型。

一个老头儿和他的老太婆住在大海边，住在一所破旧的小木棚里，老头儿天天撒网捕鱼，老太婆天天纺纱结线。

一天，老头儿打到一条金鱼，在金鱼的苦苦哀求下，老头儿不要任何报酬，将她放回了大海。回到家后，老头儿提起此事，老太婆大骂老头儿"愚蠢”，还硬逼着老头儿去向金鱼要一只新木盆。金鱼满足了老太婆的要求。但老太婆并不满足金鱼的报酬，变本加厉地向金鱼索取更多的报酬，从木房子、世袭的贵妇人、自由自在的女皇到海上的女霸王，还要求金鱼亲自去服侍她，最终，惹怒了金鱼，让老头儿和老太婆的生活又回到了从前贫困的生活。

在这个故事中，老头儿放走金鱼的行为是真正的善行，可老太婆一而再再而三的索取报酬，却亵渎了这美好的善行。由此可知，知恩“索”报其实是对我们自身人格的侮辱，是对我们自身的心灵折磨，实在不是一件值得高兴的事情。

正人君子要济危扶困，一心一意帮他人解除危难。如果帮助别人的目的是为了得到别人的回报，这就不是真正的帮助，不是真正的善行。这样的虚假“布施”，于人于已，都算不得一件好事。

由“施恩不图报”，我们又联想到了“无求而自得”。人世间只有具有大智慧的人才懂得“无求而自得”的道理，因此一个人如果能做到施恩不图报，那他就远远超出了一般人的思想境界。

美国纽约在大雪天，公司、商店一般都停止上班，学校也宣布停课。但令人不解的是，唯有公立学校仍然开放。所以，每逢大雪时都有家长打电话到学校去骂。奇怪的是，每个打电话的人反应都一样——先是怒气冲冲地责问，然后满口道歉，最后笑容满面地挂上电话。原因是学校告诉家长：在纽约有许多百万富翁，但也有不少贫困家庭。贫困家庭开不起暖气，供不起午餐，孩子全靠学校里免费的中饭，甚至可以多拿些回家当晚餐。学校停一天课，穷孩子就受一天冻，挨一天饿，所以老师们宁愿自己苦一点，也不停课。有的家长说：何不让富裕家的孩子在家里，让贫困家的孩子去学校享受暖气和营养午餐呢？学校的答复是：我们不愿让那些穷苦的孩子感受到他们是在接受救济，因为施舍的最高原则是保护受施者的尊严。

如果我们的社会能多一些懂得为他人着想，施恩不求回报的人，我们的生活就会快乐幸福很多。

施恩不求回报的可贵之处在于无私，如果每一个施恩者都有这种思想境界，见人有难，能够慷慨解囊，施与援手，并能在事后并无回报的情况下，都能心安理得，无怨无悔，必然能为自己赢得欢乐幸福的人生。施恩不图报是一种真善和大善。

⊙知足则长乐，无求品自高⊙

现在有句时髦的流行语：高官不如高知，高知不如高薪，高薪不如高寿，高寿不如高兴。的确！人活在世界上，心情愉快、高高兴兴比什么都好。那么，怎样才能时时刻刻都高兴呢？那就要学会给予和付出。

人与人之间奉献的力量一直感动着我们的心灵，那一份深沉的人间真情久久地温暖着每一颗尘封已久的心。当心与心共鸣而发出的旋律奏响时，心灵浸润其中，不由得会习得一种温情的通透，而原本覆盖着的蒙尘也随之被荡涤得没有了影踪。长此以往，心灵会变得超脱，并找到通往精神家园的路。

古时候有这样一则传说：

一个男子坐在一堆金子上，伸出双手，向每一个过路人乞讨着什么。

吕洞宾走了过来，男子向他伸出双手。

"你已经拥有了那么多的金子，难道你还要乞求什么吗？"吕洞宾问。

"唉！虽然我拥有如此多的金子，但是我仍然不幸福，我乞求更多的金子，我还乞求爱情、荣誉、成功。"男子说。

吕洞宾从口袋里掏出他需要的爱情、荣誉和成功，送给了他。

一个月之后，吕洞宾又从这里经过，那男子仍然坐在一堆黄金上，向路人伸着双手。

"你所求的都已经有了，难道你还不满足吗？"

"唉！虽然我得到了那么多东西，但是我还是不满足，我还需要快乐和刺激。"男子说。吕洞宾把快乐和刺激也给了他。

一个月后，吕洞宾从这里路过，见那男子仍然坐在那堆金子上，向路人伸着双手——尽管有爱情、荣誉、成功、快乐和刺激陪伴着他。

"你已经拥有了你所希望拥有的，你还有什么不满足的呢？"

"唉！尽管我拥有了比别人多得多的东西，但是我仍然不能感到满足。老人家，请你把满足赐给我吧！"男子要求道。

吕洞宾笑道："你需要满足吗？那么，请你从现在开始学着付出吧。"

吕洞宾一个月后又从此地经过，只见这男子站在路边，他身边的金子已经所剩不多了，他正把它们施舍给路人。

他把金子给了衣食无着的穷人，把爱情给了需要爱的人，把荣誉和成功给了惨败者，把快乐给了忧愁的人，把刺激送给了麻木不仁的人。现在，他一无所有了。

看着人们接过他施舍的东西，满含感激而去，男子笑了。

“现在，你感到满足了吗？”吕洞宾问。

“满足了！满足了！”男子笑着说，“原来，满足藏在付出的怀抱里啊！当我一味乞求时，得到了这个，又想得到那个，永远不知什么叫满足。当我付出时，我为自己人格的完美而自豪、满足；为我对人类有所奉献而自豪、满足；为人们向我投来感激的目光而自豪、满足。”

是啊，即使你拥有金山、银山，拥有至高的荣誉，拥有令人钦羡的爱情，也不一定会感到满足。满足是人生无求的最高境界，怀有广施仁慈之心，即使素不相识的路人遭遇困难时也能慷慨解囊，学会给予和付出，你才能达到这一境界。

一个人如果失去了爱和给予的能力，他的人生也会异常黯淡。给别人以帮助和鼓励，自己不但不会有损失，反而会有所收获。并且，通常一个人给别人的帮助和鼓励越多，从别人那儿得到的收获也越多。

人与人之间奉献的力量一直感动着我们的心灵，如果失去了爱的能力，人生也会异常黯淡。给别人一颗善心，就能将对方感染，得到的回馈便是两颗爱心的跳动。

很多道理我们懂得，却无法奉行；很多事情我们明白，却不会去做。有些时候，不是智慧不足，而是决心不够。

写下“离离原上草，一岁一枯荣”的白居易，对佛学多有研究。一次，他听说有位禅师修行很高，便前去请教。

白居易问禅师：“怎样才能修行成佛呢？”

禅师答道：“诸恶莫作，诸善奉行。”

“这个道理谁都明白。”白居易皱着眉头，很不满意这个答案。

禅师微笑地看着他，说：“谁都明白的道理，又有几人做得到呢？”

白居易恍然大悟，恭敬地退下了。

弘一法师曾说：“至于做慈善事业——尤要！既为佛教徒，即应努力做利益社会之种种事业。”他在世时喜欢对弟子们说的一句话便是：“遇谤不辩。”岂止是不辩？有时候，为了行善，一些禅师宁愿自我诽谤。

一个强盗拜访一位得道的禅师，他跪在禅师面前说：“禅师，我的罪过太大了，很多年以来我一直寝食难安，难以摆脱心魔的困扰，所以我才来找您，请您为我澄清心灵。”

禅师对他说：“你找我可能找错人了，我的罪孽可能比你的更深重。”

强盗说："我做过很多坏事。"

禅师说："我曾经做过的坏事肯定比你做的还要多。"

强盗又说："我杀过很多人，只要闭上眼睛我就能看见他们的鲜血。"

禅师也说："我也杀过很多人，我不用闭上眼睛就能看见他们的鲜血。"

强盗说："我做的一些事简直没有人性。"

禅师回答："我都不敢去想那些我以前做过的没人性的事。"

强盗听禅师这么说，便用一种鄙夷的眼神看了禅师一眼，说："既然你是这么一个人，为什么自称为禅师，还在这里骗人呢？"

于是他起身，一脸轻松地下山去了。

等到那个强盗离去以后，禅师的弟子满脸疑惑地问禅师："师傅，您为什么要这样说啊？您一生中从未杀过生。您为什么要把自己说成是个十恶不赦的坏人呢？"

禅师说道："你难道没有从他的眼睛中看到他如释重负的感觉吗？还有什么比让他弃恶从善更好的呢？"

行善之人，从不贪图回报，这是一种大善。如果贪图回报，与不行善则没什么分别。

第二十四章

安卧起居：居行有常，坐卧有方

——生活要讲究品质

⊙ 要想防病，春捂秋冻 ⊙

对于春、秋二季的衣服增减，自古有一句民间谚语："春捂秋冻。"此谚语对老年人来说尤为重要，也极为实用。

春捂，是说春天到来，仍要穿得厚一点，再捂一段时间。这是因为，寒冬刚过，春天初到，这时的气温还很不稳定，冷暖不一，不仅日夜温差可达10℃以上，甚至早、中、晚的温度变化也很大。日出则渐暖，日中正午就觉热，日落降温又感寒气袭人，真是"春天孩儿脸，一天变三变"。老年人对温度适用能力差，如果春天一到就急急忙忙脱掉棉衣，一旦遇到刮风下雨，身体突然受凉，就很容易伤风感冒。正如唐代名医孙思邈所说："（春月）天气寒暄不一，春风多厉，不可顿去棉衣，恐风冷外袭易于感冒。"

春捂一段时间，确有必要，但又不可捂得过厚，也不宜捂得过久。有的人直到春末还穿着厚厚的衣服，以致闷热汗出，反而容易生病。正确的做法是，随着气温的逐渐增高，衣服也随之逐渐减少，不要骤减以免受凉。《寿亲养老新书》说得明白："春季天气渐暖，衣服宜渐减，不可顿减，使人受寒。"

人体下部的血液循环要比上部差，容易遭到风寒侵袭，因而不能把衣裤鞋袜穿得过于单薄，尤其是老人，春天到来时不要把下身衣服减得太多。寒风刺骨入下身，时间久了就有生病的隐患。

春捂重下身，还要加强下身的锻炼，以促进血液循环，可以采取腿足保养等方法来活动下身。

秋冻，是说秋天到来，不要急于加衣，可以再冻一段时间。这是因为，初秋天气，余热仍在，即使到了中秋，天气渐凉，晚一点添加衣服，也可以锻炼耐寒的能力。等到深秋来临，气温明显下降，再穿较厚的秋装。《诗经》有“九月授衣”的句子，就是说农历深秋九月，天气转寒，应当添加秋衣了。

秋天晚一点添加衣服，对培养耐寒能力确有好处，但秋冻也要适度。秋季毕竟与夏季不同，“立秋早晚凉”，而且入秋之后，每下一次雨，气温也随之下降一次，衣服也应随着气温的变化逐渐添加。对老弱及病人，尤其不可拘于秋冻之说，以免受凉生病。

人的体温应保持在37℃左右，而要保持体温稳定，只靠身体自己调节还不够，还要靠增减衣服来帮忙。所以，应当正确掌握“春捂秋冻”。切不可过捂，更不可过冻，而应根据气候的冷暖变化，随时增减衣服，老人尤其不可忽视。

春捂秋冻，不生杂病。立秋之后，要正确领悟和操作“薄衣御寒”，不要气温稍有下降就立马添衣加裤，把自己裹得严严实实；而应该尽可能地晚一点增衣，能穿短袖衬衫，尽量不要穿长袖；能穿单衣，尽量不加外套。民谚“二八月，乱穿衣”，说的是穿衣感受，真要从保健意义上说，应该是“二月宜多穿衣，八月宜少穿衣”。当然，凡事都应该有个限度，“薄衣御寒”也不能过头。到了深秋时节，气温很低，仍然穿得很单薄，就没道理了。这时可以按照冬季的一些养生法则进行衣食起居（深秋和初冬本没什么明确界线），一味秋冻反而会致病。而对年老体弱者，或是一些慢性病患者，“薄衣御寒”更应该慎重一点。

⊙ 宁可食无肉，不可饭无汤 ⊙

有句谚语说得好：“宁可食无肉，不可饭无汤。”一顿饭，可以没有肉，但是一碗好汤是必不可少的。可见，汤在人们的膳食中占有重要地位。一位烹调学家评价说：汤是餐桌上的第一佳肴，它不仅给人营养，而且汤的气味能使人恢复信心，就连它的热气都能使人感到宽慰。喝汤在我国饮食文化中是重要的一部分。尤其在我国的南方地区，大多数家庭每天都要做汤，浙江宁波人可谓名副其实的“喝汤族”，几乎每顿都离不开汤。

有人把喝汤戏称为“最廉价的健康保险费”，各国对汤都有独特的评价。日本人认为海带汤特效非凡，因而产妇分娩后首先要喝海带汤；朝鲜人竟把蛇肉汤视为治疗神经系统疾病的灵丹妙药，并认为这种汤具有长寿之功效；苏格兰人患了感冒就喝麻雀洋葱汤，据说疗效非常好。

在我国民间也流传着各种“食疗汤”：如鲫鱼汤通乳水，墨鱼汤补血，鸽肉汤利于伤口的收敛，红糖生姜汤可驱寒发表，绿豆汤清凉解暑，萝卜汤消食通气，黑木耳汤明目，白木耳汤补阳，生鱼汤可助手术后伤口愈合，参芪母鸡汤可治体虚之症，米汤可治疗婴儿脱水，黄瓜汤可减肥、美容，芦笋汤可抗癌、降压，虾皮豆腐汤可补钙壮骨。

现代人生活节奏快，工作压力大，很容易产生焦躁，忧虑等情绪，甚至出现神经衰弱，饮食结构的不合理往往会造成营养过剩或营养不良，而汤羹容易被人体吸收，能很好地解决上述问题。而且汤营养丰富，热量少，可滋润肌肤，对于爱美的女性是不错的减肥食品。有研究表明，喝菜汤能减轻体重，又不至于有饥饿感。喝汤的人每餐可少吸收100~190卡的热量。喝汤会使人产生一种饱感，而同等热量的其他食物则不会有这种感觉。喝汤减肥法有减肥药物所不能比拟的优点：效果持久，而且不反弹。

可能很多人以为，喝汤是一件很简单的事，殊不知，只有科学地喝汤，才能既吸收营养，又避免脂肪堆积。在这方面，我们有哪些需要注意的呢？

俗话说“饭前喝汤，苗条健康；饭后喝汤，越喝越胖”。饭前先喝几口汤，有利于食物稀释和搅拌，促进消化吸收。最重要的是，饭前喝汤可使胃里的食物充分贴近胃壁，增强饱腹感，降低食欲。餐后再喝汤容易导致营养过剩，造成肥胖。

餐前的汤怎么喝也很有讲究。老火汤、煲汤其实不适合餐前喝，因为其油盐含量很高，多喝反而不利健康。最好选择口味清淡的蔬菜汤，不仅爽口，还不会增加过多的热量。经常感到胃胀、烧心、反酸的人通常消化不好、胃酸分泌较少，不宜餐前喝汤，因为这样容易冲淡胃液，更不利于食物的消化吸收。需要特别提醒的是高血压、高血脂、肥胖症患者，在外就餐尽量别喝汤。

就算是每个季节，对应的汤品都有所不同。春温、夏热、秋凉、冬寒，一年四季，气候变化明显，依照四季气候的变化特点，我们可以把汤水分为“驱寒除湿”、“消暑退热”、“滋润肠燥”和“益补强身”四种功能。在不同季节，煲不同种类的老火靓汤，能达到补益强身，滋润养颜的效果。

⊙ 食药同源，凡膳皆药 ⊙

古人有云，“食药同源，凡膳皆药”。“食疗”在《本草纲目》、《食疗本草》中均有记载，如栗子能“治肾虚、腰脚无力，能通肾益气，厚胃肠”，糙米有“止痢，补中益气，坚筋骨，和血脉”。民间常说：“冬吃萝卜夏吃姜，不劳医生开药方”，“夏天常吃瓜，中药不用抓”，“一日吃数枣，终生不显老”等。

将食物当作药材来用，这与中华民族历来重视对各种食物功能的观察和研究分不开。特别是对各种食物“食疗”作用和营养学功能有很多的研究和发现，如孙思邈《备急千金要方·食治篇》指出：“食谷者，则有智而劳神；食草者，则愚痴而多力；食肉者，则勇猛而多嗔。”这生动地描述了食物结构的不同对人类体质的潜在影响。

中医“食药同源”的理念，在大豆上体现得最为集中。“五保宜为养，失豆则不良”“可一日无肉，不可一日无豆”这些话都明确地指出了豆类食品在平衡膳食中的重要性绝不亚于肉类。中医认为：大豆（黄豆）性味甘平，不凉不燥，具有益气养血，清热解毒，宽中下气，健脾利水消积，通便定痛等功效，是治疗虚劳内伤，消渴水肿，温热伤寒等疾病的佳药。美国食品和药品管理局（FDA）近年将大豆列为“已确立的功能性食品”，可见大豆的保健养生功能不仅有历史依据，也得到西方学术界的公认。这一事实雄辩地说明中华民族“寓医于食”传统营养学理论的科学性。

食药同源，就是说食物也可以像药一样，治愈疾病。孙思邈说：“凡欲治病，先以食疗，食疗不愈，后乃药尔。”虽然在现代医药如此发达的时代，很多疾病都有针对性的特效药可以治疗。但是，我们都知道是药三分毒，在治疗疾病的过程中，也会对我们的身体有所损害。比如，部分降血糖、降血脂药容易造成严重肝肾疾病。所以，通过食物来达到治疗的目的，对于大众来说更加安全和方便。

有“食疗”功能的食物材料可分为食药兼用的食品，如甲鱼、乌鸡、鱼翅、木耳、燕窝、海参、猴头蘑、姜、枣、蒜、枸杞、梨、蜂蜜等；以及中草药，如人参、党参、茯苓、甘草、熟地黄、白芍、当归、川芎等，它们可与香辛料一起作为炖鸡、煮肉、火锅等调治虚弱的食品烹制时的佐料强壮身体。也可以针对某些征候，如：风寒感冒喝“红糖姜汤”，体弱补以“当归乌鸡汤”，止咳润喉用“蜂蜜贝母花梨汤”等等。膳食养生保健是中国传统膳食文化的重要组成部分：“药食同源”、“药膳同功”成为传统膳食的哲学思想，中华民族的祖先为了生存，尝百草、吃野果，从生活实践中体验、发展和创造了“寓医于食”的营养学理论。明代医学家李时珍曾写道：“轩辕氏出，教以烹饪，制为方剂，而后民始得养生之道。”说明至少在六千年前，从“神农尝百草”开始，中国人民就在努力探索食物与养生保健的关系。中医强调以食物预防疾病，在世界医药学领域，以历史悠久、内涵丰富、实用可行而倍受青睐。自古以来“食用、食养（食补）、食疗（食治）、食忌（食禁）”就成为中医膳食调理的理论基础，而“药食同源，寓医于食”作为中国传统营养学遵循的重要原则得到广泛的应用。

⊙ 食不言，睡不语 ⊙

所谓“食不言，睡不语”是提醒人们，睡觉前要少说话，以免神经过度兴奋，使自己难以入睡；而在进食、吃饭时，不要高谈阔论，而要专注于吃饭，以免影响消化；这样才有助于健康养生。

许多人认为不管什么事情，只有在餐桌上才能谈成事，于是常常边吃边谈，甚至边吃边喧闹，或者边饮边抽烟。殊不知，这对身体是极为有害的。因为我们放进嘴里的食物只有在口腔唾液的参与下，牙齿才能将它研磨捣碎，之后才能通过吞咽动作，进入胃中。并且，还得在胃酸和消化系统的作用下进行“食糜”，最后才能再进入小肠，被消化吸收。如果进食时，不断说笑、喧哗或打闹，那么，就会促使胃的蠕动减弱，使消化液分泌减少。而且，进食时高谈阔论还容易将大量的空气吞咽到胃肠，从而引起恶心、呕吐、腹胀等，易诱发慢性胃炎或消化不良诸病。

你也许不知道，在我们的咽部有一前一后两条往下去的通道，在前的是气管，在后的是食管。而且，咽喉是个四通八达的“交通要道”，它往上通向鼻腔、口腔，往下通向食管、气管。然而，食物的通路只能走食管一条道，其余都不是“食管”。

每当我们进餐时，那些在口腔中经过充分咀嚼的食物要由吞咽动作从口腔里往后送，从食道送往胃部。但是，为了保证食物在咽下时不“迷路”，于是这种“吞咽活动”就产生了一系列复杂的动作。一些喉部医生都知道，在人的食道部有一个悬着的小肉垂，俗叫小舌头，每当吞咽食物时，它就往上抬高，正好盖住鼻腔后部，使食物不能进入鼻腔，从而顺利进入食道。

因此，吃东西时，如果不小心，使食物误入了气管，就会不断地咳嗽发呛，直至最后把异物咳出来为止，但这样是非常难受的。如果食物渣子进入气管，就又会顺着支气管，嵌入较小的细支气管，这样就有可能将这些小支气管堵塞。那么，这些无法排出的饭粒就会在这里繁殖细菌等有害物质，时间一长还将会酿成气管炎、肺炎等，非常危险。所以，为了保护气管，不使异物侵入，吃饭时注意不要说话，更不可以打闹追逐。

进食时除了不要喧哗外，还要定食、定量，细嚼、慢咽，以维护消化功能的稳定，只有这样才能保证胃肠健康。

为什么睡觉时要一心一意，不要说话呢？因为当你准备入睡时躺在床上无边际地闲聊天时，就会使大脑神经趋于兴奋的状态而难入睡，即使入睡也会造成失眠、多梦等，影响睡眠质量。

经过多次临床研究发现，如果临睡前说笑太多，过于兴奋或忧郁，就会很难入睡，即使入睡了，由于大脑皮层的一部分兴奋点还在活动，这就容易做梦，影响大脑休息。而且，有时在第二天早上还会出现头晕、脑涨或无精打采的精神状态，从而妨碍工作或学习，甚至给工作造成差错。

因此，为了好的睡眠，在入睡前最好能使大脑皮层由高度的紧张、兴奋，逐步转入松弛的状态，这样才能促进入眠。

此外，有的人由于睡前太兴奋，而睡后常常说梦话，白天干什么，心里想什么，睡着后会不由自主说出去。如果是该秘密的事情也全坦白说了，这样还会出大乱子的。所以，保持良好的睡眠是很重要的。

⊙一夜不睡，十夜不醒⊙

“一夜不睡，十夜不醒。”意思是说如果一晚上不睡觉或者是没睡好，往往会好几天处于精神萎靡、混沌不振的状态，就是睡上十夜，也不能把一晚上不睡觉的损失补回来。这说明了每天晚上都需要充分安眠休憩的重要性。

生活中，很多人都有这样的感觉，如果一个晚上没有睡好觉，通常会好几天都处于精神不振的状态，由于睡眠时间明显不足，白天就很容易感到疲乏、心烦，注意力不集中，因而办事效率低下等。于是，有些人总是抱怨说：“哎，昨天晚上又没有睡好，今天一点儿精神都没有。到了晚上我一定要睡个好觉。”但是，结果却事与愿违，越想睡好觉越睡不着，如此形成恶性循环，于是在造成失眠的同时，也大大影响了身心健康。

要知道，良好的睡眠，不但能消除身体的疲劳，使体能得到恢复，还能使人体产生新的活力，更重要的是，好睡眠还可以提高免疫力，加强抵抗疾病能力。与之相反，如果长期睡眠不好，人就会出现诸多的不适，比如说心悸、胸闷、腰酸、腹胀等，而且，还会形成“睡不好，吃不香，做不动”的恶性循环，从而让身体的健康指数出现大幅度滑坡，严重影响工作与学习。

近年来，在医学界提出了一个新的养生观念——生物钟养生。这一养生学的核心要旨就是要主动休息，按时就寝，形成规律的生活。而且，一旦这种“生活定型”后，就不要随意去破坏它或打乱它，否则，便会损害健康。

其实，多项科学研究均认为，在人体内确实有一只“钟”，它控制着人体生理机能的运行，甚至掌握着人的生活方式与健康：如觉醒与睡眠、体温高与低、血压升与降、疾病与健康等，以及一些正常生理活动的运行。这种生理活动的规律性，被科学家称之为“生物钟”，然而，面对这个神秘的“时钟”，却要小心维护，一旦冲撞了它的规律性，就有害健康。

生物钟需要良好的起居习惯来维护，而传统的睡眠观点是累了才休息，因此，这就需要修正，要主动休息，以养成习惯，尤其是保证充足的睡眠、不熬夜。

要知道，良好的睡眠不但能消除人的身心疲劳，还能产生新的活力，提高人体的免疫能力，所以即使工作再忙，也要充分休息，也不能太晚睡觉，更不可以一夜不睡。要知道“一夜不眠，十夜难补”的道理。如果睡眠时间大部分地被占用了，那么，人体的生物钟就会被打乱，这样一来就会不可避免地引起一系列副作用，使各种生理机能不能正常运转，从而导致体质急剧下降。

所以，养生就要做到每天按时起居、按时工作、按时休息，以保证生物钟正常运转，才能精力充沛，也才能对健康有益。

一般来说，健康的正常人如果反复或持续早醒的现象，便是抑郁症的“信号”，这是在提示你已经进入抑郁状态或抑郁发作。这时你如果留意一下，就会发现自已情绪低落、精神不振、空虚无聊、悲观消沉、注意力涣散、激情消失、容易激怒等症状，如果真的如此，你要就注意了，要及时到医院接受医生的进一步诊治。

⊙ 枕头不对，越睡越累 ⊙

“枕头不对，越睡越累。”这句谚语是说枕头的好坏直接影响我们的睡眠质量。枕头是最重要的卧具之一。其作用是在睡眠时，保证人体颈部的生理弧度不变形。选对了枕头能够保障睡眠的质量，反之不仅睡不好，还容易生病，比如脖子动弹不了、腰酸背痛等。

我们天天都用枕头，但并不是所有人都会选枕头。人一生有三分之一的时间是在睡眠中度过的，枕头可说是相伴我们时间最长的一个伙伴了。这个伙伴选对了，不仅能够保障我们高质量的睡眠，而且决定着其余三分之二时间的工作和生活质量。选用符合人体力学设计的枕头，不仅对颈椎，而且对整个脊椎的生理弯曲及脊旁肌肉都有好处。

中国有句老话“高枕无忧”，说明要睡得好、睡得安稳，就要把枕头垫高。但从科学角度看，这种说法并不正确。长期睡过高的枕头会把颈椎拉直，脊柱就会变弯，并使颈部肌肉、肌腱和韧带受损，容易出现颈肩酸痛、手麻、头昏等症状；再次影响头部血液畅通，不能呼吸，使气管通气受阻，易导致咽干、咽痛和鼻鼾。长期下去必定给身体带来不良影响。

枕头太低也不行，去掉枕头平睡虽有利于维持颈椎的生理弯曲，但会使大脑淤血，造成睡眠不佳、多梦、醒后头昏等。

我国常见的枕头有荞麦皮枕、稻壳枕、羽绒枕、天然乳胶枕、杜邦枕等。此外，还有用菊花等药物做芯的枕头及用藤、竹编制的枕头。

这些枕头都各有各的好处。枕头芯最容易藏污纳垢，久不清洁容易滋生霉菌、螨虫，还可能引发过敏、哮喘等呼吸道疾病。枕头最好两月更换一次。

枕头除需选用合适的枕芯外，还必须选择合适的高度、宽度和硬度。枕头的高度，以躺卧时头与躯干保持水平相当为宜，也就是仰卧时枕高一拳，侧卧时枕高一拳半，成人用枕一般为15~20厘米高，以使仰睡、侧卧都能保持正常的生理弧度和感觉舒服；宽度超过肩宽，才让人睡觉有安全感。枕头不能太硬或太软，以减少头皮与枕头之间的压力强度，便于血液流通。过硬的枕头会使头部与枕头的接触面减少，压强增大；而枕头过软，则难以保持高度。因此，硬度要适中。另外，枕头的弹性不能太大，如“弹簧枕”、“气枕”等，因其不断地向头部施加压力，当人体睡眠时，颈部肌肉松弛，很容易造成颈部肌肉的疲劳和损伤。而且，弹性过大的枕头，一般总是中央高、边缘低，头在枕上不稳，易滑落。

我们中国人讲究阴阳调和，在夏天使用凉性的枕头，而冬天寒冷，就应该选择棉类材质的枕头。经常上火的人，比较适合填充蚕沙或者荞麦皮的枕头。老人不宜用凉性的保健枕头，最好用枕木棉、鸭绒类枕头。

每个人的颈椎不同，因此量身订制不同的健康枕头，可能就是我们的最佳选择。要选择出自己适合的枕头，得花一些时间，有一个好枕头就增加了一个安枕无忧的条件。

枕头对于人体的保健起着重要的作用。选择科学合理、方便有效的枕头是防止病痛缠身的一剂良方。若出现颈部酸痛、头痛、头晕、耳鸣及失眠等脑神经衰弱情况，或是睡觉睡到一半感到手麻脚麻，那可能就是你的枕头太高了；枕头过低会使头部充血，容易造成眼睑和颜面浮肿，并且下颌会因此向上抬，容易张口呼吸，出现打鼾的情况。如果颈部与肩醒未后出现酸痛的现象，那就是枕头太低、不用枕头或枕头太软造成的。关注健康，安心睡眠，应该从枕头开始。

⊙吃得巧，睡得好⊙

所谓“吃得巧，睡得好。”就是说睡眠的好坏与饮食有很大的关系。如果想拥有良好的睡眠，日常饮食一定要合理适当，特别是晚饭不要吃影响睡眠的食物，而应吃一些有助于睡眠的食物，才能保证睡眠的质量。

我们知道，睡眠是机体复原、整合和巩固记忆的重要环节，因而人的一生有三分之一的时间是在睡眠中度过的。那么，如果晚上睡不好，或者经常失眠，不仅影响第二天的精神状态，对身体健康也有危害。所以，改善睡眠是非常必要的。

睡眠不好与睡前的饮食有很大的关系。只有要吃得好，才能睡得好，且不可靠安眠药或其他药物来维持睡眠。因为药物不仅对身体有害，而且会产生依赖性。而有些食物却具有“催眠”的功效，如果能经常在睡前食用一些就可以起到改善睡眠的作用。对于经常失眠的人，最好晚上不宜吃那些高蛋白、高脂肪的食物，因为这些食物会使人体产生难以消化的酸性物质，从而刺激肠胃影响睡眠。最好吃一些富含碳水化合物的食物，如饼干、面包片等，这些食物可以有效增加人体血液中促进睡眠的物质——色氨酸，从而促使好的睡眠。

如果经常被失眠困扰，一定要想办法改善，想法提高自己的睡眠质量。但是，改善不良睡眠不能靠药物，因为如果长期服用安眠药等药物维持睡眠，就会造成耐药性，会使睡眠的效果越来越差，而且有的安眠药还会引起中毒，对肝脏会造成严重损害。因此，改善睡眠质量，通过饮食来调整是最好的办法。具体可以通过以下方法：

水果。如果经常睡眠不好，可以把橘子或苹果等水果切开，放在枕头边。这样躺在床上后，吸入水果的芳香气味，便可安然入睡。这是由于水果中的芳香气味，有较强的镇静神经的作用。

小米粥。我们经常食用的小米粥也可以有助睡眠，因为小米中含有丰富的色氨酸，而这种物质能促进大脑细胞分泌出一种使人昏然欲睡的神经递质，从而使人很快入眠。

食醋。食醋也有催眠的作用，如果你是因为旅途劳累而睡不着觉，就可以将一汤匙食醋倒入一杯冷开水中喝下，这样不仅很容易入睡，而且睡得很香。

牛奶。晚上喝一杯牛奶也有助于睡眠，不过由于牛奶的热量高，养成习惯后容易造成肥胖，因此晚上喝牛奶应该在睡前一小时左右。

面包。研究发现，面包所含的氨基酸代谢物能镇静神经，引人入睡。因此，经常失眠的人临睡前可吃点面包。

生菜。经常睡眠不好的人，可每天晚餐时用生菜拌沙拉吃，一般生菜叶三片就可以了。因为生菜中含有一种催眠成分，具有镇静安神、治疗失眠症的作用。

糖水。晚上如果喝上一杯糖水，你能很快进入梦乡。引入睡眠的是大脑中的一种血清素，如果由于烦躁使大脑皮层高度兴奋，难以安静入睡，这时你就可以喝一杯糖水，因为糖水在体内经过一系列化学反应，最后会生成大量的血清素，使大脑皮层受到抑制而进入安眠状态。

为了改善睡眠，中午以后就不要食用含有咖啡因的食物了，以免影响晚上睡眠。此外，在睡前 4 小时最好不要吃太多东西，在半夜饿醒后可以少量进食，这样会改善睡眠，不过不要养成习惯。

⊙ 夜夜打呼噜，伴着阎王走 ⊙

“夜夜打呼噜，伴着阎王走。”要警惕打呼噜对身体健康的危害，长期打呼噜严重妨碍气体交换，使肌体夜间长时间处于缺氧状态，长年累月会引起一系列生理及病理的改变。如高血压、心脏病、脑血栓、癫痫、阳痿等。

打呼噜也称打鼾，是司空见惯、不足为奇的事情，许多人还以为打呼噜是熟睡的表现。其实，鼾声中潜伏着危险因素，这种气流冲击上气道振动而发出的声音，虽不属于疾病，但要警惕其发展；如果鼾声时断时续，有起有伏，超过 60 分贝，证明上呼吸道可能出现阻塞，则会发生呼吸暂停。7 小时睡眠中呼吸暂停超过 30 次，每次暂停时间超过 10 秒钟，就称为呼吸暂停综合征。

有一位爱打呼噜的男子去医院求治，医生让他做了“多导呼吸睡眠监测”。报告结果使人大吃一惊，这位男子7个小时的睡眠中，呼吸暂停了213次，最长的一次为156秒钟，暂停累计时间为2小时11分。血氧饱和度最低为61%（正常值大于95%），呼吸紊乱指数为64（正常小于5）。原来是由于该男子悬雍垂（小舌头）过长，扁桃体肥大，使上气道变狭窄，出现了呼吸暂停现象而引发鼾声。如果任其发展，不仅是单纯产生噪音，更可怕的是憋气、窒息甚至死亡。

医学人员在对北京城区和郊区的1.3万余名居民进行鼾症调查中，发现打鼾者比例为18.8%，出现呼吸暂停者占其中的1/5、男性高于女性，症状随年龄增长而加重。

打呼噜容易引起睡眠呼吸暂停低通气综合征（SAHS）。据临床的医生介绍，这种病症往往会被人们忽视，特别是对患有冠心病、高血压病、脑梗死的慢性病病人会使病情加重甚至造成死亡。

睡眠障碍是一种现代文明病，我国大约有4成人失眠、打鼾、早醒，向睡眠要健康，势在必行。其实，我们周围可能有很多打鼾的人，包括我们自己，鼾症是要治疗的。打鼾源于上气道梗阻，如果您有上气道梗阻，比如：过敏性鼻炎、鼻甲肥大、腺样体肥大、扁桃体肥大、舌根肥大等问题，就会引起上气道狭窄、组织松弛肥厚、气道塌陷性、睡眠时气道阻塞，阻塞不完全时出现打鼾，完全阻塞时则出现睡眠呼吸暂停。

据呼吸科专家介绍，睡眠呼吸暂停低通气综合征会使许多慢性病加重。

例如冠心病：睡眠呼吸暂停低通气综合征使冠心病患者夜间心肌缺血加重，诱发心绞痛；使心衰患者心源性死亡危险（夜间猝死）增加；使心律失常患者心肌异位兴奋阈值降低，治疗效果差，且反复发作。

高血压病：睡眠呼吸暂停低通气综合征是高血压病的一个独立的危险因素，RDI高，高血压病相对危险度就高，也就是合并脑梗死，脑出血、心肌梗死、肾衰竭的危险度就高。

脑梗死：睡眠呼吸暂停低通气综合征患者易患脑梗死，其中RDI每增加1个单位，死亡率增加5%。脑梗死致残率很高，严重影响个人生活质量，也给家庭带来沉重负担。

睡眠有几个阶段，分浅睡眠及深睡眠。深睡眠身体得到全面修整，睡眠呼吸暂停低通气综合征由于呼吸暂停病人被迫憋醒，很难进入深睡。虽然你自己感觉不到，但睡眠常年游离于“浅睡——呼吸暂停——微觉醒——浅睡——呼吸暂停”之间，变得支离破碎。睡眠质量很差，呼吸暂停阻断了空气中的氧气来源，人就会出现血氧下降。正常人血氧超过 95%，打鼾的人会低于 85%，严重的可达 50%左右。这么缺氧，怎么可能白天不嗜睡呢？

如果你有打呼噜，不要以为是正常的小事，天天打呼噜，将会影响你的睡眠质量，导致生活质量下降。所以，一定要到医院呼吸科看看是不是有睡眠呼吸暂停低通气综合征。通过监测得到医生的建议和很好的治疗。

⊙冬睡不蒙头，夏睡不露肚⊙

保持正确的睡姿是达到高质量睡眠的前提，俗话说“冬睡不蒙头，夏睡不露肚。”这一俗语即是告诉人们，在睡觉时应当注意的事项。

人为了保持正常的生理状态，每一分每一秒都不能停止呼吸，即使在睡眠过程中也是如此。呼吸时，吸入氧气，保证全身各部分氧的供应，呼出二氧化碳，排出体内的代谢产物。因为人体细胞每时每刻都在进行着新陈代谢，因此每时每刻都需要氧气的供应。如果氧气供应不足，必将严重影响体内细胞的新陈代谢的进行。

在正常情况下，人在呼吸时将氧气吸入肺内，氧气在肺泡中和血液里的二氧化碳因浓度差产生交换，交换出的二氧化碳再通过呼吸排出体外。经过呼吸和气体交换，使静脉血变成了动脉血，重新恢复了新鲜血液含氧量，只有这样周而复始的呼吸，周而复始的气体交换，才能保证不断有新鲜血液形成，供应细胞使用，保证身体的各部分器官和组织都处在良好的状态中。

有人有睡觉用被子蒙头的习惯，蒙着被子睡觉会严重影响呼吸。因为蒙头后使头部空间变小，空气难以流通，呼吸使氧气的量逐渐减少；与此同时，因呼出的二氧化碳难以散出而使头部周围的二氧化碳越来越浓。如此，呼吸的气体便不能使肺与血管充分地进行气体交换，致使身体各部分器官失去良好的调节，新陈代谢速度降低。

有这种习惯的人早晨醒来常常眼皮浮肿、精神不振、没精打采，甚至哈欠连连、浑身发酸。这种症状主要是大脑新陈代谢受到影响的表现。虽然人已起床，但大脑却仍处于半睡眠状态，脑神经的活动不能马上恢复正常。在这种状态下如何能读好书或做好工作呢？也有人这样认为：蒙头睡觉也无所谓，这种做法只不过为了保暖，或是一种习惯罢了，如果改变了它，就会睡不着觉了。

其实，这种做法长期下去，对人体的影响远不止这些。它对人体的生理和心理都会产生较长久的影响，缓慢侵蚀着机体的健康，降低学习和工作的效率，使疲劳难以恢复。

由此可见，蒙头睡觉决非好习惯。有此习惯的人为了自己的身体健康，为了能更好地学习和工作，一定要下决心改掉。其实改掉这种习惯也不难，如果是因为恐惧，首先应该消除心理负担，多参加社会活动和体育锻炼，养成开朗的性格；如果只是为了保暖，或是怕改变习惯后睡不着觉，那也不难办，可在睡前用热水泡脚，或再饮一杯热牛奶，这都有助于入睡。

而天气热时露脐而眠也会造成感冒。肚脐通人体内外，是保健要穴，中医称之为“神厥穴”或“脐中穴”。肚脐是人身上脂肪层最薄的地方，也是人体对外界抵抗力最薄弱的部位。夏季邪湿之气很容易由此侵入体内。夏天睡觉时会感到热，人们为了防暑，喜欢赤着上身睡觉。但温度是逐渐降低的，如果不盖被子，腹部就会着凉受寒，引起胃肠不适，诱发胃肠痉挛、腹泻、腹痛等疾病。因肚脐与人体健康至关重要，故即使是夏天也应该用毛巾等盖住腹部，以确保肚脐不受寒。

睡觉蒙头容易导致呼吸不畅，长此以往，人的疲劳就很难恢复；肚脐对人体健康也有很重要的关系。所以一定要保持正确的习惯。冬天睡觉不蒙头，夏天睡觉不露肚，不要贪图一时的舒服而导致各种疾病。

⊙经常开窗，有益健康⊙

经常开窗通风，可以保持室内的空气流通，让室外清新空气流进屋内，使居室保持清新空气，从而减少室内空气的污染程度，提高室内空气的清洁度。如此，在室内就可以呼吸到高质量的空气，这样对身体会大有裨益。

经测定发现空气污染最严重地方不是工厂、马路而是居室。研究分析，居室空气的主要污染源有人体呼出的二氧化碳、废气，以及皮肤毛孔排泄的废水分和废气等污染。

据科学分析，在人体呼出的气体中，可以找到25种有害物质，这些都是疾病的主要来源。而且，平时做饭取暖时，所燃烧的煤与煤气会产生二氧化硫等有害气体；此外，室内的墙壁、砖块、混凝土以及家具上的黏合剂、油漆会散发出大量的甲醛；就连自来水中也会散发出氡和浮尘中微生物。因此，室内的空气非常混浊的，如果长期在这样的环境中，再健康的身体也吃不消。

研究发现，空气中的二氧化碳浓度一旦超过0.5%，就会令人出现头痛、头昏、脑涨、心慌、呼吸急促、脉搏变慢、血压升高的情况，严重者甚至会发生窒息。而且，二氧化碳被吸入后，会立即和血红朊结合，从而妨碍氧气的正常补充，这时人就会感觉到头痛、恶心、呕吐、疲乏无力等缺氧症状。因此，一些经常在室内工作的人，最好无论春夏或秋冬，都注意多打开门窗，让室外清新空气流进屋内。

此外，科学测定煤气中毒是室内空气中一氧化碳含量达到0.01％时所产生的；二氧化硫和放射物质氡能破坏人体细胞、损害器官；而污浊、潮湿的空气却有利病菌生长繁殖，从而增加流感、流脑、百日咳等呼吸道疾病发生机会。由此可见，污染的空气是疾病之源。

既然不清洁的空气是有害健康的，那么为了避免室内空气的污染，最切实可行的办法就是保证室内空气流通，具体可采用以下方法，保持室内空气的流通。

一、早晨通风要点

通常来说，在春、夏、秋三季，早晨时室外的空气清新凉爽，这时可以将所有的窗户都打开，尽量使户外的新鲜空气流进来。等到9点半以后，室外的气温会逐渐升高，这时应将朝南的窗口关闭，拉上窗帘避免阳光的热辐射，而朝北的窗口则不必关闭，可以一直开启到上午的12点。

二、中午通风要点

一般来说，中午的12点至下午5点之间是一天中最炎热的时候，这时应适当地开启空调，不过，在开启前要先通风10分钟；但在开启1~3小时之后，就要关闭空调，再打开窗户，进行室内外的空气流通。而且，在必要时，也可以用换气扇朝外送风，让室内的废气、有害气体排出室外。总之，在中午最热的一段时间之内，至少能通风半小时左右，使空气清洁一些，再关闭门窗，重新启动空调。

三、晚上通风要点

晚上在入睡之前，约10点左右应关闭空调，打开卧室的窗户，以便室内外空气对流。不过，如果天气闷热，则可以用风扇降温，但要注意设定定时关闭电扇。因此，一定要注意，不可持续8~9小时开空调而不通风，要知道，贪一时凉快，很容易惹一身空调病。

开窗通风可以使空气清新，但是，在秋季开窗睡觉反而会诱发一些疾病。特别是一些老年人与儿童，秋季夜晚开窗睡觉，易受风邪侵袭。这是因为睡眠中人体各器官活动减弱，免疫力相对降低，窗外的病菌会乘虚而入，这时腹部和脚底就很容易受凉，而引发腹泻或胃部不适等症状。所以，在秋季可以在睡前适时地开窗，但在睡觉时，请务必关好窗户。

⊙ 中午睡觉好，犹如捡个宝 ⊙

“中午睡好觉，犹如捡个宝。”这句谚语告诉我们中午睡午觉能让人们养精蓄锐，以最好的状态迎接下午的工作。

有研究资料证明，一些有午睡习惯的国家和地区冠心病的发病率要比不睡午觉的国家低得多。这也间接证明了午睡能使心脏系统舒缓，并使人体紧张度降低。

可是，白天的睡眠已经被繁忙的工作和紧张的情绪所代替，或被酒茶之类具有提神作用的饮料所消除。只是一到这几个时间点，我们会感到有稍许的睡意。这就是人为什么白天也要打几次盹儿的原因所在。

上午 9 时和下午 5 时的睡眠点很快就会过去，因为那时候人们忙着工作，很容易转移睡眠注意力。

午睡在昼长夜短的夏天尤其重要。夏天天气炎热，即使到了晚上，气温仍然很高，难以入睡，要等到下半夜气温稍稍降低之后才能睡着。而第二天四五点钟天已大亮，气温又逐渐升高，又睡不着了，从而导致睡眠不足。

在人的第二个睡眠点，即中午 1 点左右，这时候肝脏需要休息，大脑反应迟钝，人会感到疲劳。这个睡眠点就很难被转移，人们会停下工作，休息一下。这时候，我们不妨小睡一觉。通过研究证明，午睡能使大脑和身体各个系统都得到放松，更有利于下午晚上的工作和学习，而且也是夏秋季节预防暑热的积极措施。

所以许多人一到中午就昏昏沉沉、毫无精神。如果这时候睡上一小时觉，让大脑和身体其他器官都休息一下，补充一下上午消耗的能量，对提高下午工作效率和身体健康都有好处。

同时，一天中温度最高的时候是中午 2 点左右，这时候工作过于劳累，容易中暑。特别是那些在户外工作的建筑工人农民和田野作业者，应该避开中午这段最热的一小时，稍事休息，这对工作和身体都是有益的。

经过了一个上午的工作和学习，午饭后小睡一会儿，能够有效地补充人在脑力、体力方面的消耗。尤其是在炎热的夏天，人体在排汗降温过程中，皮肤的毛细血管扩张，体内血液分布不平衡，大量血液滞留在体表，大脑血液相对而言供应不足。

人们在紧张地工作和学习一上午后，会感到疲劳和精神不振，午睡则可对身体进行及时的调整，午睡对睡眠不足者和老人的健康更是大有裨益。65 岁以上的老年人，体重超过标准体重 20%的，血压很低的人或血液循环系统有严重障碍的人，特别是因脑血管变窄而经常头晕的人，都不宜午睡。因为进餐后，消化道的血液循环旺盛，脑部血流量相对减少，加上睡眠静止不动，会加重脑部供血不足，有发生心脑血管病的危险。

人一到中午就感觉头脑发涨，没有精神。所以午睡就显得尤为重要，无论是体力劳动者还是脑力劳动者，都应在中午睡一觉，让大脑和全身得到休息。补充能量，才能迎接新的工作。

⊙胡须不能拔，越拔越麻达⊙

胡须是男人的专属品，是男性美与男子汉气概的象征。然而，胡子也要修剪，不能任其生长。修剪胡子需要用剃须工具来刮，不能用手或镊子去拔，因为拔去胡子会引起炎症，从而留下各种后遗症。拔一根胡子就会留下一个坑，长此以往，腮帮子就会变成“橘子皮”。严重的还会引起毛囊发炎，甚至使细菌侵入血液，从而给健康的身体带来危害。所谓“胡须不能拔，越拔越麻达”就是这个道理。（“麻达”在四川话中是“麻烦”的意思）

胡须也是人体体毛的一种，男性第二性征的重要标志。初时，很少、柔软、颜色比较淡，以后变得稠密、粗硬、色黑，生长的范围也扩大了。它在男性进入青春期后才发生，能体现男性健康的美。因此，如果一个男性不长胡须，就会少了一点儿男子汉的阳刚之美。

可是，面对自己下巴上这片草原，很多男孩子都不喜欢。认为长了黑黑的胡须不好看，会有碍自己面部的美观。于是一看到新冒出的须头，就想把它给除掉。但又怕用剃须刀会使它越长越硬、越长越多。因此，就常常用手或镊子以及铁夹子等，忍着疼痛，一根一根地往下拔。以为拔一根少一根，最后能把它拔光，从而将下巴上的这片“毛草原”给消灭掉。殊不知，这样的做法是徒劳的，也是有害的。

须知，用工具拔胡子只能拔掉胡须的上半部，其根部仍然留在毛囊里，不久还会长出来。

胡须的根部有毛囊包围着，毛囊底部的上皮细胞分裂繁殖，使胡须不断生长。因此，胡须是永远消灭不了的。而且拔去一根胡须，就会形成一个外伤创面。再说，如果手、镊子和夹子不卫生，在使用时容易将细菌带入毛囊内，造成感染，形成毛囊炎。有的毛囊炎愈合后，可使局部的皮肤形成小瘢痕，时间一长，会使下巴上的皮肤形成了“橘子皮”。并且，如果炎症扩散，后果更为严重。经调查，那些患唇毛囊炎、疖肿、蜂窝组织炎的男性，几乎都有拔胡须的不良习惯。这就是由于他们平时经常对胡须的“刺激”，从而导致了再生长出的胡须变形、变色、参差不齐等，很不美观。

因此，家长应该告诉自己家的男孩子，不要随便拔掉自己的胡须，让其自然生长。对于一些长胡须，可用剪刀剪短；对浓密的胡须，可以用刮胡刀刮掉，总之，一定不要“信手拔来”。

其实，胡须所在部位，正是医学上所说的“危险三角区”。这里之所以称为“危险区”，是因为它包括上下唇、鼻子以及鼻翼两侧的主要面部器官。而且，这个区域丰富的静脉血管与眼、颅等部位密切相关，所以危险三角区内一旦发生感染，将会很容易导致炎症在整个面部发生扩散，引起严重的脓化类炎症。并且，一旦炎症蔓延到颅腔内的海绵状静脉窦，则很有可能败血症、脓毒血症以及脑膜炎、脑脓肿等，这些症状是非常危险的，一旦发生，会危及生命安全。因此，胡子是拔不得的。

胡须当然也是需要保养的。保养胡须，首先要做到清洁卫生。因此，不论是青年男性还是中年男性，对自己的胡须每天都应认真清洗，以免有尘埃等脏物污染胡须。不过，在清洗时，最好不使用香皂、肥皂类，而应使用一些日常用的洗发剂，清洗后再用些护发素来保养胡须。

每当要剃刮胡须之前，都应将胡须清洗一下，然后再用湿热毛巾敷 3 分钟左右，这样就可以令胡须柔软一些，便于剃刮或修剪。为了防止刮伤脸，也可以先用剃须膏深入软化胡须。而理想的剃须时间，应是沐浴后的几分钟，这时不但毛孔还舒张着，而且脸上已不再滴水，最便于修刮。

在剃须时，刀法的首要诀窍是要先顺势后逆向。不过，在开始持刀看镜时，往往会觉得胡须一片大好，无从下手。这时千万不要东一刀，西一刀，毫无章法地乱剃。要记住，正确的手法顺序，是先刮去面颊上的胡须。其次，再刮两鬓和脖子上的毛发。而且使刀时，要稳记一个“慢”字诀，动作一定要缓慢轻柔。先从左至右，再从上到下；先顺着毛孔剃刮，后再逆毛孔剃刮；最后再顺刮一次，就可基本剃净了。

为减少剃须时对皮肤的刺激，造成皮肤浮肿、发红和疼痛等情况，第一轮，一定要顺着胡须的生长方向推刀，这样第一遍下来，大约可以剃掉 80% 的胡须。刮完一遍后，应该再刮一遍。第二轮要逆着胡须生长的方向去刮，但是不要忘了每刮一遍都应该重新涂一次剃须膏。而且，还要格外记住，当刮到喉结部位时，一定要特别小心，仔细而缓慢地进行。

当胡须纷纷坠地，还要做好“善后事宜”。因为在剃刮胡须时，往往会使皮脂膜受损，为了在新皮脂膜再生之前保护好皮肤，一定要在剃须后用热毛巾在下巴上敷几分钟。然后，涂抹一些须后膏、须后水、面后蜜、护肤脂之类的润肤霜，使皮肤少受外界刺激。如果因为下手过重导致脸上出血，应冷静处置。可立即在该部搽涂止血药膏，也可以用卫生棉或纸巾用力按住伤口一会儿，然后再用干净的纸蘸几滴清水轻轻贴在伤口上，再慢慢把棉花或纸巾揭下来就可以了。

此外，胡须每天都在生长，勤于刮脸有利于卫生健康。对此，挑选好用的剃须刀也很重要。首先，剃须刀的刀片要锋利，不易生锈，而且有一定润滑作用；其次，刀架手感要舒适、防滑，手柄长度应该适中，重量合适。并且不要与他人合用一把剃须刀，以防病菌传染。

有人将刮下来的胡须进行检验发现，在显微镜下看到的胡须上有大量的微生物，除此还有数十种有害物质，如二氧化碳、氮氧化物等元素，而且这些有害物质很可能会随着人的呼吸作用被吸回呼吸道。此外，胡须还具有吸附有害物质的特性，如果你行走在车水马龙的街道上，汽车等排放的含多环芳烃和铅的尾气，吸烟者的烟雾中含有的致癌物质，统统都会依附在你的胡须上。因此，没有特殊的原因，最好不要留胡须。

⊙寒从脚起，火自头生⊙

由于脚位在下，属阴，而寒亦为阴邪，因此脚部是寒邪侵犯人体的主要途径之一；头位在上，属阳，而火亦为阳邪，因此头部是火热之邪侵犯人体的主要途径之一；这就是人们常说的“寒从脚下起，火自头上生”。

一年四季中，风、寒、暑、湿、燥和火，属于大自然中的六种不同气候变化，当它们表现太过或不及的时候就会危害人体而发病。中医认为，人体的头、胸、脚这三个部位最容易受凉，尤其是脚部受寒，与某些疾病的发生与不注意保暖有很大关系。这是因为脚位在下属阴，因此脚是寒邪侵犯人体的主要途径之一。

民间有“寒从脚下起”的说法，因为脚离心脏最远，血液供应慢而少，而且，我们脚部的皮下脂肪又较薄，因而保暖性较差。现代医学认为，脚是人体的“第二心脏”，双脚远离心脏，血液供应较少，脚掌上还密布了许多与人体相通的小血管。因此，一旦脚部受凉，会反射性地引起呼吸道、肠胃道以及其他内脏器官的疾病，并且，很容易引起感冒、腹痛、腰腿痛和妇女痛经等病症。因此，脚部的御寒保暖非常重要，尤其是在数九严寒的时节，脚部的保暖尤应加强。

一般来说，人的正常体温通常在36.5℃左右，而脚指尖的温度却有时只有25℃，可见脚部是多么容易受凉。由于脚与上呼吸道黏膜之间存在着密切的神经联系，脚掌受凉可反射性导致上呼吸道黏膜内的毛细血管收缩，使抵抗力明显削弱。于是，各种病菌、病毒就会乘虚而入，使人发生疾病，为此平时一定要为脚部采取适当的保暖措施。

要使脚不受寒的办法很多，平时应根据情况选用适当的方法。

一、根据年龄和身体状况选用保暖作用好的鞋袜

一般来说，老年人由于气血渐衰，不要穿塑料底鞋，而宜穿布棉鞋。小孩由于皮嫩，保暖力差，因此宜穿那种柔软而暖和的棉鞋；在严寒野外作业的人员，应穿带毛皮的高筒皮靴；青少年好动不怕冷，可以穿皮底鞋与胶底鞋。

对于脚部易干裂的人，应选用透气性差的皮棉鞋和弹力尼龙袜，这样才能保持脚的周围有湿润的环境。而那些脚易出汗的人，则应穿毛袜，用羊毛鞋垫，这样既能达保暖目的，又能吸潮散热。此外，选择大小肥瘦合适的鞋子也很重要。如果鞋子窄小，穿上后不仅有碍血液循环，而且还会使脚周围的空气层缩小，不易保温。

二、坚持睡前用热水洗脚

有人把用热水洗脚视为重要的保健功法之一。的确，睡前用温水泡脚15~20分钟，能促进足部血管扩张、血流加速，同时使脑部血液相对减少，很快就能入睡。因此，民间有“温水泡泡脚，胜吃老母鸡”的说法。临睡之前用温水泡脚不但可以为脚部驱寒，还有助于睡眠与养生。

此外，晚上睡觉时，还要注意把脚盖好。盖好脚部不仅能预防感冒、堵塞寒邪入侵的漏洞，还可以帮助人入睡。

中医认为头为“诸阳之会”、“清阳之府”，而阳有主火热的一面。所以，古代大医家朱丹溪说：“头痛甚者火多”。是的，头位在上属阳，而火亦为阳邪，因此人的头部是火热之邪侵犯的主要途径，便产生了“火自头上生”。

我们知道，头部的血管非常丰富，因而温度较高，而且又是中枢神经的“司令部”，因而各种应激力都比较敏感。所以，不管人有何情绪变化，都会引起头面部的充血，从而表现出“面红耳赤”的样子。并且，一些火热之邪致病就多表现于人的头面部。比如，心火上炎会致口舌生疮；胃火炽盛，会致齿龈肿痛；肝火上冲，会致头痛、目赤肿痛；胆火横逆，会致头晕目眩等。

在生活中，人们也常用“火”来形容头面部的异常变化，比如形容着急时，常常会说“两眼冒火星”；形容愤怒时，常会说“七窍生烟”等。因此，我们的头部不像脚部那么怕寒、怕冷，所以也不必像脚部那样捂得太严实，相反，还要适当冻一冻为好。因此，老年人常说的。“头冻冻聪明”是有一定道理的。

所以，即使到了冬天，年轻人只要耳朵不冻，头部就不用多加防护，帽子不戴也可过冬天。如果稍微冷一些就戴上厚厚的帽子，动辄满头汗出，这样反而就容易感冒。因此，头部适当冻一冻，有利于让寒冷刺激大脑的清醒，从而能增强人的智力和记忆力。

有学者指出，人在6~30岁，双脚应能整齐地并拢直立。如果不能并拢时，就是早衰的表现。因此，能长期站立的人身体一般健康，如果连站15分钟就有困难的，就一定是循环系统有毛病。如果脚趾活动量极少，也是引起腰痛、肩肘痛等多种现代“文明病”的原因之一。因此，要想少生病，就必须使脚趾经常处于灵活状态。所以，脚部保健，平时还要加强锻炼，多活动，以保证脚部的血液供应，从而达到健康的目的。

⊙耳不掏不聋，眼不揉不瞎⊙

每当眼里进了东西，我们的习惯性动作就是去揉。其实揉眼睛是不良的习惯，在揉眼时很容易将手上带的细菌或病毒带到眼睛里，从而造成急性结膜炎，形成红眼病。严重的，还有可能会引起角膜溃疡、内翻倒睫以及白内障等，这些症状极有可能造成失明。

为了保护眼睛，一定要随时注意清洁，不要随便揉眼睛。尤其是在夏末秋初时不要揉眼，而且，手脏的时候也千万不要揉眼睛，以避免病菌、虫卵等进入眼睛。经临床手术发现，由于手指不洁，并且用力搓揉眼睛之后，常致使虫卵进入眼内滋生。并且，一些虫卵竟然会靠着眼睛附近肌肉的养分来维持它的生命，有的虫卵竟长达近两厘米，严重影响患者视力，几乎造成眼球失明。

通常，在夏末秋初，人最易患上急性结膜炎，就是俗称的“红眼病”或“火眼”，病人眼睛往往有异物感、灼痛、畏光、流泪等状况。这是由于在初秋时，天气潮湿、闷热，使病原微生物繁殖快，一旦感染这些病菌后，就会是患上“红眼病”或其他眼疾。

最常见的细菌感染性眼病，常发病于夏季或初秋。特点是发病急，出现眼睑肿胀、眼红痛、结膜充血等症状。这是由于红眼病常会滋生出大量的脓性或黏液性分泌物，因此，导致患者每天早上醒来时，就会感到一双眼睛常常被一些浓浓的分泌物黏住。不过，红眼病不治也会自发痊愈。如果你一直不去治疗它，那么，情况严重的最多在15~30天之内就会痊愈，而轻者，一般15天之内可自行消退。

由于红眼病患者眼睛的分泌物中，有大量的细菌或病毒，所以使这种病带有很强的传染性。旁人一旦接触病人的分泌物，比如患者用过的毛巾、脸盆、洗脸水、手帕，以及手纸等，都有可能感染大量的病菌。如果其他人使用或触摸患者用过的东西再去揉自己的眼睛，就会受其感染，患上此病。因此，平时一定不要揉眼睛，即使有觉得有些不舒服也不要随便去揉，特别是在触摸了患者的日用品后，除了立即清洗消毒外，还要谨记切不可去揉自己的眼。

此外，要有效预防红眼病，平时应尽量不用手揉眼，还要做好卫生清洁，消灭感染途径。

患者要严加消毒隔离，不但要注意患者眼部用药过程，就是患者洗脸等日用品也要煮沸消毒。平时一定要勤洗手、不揉眼、不摸病人接触过的物品，最好也不要去接近患者。如果一旦发现自己有类似的症状，如眼睛发红，有异物感、灼痛、畏光、流泪等，应立即到医院就诊。

忠告一些爱美女士，眼部按摩也不要随便做。因为一些美眼行为会直接影响眼部健康。如化妆、搽眼霜等，一旦受到污染，会让一些超标细菌入侵眼睛，从而引起眼角膜和结膜的炎症或溃疡，甚至演变成角膜穿孔等。所以，一些小小的美眼举措，其实存大很大的危险。比如，当你搽眼霜之后，非常勤奋地做一下眼睛按摩，想使双目更炯炯有神，或者在外出应酬时又是涂眼线、睫毛液，想使眼部更漂亮些。可是这些美眼举措，很可能造成美眼不足，伤害有余。所以，爱美的你，在渴望美丽的同时，一定不要忘了健康。

众所周知，造成耳聋的原因有先天性的，也有后天疾病诱发的，这些往往不能由人的意志左右。但是，在生活中还有一种人为的导致聋耳的方式，就是民谚中讲的“挖耳”。好多人都有“挖耳”的习惯，每每感到耳朵内有了“耳屎”，发痒或不舒服时，就会用指甲或发卡、火柴棒、钉子、树皮等一些物品去挖耳朵，想方设法把耳内的异物弄出来。殊不知，这样不但不符合卫生要求，而且还会严重地破坏耳朵的健康，使耳膜受伤，造成脓化或溃疡，甚至形成耳鸣或耳聋。

其实，“耳屎”是人耳内的一种像蜡一样的油脂分泌物，它和皮屑、灰尘混合后，在医学上则称为“耵聍”，这种物质有的遇空气干燥后呈薄片状，有的如黏稠的油脂。实际上，它对人体并无妨碍，平时它“藏”在外耳道内，还可以保护外耳道皮肤和粘附外来物质，比如灰尘、小飞虫等，因此它像“哨兵”一样守卫着外耳道的大门口。

因此，平时就是不把“耳屎”掏出来，也不会给人体造成不好的影响。因为我们的机体天生就有自我清除能力，比如，在我们唱歌、说话、吃饭、打呵欠时，就会使我们的下颌肌和耳部肌肉的不断运动，这就可以使耳屎不断活动，最后自行沿着外耳道滑出耳外。所以，大可不必担心，耳屎堆积造成耳道阻塞。

如果常用一些不洁之物挖耳，还往往会把致病细菌带入耳内，造成耳内发炎、化脓。再说，外耳道皮肤比较娇嫩、皮下组织少、血液循环差，掏耳朵时如果用力不当，极有可能引起外耳道损伤、感染，导致外耳道疖肿、发炎、溃烂。并且，外耳道本身就是真菌栖息的场所，而这些真菌很容易随着乱挖耳的行为侵入中耳内，造成耳内疾患。而这种由病毒引起的疾病，会慢慢地在耳道内生长，直到影响了听力才引起注意。此外，挖耳道时，还极易戳破鼓膜，引起中耳炎，造成听力减退，给人带来更大的痛苦。并且，如果掏耳的东西未经消毒，还可能会导致耳朵里的乳头状瘤发生恶变，最终堵塞耳道，导致听力下降，造成耳聋。

所以，耳朵是不可以随便“掏”的，掏取里面的异物一定要慎重。如果为了减轻耳朵的痒感，提高听力，也可以采用正确的方式，清除一下过多的耳屎。一般，可以采用脱脂棉签，轻轻地在外耳道不深的地方捻卷几下，以使其吸干耳道的湿物，卷出里面耳屎。如果用此法还达不到目的时，也可以用消过毒的耳勺，轻轻地将耳屎取出来，不过，过程一定要慎重，最好能请医生帮助处理。

⊙鼻不掏不破，牙不剔不稀⊙

洗脸刷牙是大家惯有的清洁习惯，但保养鼻子、清洗鼻孔的习惯可能好多人都没有。其实，鼻子的保养与清洁也很重要的。可是，好多人不但没有清洗过鼻孔，却还有用手指掏鼻孔的习惯。殊不知，这个习惯对鼻子的伤害非常大，因为在我们的鼻孔里面，有一层保护黏膜非常娇嫩，一旦你手上的细菌接触到它，就很容易引起感染。因此，用手掏鼻孔的习惯应该杜绝。

此外，许多人有饭后剔牙的习惯，可这也是个不良习惯，因为经常用东西乱剔牙齿，会使牙缝越剔越大，还会损伤牙龈，如果不慎将牙龈弄出血，就会影响牙齿的健康。所以，剔牙的习惯也不可取。

我们的鼻子是具有多功能的调节器，在中医里，“鼻为肺之窍”，它是人体呼吸道的入口，具有通气、过滤、清洁、加温、加湿、共鸣、反射、嗅觉等功能。在鼻子的前庭，长有鼻毛，它们像一排密密麻麻的卫兵，可以过滤呼吸时吸入气流中的一些颗粒状物，并将灰尘等其他异物阻挡在鼻腔，而鼻毛吸附的一些粉尘和油烟等颗粒，常在这里堆积成稠团，这就是俗称的“鼻屎”。因此，鼻毛具体保养鼻腔、净化呼吸的作用，所以平时不要轻易剪拔鼻毛。

其实，生活中，有很多人往往对鼻子的保养并不在意，有些人一感觉鼻子里有不适感，就用手去掏鼻孔，也有的人因有掏鼻的习惯而故意留了长指甲，殊不知，这是最容易伤害鼻子的习惯。要知道，如果鼻前庭不够清洁，就会不同程度的影响鼻子的功能，而掏鼻孔却极易引起此处的皮肤损伤或炎症，从而导致鼻前庭炎或鼻疖症。因此，平时保养我们的鼻子，对维持身体健康很最要。

我们的鼻子不但对吸入的空气起净化、调温、湿润的作用，而且与我们的肺部有紧密的联系。一旦人体的抵抗力下降，或受了伤寒与风邪，那么，聚集在鼻腔的致病菌就兴风作浪，引起鼻黏膜病变。这时，鼻腔里的病菌，就会通过呼吸侵入喉、气管、肺，从而导致喉炎、气管炎、肺炎发生。因此，为了健康，平时一定要保护好鼻子，要懂得鼻的保健知识和方法，尤其是在呼吸道疾病最易爆发的冬、春两季。

在鼻腔的表面，有丰富的汗腺和皮脂腺，它是人呼吸空气的净化器。就我们正常人来说，每天要呼吸约 15000 升空气，而空气中大量的污浊物和细菌，就会停留在鼻前庭，但是，时间一长，这些没有滞留物就会堵塞鼻腔黏膜的自洁功能，造成大量细菌堆积，从而对人体产生极大的危害。

那么，我们怎样才能保持鼻腔的清洁呢？用冷水洗鼻就是最好的办法，当你用冷水清洗鼻孔时，不但可以洗去鼻孔内所存的污垢，还能呼吸通畅、神志清醒，而且还可以预防伤风感冒。因为，用冷水洗鼻时，鼻腔内的黏膜和肌肉都要经历一次收缩——扩张——再收缩的过程，这样就无形中增强了鼻孔及整个上呼吸道，对外界寒冷空气的适应能力，从而构筑起一道抵御冷空气侵袭的屏障，以利于预防伤风。再说，我们的鼻子又与七窍相通，因此，当冷水洗鼻子时，又可以达到明目、聪耳、醒脑、增强肌体免疫力的功效，真可谓健身养生的好方法。

那么，具体应该怎么清洗鼻子呢？最好选择在早晨的时候，先用手捧一捧水，将鼻孔浸泡在里面数秒钟，并缓缓地用鼻子稍微吸入一些，之后等到润湿了鼻子内的污物，再擤出来；然后，再次吸入一些水，这时要用拇指按住鼻孔的一侧，而且适当用力擤出另一侧鼻孔内的水和余污，接下来再按另一侧，重复之前的动作。如此重复清洗两到三次就可以了，每天早晚坚持洗一次，会有很好的效果。

勤洗鼻子还可以预防鼻炎。因为洗鼻时，可以保持鼻腔清洁，使鼻腔不受大量细菌的侵袭，预防呼吸道疾病，特别是鼻炎的发生。其实，鼻腔的脏和干，是诱发鼻炎的直接原因。那么，如果能坚持早晚洗鼻，则可以将鼻腔内已聚集的致病及污垢及时地排出，以减少空气中的粉尘的袭击，减轻鼻腔负担，从而使鼻腔恢复正常的生理环境，使鼻腔恢复自我排毒功能。

第二十五章

居家过日子：当用时万金不惜，不当用时一文不费

——管理自己，将亲人带往幸福的明天

⊙ 恩爱夫妻多长寿 ⊙

俗话说得好："老伴、老伴，愈老愈要相伴。"老夫老妻之间的相互体贴、关心，甚至一句暖心话、深情的一瞥，都会使对方感到温暖，成为驱逐孤独、战胜疾病的精神力量。有报道说，一位丧偶的老干部在病房中相识了一位丧夫的退休教师，并很快相爱了，由于老干部子女的干涉，女教师只好洒泪而别，不料这位老干部的病情因此而迅速加重。在垂危中，老干部喃喃地呼唤着女教师的名字。后在医院人员的劝说下，终于使女教师又回到了老干部病榻前，结果这位老干部的病奇迹般痊愈了。这是一对黄昏恩爱鸳鸯，可见爱情可使人长寿。

古往今来，恩爱和谐的夫妻多长寿。据日本人口调查资料表明，离婚者与夫妻恩爱者相比，男性寿命平均短 12 岁，女性平均短 5 岁；丧偶者当年因病死亡的机会比同龄人高 10 倍以上。瑞典医学科研人员对 989 名 50~60 岁的中老年人追踪观察 9 年，发现离婚者或鳏夫死亡率 22%，而夫妻白头偕老者只有 14%。因此良好的夫妻关系对于健康长寿具有重要作用。

夫妻恩爱，能使双方产生一种温暖、宁静、协调的情趣，有利于大脑皮质功能和机体免疫功能的生理协调，从而促进体内分泌出有益的激素、酶和醋酸等物质。这些物质能把体内血液的流量和神经细胞的兴奋程度调节到最佳状态，对机体身心健康十分有益。所以，夫妻感情融洽，不仅有利于家庭和

睦，而且有利于健康长寿。老年夫妇也不宜分室而居。人到老年较易患高血压、冠心病等心脑血管疾病，而这些疾病的急性发作，常会给老年人带来严重后果，甚至致命。不少危重急症疾病，如脑血栓、不稳定型心绞痛、心律失常、心肌梗死、脑出血等，在夜间休息、入睡或安静状态发病的情况已屡见不鲜。因此，老年夫妇同居一室，既可及早发现、及早抢救，还可互相照顾。

⊙ 老筋长，寿命长 ⊙

俗话说，“老筋长，寿命长”，“运动强筋骨，吐纳肺腑良”，中国民间很早就把筋与人的健康、寿命紧密联系起来了。

在中国传统养生文化中，筋占据了重要的地位，古人修炼的很多武功都与筋有关，比如我们经常在影视剧里看到的分筋错骨手、分筋擒拿法、收筋缩骨法等，甚至还有一本专门的书是用来练筋的，那就是我们非常熟悉的《易筋经》。

为什么筋这样重要？我们还是先来了解一下什么是筋。“筋乃人之经络，骨节之外，肌肉之内，四肢百骸，无处非筋，无处非络，联络周身，通行血脉而为精神之辅。”可见，最初的“筋”是指分布于身体各部分的经络。后来，经过时代的演变，筋的定义也发生了改变，逐渐成了韧带和肌腱的俗称，也就是我们现在所说的筋。

在中医里，肝与筋有着紧密的关系。《素问》说：“肝之合筋也，其荣爪也。”头面躯肢病征状态，通过经筋网络汇集于指端的爪甲。脏腑荣枯，气血盛衰，皆可由于经筋的传导引起指甲的变化。因此，有爪为筋之余的说法，虽然这在解剖学上不能与筋完全等同，但在功能上却与筋具有同一性。

说到功能，筋附着在骨头上，起到收缩肌肉，活动关节和固定的作用，人体的活动全靠它来支配。可以说，如果人体没了筋，就会成为一堆毫无活力的骨头和肉。中医认为，肌肉的力量源于筋，所谓“筋长者力大”，筋受伤了自然使不出力气来，尤其是后脚跟这根大筋，支撑着身体全部的重量。这样，我们也就明白了，为什么一个武功高强的人，筋断之后就会成为一个废人，因为他已经使不出力气来了。

因为筋的最基本功能是伸缩，牵引关节做出各种动作，所以筋只有经常活动，经常抻拉，才能保持伸缩力、弹性。古代有许多功夫高手，能够年过百岁而不衰，与练筋是分不开的。不过，需要注意的是，练筋还需要特殊的方法，我们平常所做的跑步、登山等运动活动的主要是肌肉，却远远达不到锻炼筋的目的。因此，需要一种能锻炼筋而尽量不锻炼肌肉的运动，这就需要“易筋”。

易筋有一个十分简单的方法——盘腿。美国哈佛大学医学院，每年有近万名患有各种疾病的人就诊，医生除了给病人用药外，还经常会教他们如何盘腿打坐，以消除精神上的压力、增强体质。在日本，许多地方流行女性做“一日尼姑”的健身潮流，到一家寺庙盘腿打坐，斋戒清心，不仅压力和烦恼消失了，还锻炼了身体。

盘腿而坐时，两腿分别弯曲交叉，把左腿踝关节架在右腿膝关节处，向前俯身，保持这个姿势。如果连10分钟都坚持不了的人，那就说明你的腿部、踝部、髋部的柔韧性不够，平常也缺乏柔韧练习。

怎样锻炼身体柔韧性呢？以下两个简单的练习动作，每次只需要花费约5分钟的时间，针对腰、臀、腿部进行拉伸，就能大幅提高身体灵活性，轻松完成盘腿坐。

坐姿前屈：坐在垫子或床上，双腿并拢伸直，尽可能向前俯身，双手触碰小腿胫骨，感觉到大腿后侧被拉紧时，保持15至30秒钟，休息半分钟，再做一组。

跪姿伸展：跪在垫子上，双膝并拢，脚踝背伸，使两个脚面都贴在垫上。然后双手后撑，尽可能后仰上身，感觉到大腿前部被拉紧时，保持15至30秒钟。休息半分钟，再做一组。随着大小腿柔韧性的增强，你将能够使上半身躺在垫上。

经常练习盘腿，可以改善腿部、踝部、髋部的柔韧性，使两腿、两髋变得柔软，有利于预防和治疗关节痛，实际上是将整个下半身的筋拉松了。另外，久练盘腿，可以放慢下半身的血液循环，等于增加了上半身的血液循环，特别是胸腔和脑部的血液循环。这个姿势还能使呼吸系统不受阻，让人的呼吸顺畅。骨正筋柔，气血自流，长寿秘诀就在于此。

⊙ 生命在于运动 ⊙

现代奥林匹克运动创始人顾拜旦曾作《体育颂》，充满深情地赞美体育运动。

啊，体育，天然的欢娱，生命的动力。啊，体育，你就是美丽！啊，体育，你就是正义！

啊，体育，你就是勇气！啊，体育，你就是荣誉！啊，体育，你就是乐趣！啊，体育，你就是培养人类的沃土！啊，体育，你就是进步！啊，体育，你就是和平！

随着经济的发展和社会环境的变化，现代人的保健理念出现了新的变化，不少人的运动保健理念有所增强，运动健身的理念越来越根植于人们心中。

"生命在于运动"是至理名言。体育运动是健身的法宝、增寿的诀窍。从强身健体的意义上讲，任何人都需要锻炼，对于老年人来说，生理功能逐渐衰退，健康状况逐渐变差，各种慢性病接踵而来，也就更需要参加健身运动。

专家们认为，人的寿命长短，15%~20%取决于遗传因素，80%~85%取决于非遗传因素。遗传因素是不可改变的，而非遗传因素，诸如生活环境、生活方式、医疗保健、体育锻炼等，取决于人类自己，尤其是体育锻炼。

运动，可以保健强身。

有句谚语说得好，"常动则筋骨强，气脉舒"，"一身动则一身强"。只要坚持运动，加强锻炼，即使体弱多病的"缠绵之身"，也能变得身强体壮，甚至"立成铁柱"。

运动，可以预防疾病。

有一首歌唱道："有啥别有病。"一旦你疾病缠身，那么困扰你的就不仅仅是经济上的负担，更有心理、生理上的压力。要摆脱这种困扰的最佳方式便是预防，而运动便能非常有效地起到预防作用，让你远离这种威胁。

运动，可以使人快乐。

运动可以让人变得更有魅力。许多人亲身的体验可以证实，人天生是爱运动的，就像人天生爱音乐一样。不论是在山林里漫步，或是在水中悠游，让自己放松，把身体交给大自然，好好地流一身汗，唤醒身体的活力，人自然就会变得有魅力。

运动，可以延年益寿。

光阴似箭、人生易逝是一个永恒话题，从"逝者如斯夫"到"人生不满百，常怀千岁忧"，到"高堂明镜悲白发，朝如青丝暮成雪"，这充满无奈的沉吟一直回响在我们耳边。于是，便有了始皇帝的童男童女下瀛洲，便有了方士丹药的流行。当这些并不能达到预期的效果时，人们开始及时行乐，在短暂的人生中享受最大的乐趣。的确，生老病死是自然规律，在历史与规律面前，谁都无能为力。人的衰老是不可避免的，但衰老是可以延缓的。人们一直在追求延缓衰老的方法，但往往把希望寄托在某些药物上，却忽略了运动的价值。通过运动，可以增强人体组织器官的功能，延缓人体衰老的过程。同时，运动还可以调整人的心理状态，可以使人释放外界的压力和缓解心情的紧张，保持年轻的心理。

运动，可以改善人际关系。

虽然运动的形式多种多样，但不论你从事哪一项运动，都需要与人接触，需要别人的帮助。大家在一起运动，既可以相互交流练习的心得，又可以相互指正动作。实践证明，人处于同一环境、状态下，易于接触和相互了解，只有彼此了解以后才会有进一步的交流。长此以往，人们就能走出自己的生活圈子，扩大交流的机会，达到改善人际关系的目的。

运动让人变得聪明，从预防心脏病、血管疾病、高血压、糖尿病，到骨质疏松症、乳腺癌、肥胖……更美妙的是，运动对一个人的自信与创造力也有许多积极的影响。

⊙ 高枕未必无忧 ⊙

不少人被"高枕无忧"的成语误导，睡觉时用高枕头，甚至用两个枕头，其实，这对身体健康是不利的。

"高枕无忧"用来比喻太平无事、安然入睡，但是枕得高，并不一定能睡得好。

正常人的脊椎有 4 个生理弯曲，颈部往前凸，胸部往后凸，腰部往前凸，骶尾部往后凸。枕头过高，无论是仰卧还是侧卧，都会改变颈椎的生理状态，早期可能会发生“落枕”，长期以后会使颈椎强直、错位，导致头颈胀痛、失眠、记忆力减退等，还会影响血液循环。长期低枕也会改变颈椎的生理状态，引起烦躁、失眠等症状。

一般患有高血压、高颅压、心脏病、肺气肿、哮喘等病的病人，需要睡高枕；患有低血压、休克、低颅压、贫血的病人，需要低枕。

枕头的高度与每个人的胖瘦、肩的宽窄、颈的长短以及年龄有关，以舒适为宜。每个人都要选择一个适合自己的枕头。

早晨起床后发现脖子僵硬疼痛，不能转动，这多半是由于睡觉姿势不对造成的。落枕也是高枕的后患之一。落枕不可避免，治疗的关键在于肌肉的彻底放松。可以通过以下急救方案来减轻落枕带来的痛苦：

1. 淋浴 5 分钟，要使热水直接落在颈部和背部，可以促进血液循环，缓解肌肉紧张，减轻疼痛。

2. 将下巴顶在前胸，坚持一会儿，然后头向后仰，眼向上看，再坚持一会儿，头再向前伸。最后向两边轻轻转动脖子数次，这套动作对轻微的落枕很有效。

一般成年人仰卧时，枕头的高度以 6 厘米最为合适。侧卧基本与肩膀同高或稍低，一般为 10~15 厘米。如果褥子比较软，枕头宜再低一些。枕头过高，胸锁乳突肌、背部肌肉及头部均处于紧张状态，颈部前凸的生理弯曲也会受到影响，不但不利于消除疲劳，久之也易形成驼背、颈椎病、打呼噜、落枕等疾病。但枕头也不可过低，特别在侧卧时，枕头太低容易导致肩周炎、落枕等。

枕头的硬度主要与枕芯材料有关，什么样的材料好呢？枕芯的关键是适当的硬度和透气性，太硬了不舒服，太软了翻身不便。目前多采用荞麦皮、木棉、羽毛、羽绒、聚乙烯等材料做枕芯。特别是荞麦皮，在不吸热、防潮性等方面都优于其他材料。我们要特别注意枕头不宜过软，也不宜过硬，不宜过高，也不宜过低。选择适合自己的枕头，枕出健康。

⊙ 老来瘦，未必寿 ⊙

现代医学研究告诉我们：老人的长寿绝不能单纯用“胖”和“瘦”来衡量，老人只要没有心血管系统疾病，适度的胖并没有太多坏处，更没有必要去刻意寻求越瘦越好的“秘方”。相反，医学专家认为，老人适度的胖，比瘦更能抵抗疾病的消耗。所以，老人大可不必为略胖而烦恼。只要坚持适度的运动和锻炼，适当注意饮食，不使身体过于臃肿就行，切不可走入“千金难买老来瘦”的误区。

老人并非越瘦越好，瘦也应有个限度，公认的限度是不应低于标准体重的20%，否则，预示着体内可能存在某种疾病隐患。

1. 恶性肿瘤。所有恶性肿瘤都可能先出现无原因的消瘦，近期有明显消瘦者更应警惕。消瘦伴有吞咽困难者，常常提示食道癌的存在；消瘦伴有便血，要警惕结肠癌、直肠癌；过度消瘦更是胰腺癌早期仅有的症状。

2. 糖尿病。早期多为肥胖，但时间一长，消耗增多，会造成消瘦。有些老年糖尿病患者虽没有明显的“三多”症状，但由于体内糖代谢紊乱，也会导致消瘦。

3. 结核病。老年人的消瘦由于慢性感染所引起的为数不少，其中较多见者为结核病。

4. 甲状腺功能亢进。老年患者的1/3无甲状腺肿大，半数以上无突显症状，但体重下降的可占74%。

5. 肾上腺皮质功能减退。老年人发生此病，早期极不典型，仅有消瘦的表现，以后才逐渐出现皮肤黏膜色素沉着等典型表现。

6. 胃肠道疾病。慢性胃炎、消化性溃疡、慢性非特异性结肠炎等，由于消化和吸收障碍，也会导致消瘦。

7. 药源性消瘦。某些药物，如甲状腺制剂、苯丙胺等可促使身体代谢明显加快，服用洋地黄、氨茶碱、氯化铵、雌激素等药物可引起食欲减退、上腹不适；长期服用泻药会影响肠道吸收功能。

8. 其他原因导致的消瘦。情绪过分激动、悲伤、忧愁、兴奋以及失眠，导致睡眠时间不足而影响食欲，或者挑食、偏食、长期素食等都可使机体所需各种营养素摄入不足，从而导致消瘦。

总之，肥胖臃肿固然非福，瘦骨嶙峋同样是祸。身体过于消瘦的老年人除了查明原因，积极诊治隐患以外，在饮食上还要比一般人多吃高热量、高蛋白和含维生素多的食物。

中国俗话说：“千金难买老来瘦。”然而，德国营养专家建议，老年人体形瘦弱未必好，关键在于保持适当的体重，维持正常的生命活动。

德国吉森大学营养研究所的营养专家贝特霍尔德教授指出，60~70岁之间的老年人肌肉将开始出现萎缩。男子每10年萎缩4%，而妇女则可能达到6%。据此，贝特霍尔德教授向老年人提出建议，体重稍微超过正常值甚至更有益于健康。因此，即使体重稍微有些超重，最好也应该保持这一状态。

德国营养研究所的科学家海纳·伯英也强调：“最佳的方案就是保持体

重。”当然，专家一致认为，为保持健康，经常进行室外活动并且保证矿物质和维生素的正常摄入，是老年人必须注重的。

虽说“老来瘦”可避免因肥胖而引起的心脏病、高血压、高血脂、胆结石、糖尿病等许多慢性病，然而，医学专家通过分析和临床观察证实，老年人过分追求瘦并不正确，有时稍胖些反而对健康更有利。

老年人体重不应低于标准体重的20%，而当体重超过标准体重的40%时，才会发生各种疾病。倘若饮食及生活环境没有特殊变化，在短时间内身体日渐消瘦，切不可掉以轻心，应及时到医院检查。身体过瘦，原因是血液中的蛋白质含量低、血色素和胆固醇值也不高，一旦患病，抵抗力就会很弱。为此，专家提醒：对少数肥胖的老人来说，适当控制饮食，增加运动量是必要的。但对于并不肥胖又没有疾病的老人来说，切莫过分减肥，也不要以胖瘦作为衡量健康的标准。

⊙ 无病先防胜于有病再养 ⊙

《黄帝内经》中有一句话：“是故圣人不治已病治未病，不治已乱治未乱，此之谓也。夫病已成而后药之，乱已成而后治之，譬犹渴而穿井，斗而铸锥，不亦晚乎！”意思是说，聪明的人不会生病了才想着去治疗，而是未雨绸缪，预防在先，防病于未然，这在中医上叫作“治未病”。

“治未病”是中医理论的精髓，就是当疾病尚未发生时，能提前预测到疾病的发展趋势，并采取相应的防治方法，以杜绝或减少疾病的发生。比如春季万物萌生，细菌、病毒等致病微生物也相应活跃，感冒之类的疾病就有可能流行开来，所以中医提出“正月葱、二月韭”的饮食，以提高人们的抗病能力。夏季天气炎热，中暑发生的可能性相对就大，中医就强调“饮食清淡”、“夜卧早起，无厌于日”养生方案，使中暑的发生减少。秋季气候干燥，咳嗽一类疾病的发病率相对较高，所以中医强调秋季以“养肺除燥”为主，多吃梨以生津解渴，从而使一些时令病的发生降到最低限度。冬季要收藏体内的阳气，注意保暖，早卧晚起，好好休息等。

中医“治未病”还体现在一个方面，就是在疾病的潜伏期及时发现，并扼杀它的滋长，使人体恢复真正的健康。不过，相对而言，如今的医疗水平只停留在应付“已病”的人群上。我们可以用这样的比喻来说明“治未病”和“治已病”的区别，“治未病”就像是洪水暴发之前驻堤坝、泄洪的各项防护措施，而“治已病”就像在洪水泛滥以后再去堵窟窿一样，按下葫芦浮起瓢，根本没有更多精力谈预防。

很多人就是由于不注意预防导致疾病缠身，疲于奔命。因此，只有我们提早防微杜渐，防患于未然，把健康掌握在自己手中，人生才会充满自信与快乐。这也是中医“治未病”的最大意义。

⊙ 人生最大的财富是健康 ⊙

健康是人生最大的财富，有了健康就有了希望，有了希望就有了一切。

世界上首屈一指的自由是什么？健康。世界上最好的天赋是什么？健康。世界上最美的东西是什么？健康。因为如果没有健康，你就不会有追求自由的权力；没有健康，智慧就不能表现出来，力量不能施展，财富变成土石，容颜渐渐枯萎。

有些人有奇异的天赋，但最终只取得微小的成功，就因为他们在无意中损伤了自己的成功机器——健康，就因为他们不能供给自己必要的动力来启动那机器。世间有千千万万的人，就因为对于身体不加注意与留心，以致壮志未酬，饮恨离世，他们毁掉了自己有所作为的可能性。他们的生活变得枯燥而乏味，他们在身心正该精壮的时候，却已经是“老态龙钟”了，这该是人世间最悲惨的事情。

成功诱惑着许多人，人们围绕着成功绞尽脑汁、终日奔波，却很少有人关注自己的身心健康。

每个人的经历大相径庭，但都会拥有年轻。自视身体强健的年轻人一方面享受青春，一方面也在消耗着健康。初入社会的青年在为成功做出巨大的付出：快节奏的生活、高强度的工作，他们根本没有时间和精力打理自己早就疲惫不堪的身体。他们还未来得及享受生活的滋润就为追求付出了所有，不能不说是一种遗憾。“亚健康”在成为一种城市流行病，这很大程度源于人们对自己的不重视，不重视身体的保养，不重视身体的危机信号，任其恶化，直至被疾病打倒，却悔之晚矣。

有许多人不惜一切地追寻着财富，却不知不觉牺牲了人生的第一财富——健康。世上没有比健康更好的财富，没有比内心快乐更大的快乐。

很多人认为，赚钱可以说是人生中最大的快乐之一，它除了能够给多数人提供主要的智力刺激和社会互动之外，还是许多经营者唯一能展露才能、并获得掌声的标准。拼命赚钱除了可以带来名声之外，还可带来财富、权力及擢升。但是，如果你真的把每一分钟清醒的时间都用来赚钱，而完全忽略自己的健康，那将是得不偿失的。因为，人不是只干活不需要吃饭、睡觉和休息的机器。

健康是“1”，而事业、家庭、爱情等等都不过只是“1”后的“0”，失去健康，所有这些都将变得毫无意义。身心健康是人生最起码的，也是最重要的条件，是人生中最重要的财富。

什么是健康？有人认为没有病就是健康。其实，健康的概念要比这广泛得多。人除了生理健康外，还应包括心理健康和社会交往方面的健康。人不仅要有无病的身躯，还要有充沛的精力、健全的智能和良好的心态。

一个人无论是想拥有富裕的物质生活，还是希望拥有一种富足的精神生活，都必须拥有健康，拥有精神。健康不但能使人创造出财富，还能使人愉快地享受这些财富。

我们应日日谨记：保持充足的睡眠、适当的户外运动、与友人谈心、不要超强度工作、补充营养；不要过多烦闷、后悔、恐惧、怨尤、愤怨。这是保持健康以应付竞争的法则。

要想成功就一定得珍爱自己的身体，凡是足以摧残你身体，空耗精力、时光的事绝不去做，应时刻关心身体，关心那些是否真正有助于事业与身体的健康。你的身体垮了只能壮志难酬，那时，再多的金钱也将于事无补。

人生最大的财富就是健康。每一位在通向成功路上勇往直前的人都应当倍加珍惜、呵护上天赋予的这份宝贵礼物。